普通高等教育"十二五"部委级规划教材

食品化学

李 红 主编

中国纺织出版社

内 容 提 要

本教材综合近年来有关食品化学的相关书籍和资料，共分 12 章，重点介绍食品化学的基础理论及相关的实用知识，主要包括食品的六大营养成分，食品的色香味及有害成分的结构、性质和它们在食品加工和储藏中的变化及其对食品品质和安全性的影响，酶和食品添加剂在食品工业中的营养等。此外，本教材还融入一定实践知识，并结合一定的化学反应方程式，加深学生对课程内容的理解，为后续的专业课学习建立必要的理论基础；同时，在每章节都给出了教学重点和难点，以及必要的思考题，以便帮助学生掌握该章节的主要内容。

本书不仅可以作为高等院校"食品科学与工程"和"食品质量与安全"专业本科生的教材，也可作为食品与农业研究、食品工业、营养、食品质量控制等领域的技术人员和管理人员的参考书。

图书在版编目（CIP）数据

食品化学／李红主编． — 北京：中国纺织出版社，2015.6 （2020.8 重印）

普通高等教育"十二五"部委级规划教材

ISBN 978 - 7 - 5180 - 1245 - 9

Ⅰ．①食… Ⅱ．①李… Ⅲ．①食品化学—高等学校—教材　Ⅳ．①TS201.2

中国版本图书馆 CIP 数据核字（2014）第 277212 号

责任编辑：彭振雪　　责任设计：品欣排版　　责任印制：王艳丽

中国纺织出版社出版发行

地址：北京市朝阳区百子湾东里 A407 号楼　邮政编码：100124

销售电话：010—67004422　传真：010—87155801

http://www.c-textilep.com

E-mail:faxing@ c-textilep.Com

中国纺织出版社天猫旗舰店

官方微博 http://weibo.com/2119887771

北京虎彩文化传播有限公司印刷　各地新华书店经销

2015 年 6 月第 1 版　　2020 年 8 月第 2 次印刷

开本：710×1000　1/16　印张：31.5

字数：487 千字　定价：44.00 元

《食品化学》编委会成员

出版者的话

《国家中长期教育改革和发展规划纲要》中提出"全面提高高等教育质量"，"提高人才培养质量"。教高［2007］1号文件"关于实施高等学校本科教学质量与教学改革工程的意见"中，明确了"继续推进国家精品课程建设"，"积极推进网络教育资源开发和共享平台建设，建设面向全国高校的精品课程和立体化教材的数字化资源中心"，对高等教育教材的质量和立体化模式都提出了更高、更具体的要求。

"着力培养信念执着、品德优良、知识丰富、本领过硬的高素质专业人才和拔尖创新人才"，已成为当今本科教育的主题。教材建设作为教学的重要组成部分，如何适应新形势下我国教学改革要求，配合教育部"卓越工程师教育培养计划"的实施，满足应用型人才培养的需要，在人才培养中发挥作用，成为院校和出版人共同努力的目标。中国纺织服装教育协会协同中国纺织出版社，认真组织制定"十二五"部委级教材规划，组织专家对各院校上报的"十二五"规划教材选题进行认真评选，力求使教材出版与教学改革和课程建设发展相适应，充分体现教材的适用性、科学性、系统性和新颖性，使教材内容具有以下三个特点：

（1）围绕一个核心——育人目标。根据教育规律和课程设置特点，从提高学生分析问题、解决问题的能力入手，教材附有课程设置指导，并于章首介绍本章知识点、重点、难点及专业技能，增加相关学科的最新研究理论、研究热点或历史背景，章后附形式多样的思考题等，提高教材的可读性，增加学生学习兴趣和自学能力，提升学生科技素养和人文素养。

（2）突出一个环节——实践环节。教材出版突出应用性学科的特点，注重理论与生产实践的结合，有针对性地设置教材内容，增加实践、实验内容，并通过多媒体等形式，直观反映生产实践的最新成果。

（3）实现一个立体——开发立体化教材体系。充分利用现代教育技术手段，构建数字教育资源平台，开发教学课件、音像制品、素材库、试题库等多种立体化的配套教材，以直观的形式和丰富的表达充分展现教学内容。

教材出版是教育发展中的重要组成部分，为出版高质量的教材，出版社严格

1

甄选作者,组织专家评审,并对出版全过程进行跟踪,及时了解教材编写进度、编写质量,力求做到作者权威、编辑专业、审读严格、精品出版。我们愿与院校一起,共同探讨、完善教材出版,不断推出精品教材,以适应我国高等教育的发展要求。

中国纺织出版社

教材出版中心

前言

"食品化学"是食品科学与工程和食品质量与安全专业本科生的一门必修课,是继"有机化学"和"生物化学"之后的一门专业基础理论课,是从化学角度和分子水平上研究食品的化学组成、结构、理化性质、营养和安全性质以及它们在生产、加工、储存和运销过程中的变化及其对食品品质和食品安全性影响的科学,是为改善食品品质、开发食品新资源、革新食品加工工艺和储运技术、科学调整膳食结构、改进食品包装、加强食品质量控制及提高食品原料加工和综合利用水平奠定理论基础的学科。因此,食品科学与工程和食品质量与安全专业的本科生,必须掌握食品化学的基本知识和研究方法,才能在食品加工、保藏、食品安全等领域较好地工作。

本教程综合近年来食品化学相关书籍和文献,在考虑食品科学与工程和食品质量与安全专业对食品化学要求的基础上,共编写了十二章内容,其中郑州轻工业学院李红编写前言、第一章、第五章和第九章;江苏常熟理工学院黄友如编写第二章和第十章;郑州轻工业学院张华编写第四章和第十一章;西昌学院蔡利编写第三章和第七章;蚌埠学院马龙编写第六章和第十二章;内蒙古农业大学杨飞芸编写第八章。全书由李红统稿。

本教材的编写受到了各参编院校及编者家人持久而坚定的支持,编写过程中参考和引用了国内外大量食品化学方面的书籍和文献,同时在本书的编辑、出版过程中得到了教育部食品科学与工程类专业教学指导委员会秘书长、江南大学夏文水教授的关心和支持,以及中国纺织出版社的大力支持,此外,本教材得到郑州轻工业学院教材出版基金资助,在此,谨向他们表示诚挚的敬意和衷心的感谢。

鉴于编者学识、实践经验和撰稿水平有限,书中难免有疏漏和不妥之处,敬请读者谅解并给予批评指正。

编者
2014 年 4 月

目　录

第一章　绪论

本章重点:食品化学的概念、研究内容、研究方法、食品加工储藏过程中主要的化学变化。

难点:食品中主要的化学变化及其对食品品质和安全性的影响。

第一节　食品化学的概念

一、食品的组成

食物是指可供人类食用的物质原料的统称。食品是指经特定方式加工后供人类食用的食物。营养素是指那些能维持人体正常生长发育和新陈代谢所必需的物质。目前已知的人体必需的营养素有 40～50 种,从化学性质分可分为六大类,即蛋白质、脂肪、碳水化合物、矿物质、维生素和水,也有人提出将膳食纤维列为第七类营养素。

食品的化学组成如图 1-1 所示。

图 1-1　食品的化学组成

二、食品化学的定义

食品化学是利用化学的理论和方法研究食品本质的一门科学,即从化学角度和分子水平上研究食品的化学组成、结构、理化性质、营养和安全性质以及它们在生产、加工、储藏和运销过程中的变化及其对食品品质和安全性的影响,是为改善食品品质、开发食品新资源、革新食品加工工艺和储运技术、科学调整膳食结构、改进食品包装、加强食品质量控制及提高食品原料加工和综合利用水平奠定理论基础的一门学科。

第二节　食品化学的发展历史

食品科学源于远古,盛于当今。20 世纪初,食品科学的发展,促进了"食品化学"的发展。如今该门课程已成为一门相对独立的学科。纵观它的发展史,可分为四个阶段。

第一阶段,早期食品化学(19 世纪 50 年代以前)是天然动植物特征成分分离和分析阶段。该时期食品化学知识的积累完全是依赖于基础化学学科的发展,当化学家们有了分离与分析食物的理论与手段后,便开始对一些食物及食品的特征成分进行研究,当时对食品的研究是分散的、不系统的,有的重大发现甚至是在其他研究中偶然得到的。在这一阶段比较突出的发现如下:

瑞典药剂师 Carl Wilhelm Scheele(1742 ~ 1786 年)是有史以来最伟大的化学家之一。他分离和研究了乳酸的性质(1780 年),从柠檬汁(1784 年)和醋粟(1785 年)中分离出柠檬酸,从苹果中分离出苹果酸(1785 年),并且检验了 20 种普通水果中的柠檬酸、苹果酸和酒石酸。他从植物和动物原料中分离各种新化合物的工作被认为是在农业和食品化学方面精密分析研究的开始。

法国化学家 Antoine Laurent Lavoisier(1743 ~ 1794 年)第一个测定了乙醇的元素组成(1784 年),并发表了第一篇关于水果中有机酸的论文(1786 年)。

法国化学家(Nicolas) Theodore de Sanssure(1767 ~ 1845 年)为阐明和规范农业和食品化学的基本理论做了大量工作。他研究了植物呼吸时 CO_2 和 O_2 的变化;用灰化的方法测定了植物中矿物质的含量;并首次对乙醇进行了精确的元素组成分析(1807 年)。

第二阶段,在"农业化学"发展的过程中不断充实。农业化学是介绍有关土壤、肥料、农作物等化学知识的一门学科,其中涵盖了大量"食品化学"的内容。

英国化学家 Sir Humphrey Davy(1778～1829年)在1813年出版了第一本《农业化学原理》,在其中指出"植物的所有不同部位都有可能分解为少数几种元素,它们能否用于食品或其他目的,取决于植物不同部位或汁液中化学元素的排列方式",论述了食品化学的一些相关内容。Justus Von Liebig(1803～1873年)提出将食品分为含氮的(植物纤维,酪蛋白等)和不含氮的(脂肪、碳水化合物等)两类,并于1847年出版了《食品化学的研究》,这是第一本食品化学方面的著作,但此时仍未建立食品化学学科。

19世纪早期,随着农业化学的发展,食品掺假的现象较多,这种现象也促进了化学家们花费更多的精力来了解食品的天然特性,研究掺杂物及食品的特点,建立检测掺假食品的方法。因此,在1820～1850年期间,化学和食品化学开始在欧洲占据重要地位。许多大学建立了化学研究实验室和创立了新的化学研究杂志,推动了化学和食品化学的发展。从此,食品化学发展的步伐更快了。

第三阶段,生物化学的发展推动了食品化学的发展。1871年 Jean Baptiste Duman 提出仅由蛋白质、碳水化合物和脂肪组成的膳食不足以维持人类的生命。1906年英国生物化学家 Frederick Gowland Hopkins 开展了一系列动物实验,证明牛奶中含有数量微少的能促进大鼠生长的物质,他当时称之为"辅因子";此后,他还从食品中分离出了色氨酸并确定了其结构。1911年英国化学家 Casimir Funk 从米糠和酵母中提取了抗脚气病的物质,并鉴别为胺类物质,命名为"Vitamin",从此开始了维生素的研究。到20世纪前半期,化学家们已发现了各种对人体有益的维生素、矿物质、脂肪酸和一些氨基酸,并对它们的性质和作用作了深入的分析。

美国学者 Owen R. Fennema 先生对当今食品化学的发展做出了极大的贡献,他四次编写"食品化学"一书,把该书的内容充实和系统化,其内容体系已被各国学者接受,特别是1985年、1996年和2007年版本,被世界各国的高等院校作为教材广泛使用。

第四阶段,色谱和色质联用等现代分析技术的出现,以及结构化学理论的发展,使食品化学在理论和应用研究方面获得显著的进展。如研究食品在储藏加工过程中各种化学或生物化学的反应历程和机理,食品各组分的性质、结构和功能,以及食品储藏加工新技术、新产品的开发,食品资源的利用。这些都为食品科学技术和食品工业的发展创造了有利条件。

第三节　食品化学研究的内容和范畴

一、食品化学研究的内容

食品化学是从化学角度和分子水平上研究食品的组成、结构、理化性质、生理和生化性质、营养与功能性质以及它们在食品储藏、加工和运销中的变化,是为改善食品品质、开发食品新资源、革新食品加工工艺和储运技术、科学调整膳食结构、改进食品包装、加强食品质量控制及提高食品原材料深加工和综合利用水平奠定理论基础的发展性学科。

根据研究内容的主要范围,食品化学主要包括食品营养成分化学、食品色香味化学、食品工艺化学、食品物理化学和食品有害成分化学及食品分析技术。根据研究对象的物质分类,食品化学主要包括:食品碳水化合物化学、食品油脂化学、食品蛋白质化学、食品酶学、食品添加剂、维生素化学、食品矿质元素化学、调味品化学、食品风味化学、食品色素化学、食品毒物化学、食品保健成分化学。另外,食用水质处理、食品生产环境保护、食用天然产物的提取分离、农产品资源的深加工和综合利用、生物技术在食品原料生产和食品工业中的应用、绿色食品和功能食品的开发、食品加工、包装和储藏、食品工程等领域中还包含着丰富的食品化学内容。

二、食品化学的范畴

作为一门横跨诸多学科的发展性新兴学科,食品化学依托、吸收、融汇、应用和发展着化学、生物化学和食品储藏加工学等学科,从特有的角度、深度和广度研究食品物质的化学组成;探索食品物质的组织结构、显微结构和分子结构;研究食品化学成分的物理性质、化学性质、功能性质和食用安全性质,认识从原料经过储藏加工直到食品的过程中物质发生的种种物理和化学变化(如形态变化、组织变化、分子结构变化、组成变化、生理生化变化、色香味变化、质地变化及营养成分变化等);揭示食品质量受原料类别、原料固有特性、产前产后处理、原料储藏技术、食品配方、加工工艺和设备、产品包装和种种环境因素影响的本质,从而形成了食品科学的三大支柱学科之一。

由于绝大多数食品的物质体系十分复杂,食品化学家首先注重食品中大而广的代表性物质及其物性,注重对物性影响重大和代表性强的物质结构,注重普遍发生、影响重大和代表性强的变化。针对这一系列代表,在考虑食品储藏和加工的实际条件的前提下,经过简化、模拟、分析、综合等实验研究和理论探讨,找出结构和物性的关系、变化的途径或反应的机理和影响物性发挥及变化速度的主要因素或条件。然后依据这类研究中形成的思路、学说、理论和方法,结合食品中更实际的情况,更全面、更综合和更具体地研究真实食品的化学。经过多年的努力,食品中大多数物质及其结构、功能性质、物理和化学变化、相互作用及储藏加工和环境条件对它们的影响也已初步探明。食品化学正朝着深化认识、加强理论、探索调控机制、提高预测食品质量变化能力、利用生物工程和化学工程新技术改造和创造食品物质的更广阔的领域进军。

第四节 食品中的主要化学变化

食品从原料生产,经过储藏、运输、加工到产品销售,每一过程无不涉及化学变化。对这些变化的研究及控制构成了食品化学研究的核心内容。表1-1~表1-4扼要给出了发生在食品中的重要反应的类别、条件及其造成的品质变化。这些变化顺序具有很大的实用价值,因为它把导致食品品质和安全性变化的原因和结果联系起来了,便于培养人们用分析的方法来处理食品中发生变化的问题,对这些变化的研究和控制构成了食品化学研究的核心内容。

表1-1 在食品加工或储藏中发生的变化分类

属性	变化
质地	失去溶解性,失去持水性,质地变坚韧,质地软化
风味	出现酸败,出现焦味,出现异味,出现美味和芳香
颜色	褐变(暗色),漂白(褪色),出现异常颜色,出现诱人色彩
营养价值	蛋白质、脂类、维生素和矿物质的降解或损失及生物利用性改变
安全性	产生毒物,钝化毒物,产生有调节生理机能作用的物质

表1-2 改变食品品质的一些化学反应和生物化学反应

反应类型	实例
非酶褐变	焙烤食品表皮成色
酶促褐变	切开的水果迅速褐变
氧化反应	脂肪产生异味,维生素降解,色素褪色,蛋白质营养损失
水解反应	脂类、蛋白质、维生素、碳水化合物、色素降解

续表

反应类型	实例
金属反应	与花青素作用改变颜色,叶绿素脱镁变色,作为自动氧化催化剂
脂类异构化	顺式不饱和脂肪酸→反式不饱和脂肪酸、非共轭脂肪酸→共轭脂肪酸
脂类环化	产生单环脂酸
脂类聚合	油炸中油的泡沫产生和黏稠度的增加
蛋白质变性	卵清凝固、酶失活
蛋白质交联	在碱性条件下加工蛋白质使营养价值降低
糖降解	宰后动物组织和采后植物组织的无氧呼吸

表1-3　食品储藏或加工中变化的因果关系

初期变化	二期变化	影响
脂类水解	游离脂肪酸与蛋白质反应	质地、风味、营养价值改变
多糖水解	糖与蛋白质反应	质地、风味、颜色、营养价值改变
脂类氧化	氧化产物与许多其他成分反应	质地、风味、颜色、营养价值改变,毒物产生
水果破碎	细胞打破、酶释放、氧气进入	质地、风味、颜色、营养价值改变
绿色蔬菜加热	细胞壁和膜的完整性破坏、酶释放、酶失活	质地、风味、颜色、营养价值改变
肌肉组织加热	蛋白质变性和凝聚、酶失活	质地、风味、颜色、营养价值改变
脂类的不饱和脂肪酸顺反异构化	在油炸中油发生热聚合	油炸过度时产生泡沫,降低油脂的营养价值

表1-4　决定食品在储藏加工中稳定性的重要因素

产品自身的因素	各组成成分(包括催化剂)的化学性质,氧气含量,pH值,水分活度(A_w),玻璃化相变温度(T_g),玻璃化相变温度时的水含量(W_g)
环境因素	温度(T),处理时间(t),大气成分,经受的化学,物理和生物处理,见光,污染,极端的物理环境

　　食品在加工和储藏过程中发生的化学变化,一般包括生理成熟、后熟及衰老过程中的酶促变化和化学变化。例如植物呼吸、细胞壁软化和风味物质产生,肉的僵直、嫩化、自溶和腐败。

　　水分活度改变引起的变化多种多样。例如一定程度的脱水加工引起了非酶褐变、脂肪和脂溶性维生素氧化及蛋白质变性反应的加速,但在水含量减至接近单层水时,食品中常见的各种主要不利变化几乎都因受阻而极慢进行,因而食品得以长期保质。

原料进入加工过程,变化的机会增加。在加工时,原料被混合,细胞结构被破坏,这就增加了酶与底物接触的机会。酶促水解和酶促氧化是食品酶催化变化的两个主要方面,它们会引起营养物消耗、质地变软、风味和色泽改变。

热加工是食品加工的主要方法之一,在这种剧烈的加工条件下,许多食品成分发生分解、聚合、异构化和变性。

氧气氧化、光敏氧化和酶促氧化是食品加工和储藏中引起食品变质的重要原因。许多维生素(C、D、E、A 和 B_2)、脂类、一些色素及蛋白质中的含硫氨基酸及芳香氨基酸残基等都是极易受氧化的食品成分。这些物质被氧化,不但损失了营养,还可能产生不良风味和有害成分。

光照和电离辐射在食品加工和储藏中也常常引起品质变化。例如牛奶长期日照会产生异味,腌制肉品和脱水蔬菜长期日照会变色或褪色,高剂量的电离辐射会引起脂类和蛋白质的分解变质,肉品辐射保藏过程中会出现异味。

酸、碱、金属离子和其他污染食品的成分也会引起某些变化。例如酸是多糖和苷类水解的催化剂,还是造成叶绿素脱镁的效应物。

酶活控制是食品加工和储藏的重要内容。主要是靠加热变性,但调节 pH 值、加入激活剂或抑制剂、改变底物浓度或改变辅基浓度也是常用方法。

食品储藏和加工过程可能发生种种变化而产生毒物。例如马铃薯储藏后期茄苷生成加快,食品在烟熏中有苯并芘产生,肉类腌制中有亚硝胺化合物产生,这类物质产生的途径彼此不同,疏于防范会引起严重后果。

加工成品如果包装良好,多数化学变化速度降低,但并未停止。根据食品的固有性质,一些反应仍在进行。储藏、运输和销售中因温度波动、包装泄漏、与化学品交叉保存及包装材料的某些成分向食品迁移等现象又会引起某些变化加速。例如残存在包装内的氧气造成的氧化反应继续使营养成分损失,光照使天然色素变色或褪色,金属罐中金属转化为离子后会与植物多酚类或肉蛋白分解产生的硫化氢结合产生黑色。

在食品的储藏、加工和运销中,微生物不论何时进入食品并在此生长都将引起多种化学变化。此时不同于微生物的工业利用,由于没有专门的调控措施,微生物在食品中引起的变化主要是不利变化。正因为如此,食品化学注重研究由不同杀菌、消毒、防腐剂应用、酸度、水分活度、氧化还原电势、低温等防止微生物生长的条件引起的食品自身成分的变化,并寻找既能防止微生物生长,又能减轻食品品质受损的最佳处理方法和条件。

食品的品质主要涉及质地、风味、颜色、营养和安全性。根据不同食品的特点,发生在食品中的变化都有有利和不利两个方面。因此,首先要研究清楚反应本身,明确反应物、反应步骤和产物各是什么,明确反应条件是如何影响反应方向、速度和程度的,并要明确一个反应和其他反应之间的联系。其次,要明确这些变化与食品品质变化的直接联系,特别要明确所研究的变化主要涉及哪种与品质有关的属性,也要弄清该变化的间接影响。最后,明确哪类反应经常在哪些原料或食品中发生。在应用食品化学知识从事食品生产时,这一切具有重要意义。

图 1-2 简要示意了食品中主要成分的变化及相互间的联系。从图 1-2 中可见,活泼的羰基化合物和过氧化物是极重要的反应中间产物,它们来自脂类、碳水化合物和蛋白质的化学变化,自身又引起色素、维生素和风味物变化,结果导致了食品品质的多种变化。

图 1-2　主要食品成分的化学变化和相互联系

第五节　食品化学的研究方法

食品是多种组分构成的体系,在储藏和加工过程中,将发生许多复杂的变化,它将给食品化学的研究带来一定的困难。因此,一般是从模拟体系或简单体系入手,将所得实验结果再应用于食品体系,以确定食品组分间的相互作用,及其对食品营养、感官品质和安全性造成的影响。这种方法使研究的问题过于简单化,因此并非都是成功的。

食品化学的研究内容大致可划分为四个方面:

① 确定食品的组成、营养价值、功能性质、安全性和品质等重要性质;

② 食品在加工和储藏过程中可能发生的各种化学和生物化学变化及其反应动力学;

③ 在上述研究的基础上,确定影响食品品质和安全性的主要因素;

④ 将研究结果应用于食品的加工和储藏。

图1-3简明示意了食品化学研究的基本方法。

图1-3 食品化学研究的基本方法

从图1-3中看出,食品化学的实验应包括理化实验和感官实验,理化实验主要是对食品进行成分分析和结构分析,即分析实验的物质系统中的营养成分、有害成分、色素和风味物的存在、分解、生成量和性质及其化学结构;感官实验是通过人的直观检评来分析实验系统的质构、风味和颜色的变化。

根据实验结果和资料查证,可在变化的起始物和终产物间建立化学反应方程,也可能得出比较合理的假设机理,并预测这种反应对食品品质和安全性的影响,然后再用加工研究实验来验证。

根据实验研究结果,研究反应动力学,探讨物质浓度、碰撞几率、空间阻碍、活化能、反应温度、压力及时间对反应速度和反应平衡的影响,同时对反应中间产物、催化因素和反应方向及反应程度受各种条件影响的认识得以深化。有了这些理论基础,就能够确定食品加工和储藏的最佳方法(如合理的原料配比、最佳的反应时间、最适的反应温度、适当的保护或催化措施等),把握和控制对食品品质和安全性有重大影响的化学反应速度。

第六节　食品化学在食品科学中的地位

食品化学是根据现代食品工业发展的需要,在多种相关学科理论与技术发展的基础上形成和发展起来的,它具有显著的多源性、综合性及应用性。在理论、方法和技术方面通过广泛的吸收、消化和创造过程,食品化学成为了食品科学理论和食品工业技术发展与进步的支柱学科之一。

传统食品已不能满足人们对高层次食品的需求,现代食品正向着强调营养、卫生与感官品质,注重保健作用和食用方便的方向发展。食品化学的基础理论和应用研究成果,正在并继续指导人们依靠科技进步、健康而持续地发展食品工业,如果没有食品化学的理论指导,就没有日益发展的现代食品工业。食品化学指导下的现代食品工业见表1-5。

表1-5 食品化学指导下现代食品工业的发展

方　面	过　去	发　展
食品配方	依靠经验	依据原料组成、性质分析和理性设计
工　艺	依据传统、经验和粗放小试	依据原料及同类产品组成、特性的分析,根据优化理论设计
开发食品	依据传统和感觉盲目的开发	依据科学研究资料,目的明确地开发,并增大了功能性食品的开发
控制加工和储藏变化	依据经验,尝试性简单控制	依据变化机理,科学控制
开发食品资源	盲目甚至破坏性的开发	科学地、综合地开发现有资源和新资源
深加工	规模小、浪费大、效益低	规模增大、范围加宽、浪费少、效益高

由于食品化学的发展,有了对美拉德反应、焦糖化反应、脂肪自动氧化反应、酶促褐变、淀粉的糊化与老化、多糖水解反应、蛋白质水解反应、蛋白质变性反应、色素变色与褪色反应、维生素降解反应、酶的催化反应、脂肪水解、脂肪酯交换反应、脂肪热聚、热氧化分解反应、风味物的产生途径和分解变化、生物性食品原料的采后生理生化反应等变化的越来越清楚的认识;也有了对食品成分迁移特性、结晶特性、水化特性、质构特性、风味特性、食品体系的稳定性和流变性、食品分散系的特性、食品原料的组织特性等物理、生物化学和功能性质的越来越深刻的认识。这些认识极大地武装了食品战线上的工作者,因而对现代食品加工和储藏技术的发展产生了深刻的影响(表1-6)。

表1-6 食品化学对各食品行业技术进步的影响

食品工业	影响方面
果蔬加工储藏	化学去皮,护色,质构控制,维生素保留,打蜡涂膜,化学保鲜,气调储藏,活性包装,酶促榨汁,过滤和澄清及化学防腐等
肉品加工	宰后处理,保汁和嫩化,提高肉糜乳化力、凝胶性和黏弹性,超市鲜肉包装,熏肉剂的生产和应用,人造肉的生产,内脏的综合利用(制药)等

食品工业	影响方面
饮料工业	速溶,克服上浮下沉,稳定蛋白饮料,水质处理,稳定带肉果汁,果汁护色,控制澄清度,提高风味,白酒降度,啤酒澄清,啤酒泡沫和苦味改善,防止啤酒馊味,果汁脱涩,大豆饮料脱腥等
乳品工业	稳定酸乳和果汁乳,开发凝乳酶代用品及再制乳酪、乳清的利用,乳品的营养强化等
焙烤工业	生产高效膨松剂,增加酥脆性,改善面包皮色和质构,防止产品老化和酶变等
食用油脂工业	精炼,冬化,调温,脂肪软化性,DHA、EPA 及 MCT 的开发利用,食用乳化剂生产,抗氧化剂,减少油炸食品吸油量等
调味品工业	生产肉味汤料、核苷酸鲜味剂,碘盐和有机硒盐等
发酵食品工业	发酵产品的后处理,后发酵期间的风味变化,菌体和残渣的综合利用等
基础食品工业	面粉改良,精谷制品营养强化,水解纤维素与半纤维素,生产高果糖浆,改性淀粉,氢化植物油,生产新型甜味料,生产新型低聚糖,改性油脂,分离植物蛋白质,生产功能性肽,开发微生物多糖和单细胞蛋白质,食品添加剂生产和应用,野生、海洋和药食两用可食资源的开发利用等
食品检验	检验标准的制定,快速分析,生物传感器的研制等

农业和食品工业是生物工程最广阔的应用领域之一,生物工程的发展为食用农产品的品质改造、新食品的开发及食品添加剂和食用酶的开发拓宽了道路,然而,生物技术在食品中应用的成功与否紧紧依赖着食品化学。首先,必须通过食品化学的研究来指明原有生物原料的物性有哪些需要改进以及改进的关键在哪里,指明何种食品添加剂和何种食用酶是急需的以及它们的化学结构和性质如何。例如,食品化学揭示了多聚半乳糖醛酸酶在植物组织软化中的作用,生物工程技术就创造出采后不表达该酶的番茄,从而使番茄在后熟中可以保持良好的硬度。其次,生物工程产品的结构和性质有时并不和食品中的应用要求完全相同,需要进一步分离、纯化、复配、改性和修饰。在这些工作中,食品化学具有最直接的指导意义。例如,在食用酶中添加稳定剂和分散剂,将添加剂配成复合添加剂,对新产品进行品质分析以决定其优劣并找出其利用价值等。最后,生物工程可能生产出传统食品中没有用过的材料,需由食品化学研究其在食品中利用的可能性、安全性和有效性。

近年来,食品科学与工程领域发展了许多新技术,并正在逐步把它们推向食品工业的应用。例如,利用光化学理论和技术发展可降解食品包装材料,利用生物工程理论与技术发展会用生化反应器改造食品发酵技术和改良原料品种。利用电磁理论和技术发展微波加工食品技术,利用低温技术发展速冻食品技术和食品冷冻干燥技术,利用放射化学理论与技术发展食品辐照保鲜技术、气调技术,利用传质理论和膜技术发展可食膜包装和微胶囊技术,利用结构与韧性关系理论发展原料改性及食品挤压、膨化和超微粉末化技术。由于这些新技术实际应用成功的关键依然是对物质结构、韧性和变化的把握,所以它们发展的速度紧紧依赖于食品化学在这一新领域内的发展速度。的确,各国的食品化学家已为此投入了巨大热情和精力,这些新技术在食品工业的发展中将起到越来越大的作用。

总之,食品化学理论和技术的发展强烈依赖其他学科理论和技术的发展,即便独立的食品化学技术体系建立起来后也是如此。

第七节　食品化学的发展前景和研究方向

一、食品化学发展前景

近年来,中国的食品工业一直快速发展,并已走向了初级发展阶段。为了满足人们生活水平日益提高的需要,今后的食品工业必将会向更健康的方向发展,因此,目前我国把食品科研的重点转向高、深、新的理论和技术研究方法,这将为食品化学的发展创造有利的机会。同时,由于现代分析方法和食品技术的应用,以及现代生物学和应用化学理论的进步,使得我们对食品成分的结构和反应机理有了更新的理解。另外,食品科技界也正在采用现代生物技术和化学工业技术发展食品科技,提高食品的质量和安全性,开发保健食品,甚至改变食品的成分、结构、营养性和其他性质。这些为今后食品化学的发展创造了有利的机会。

二、食品化学学科今后的研究方向

食品化学今后的研究方向主要有以下几个方面:

① 继续研究不同原料和不同食品的组成、性质和在食品加工储藏中的变化及其对食品品质和安全性的影响。

② 开发新食源,特别是新的食用蛋白资源,发现并脱除新食源中的有害成分,保留有益成分。

③ 继续研究解决现有食品工业生产中存在的各种技术问题,如变色变味,质地粗糙、货架期短、风味不自然等。

④ 运用现代化科学与技术手段对保健功能性食品中有效成分的含量、结构、

生理活性、保健作用、提取方法及食品应用加以深入研究,强化保健食品开发的科学性。

⑤ 现代储藏保鲜技术中辅助性的化学处理剂和膜剂的研究和应用。

⑥ 利用现代分析手段和高新技术,深入研究食品的风味化学和加工工艺学。

⑦ 新的食品添加剂的开发、生产、应用和安全性的研究。

⑧ 快速和精确分析检验食品成分(特别是有害成分)的方法或新的检测技术的研究和开发。

⑨ 食品深加工和资源综合利用的研究,特别是对高经济价值成分的确立、资源转化中的化学变化及转化产物的提取分离技术的研究。

⑩ 食品基础原料的改性技术研究。

可以肯定,尽管目前我国食品化学学科基础还很薄弱,未来的发展道路也不平坦,但随着科学技术的进步,食品化学的蓬勃发展必将到来。

思考题

1. 什么是食品化学?它的研究内容和范畴是什么?

2. 试述食品中主要的化学变化及对食品品质和安全性的影响。

3. 食品化学的研究方法有何特色?

第二章 水分

本章重点:水和冰的结构及其在食品体系中的行为对食品的质地、风味和稳定性的影响。水分活度与水分吸着等温线的概念和意义及水分活度对食品稳定性的影响。食品中水分含量和水分活度的测定方法。

难点:水分活度与食品稳定性的关系,笼形水合物。

在地球上,水是储量最多、分布最广的一类物质,它不仅以游离的状态集中地存在于江河海洋中,也以分散的形式存在于绝大部分的物体中。生物体内含有大量的水,一般占体重的70%~80%,是体内含量最高的组分。水在生物体内的功能可概括为:

① 稳定生物大分子的构象,使之表现出特异的生物活性;

② 作为体内通用的介质,使各类生物化学反应得以顺利进行;在许多反应中,水又是反应物或生成物,参与了反应;

③ 作为营养物质或代谢废物的载体,把它们输送到生物体的各有关部位;

④ 由于水的热容量大,故可用来调节温度、平衡温度;

⑤ 对体内各运动部位起润滑作用。

第一节 水在食品中的作用

水是食品六大营养素之一,是维持人类正常生命活动必需的基本物质。它广泛地存在于各类食品中,并与食品的质量和稳定保藏有非常密切的关系。作为许多食品的主要成分,每一种食品都具有特定的水分含量(表2-1)。它以适当的数量定位和定向存在于食品中,对食品的结构、外观和外表以及对腐败的敏感性有着很大的影响。

表 2-1 各种食品的含水量

食品	含水量/%
肉类	
猪肉:生的分割瘦肉	53~60
牛肉:生的零售分割肉	50~70

食品	含水量/%
鸡肉:各种级别的去皮生肉	74
鱼:肌肉蛋白质	65 ~ 81
水果	
浆果、樱桃、梨	80 ~ 85
苹果、桃子、橘子、葡萄柚	85 ~ 90
草莓、番茄	90 ~ 95
蔬菜	
豌豆(绿)	74 ~ 80
甜菜、茎椰菜、胡萝卜、马铃薯	80 ~ 90
芦笋、菜豆(绿)、卷心菜、花菜、莴苣	90 ~ 95

水在食品中的作用可分为以下几个方面：

① 作为食品的溶剂,水是有极性的,作为溶剂可以溶解很多物质,这些物质的分子也往往具有一定的极性,溶于水后成为水溶液。这些物质包括营养物质和风味物质,还有异味和有害物质等,统称为水溶性物质。它们有的存在于食品的细胞内或结构组织中间,有的是在加工储藏过程中产生。例如畜肉中含有低肽、氨基酸、低分子有机物、单糖、双糖、低级有机酸、维生素、无机盐等水溶性物质,烹制肉时,其细胞破裂,结构松散,水溶性成分溶出,与加热过程中产生的水溶性风味物质和调味品中的水溶性物质混合在一起,构成特有的肉香味。水在这里主要作为溶剂,起着综合风味的作用。

② 水作为食品中的反应物或反应介质,在食品加工过程中发生的大部分物理化学变化,都是在水溶液中进行或者在水的参与下发生的,这时水作为介质能加快反应速率。同时,水作为反应物质参加反应,如水解反应、羰氨反应,需在有水参与下才能完成。又如发酵面团中的酵母等微生物,需要适宜的水和温度才能使分泌的酶很好地发挥作用,将面团中的糖类很快氧化,产生大量的二氧化碳,从而使面团变得蓬松。

③ 水能去除食品加工过程中的有害物质,有些苦味物质和有害物质,可在水中溶解除去或者被水解破坏。利用这个原理,常用浸泡、焯水等方法去除异味和有害物质。例如,核桃中单宁物质是造成苦涩味的主要成分,必须用热水浸泡并去皮除去大部分单宁,才能去掉苦味,并且色白。又如鲜黄花菜中含有对人体有害的秋水仙碱,它可溶于水,如将鲜黄花菜浸泡 2 h 以上或用热水烫后,挤去水分,漂洗干净,即可去除秋水仙碱供食用。应当说明的是,水在食品加工中除具有上述积极作用外,还具有某些消极作用,即会使有益物质流失。一些水溶性的

营养物质和风味物质,如单糖和某些低聚糖、水溶性维生素、水溶性含氮化合物、某些醇类、氨基酸等被水溶解,如加工方法不当,会造成流失,食品加工中应充分注意这个问题。

④ 作为食品的浸涨剂,水可使干货食品制品中的高分子物质,例如淀粉、蛋白质、果胶、琼脂、藻酸等干凝胶吸水发生浸涨。浸涨是高分子化合物干凝胶在水中浸泡引起体积增大的现象。被高分子物质吸收的水,储存于它们的凝胶结构网络中,使其体积膨大;由于分子体积大,不能形成水溶液,而是以凝胶状态存在。浸涨后的物质比其在浸涨前更易受热、酸、碱和酶的作用,所以容易被人体消化吸收,但也容易被细菌或其他不正常环境因素破坏而腐败变质,故干货原料应随发随用。

⑤ 作为食品的传热介质,水是液体,具有较大的流动性,传热比原料快得多,同时水的黏性小,沸点相对较低,渗透力强,又是反应介质,因此是食品理想的传热介质。水主要以对流的形式进行热传导。在加热时,水分子的运动是很剧烈的,由于上下的水温不同,形成了对流。通过水分子的运动和对原料的撞击传递热量。当然,在各种加工方法中,水的多种作用不是截然分开的,不论是以溶剂作用为主,还是以传热为主。总的来说,传热和综合风味的作用、反应介质的作用等都是同时存在的。

⑥ 水是生物大分子化合物构象的稳定剂,以及包括酶催化在内的大分子动力学行为的促进剂。此外,水也是植物进行光合作用过程中合成碳水化合物所必需的物质。

第二节　食品中水和冰的结构与性质

由于大多数新鲜的食品含有大量的水,因此期望长期储存它们,就需要采取有效的保藏方式。传统的脱水或局部地使水形成纯冰结晶(冷冻)都可以将水除去,但这会明显地改变食品和生物物质的原有性质。事实上,试图将水恢复到原有状态(复水、解冻)的诸多努力均未取得完全的成功,因而有必要对水与冰作详尽的研究。

一、食品中水的结构

(一)水分子的结构

水分子具有在三维空间内形成许多氢键的能力可充分地解释水分子间存在

着大的引力。与共价键(平均键能约 355 kJ/mol)相比,氢键较弱(一般为 2~40 kJ/mol)。O—H 之间形成的氢键,其键能为 13~25 kJ/mol。

单个水分子的结构,见图 2-1。从水分子的结构可以看出水是典型的极性分子。应当指出,纯水中不仅含有普通的水分子,而且还含有其他的微量成分。例如靠水分子自身的极性,水分子可以发生微弱的电离,所以,水中含有微量的氢离子(以 H_3O^+ 存在)和羟基离子(OH^-)。水分子具有很强的缔合作用,这种强缔合作用的具体解释主要是由于 O—H 键的强极性,共用电子对强烈地偏向氧原子一端,氢原子几乎成为裸露的带正电荷的质子,这个半径很小且带正电荷的质子,能够和带相对负电荷的另一水分子中的氧原子之间产生静电引力,这种作用力所产生的能量一般为 2~40 kJ/mol 的范围,比化学键弱,但比纯分子间力强,称之为氢键。由于水分子呈 V 字形,

图 2-1　单个水分子的结构示意图

且水分子中的氧原子最外层有两对孤对电子,所以,每个水分子最多能与另外 4 个水分子形成氢键,得到四面体结构。水分子通过氢键形成的四面体结构如图 2-2 所示。

图 2-2　水分子通过氢键形成的四面体结构

(大球和小球分别代表氧原子和氢原子,虚线代表氢键)

(二)水分子的缔合作用

从水的异常性质可以推测水分子间存在着强烈的吸引力,且水和冰具有不同寻常的结构。水分子的 V 字形式以及 O—H 键的极性导致电荷的不对称分布和蒸汽态纯水分子的偶极矩为 1.84 D（德拜）（$1 D = 3.336 \times 10^{-30} C \cdot m$）。此极性程度使水分子间产生引力,因而水分子以相当大的强度缔合。然而,水分子间异常大的引力并不能完全由它的大偶极矩来解释,因为偶极矩不能反映电荷暴露的程度和分子的几何形状,当然这些方面与分子缔合强度有重要的关系。

在液态水中,水分子通过氢键缔合,在温度恒定的条件下,整个体系的氢键和结构形式保持不变。在实际情况中,由于一个水分子可以和几个水分子相互靠近形成各种不同结构和大小的"水分子团",当有其他物质存在时,水分子团就会受到各种各样的影响,这就直接影响到水的口感和作用。

由于静电力对氢键键能作出了主要的贡献（可能是最大的贡献）,又由于水的静电模型是简单的,而且当水以冰的形式存在时,导出一个基本正确的 H—O—H 的几何图形,因此,进一步讨论由水分子缔合形成的几何模式时将着重于静电作用。虽然就目前的意图而言,这种简化处理的方法是完全满意的,但是如果要满意地解释水的其他特性,必须对这个方法进行改良。

因为每个水分子具有数量相等的氢键给予体和氢键接受体的部位,并且这些部位的排列可以形成三维氢键,因此,甚至与其他一些也形成氢键的小分子（如 NH_3 或 HF）相比较,存在于水分子间的吸引力仍然是特别的大。氨含有三个氢和一个接受体部位,氟化氢含有一个氢和三个接受体部位。虽然它们都具有四面体排列,但是没有相等数量的给予体和接受体部位,因此只能形成二维氢键网,每分子氢键的数目比水少。

如果考虑同位素变种、水合氢离子和羟基离子时,可以想象到一些水分子的缔合是极其复杂的。如图 2 - 3 所示,由于水合氢离子(a)带正电荷,因此,可以预料它比非离子化水具有更大的氢给予能力;由于羟基离子(b)带负电荷,因此,可以预料它比非离子化水具有更大的氢接受能力。

水具有形成三维氢键的能力,这为它的许多异常性质提供了一个合乎逻辑的解释。例如,水具有高热容、高熔点、高沸点、高表面张力和高相变热,这些都是与打破分子间氢键所需额外的能量有关。水的介电常数也受氢键的影响。虽然水是偶极分子,但是单纯用偶极并不能解释水的介电常数的大小。显然,水分子的成簇氢键产生了多分子偶极,它能显著地提高水的介电常数。

（a）水合氢离子的结构和形成氢键的可能性　　　　（b）羟基离子的结构和形成氢键的可能性

图 2-3　水合氢离子和羟基离子的结构和形成氢键的可能性

（虚线代表氢键，而 X、H 代表溶质或水分子）

　　液体水具有结构，显然它不足以产生长距离范围的刚性，但肯定比蒸汽态分子的排列有规则得多，因此，某个水分子的定向与流动性显著地受到与它相邻分子的影响。

　　水是一种"敞开"的液体，它的密度仅相当于根据紧密堆积推算的 60%，此种紧密堆积在非结构液体中是普遍存在的。水部分地保留了冰的敞开、氢键和四面体排列，根据这一点就易于解释水的低密度。虽然冰的熔化热很高，但是它只能打断冰中约 15% 的氢键。尽管不一定需要原存在于冰中的氢键的 85% 保留在水中（例如，更多的氢键可能断裂，而同时增加的范德瓦耳斯力相互作用可能掩盖了能量的变化），然而许多研究结果仍然支持确实存在着众多水—水氢键的见解。

　　阐明纯水的结构是非常复杂的问题。研究者已经提出了许多理论，但大多都过于简单或不完整，几乎没有那个陈述能保证在它们被提出之后的数年之内不被修改。因此，这里仅简略地介绍若干个模型。

　　目前，已经提出三个一般模型：混合模型、间隙模型和连续模型（也被称为均一模型）。混合模型的主要概念如下：分子间氢键瞬时地浓集在庞大成簇的水分子中，后者与其他更稠密的水分子处于动态平衡。

　　连续模型包含如下的概念：分子间氢键均匀地分布在整个试样中，原存在于冰中的许多键在冰熔化时简单地扭曲而不是断裂。此模型认为存在着一个由水分子构成的连续网，当然具有动态本质。

　　间隙模型涉及如下的概念：水保留一种似冰或笼形物结构，而个别水分子填充在笼形物的间隙中。在所有的三种模型中，占优势的结构特征是液体水分子以短暂、扭曲的四面体形方式形成氢键缔合。所有的模型也容许各个水分子频繁地改变它们的排列，即一个氢键快速地终止而代之以一个新的氢键，在温度不变的条件下，整个体系的氢键和结构程度保持不变。

水分子中分子间氢键键合的程度取决于温度。冰在0℃时具有4的配位数（最接近的水分子的数目），与最接近的水分子的距离为0.276 nm。当温度达到熔化潜热时冰熔化，即一些氢键断裂（最接近的水分子间的距离增加），而其他氢键变形，水分子呈缔合的流体状态，总体上它们更加紧密。随着温度提高，配位数从0℃冰时的4增加至1.50℃水时的4.4时，随后至83℃水时的4.9。同时，最接近的水分子间的距离从0℃冰时的0.276 nm增加至1.5℃水时的0.29 nm，乃至随后83℃水时的0.305 nm。

显然，冰向水转变伴随着最接近的水分子间的距离的增加（密度下降）和最接近的水分子的平均数目的增加（密度增加），当后一个因素占优势时就导致大家所熟悉的净密度增加。当进一步加热使温度超过熔点时，水的密度在3.98℃达到最大后逐渐下降。显然，配位数增加的效应在0℃和3.98℃之间是占优势的，而最接近的水分子间的距离增加的效应（热膨胀）在温度超过了3.98℃后占优势。

水的低黏度特点是与前已描述的它的结构类型相一致，这是因为水分子的氢键键合排列是高度动态的，允许各个水分子在毫微秒至微微秒的时间间隔内改变它们与邻近水分子间的氢键键合关系，从而增加了水的流动性。

二、食品中冰的结构

（一）冰的结构

冰结晶是由水分子按一定的排列方式靠氢键连接在一起的。扩大的普通冰结构，见图2-4。可以看出，冰中的每个水分子都与其相邻的4个水分子形成四面体结构，每个水分子都位于四面体的顶点（晶格结点），这样就构成了水分子的分子晶体。冰远非是静止或均一的，它的特征还取决于温度，当温度接近-180℃或更低时，所有的氢键才是完整的，随着温度的升高，就会有部分氢键断裂，使冰晶体变得不完整。

图2-4 扩大的普通冰结构示意图
（空心和实心圆圈分别代表基本平面的上层和下层中的氧原子）

(二)溶质对冰晶结构的影响

冰晶的晶形、数量、大小、结构、位置和取向,受水中溶质的种类、数量、冻结速度的影响。当冻结速度较慢,并且水中溶质(如蔗糖、甘油、蛋白质)的性质与浓度对水分子的流动干扰不大时,就产生六方晶形,随着冷冻速度的加快或亲水胶体(如明胶、琼脂等)浓度的增加,立方形和玻璃态的冰较占优势。冻结温度越低,冻结速度越快,越能限制水分子的活动范围使其不易形成大的冰晶,甚至完全成为玻璃态结构。

冰的结构主要有4种类型:六方形、不规则树状、粗糙球状、易消失的球晶。而食品中冰总是以最有序的六方形冰结晶形式存在。反之,例如高浓度明胶会导致形成较无序的冰晶形式。

三、食品中水和冰的性质

由于食品中水和冰结构上的特殊性,导致它们与结构相近的化合物如 CH_4、NH_3、H_2S 相比具有许多特殊的物理性质:水在异常高的温度下沸腾;水具有异常高的表面张力、介电常数、热容和相转变热(熔化热、蒸发热和升华热);水具有较低的密度;水在结晶时显示异常的膨胀特性;水具有低的黏度。水的低黏度是与前面所描述的它的结构相一致的,因为水分子的氢键排列是高度动态的。水的这些热学性质对于食品加工中冷冻和干燥过程都有重大的影响。

食品中含有一定水溶性成分,这将使食品的完全结冰温度持续下降到更低,直至低共熔点。低共熔点在 -55℃ ~ -65℃ 之间,而中国的冷藏食品的温度常为 -18℃,因此,冻藏食品的水分实际上并未完全凝结固化。尽管如此,在这种温度下绝大部分水已冻结了,并且是在 -1℃ ~ -4℃ 之间完成了大部分冰的形成过程。在纳秒至皮秒间个别的水分子可以改变与它邻近的水分子间的氢键关系,因此增加了水的运动和流动。食品中水与冰的某些物理性质,见表 2-2。

表 2-2 水与冰的物理性质

物理量名称	物理量数值
相对分子质量	18.0153
相变性质	
熔点(在 0.1MPa)	0.000℃
沸点(在 0.1MPa)	100.000℃
临界温度	373.99℃
临界压力	22.064 MPa

续表

物理量名称	物理量数值			
三相点	0.01℃和611.73 Pa			
溶解热(0℃)	6.012 kJ/mol			
蒸发热(100℃)	40.657 kJ/mol			
升华热(0℃)	50.91 kJ/mol			
其他性质	20℃	0℃	0℃(冰)	−20℃(冰)
密度/(g/cm³)	0.99821	0.99984	0.9168	0.9193
黏度/Pa·s	1.002×10^{-3}	1.793×10^{-3}	—	—
界面张力(相对于空气)/(N/m)	72.75×10^{-3}	75.64×10^{-3}	—	—
蒸汽压/kPa	2.3388	0.6113	0.6113	0.103
热容/[J/(g·K)]	4.1818	4.2176	2.1009	1.9544
热导率(液体)/[W/(m·K)]	0.5984	0.5610	2.240	2.433
热扩散率/(m²/s)	1.4×10^{-7}	1.3×10^{-7}	11.7×10^{-7}	11.8×10^{-7}
介电常数	80.20	87.90	~90	~98

第三节　食品中水与非水组分的相互作用

　　向食品中的水添加各种不同的溶质,不仅会改变被添加溶质的性质,而且水本身的性质也会发生明显的变化。溶质和水混合时会同时改变这两个成分的性质。亲水溶质会改变邻近水的结构和流动性,水会改变亲水溶质的反应性,有时甚至改变其结构。

一、食品中水与离子和离子基团的相互作用

　　离子和有机分子的离子基团比任何其他类型的溶质在更大的程度上阻碍了水分子的流动性。水—离子键的强度大于水—水氢键的强度,但是远小于共价键的强度。加入可以离解的溶质会打破纯水的正常结构(基于氢键的四面体排列)。水和简单的无机离子产生偶极—离子相互作用。图2-5所示的例子包括NaCl离子对的水合。图中仅描述了纸平面上的第一层水分子。在一个稀离子水溶液中,由于第一层水分子和处在更远的以四面体方式定向的"体相"水所产生的相互矛盾的结构的影响,因此可以认为第二层水是以结构被扰乱的状态存在。在浓盐溶液中,或许不存在体相水,而离子或许支配着水的结构。

大量证据表明一些离子在稀溶液中具有净结构破坏效应(溶液比纯水具有较高的流动性),而另一些离子具有净结构形成效应(溶液比纯水具有较低的流动性)。应将术语"纯结构"理解为它涉及所有种类的结构,包括正常的或新类型的水结构。从"正常"的水结构观点来看,所有离子都是破坏性的。

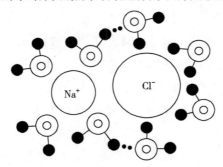

图 2-5　邻近 NaCl 的水分子的可能排列方式

(图中仅显示纸平面中的水分子)

一种指定的离子改变净结构的能力紧密地关系到它的极化力(电荷除以半径)或它的电场强度。小离子或多价离子(大多数阳离子,如 Li^+,Na^+,H_3O^+,Ca^{2+},Ba^{2+},Mg^{2+},Al^{3+},F^- 和 OH^-)具有强电场,是净结构形成者。这些离子形成的结构超过了对正常水结构的任何损失的补偿。这些离子强烈地与 4 至 6 个第一层水分子相互作用,导致它们比纯水中的 H—O—H 具有较低的流动性和包装得更紧密。半径大的和单价离子(大多数阴离子和大阳离子,如 K^+,Rb^+,Cs^+,NH_4^+,Cl^-,Br^-,I^-,NO_3^-,BrO_3^-,IO_3^- 和 ClO_4^-)具有颇弱的电场,是净结构打破者,尽管对于 K^+ 来说此效应是很微弱的。这些离子打破水的正常结构,并且新的结构又不足以补偿这种结构上的损失。

当然,离子的效应远超过它们对水结构的影响。离子具有不同的水合(争夺水)、改变水结构、影响水介质的介电常数以及决定胶体周围双电层的厚度等能力,因而显著地影响了其他非水溶质和悬浮在介质中的物质的"相容程度"。于是,蛋白质的构象与胶体的稳定性(与 Hofmeister 或感胶离子序相一致的盐溶和盐析)也大大地受到共存的离子的种类和数量的影响。

二、食品中水与中性基团的相互作用

水与非离子、亲水溶质的相互作用弱于水—离子相互作用,而与水—水氢键相互作用的强度大致相同。取决于水—溶质氢键的强度,第一层水与体相水相比,显示或不显示较低的流动性和其他不同的性质。

　　人们或许可以预料能形成氢键的溶质会促进或至少不会打破纯水的正常结构。然而,在某些情况下,已发现溶质氢键部位的分布和定向在几何上与在正常水中所存在的是不相容的。于是,这些类型的溶质对水的正常结构往往具有一种破坏作用。尿素可作为一个具有形成氢键能力的小分子溶质的很好例子,由于几何上的原因,它对水的正常结构具有显著的破坏作用。

　　应当指出,加入一种能破坏水的正常结构的具有形成氢键能力的溶质并不能显著地改变每摩尔溶液中氢键的总数,这可能是由于遭破坏的水—水氢键被水—溶质氢键所替代的缘故。因此,这些溶质对上节所定义的净结构的影响是很小的。

　　水能与各种潜在的合适基团(如羟基、氨基、羰基、酰胺或亚氨基)形成氢键。有时形成"水桥",这是指一个水分子与一个或多个溶质分子的两个合适的氢键部位相互作用。水与蛋白质中两类功能团形成氢键(虚线)如图 2 - 6所示。

$$—N—H\cdots O—H\cdots O=C—$$

图 2 - 6　水与蛋白质中两类功能团形成氢键(虚线)

　　一个更详尽的例子是木瓜蛋白酶主链单元之间的由 3 个水分子构成的水桥,如图 2 - 7 所示。

图 2 - 7　存在于木瓜蛋白酶中的一个三分子水桥

(23,24 和 25 是水分子)

已经发现,许多结晶大分子中的亲水基团彼此相隔一定距离,这个距离与纯水中最相邻的氧的间隔相等。如果在水合的大分子中普遍存在这种间隔,有可能在第一层和第二层水中相互形成氢键。

三、食品中水与非极性物质的相互作用

水与非极性物质,如烃类、稀有气体、脂肪酸、氨基酸和蛋白质的非极性基团,相混合无疑是一个在热力学上不利的过程($\Delta G > 0$)。自由能的变化是正的并不是由于 ΔH 是正的(对于低溶解度溶质确是如此),而是因为 $T\Delta S$ 是负的。熵的减少是由于在这些不相容的非极性物质的邻近处形成了特殊的结构。此过程被称为疏水水合[图2-8(a)]。

由于疏水水合在热力学上是不利的,因此,可以理解水会倾向于尽可能地减少与共存的非极性物质缔合。于是,当两个分离的非极性基团存在时,不相容的水环境会促使它们缔合,从而减小了水—非极性界面,这是一个热力学上有利的过程($\Delta G < 0$)。此过程是疏水水合的部分逆转,被称为"疏水相互作用",并可用下式描述它的最简单形式:

$$R(水合的) + R(水合的) \longrightarrow R_2(水合的) + H_2O$$

式中:R 是一个非极性基团[图2-8(b)]。

由于水和非极性基团具有相对抗的关系,因此水调整自身的结构以便尽可能少地与非极性基团接触。图2-9描述了确信存在于邻近非极性基团的水层中的这类水结构。水和疏水基团间相对抗关系的两个方面值得加以详尽地描述:笼状水合物的形成和水与蛋白质分子中的疏水基团的缔合。

（a）疏水水合和

（b）疏水相互作用

图2-8　疏水水合和和疏水相互作用的图示
（空心圆球代表疏水基团,画影线的区域代表水）

图 2-9 在疏水表面上水分子的定向

笼状水合物是冰状包合物,其中水为"主体"物质,通过氢键形成了笼状结构,后者物理截留了另一种被称为"客体"的非极性小分子。笼状水合物的意义在于它们代表了水对非极性物质的最大程度的结构形成响应,而且在生物物质中天然地存在着相似类型的超微结构。事实上,笼状水合物是结晶,它们易于生长至可见大小,只要压力足够地高,一些笼状水合物在温度高于0℃时仍然是稳定的。

笼状水合物的客体分子是相对分子质量较低的化合物,它们的大小和形状适合于由 20~74 个水分子构成的主体水笼子的大小。典型的客体分子包括低相对分子质量烃和卤代烃、稀有气体、短链一级胺、二级胺和三级胺、烷基铵、锍和𬭩盐。水和客体之间的相互作用是轻微的,通常不超过弱范德瓦耳斯力。笼状水合物是水力图避免与疏水基团接触而形成的特殊产物。

有证据表明,类似于结晶笼状水合物的结构可能天然地存在于生物物质中,如果正是如此,由于这些结构可能影响如蛋白质这样的分子的构象、反应性和稳定性而比结晶水合物重要得多。例如,有人认为在暴露的蛋白质的疏水基团存在着部分笼状结构。水的笼状结构在像氙这样的惰性气体的麻醉作用中也可能有一定的作用。

水与蛋白质的疏水基团之间不可避免的缔合对于蛋白质功能性质具有重要

的影响。由于在典型的低聚食品蛋白质中约40%氨基酸侧链是非极性的,因此这些不可避免的接触的程度可能是相当大的。这些非极性基团包括丙氨酸的甲基、苯丙氨酸的苯基、缬氨酸的异丙基、半胱氨酸的巯甲基和亮氨酸的第二丁基和异丁基。其他化合物如醇、脂肪酸和游离氨基酸的非极性基团也能参与疏水相互作用,但是这些相互作用的结果的重要性肯定不如涉及蛋白质的那些相互作用的结果的重要性。

由于蛋白质的非极性基团暴露于水中在热力学上是不利的,因此,就会出现如图2-10所示的疏水基团的缔合或"疏水相互作用"。疏水相互作用提供了使蛋白质折叠的一个重要的驱动力,导致许多疏水残基处在蛋白质分子的内部。尽管存在着疏水相互作用,然而球状蛋白质中的非极性基团一般仍占据40%~50%的表面积。疏水相互作用也被认为在维持大多数蛋白质的三级结构中起着首要的作用。因此,降低温度会导致疏水相互作用变弱和氢键变强,这一点是相当重要的。

图2-10　一个经受疏水相互作用的球状蛋白质的图示

(其中,空心圆球是疏水基团,圆球周围的"L-形"物质是根据疏水表面定向的水分子,小点代表与极性基团缔合的水分子)

综上所述,水与溶质的结合力十分重要,它们的相互作用如表2-3所示。

表2-3　水—溶质相互作用的分类

类型	实例	与水—水氢键[①]相比的相互作用强度
偶极—离子	水—游离离子 水—有机分子上的带电基团	较大[②]
偶极—偶极	水—蛋白质 NH 水—蛋白质 CO 水—侧链 OH	近乎相等
疏水水合	水 + R[③]→R(水合的)	较小($\Delta G > 0$)
疏水相互作用	R(水合的)+ R(水合的)→R$_2$(水合的)+ H$_2$O	不可比[④](> 疏水相互作用;$\Delta G < 0$)

注:①12~25kJ/mol;②比单个共价键的强度弱得多;③R是烷基;④疏水相互作用是熵驱动的,而偶极—离子和偶极—偶极相互作用是焓驱动的。

第四节 食品中水的存在状态

食品中的水分,根据连接水分子的作用力形式和水分子与非水成分的相互作用程度不同,可分为两类。

一、食品中的体相水

这类水也称自由水,主要是指食品中的容易结冰且能溶解溶质的水。它们主要是靠毛细管力维持着,大致可以分为三类:不可移动水或滞化水、毛细管水和自由流动水。

①滞化水。例如一块质量100g的肉,总含水量为70~75g,含蛋白质20g,在总含水量中有60~65g被组织中的纤维或亚纤维结构及膜所阻留住的水,不能自由流动,所以称为不可移动水或滞化水。

②毛细管水。在生物组织的细胞间隙和制成食品的结构组织中,还存在着一种由毛细管力所截留的水分,称为毛细管水,在生物组织中又称为细胞间水。它在物理和化学性质上与滞化水是一样的。

③自由流动水。动物的血浆、淋巴和尿液,植物导管和细胞内液泡中的水分都是可以自由流动的水分,也称游离水。

二、食品中的结合水

结合水也称束缚水。它是存在于溶质和其他非水成分相邻近,并与同一体系中的体相水具有显著不同性质的那部分水。它与溶质和其他非水成分主要靠氢键结合力维系。

结合水主要以构成水、邻近水、多层水三种状态存在。

①构成水。构成水是指与食品中其他亲水物质(或亲水基团)结合最紧密的那部分水,它与非水物质构成一个整体。

②邻近水。邻近水是指亲水物质的强亲水基团周围缔合的单层水分子膜。它与非水物质主要靠水—离子、水—偶极强氢键缔合作用结合在一起。

③多层水。单分子水化膜外围绕亲水基团形成的另外几层水,主要依靠水—水氢键缔合在一起。虽然多层水中亲水基团强度不如邻近水,但由于水与亲水物质靠的足够近,以至于性质也和纯水大不相同。

除了上述化学结合水外,存在于一些细胞中的微毛细管水(毛细管半径小于

0.1 μm），由于受微毛细管的物理限制作用，被强烈束缚，也属于结合水的范畴。大部分的结合水是和蛋白质、糖等相结合。据测定，每100 g组织中可结合的水分平均达50 g之多。在动物的器官组织中，蛋白质约占20%，所以在100 g组织中由蛋白质结合的水可达10 g。植物材料的情况也与此相类似，每100 g淀粉的持水量在30~40 g之间。

虽然在结合水和体相水之间难以做定量的划分，但是可以根据其物理、化学性质做定性的区分。结合水有两个特点：不宜结冰（冰点 −40℃）；不能作为溶剂。结合水不宜结冰这一点有很重要的生物学意义。由于这种性质，植物的种子和微生物的孢子（都是几乎没有自由水的材料）才得以在很低的温度下保持其生命力，而多汁的组织（新鲜水果、蔬菜、肉等）在冰冻后细胞结构被冰晶所破坏，解冻后组织立即崩溃。此外，与体相水相比较，应考虑结合水虽然具有"被严重阻碍的流动性"，但却不是"被彻底固定化的"。在一种典型的高水分含量食品中，结合水仅占总含水量的很小比例。

第五节　食品中含水量的表示方法

食品存放过程中，经常有腐败现象发生，这与食品中水分的含量有关。浓缩和脱水过程的主要目的是降低食品的水分含量，同时提高溶质的浓度和降低食品的腐败性。但不同类型的食品虽然水分含量相同，但是他们的腐败性质显著不同。因此，食品中水分含量不是腐败性的可靠指标。在此情况下，引入水分活度（A_w）的概念，能反应水与各种非水成分缔合的强度，比水分含量能更可靠地预示食品的稳定性、安全性和其他性质，更能说明食品腐败的问题。

尽管水分活度（A_w）也并非是一个完全可靠的指标，然而它与微生物生长和许多降解反应具有很好的相关性，因此它成为一个产品稳定性与微生物安全的有用指标。

一、水分活度的定义

G. N. Lewis从平衡热力学定律中严密地推导出物质活度的概念，而Scott首先将它应用于食品。严格地说，水分活度应按下式定义：

$$A_w = f/f_0 \tag{2-1}$$

式中：f是溶剂的逸度（逸度是溶剂从溶液逃脱的趋势），而f_0是纯溶剂的逸度。在低压（例如室温）下，f/f_0和P/P_0之间的差别小于1%，因此根据P/P_0定义

A_w 显然是有理由的。

于是：

$$A_w = P/P_0 \qquad (2-2)$$

式中：A_w 为水分活度；P 为是某种食品在密闭容器中达到平衡状态时的水蒸气分压，即食品上空水蒸气的分压力；P_0 为相同温度下的纯水的饱和蒸汽压。

此等式成立的前提是溶液是理想溶液和存在热力学平衡。然而，食品体系一般不符合上述两个条件，因此应将式（2-2）看作为一个近似，更合适的表达式应是如下所示。

$$A_w \approx P/P_0 \qquad (2-3)$$

由于 P/P_0 是测定项目，并且有时不等于 A_w，因此，使用 P/P_0 项比 A_w 更为准确。P/P_0 又称"相对蒸汽压"（RVP）。尽管对于食品体系使用 RVP 在科学意义上比使用 A_w 更确切，但 A_w 是被普遍使用的术语，它也会出现在本书的其他章节。

如果出现下述两种基本情况，那么就不能采用 A_w – RVP 方法完美地估计食品的稳定性：违背方程（2-2）能成立的假设和存在溶质的特殊效应。但当用水的吸收而不是解吸制备干燥产品时出现一个例外（滞后效应），后面会讨论这个问题。

当出现违背方程（2-2）得以成立的假设的情况时，RVP 作为解释理论模型的机制的工具就失效，因为理论模型是以这些假设为基础的（水分吸着等温线的理论模型往往是符合这些假设的）。

在少数很重要的实例中，溶质特殊效应使 RVP 成为食品稳定和安全的不良指示物，这种情况甚至在方程（2-2）得以成立的假设得到完全满足时仍可能发生。在这些情况下，具有相同的 RVP 而含有不同溶质成分的食品能显示不同的稳定性和其他性质。如果我们期望 RVP 作为判断食品安全或稳定的一个工具，那么绝不能忽视这个问题。图 2-11 的数据清楚地指出，金黄色葡萄球菌（*staphlococcus aureus*）生长所需的最低 RVP 取决于溶质的种类。

RVP 与产品环境的百分平衡相对湿度（ERH）有关，如下式所示：

$$RVP = P/P_0 = ERH/100 \qquad (2-4)$$

必须注意此关系的两个方面。第一，RVP 是样品的一种内在性质，而 ERH 是与样品平衡的大气的性质；第二，仅当产品与它的环境达到平衡时方程（2-4）的关系才能成立。平衡的建立即使对于很小的试样（小于 1g）也是一个耗时的过程，对于大的试样，尤其当温度低于 50℃时，几乎是不可能的。

溶质种类对金黄色葡萄球菌生长所需的最低相对蒸汽压(RVP)的影响

图 2 – 11　不同溶质对金黄色葡萄球菌生长所需的最低 RVP 的影响

（温度接近最适生长温度,PEG 是聚乙烯乙二醇）

可按下法测定小试样的 RVP:将试样置于一个密闭的容器内,待达到表观平衡(试样恒重)后测定容器内的压力或相对湿度。很多仪器可以测定压力(量压计)和相对湿度如电子湿度计、露点仪。也可以根据冰点下降的数据测定 RVP。根据综合研究的结果,A_w 测定的精确度可以达到 ±0.02。

采用下述步骤可以将一个小的试样调节至一个特定的 RVP:将试样与一种合适的饱和盐溶液一起置于一个密闭的容器中,让它们在不变温度下达到平衡(试样重量不再改变),于是就能将试样保持在一个具有恒定相对湿度的环境中。

二、水分活度与温度的关系

基于水分活度与相对蒸汽压的关系,我们可以表示出相对蒸汽压与温度的关系,进而间接的求出水分活度与温度的关系。

相对蒸汽压与温度有关,可根据 Clausius – Clapeyron 方程式的改变形式估计这个关系。虽然这个方程式包含 A_w 项,但是也适用于 RVP:

$$\frac{\mathrm{dln}A_w}{\mathrm{d}(1/T)} = \frac{-\Delta H}{R} \qquad (2-5)$$

式中:T 是绝对温度;R 是气体常数;ΔH 是在试样某一水分含量时的等量吸附热。

式(2 – 5)经重排后成为直线方程,$\mathrm{ln}A_w$ 对 $1/T$ 作图(在恒定的水分含量)是一条直线(图2－12),$\ln P/P_0$对$1/T$作图也应是一条直线。

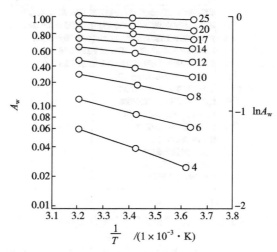

图2－12 马铃薯淀粉在不同水含量时的$\ln A_w－1/T$直线图

（在每一条直线上标明了水分含量 H_2O/g 干淀粉）

图2－12是马铃薯淀粉在不同水分含量时的$\ln A_w－1/T$直线图。显然,A_w随温度变化的程度是水分含量的函数。起始A_w为0.5,温度系数在2~40℃范围内是0.0034℃$^{-1}$。研究者表明,对于高碳水化合物或高蛋白质食品,A_w的温度系数(温度范围5~50℃,起始A_w为0.5)在0.003~0.02℃$^{-1}$范围内。因此,不同产品,10℃温度变化能导致0.03~0.2的A_w的变化。由于包装食品因温度变化而引起RVP的变化,这就使它的稳定性对温度依赖的程度大于未经包装的相同食品,因此,A_w与温度的关系对于食品的包装非常重要。

当温度范围扩大时,$\ln A_w－1/T$图并非总是直线,在冰开始形成时,直线一般出现明显的折断(图2－13)。在冰点以下时,应将分母项(P_0)等同于过冷水的蒸汽压而不是冰的蒸汽压,这是因为:

①只有采用过冷水的蒸汽压值才能使冰点以下温度的RVP值正确地与冰点以上温度的RVP值相比较。

②对于含有冰的试样选择冰的蒸汽压作为P_0或许会造成一种无意义的状况,即在所有的冰点以下温度RVP都等于1。这是因为冷冻食品中水的分压等于相同温度下冰的蒸汽压。

由于已能在－15℃测定过冷水的蒸汽压,并且在更低温度下测定冰的蒸汽压,因此可用下式准确地计算冷冻食品的RVP值。

图 2 - 13　复杂食品在冰点以上和以下时 A_w 和温度的关系

$$A_w = \frac{P_{ff}}{P_{0(scw)}} = \frac{P_{ice}}{P_{0(scw)}} \qquad (2-6)$$

式中:P_{ff} 是部分冻结食品中水的分压,$P_{0(scw)}$ 是纯过冷水的蒸汽压,而 P_{ice} 是纯冰的蒸汽压。

列于表 2 - 4 中的 RVP 值是根据冰和过冷水的蒸汽压计算得到的,这些值与在相同温度下的 RVP 值相等。

表 2 - 4　水和冰的蒸汽压和蒸汽压比

温度(℃)	蒸汽压				
	液态水[a]		冰[b]或食品(含冰)		$P_{冰}/P_{水}$
	Pa	mmHg	Pa	mmHg	
0	611[b]	4.58	611	4.58	1.00
-5	421	3.16	402	3.02	0.95
-10	287	2.15	260	1.95	0.91

续表

温度(℃)	蒸汽压				
	液态水[a]		冰[b]或食品(含冰)		$P_冰/P_水$
	/Pa	/mmHg	/Pa	/mmHg	
-15	191	1.43	165	1.24	0.86
-20	125	0.94	103	0.77	0.82
-25	80.7	0.61	63	0.47	0.78
-30	50.9	0.38	38	0.29	0.75
-40	18.9	0.14	13	0.098	0.69
-50	6.4	0.05	3.9	0.029	0.61

a. 除0℃外在所有的温度都是过冷的,在-15℃以上测定,然后计算至-15℃以下。
b. 数据引自"Lide,D. R.,ed. (1993/1994). Handbook of Chemistry and Physics,74th ed.,CRC Press,Boca Raton,FL."

在比较冰点以上和冰点以下温度的 A_w 值时,应注意到两个重要的差别。首先,在冰点以上时,A_w 是试样成分和温度的函数,而前者起着主要的作用;在冰点以下时,A_w 与试样的成分无关,仅取决于温度,即冰相存在时 A_w 不受溶质的种类或比例的影响。于是,不能根据 A_w 预测受溶质影响的冰点以下发生的过程,例如扩散控制过程、催化反应、低温保护剂影响的反应、抗微生物剂影响的反应和化学试剂(改变 pH 和氧化还原电位)影响的反应。因此,A_w 作为物理和化学过程的指示剂在冰点以下比起冰点以上价值就低得多;而且也不能根据冰点以下温度的 A_w 预测冰点以上温度的 A_w。其次,当温度充分变化至形成冰或熔化冰时,从食品稳定性考虑 A_w 的意义也发生变化。例如,一个产品在 -15℃($A_w =$ 0.86)时微生物不能生长而化学反应能缓慢地进行;然而,在 20℃ 和 $A_w = 0.86$ 时,一些化学反应能快速地进行而一些微生物能以中等速度生长。

三、水分活度与水分含量

(一)水分的吸着等温线

1. 定义

在恒定温度下,食品水分含量(每单位质量干物质中水的质量)对 A_w 作图得到水分吸着等温线(moisture sorption isotherms,MSI)。由于:在浓缩和干燥过程中除去水的难易程度与 A_w 有关;配制食品混合物时必须避免水分在配料之间的转移;必须确定包装材料的的阻湿性质;必须确定怎样的水分含量能抑制微生物生长;需要预测食品的化学和物理的稳定性与水分含量的关系。因此,从 MSI 得到的信息是有价值的。

图 2–14 是一种高水分含量范围的 MSI,曲线包含了从正常至干燥的整个水分含量范围。这类 MSI 由于没有详细地显示最有价值的低水分区的数据,因此没有很大的用处。通常略去高水分区和扩展低水分区而得到更有价值的 MSI(图 2–15)。

图 2–14 高水分含量范围的
水分吸着等温线

图 2–15 食品低水分部分吸着
等温线的一般形式(20℃)

不同物质的 MSI 具有显著不同的形状。如图 2–16 所示,这些都是回吸(或吸着)等温线,它们是将水加入到预先干燥的试样中得到的。解吸等温线也是常见的。S 形等温线是大多数食品的特征。水果、糖果和咖啡提取物含有大量糖和其他可溶性小分子,而聚合物的含量不高,它们的等温线如图 2–16 中的曲线 1,呈 J 形。决定等温线的形状和位置的因素包括试样的成分、试样的物理结构(例如结晶或无定形)、试样的预处理、温度和制作等温线的方法。许多人企图将 MSI 模型化,从而使一个模型能很好地符合整个范围的 MSI 实际数据,但还没有取得成功。已知的比较好的模型是由 Brunauer,Emmett 和 Teller(简称 BET)提出的。Guggenheim,Anderson 和 DeBoer 研究得到的 GAB 模型也是较好模型中的一个。

有时将图 2–15 中的吸着等温线分成几个区,这有助于理解吸着等温线的意义和实用性。当加入水时(回吸),试样的组成从区 Ⅰ(干)移至区 Ⅲ(高水分),而与各个区相关的水的性质存在着显著的差别。

存在于等温线区 Ⅰ 中的水是被最牢固地吸附的和最少流动的。这部分水通过 H_2O–离子或 H_2O–偶极相互作用与可接近的极性部位缔合,它在 –40℃ 不

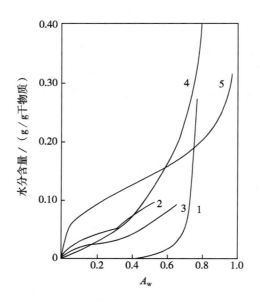

图 2 - 16　各种食品和生物物质的回吸等温线

（除"1"是 40℃外,其余的都是 20℃）1—糖果（主要成分是蔗糖粉）　2—喷雾干燥菊苣提取
物　3—焙烤哥伦比亚咖啡　4—猪胰酶提取物　5—天然大米淀粉

能冻结,不具有溶解溶质的能力,它的量不足以对固体产生增塑效应。根据这部分水的性质可简单地将它看作固体的一部分。

区 I 的高水分端（区 I 和区 II 的边界）相当于食品的"BET 单分子层"水含量。应将单分子层水含量值理解为在干物质的可接近的高极性基团上形成一个单层所需的近似水量。对于淀粉,此量为每个脱水葡萄糖基一个 H_2O 分子。在高水分食品材料中,区 I 水仅占总水量的极小部分。

区 II 的水占据了仍然有效的第一层部位。这部分水主要通过氢键与相邻的水分子和溶质分子缔合,它的流动性比体相水稍差,其中大部分在 -40℃ 不能冻结。当水增加至靠近区 II 的低水分端,它对溶质产生显著的增塑作用,降低了它们的玻璃化相变温度（glass transition temperature,缩写为 T_g）,并导致固体基质的初步膨胀。此作用和开始出现的溶解过程使大多数反应的速度加快。区 I 和区 II 的水通常占高水分食品材料中 5% 以下的水分。

在凝胶或细胞体系中,体相水被物理截留,因此宏观流动受到阻碍。在所有其他方面,这部分水具有类似于稀盐溶液中的水的性质,这是因为加入至区 III 的水分子被区 I 和区 II 的水分子隔离了溶质分子影响的结果。被截留或者处在自由状态的存在于区 III 的体相水通常占高水分食品总水分的 95% 以上,这一点在

图 2-15 中表达的不明显。

正如前面已经提到的,在图 2-15 中指出区的边界主要是为了便于讨论,而这些边界并非真实地存在。可以确信水分子能在区内和区间快速地交换,从区Ⅰ至区Ⅲ水性质连续变化的概念比各个区水性质截然不同的观点似乎更正确。有意义的是,加入到仅含少量水分子的干物质中去的水提高了原有水分子的流动性,减少了它们的停留时间。然而,水被加入至已具有完全或近乎完全的水合材料中时,不会对原有水的性质产生显著的影响。

在后面的章节中将会讨论溶质引起的水性质上的差别对食品稳定性的重要影响。目前,可以肯定地说,任何食品试样中流动的水决定着它们的稳定性。

2. 温度对水分吸着等温线的影响

正如前面已经提到的 A_w 与温度有关;MSI 也必定与温度有关。在一定的水分含量时,水分活度随温度的上升而增大,这与 Clausius - Clapeyron 方程一致,符合食品中所发生各种变化的规律(图 2-17)。

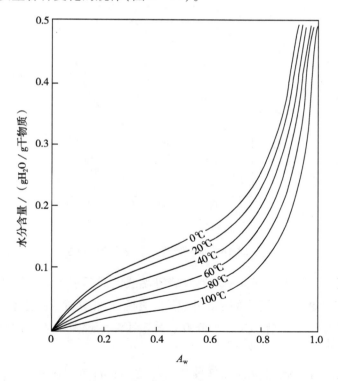

图 2-17 在不同温度下马铃薯的水分吸着等温线

（二）吸着等温线的滞后现象

对于食品体系,将水加入一个干燥的试样(回吸)而得到的 MSI 不一定与解吸等温线重叠,这就增加了复杂性。水分回吸等温线和解吸等温线之间的不一致被称为滞后现象(hysteresis),图 2 – 18 是滞后现象的一个实例。从图 2 – 18 可以看到,在任何指定的 A_w,解吸过程中试样的水分含量大于回吸过程中试样的水分含量。聚合物、玻璃态低相对分子质量化合物和许多食品的 MSI 呈现滞后现象。

滞后现象的程度、曲线的形状以及滞后环的起点和终点会有相当大的变化;影响的因素很多,如食品的性质、除去水分和加入水分时食品发生的物理变化、温度、解吸的速度以及解吸过程中水分被除去的程度。温度的影响是显著的;在高温(约80℃)时往往不能察觉滞后现象,而当温度降低时滞后现象逐渐变得明显。

图 2 – 18 水分吸着等温线的滞后现象

已经提出几种理论定性地解释吸着等温线的滞后现象。这些理论涉及的因素包括肿胀现象、介稳定局部结构小区、化学吸着、相转变、毛细管现象以及随温度下降非平衡状态逐渐持久。水分吸着等温线滞后现象的确切解释目前还没有形成。

水分吸着等温线的滞后现象具有实际意义。将鸡肉和猪肉的 A_w 值调节至 0.74 ~ 0.84 范围,如果用解吸的方法,那么试样中脂肪氧化的速度要高于用回吸的方法。高水分试样具有较低的黏度,因而使催化剂具有较高的流动性,基质的肿胀也使催化部位更充分地暴露,同时氧的扩散系数也较高。用解吸方法制备试样时需要达到较低的 A_w(与用回吸方法制备的试样相比)才能阻止一些微生物的生长。

可见,不同产品的 MSI 不同,而且对于一种特定的产品 MSI 还因制备的方法不同而显著地改变,因此 MSI 概念具有实际意义。

第六节　水分活度与食品稳定性

从以上的分析可以看出:虽然食品水分含量相同,但如果体相水和结合水所占比例不同,那么水与各种非水组分的缔合程度也就不同,从而导致水分活度 A_w 不同,食品的稳定性也就不同。在此从以下几个方面讨论这个问题。

一、水分活度与微生物生命活动的关系

在表 2-5 中列出了各种常见的微生物能够生长的 A_w 范围,同时也将常见食品按它们的 A_w 分类列于表中。

表 2-5　食品中水分活度与微生物生长

A_w 范围	在此范围内的最低水分活度一般所能抑制的微生物	在此水分活度范围内的食品
1.00～0.95	假单胞菌、大肠杆菌、变形杆菌、志贺氏菌属、克雷伯氏菌属、芽孢杆菌、产气荚膜梭状芽孢杆菌、一些酵母	极易腐败变质(新鲜)食品、罐头水果、蔬菜、肉、鱼、牛乳、熟香肠和面包、含有约40%(质量分数)蔗糖或7%氯化钠的食品
0.95～0.91	沙门氏杆菌属、溶副血红蛋白弧菌、肉毒梭状芽孢杆菌、沙雷氏杆菌属、乳酸杆菌属、足球菌、一些霉菌、酵母(红酵母、毕赤氏酵母)	一些干酪(英国切达、瑞士、法国明斯达、意大利菠萝伏洛)、腌制肉(火腿)、一些水果汁浓缩物、含有55%(质量分数)蔗糖或12%氯化钠的食品
0.91～0.87	许多酵母(假丝酵母、球拟酵母、汉逊酵母)、小球菌	发酵香肠(萨拉米)、松蛋糕、干的干酪、人造奶油、含有约65%(质量分数)蔗糖(饱和)或15%氯化钠的食品
0.87～0.80	大多数霉菌(产生毒素的青霉菌)、金黄色葡萄球菌、大多数酵母菌属(拜耳酵母)、德巴利氏酵母菌	大多数浓缩果汁、甜炼乳、巧克力糖浆、槭糖浆和水果糖浆、面粉、米、含有15%～17%水分的豆类食品、水果蛋糕、家庭自制火腿、微晶糖膏、重油蛋糕
0.80～0.75	大多数嗜盐细菌、产真菌毒素的曲霉	果酱、加柑橘皮丝的果冻、杏仁酥糖、糖渍水果、一些棉花糖
0.75～0.65	嗜旱霉菌(谢瓦曲霉、白曲霉、海洋来源的耐盐真菌)、二孢酵母	含有约10%水分的燕麦片、颗粒牛轧糖、砂性软糖、棉花糖、果冻、糖蜜、粗蔗糖、一些干果、坚果

续表

A_w 范围	在此范围内的最低水分活度一般所能抑制的微生物	在此水分活度范围内的食品
0.65~0.60	耐渗透压酵母（鲁酵母）、少数霉菌（刺孢曲霉、二孢红曲霉）	含有约15%~20%水分的干果、一些太妃糖与焦糖、蜂蜜
0.5	微生物不增殖	含有约12%水分的酱、含有约10%水分的调味料
0.4	微生物不增殖	含有约5%水分的全蛋粉
0.3	微生物不增殖	含3%~5%水分的曲奇饼、脆饼干、面包硬皮等
0.2	微生物不增殖	含2%~3%水分的全脂奶粉、含有约5%水分的脱水蔬菜、含有约5%水分的玉米片、家庭自制的曲奇饼、脆饼干

在许多情况下食品稳定性与 A_w 是紧密相关的，图2-19和表2-5中的数据提供了能说明这些关系的实例。

二、水分活度与食品化学反应的关系

图2-19中的数据是在25~45℃范围反应速度和 A_w 的定性关系。为了便于比较，在图2-19(6)中还加上一条典型的水分吸着等温线。试样的成分、试样的物理状态和结构、大气的成分（尤其是氧的含量）、温度和滞后效应都会改变确切的反应速度和曲线的位置和形状[图2-19(1~5)]。

在图2-19中，所有化学反应在解吸过程中首次出现最低反应速度是在等温线区Ⅰ和区Ⅱ的边界（ A_w 为0.20~0.30），除氧化反应外的所有反应当 A_w 进一步降低时仍保持此最低反应速度。在解吸过程中，在首次出现最低反应速度时的水分含量相当于"BET单分子层"水分含量。

在 A_w 很低时，脂肪氧化速度和 A_w 的变化与其他反应不同[图2-19(3)]。从等温线的左端开始，加入水至达到BET单分子层水值，脂肪氧化速度逐渐下降。显然，经受氧化的试样过分干燥会导致稳定性低于最佳稳定性。对这个现象可以作如下解释：最初加入至非常干燥样品的水确信是与氢过氧化物结合，妨碍了它们的分解，从而阻碍氧化进程。此外，这部分水还同金属离子水合，降低它们催化氧化的效率。继续加入水超过区Ⅰ和区Ⅱ的边界[图2-19(3)和图2-19(6)]会导致氧化速度的增加，加入至等温线此区域的水提高了氧的溶解度和促使大分子肿胀，从而暴露更多的催化部分，加速氧化反应。在 A_w（>0.80）较高时，加入的水会稀释催化剂，降低其效率，因而阻止氧化。

图 2 - 19　几类重要反应的速度与 A_w 的关系

三、降低水分活度提高食品稳定性的机理

从图 2 - 19（1），（4），（5）可以看出反应、维生素 B_1 的降解和微生物的生长曲线都在中等至高 A_w 时显示最高反应速度。对于在中等至高水分含量食品中反应速度随 A_w 提高而下降的现象，有以下两种解释：

①在这些反应中水是一个产物，水含量的增加导致产物抑制作用；

②当试样中水分含量已达到这样的水平，使能够促进反应速度的成分的溶解度、可接近性（大分子表面）和流动性不再是速度限制因素，进一步加水将稀释速度限制成分和降低反应速度。

由于根据食品的 BET 单分子层水分含量值能很快地对干燥产品具有最高稳

定性时的水分含量作出最初的估计,因此有关此值的知识具有重要的实际意义。如果能得到食品水分吸着等温线低水分端的数据,那么就比较容易测定 BET 单分子层水值。我们可以采用由 Brunauer 等推出的 BET 方程式来计算此单分子层水值。

$$\frac{A_w}{m(1-A_w)} = \frac{1}{m_1 C} + \frac{C-1}{m_1 C} A_w \tag{2-7}$$

式中:A_w 是水分活度,m 是水分含量(g H_2O/g 干物质),m_1 是 BET 单分子层水值,C 是与吸附热有关的常数。实际上,在方程 2 – 7 中使用得更多的是 P/P_0 而不是 A_w。

根据此式,可作 $A_w/m(1-A_w)$—A_w 图,即 BET 图,显然是一条直线。图 2 – 20 是天然马铃薯的 BET 图,一般认为 A_w 大于 0.35 时此线性关系变差。

图 2 – 20 天然马铃薯淀粉的 BET 图(回吸温度为 20℃)

可按下述方法计算 BET 单分子层水值:

$$单层值(m_1) = \frac{1}{Y_{截距} + 斜率} \tag{2-8}$$

从图 2 – 20 得到 $Y_{截距}$ 为 0.6,斜率为 10.7,于是:

$$m_1 = \frac{1}{0.6 + 10.7} = 0.088(g H_2O/g \ 干物质) \tag{2-9}$$

在这个特定的实例中,BET 单分子层水值相当于 $0.2A_w$。

除了化学反应和微生物生长外,A_w 也影响干燥和半干食品的质构。例如,为了保持饼干、爆米花和马铃薯片的脆性,避免颗粒状蔗糖、乳粉和速溶咖啡的结块和防止硬糖果的黏结,有必要将这些产品保持在较低的 A_w 下。$0.35 \sim 0.5$ 是不使干物质的期望性质造成损失所允许的最高 A_w 范围。不过,软质构食品需要较高的水分活度才可避免不期望的质地变硬。

第七节　冷冻与食品稳定性

一、食品的冷藏与冻藏

虽然冷冻被认为是长期保藏大多数食品最好的方法,但是这项保藏技术的益处主要来自低温而不是冰的形成。在食品细胞和食品凝胶中形成冰会产生两个有害结果:在非冷冻相中非水组分被浓缩(商业上采用的所有保藏温度下的食品都含有非冷冻相)和水转变成冰时体积增加 9% 。

在水溶液、细胞悬浮液或组织冷冻过程中,水从溶液转变成可变的高纯度的冰结晶。因此,所有的非水组分被浓缩在数量逐渐减少的未冷冻水中。在此情况下,除了温度较低和被分离的水是以冰的形式局部地沉积外,净效果类似于常规的脱水。浓缩的程度主要受最终温度的影响,也在较低程度上受搅拌、冷却速度和低共熔物形成的影响。

由于冷冻浓缩效应,非冷冻相在诸如 pH 值、可滴定酸度、离子强度、黏度、冰点(和所有其他依数性质)、表面和界面张力和氧化—还原电位等性质上都发生了变化。此外,溶质有时会结晶,过饱和的氧和二氧化碳会被逐出溶液,水的结构和水—溶质相互作用会产生剧烈的改变以及大分子被迫靠得更近,使相互作用较易发生。这些与浓缩相关的性质的变化往往有利于提高反应速度。于是,冷冻对反应速度会产生两个相反的效果:降低温度总是降低反应速度和冷冻浓缩有时会提高反应速度。因此,在冰点以下反应速度既不能很好地符合 Arrhenius 关系或者也不能很好地符合 WLF(Williams – Landel – Ferry)动力学,有时甚至偏差很大。事实上,在冷冻期间加速的反应不常被发现。

下面我们讨论冷冻的一些特殊例子和分子流动性(M_m)对冷冻食品稳定性的重要性。如图 2 – 21 所示,首先考虑一个复杂食品的缓慢冷冻过程。非常缓慢的冷冻使食品接近固—液平衡和最高冷冻浓缩。从图 2 – 21 的 A 开始,缓慢冷却使产品移至 B，即试样的最初冰点。进一步冷却，使试样过冷并在 C 开始形成晶核。晶核形成后晶体随即长大，在释放结晶潜热的同时温度升高至 D。进一步除去热导致有更多的冰形成，非冷冻相浓缩，试样的冰点下降和试样的组成沿着 D 至 T_E 的路线改变。对于被研究的复杂食品，T_E 是具有最高低共熔点的溶质的 $T_{E\,max}$（在此温度溶解度最小的溶质达到饱和）。在复杂的冷冻食品中，溶质很少在它们的低共熔点或低于此温度时结晶。在冷冻甜食中乳糖低共熔混合物的形成是商业上一个重要的例外，它造成被称为产品"沙质"的质构缺陷。

设想低共熔混合物确实没有形成，冰的进一步形成导致许多溶质的介稳定过饱和（一个无定形液体相）和未冷冻相的组成沿着 T_E 至 E 的途径变化。E 点是推荐的大多数冷冻食品的保藏温度（ $-20℃$ ）。不幸的是，E 点高于大多数食品的玻璃化相变温度，因而在此温度 M_m 较强和取决于扩散的食品物理和化学性质较不稳定，并且高度依赖于温度。由于在冷却期间的冷冻—浓缩效应和温热期间的熔化—稀释效应没有被 WLF 方程所考虑，因此不应期望与 WLF 动力学的完全一致。

图 2-21　二元体系状态图

（冷冻:不稳定顺序 ABCDE,稳定顺序 ABCDET_g'F;干燥:不稳定顺序 AHIJK,稳定顺序 AHIJLG;冷冻干燥:不稳定顺序 ABCDEG,稳定顺序 ABCDET_g'FG）（图中显示的干燥温度比实际上采用的温度要低一些,这是为了将数据载入图中）

如果继续冷却至低于 E 点,有更多的冰形成进一步冷冻浓缩,使未冷冻部分的组成从相当于 E 点变化至相当于 T_g' 点。在 T_g' 点,大多数过饱和未冷冻相转变成包含冰结晶的玻璃态。T_g' 是一个准恒定的 T_g,它仅适用于在最高冷冻浓缩条件下的未冷冻相。观察到的 T_g' 主要取决于试样的溶质组成和试样的起始水分含量(T_g 同样取决于溶质组成和水分含量)。由于在测定 T_g' 的步骤中很少达到最高冷冻浓缩,因此观察到的 T_g' 并不完全是恒定的。进一步冷却不会导致进一步的冷冻浓缩,仅仅是除去显热和朝着 F 点的方向改变产品的温度。低于 T_g' 时,分子流动性 M_m 大大地降低,而由扩散限制的性质通常是非常稳定的。

表 2-6 ～ 表 2-9 列出了淀粉水解产品、氨基酸、蛋白质和一些食品的 T_g'。这些 T_g' 值应被称为"观察到的"或"表观的" T_g' 值,这是因为在所采用的测定条件下最高冰形成几乎是不可能的。然而,这些观察到的 T_g' 值比起真正的(稍低的) T_g' 值或许更贴近实际情况。当产品所含有的主要化学组分以两种构象形式存在时,或者当产品的不同区域所含有的大分子与小分子溶质的比例不同时,会出现多个 T_g' 的情况。此时,最高的 T_g' 通常被认为是最重要的。

表 2-6　商业淀粉水解产品(SHP)的玻璃化相变温度(T_g')和 DE(葡萄糖当量)

SHP	制造商	淀粉来源	$T_g'/℃$	DE
Staley300	Staley[a]	玉米	-24	35
Maltrin M250	GPC[b](1982)	Dent 玉米	-18	25
Maltrin M150	GPC	Dent 玉米	-14	15
Paselli SA-10	Avebe[c]	马铃薯(AP)	-10	10
Star Dri 5	Staley(1984)	Dent 玉米	-8	5
Crystal gum	National[d]	木薯	-6	5
Stadex 9	Staley	Dent 玉米	-5	3.4
AB 7436	Anhellser-Busch	蜡质玉米	-4	0.5

注:a A. E Staley Manufacturing Co. ;

　　b Grain Processing Corp. ;

　　c Avebe America;

　　d National Starch and Chemical. 。

大多数水果由于具有很低的 T_g' 值,而保藏的温度一般又高于 T_g',因此在冷冻保藏时质构稳定性往往较差。蔬菜的 T_g' 值一般较高,理论上它们的保藏期应长于水果,但实际并非总是如此。限制蔬菜(或任何种类的食品)保藏期的质量特性随品种而异,有可能一些质量特性受 M_m 影响的程度不如其他质量特性。

列在表 2－9 中的鱼(鳕鱼、鲭鱼)和牛肉的 T_g' 值是在 1996 年测得的,它们显著不同于早期的数据(鳕鱼,－77℃;牛肉,－60℃)。由于在肌肉中大的蛋白质聚合物占优势,应该使肌肉的 T_g' 值类似于其他蛋白质的 T_g' 值(表 2－8),因此早期的数据或许是错误的。根据表 2－9 中肌肉的 T_g' 值,或许可以预料(正如一般能观察到的)所有由扩散限制的物理变化和化学变化在典型的商业冻藏条件下被有效地阻滞。由于鱼和肉的储藏脂肪存在于与肌纤维蛋白分离的区域,因此在冻藏条件下它们或许不受玻璃态基质的保护,一般是不稳定的。

在表 2－7、表 2－8 和表 2－9 中列出了几种溶质的 W_g' 值,但是这些数值并不一定准确。最近采用变更的技术测定得到的 W_g' 值一般小于此前得到的数值(主要是 Slade 和 Levine 测定的)。目前,对于采用何种方法测得的 W_g' 值能最好地关系到食品的稳定性人们还没有取得一致的意见。然而,本节中报导的 Slade 和 Levine 值是从最初成分接近于高水分食品的试样测定的,这对于所获得的值具有重要的影响。

表 2－7 纯碳水化合物的玻璃化转变值和相关的性质

碳水化合物	性质(干燥状态)				性质(水合状态,水 = W_g')			
	相对分子质量	T_m/℃	T_g^b/℃	T_m/T_g^c	$T_g'(\approx T_c \approx T_r)^{b,d}$/℃	$W_g'^{b,e}$/($w_t\%$)	MW_w^f	MW_n^g
丙三酮	92.1	18	－93	1.62	－65	46	58.0	31.9
木糖	150.1	153	9～14	1.49 ±0.01	－48	31	109.1	45.8
核糖	150.1	87	－10～ －13	1.37 ±0.01	－47	33	106.7	44.0
葡萄糖	180.2	158	31～39	1.39 ±0.02	－43	29	133.0	49.8
果糖	180.2	124	7～17[h]	1.39 ±0.03	－42	49	100.8	33.3
半乳糖	180.2	170	30～32[h]	1.45 ±0.01	－41～－42	29～45	107～151	35.6～50
山梨醇	182.2	111	－2～ －4	1.45 ±0.01	－43～－44	19	151	66.7
蔗糖	342.3	192	52～70	1.40 ±0.04	－32～－46	20～36	225.9	45.8
麦芽糖	342.3	129	43～95	1.19 ±0.1	－30～－41	20	277.4	74.4
海藻糖	342.3	203	77～79	1.35 ±0.01	－27～－30	17	288.2	85.5
乳糖	342.3	214	101	1.37	－28	41	209.9	41.0

续表

碳水化合物	性质（干燥状态）				性质（水合状态，水 = W_g'）			
	相对分子质量	T_m/℃	T_g^b/℃	T_m/T_g^c	$T_g'(\approx T_c \approx T_r)^{b,d}$/℃	$W_g'^{b,e}/(w_t\%)$	MW_w^f	MW_n^g
麦芽三糖	504.5	134	76	1.17	-23 ~ -24	31	353.5	53.7
麦芽五糖	828.9		125 ~ 165		-15 ~ -18	24 ~ 32	569.6	53.8
麦芽己糖	990.9		134 ~ 175		-14 ~ -15	24 ~ 33	666.6	52.1
麦芽庚糖	1153.0		139		-13 ~ -18	21 ~ 33	911.7	80.0

注：a 主要摘自 Levine 和 Slade；

b 最常见于报道的值或最常见于报道值的范围；

c 根据 K 氏温标计算；

d T_c = 塌陷温度，T_f = 开始重结晶的温度；

e C_g'，在 T_g' 时溶质的 $w_t\%$ = 100 − W_g'；

f 重均相对分子质量；

g 数均相对分子质量；

h Slade 和 Levine 报道了果糖的两个 T_g 值（30℃ 和 110℃），他们认为较高的值是控制性质的。

表 2 − 8　氨基酸和蛋白质的玻璃化相变温度（T_g'）和相关的性质[a]

物质	相对分子质量	pH	T_g'/℃	$W_g'^a/(W_t\%)$	$W_g'^b/(gUFW/g\ 干\ AA)$
氨基酸					
甘氨酸	75.1[c]	9.1	-58	63	1.7
DL − 丙氨酸	89.1[d,e]	6.2	-51		
DL − 苏氨酸	119.1[d]	6.0	-41	51	1.0
DL − 门冬氨酸	133.1[c]	9.9	-50	66	2.0
DL − 谷氨酸·H_2O	147.1[c]	8.4	-48	61	1.6
DL − 赖氨酸·HCl	182.7[d]	5.5	-48	55	1.2
DL − 精氨酸·HCl	210.7[d]	6.1	-44	43	0.7
蛋白质					
牛血清白蛋白			-13	25 ~ 31	0.33 ~ 0.44
α − 酪蛋白			-13	38	0.6
胶原（牛，SigmaC9879）[f]			-6.6 ± 0.1		
酪蛋白酸钠			-10	39	0.6
明胶（175 bloom）			-12	34	0.6
明胶（300 bloom）			-10	40	0.7
面筋蛋白（Sigma）			-7	28	0.4
面筋蛋白（商业）			-5 ~ -10	7 ~ 29	0.07 ~ 0.4

注：a W_g' 是处在 T_g' 的试样中未冷冻相的水；

b UFW 是未冷冻相水；

c 采用 NaOH 溶解；

d 未调整 pH；

e 经溶质结晶；

f 摘自 N. Brake 和 O. Fennema(未发表)。采用 DSC 测定;将试样在 −10℃回火 1 h 后,从 −60℃起按 5℃/min 的速度扫描至 25℃;

g 两次测定的平均值 ± SD。

表 2 − 9　食品的玻璃化相变值(T_g')[a]

食品	T_g'/℃	食品	T_g'/℃
果汁		马铃薯(新鲜)	− 12
柑橘(各种试样)	− 37.5 ± 1.0	菜花(冷冻茎)	− 25
菠萝	− 37	豌豆(冷冻)	− 25
梨	− 40	青刀豆(冷冻)	− 27
苹果	− 40	冬季花椰菜	
梅	− 41	冷冻茎	− 27
白葡萄	− 42	冷冻头	− 12
柠檬(各种试样)	− 43 ± 1.5	菠菜(冷冻)	− 17
水果(新鲜)		冷冻甜食	
斯帕克尔草莓(中间部分)	− 38.5 和 − 33	香草冰淇淋	− 31 ~ − 33
其他品种的草莓	− 33 和 − 41	香草冰奶冻	− 30 ~ − 31
桃	− 36	干酪	
香蕉	− 35	契达	− 24
苹果	− 42	鱼	
番茄	− 41	鳕鱼肌肉[b,c]	− 11.7 ± 0.6
蔬菜(新鲜或冷冻)		牛肉肌肉[b,c]	− 12.0 ± 0.3
甜玉米(超市新鲜)	− 8		

注:a 除另有说明外,资料摘自 Levine 和 Slade;

　　b 摘自 N. Brake 和 O. Fennema,采用 DSC 测定;将试样在 −15℃回火 1 h 后,以 5℃/min 的速度从 −60℃扫描至 25℃;

　　c 四次重复测定平均值 ± SD。

关于在定义 W_g' 时所使用的术语"未冷冻"还需要作两点说明。首先,未冷冻涉及一个实际的时间尺度。由于水在 T_g' 不是完全固定的,在未冷冻相和玻璃相之间的平衡是介稳平衡而不是完全平衡(不是最低自由能),因此,在很长的时间周期中,未冷冻部分将稍许地减少。其次,术语"未冷冻"往往被认为是"结合水"的同义词,然而,结合水因有许多不同的定义而陷入可能被摒弃的处境。相当数量的 W_g' 水参与了相互作用,主要是氢键,它们在强度上显著地不同于水—水氢键。这部分水之所以未冷冻完全是由于玻璃态的局部黏度大到足以在一个实际的时间间隔排除对于进一步形成冰和溶质结晶(形成低共熔混合物)所需要的移动和转动。于是,大多数 W_g' 水应被认为是介稳定的,并且它们的流动性被严重地"阻碍"。

在商业上,食品冷冻的速度要比小试样的生物物质的一般冷冻速度慢,前者需几分钟至 1 小时达到 $-20℃$,即使如此,最高冷冻浓缩仍然未必能达到。如图 2 - 22 所示,提高冷冻速度会影响温度—组成关系,这就产生了一个明显的问题:在商业条件下,食品冷冻的参考温度是 T_g 还是 T_g'。对此,目前还没有定论。

Slade 和 Levine 认为 T_g' 是合适的值。然而,选择 T_g' 为合适的温度有一个问题需要解决:由于起始的 T_g(冷冻后随即达到的)总是低于 T_g',而在冷冻保藏期间从 T_g 达到 T_g'(由于有更多的冰形成)是缓慢的,或许是不能完成的。

图 2 - 22　提高冷冻速度(速度 $a < b < c < d$)对 T_g 影响的二元体系状态图
注:当最高冷冻浓缩出现时即为 $T_m^I - T_g$ 曲线,T_m^I 是融化平衡曲线,T_m^S 是溶解平衡曲线,T_E 是低共熔点,T_g 是玻璃化相变温度,T_g' 是特定溶质的最大冷冻浓缩溶液的玻璃化相变温度。

如果按照一些学者的建议,选择起始 T_g 作为参考 T_g,那么也会产生一些问题:起始 T_g 不仅受产品的类型的影响,还受冷冻速度的影响;起始 T_g 随冷冻保藏时间而改变,当保藏温度在 $T_m - T_g$ 区时,它以一个在商业上有重要意义的速度提高,当保藏温

度 $<T_{\mathrm{g}}$ 时，它以较慢然而是明显的速度提高。W_{g} 和 W_{g}' 也存在同样的问题。

比较合理的解决方法是将 T_{g}' 看作为一个温度区域而不是一个特定的温度。此区域的下边界取决于冷冻速度和保藏的时间/温度。但在商业重要的情况下，此边界(起始 T_{g})应该不会超过 T_{g}'(−10℃)。对于通过零售渠道上市的一种食品产品，由于其平均保藏温度较高而使得此平均 T_{g} 不大可能如接近起始 T_{g} 那样更接近 T_{g}'。此处将继续采用术语 T_{g}'，同时应将它看作为一个温度区。

还有几个要点与冷冻食品中扩散限制的性质有关：

①可以通过下列措施提高产品的稳定性(扩散限制)：将保藏温度降低至接近或低于 T_{g}'；在产品中加入高相对分子质量溶质以提高 T_{g}'。由于第二个措施增加了产品保藏在低于 T_{g}' 时的几率和降低了在产品温度高于 T_{g}' 时的 M_{m}，因此是有利的。

②重结晶的速度显然与 T_{g}' 有关(重结晶是指冰结晶的平均大小增加，同时数目减少)。假如出现最高冰结晶作用，重结晶的临界温度(T_{r})是冰的重结晶作用可以避免的最高温度(往往是 $T_{\mathrm{r}} \sim T_{\mathrm{g}}'$；见图 2−23)。在 T_{m} 至 T_{g}' 区的重结晶速度有时较好地符合 WLF 动力学(图 2−23)。假如冰的结晶作用不是最高的，冰的重结晶可以避免的最高温度大致等于 T_{g}。一般情况下，T 必须稍许高于 T_{g}' 或 T_{g} 重结晶速度才有实际意义。

图 2−23　冰淇淋中冰重结晶的速度与保藏温度(T_{s})、甜味剂种类和是否存在稳定剂的关系

实线是根据 WLF 方程所作的图,条件是在 $\triangle T = 25℃$ 时存在一个 $30 \ \mu m/d^{1/3}$ 的微不足道的重结晶速度。T_g' 是"表观"T_g'。HFCS 是高果糖玉米糖浆,SUC 是蔗糖,CS 是玉米糖浆,DE 是葡萄糖当量,d 是天数,图中的数字是葡萄糖当量。当使用单一甜味剂时,用箭头指出。没有箭头的符号代表用两种甜味剂按 1:1 的比例制备的冰淇淋,其中一种甜味剂选自表明的那些甜味剂,而另一种则是 42DE CS。当使用稳定剂时,海藻胶和刺槐豆胶按 20:80 的比例和 0.1%(质量分数)的总浓度加入。

③一般情况下,在一个指定的低于冰点的保藏温度,高 T_g'(通过加入水溶性大分子达到)和低 W_g' 与坚硬的冷冻结构和良好的保藏稳定性有关;反之,低 T_g' 和高 W_g'(通过加入单体物质达到)与柔软的冷冻结构和较差的保藏稳定性有关。

二、冻藏对食品稳定性的影响

1. 冻藏对食品产生冻害

结构比较疏松、细胞间隙比较大、外皮薄、含体相水高的水果、蔬菜类,很容易遭受到冻害。当周围的环境温度降到这些食品的冰点以下时,蔬菜、水果中细胞间的部分自由水开始在细胞间隙形成冰晶,细胞内的游离水开始向细胞外渗透,使冰晶不断长大,长大到一定程度,由于冰晶膨胀(水转变成冰时体积增加 9%)对细胞起机械破坏作用。解冻后细胞汁液外流,失去了原有的品质。冻害不很严重的原料,细胞破坏程度不大,但解冻速度太快(如加热、放在热水中融化等),使融化的水来不及向细胞内渗透而流失,也会降低其品质。

2. 冻藏使食品中成分产生变化

食品冻结后,由于溶质的冷冻浓缩效应,未冻结相的 pH 值、离子强度、黏度、表面张力等特性发生变化,这些变化对食品成分造成伤害。如 pH 值降低导致蛋白质变性及持水能力下降,使解冻后汁液流失;冻结导致体相水结冰、水分活度降低,油脂氧化速率相对提高。

在冻藏过程中冰结晶大小、数量、形状的改变也会导致食品劣变,而且可能是冷冻食品品质劣变最重要的原因。由于储藏过程中温度出现波动,温度升高时已冻结的冰融化,温度再次降低后,原先未冻结的水或先前小冰晶融化出来的水会扩散并附着在较大的冰晶表面,造成再结晶的冰晶体积增大,这样对组织结构的破坏性很大。所以低温冷冻储藏食品时,温度的稳定控制就显得相当重要。即使是在稳定的储藏温度下,也会出现冰结晶成长的现象,但这种变化的影响比较小。

　　除以上情况外还应当注意,冷冻食品中仍含有相当多的未冻结水,它们可作为食品中劣变反应的反应介质,因此,即使是在冷冻条件下,食品中仍然发生着各种化学和生化变化。

三、玻璃化相变温度与食品稳定性

　　近年来在低温冷冻食品中,往往用玻璃化相变温度作为评价其稳定性的指标。

　　食品在低温冷冻过程中,随着温度的下降,组织中不断的有水分冻结成冰,未冻结的水和非水物质构成未冻结相。随着水不断冻结,未冻结相的溶质的浓度不断提高,冰点不断下移,直到食品中的非水成分也开始结晶(此时的温度可称为共晶温度),形成所谓的共晶物后,冷冻浓缩也就终止。由于大多数食品的组成相当复杂,共晶温度低于其起始冰冻温度,所以其未冻结相,随温度降低可维持较长时间的黏稠液体过饱和状态,而黏度又未见显著增加,这即是所谓的胶化状态。这时,物理、化学及生物化学反应依然存在,并导致食品腐败。继续降低温度,未冻结相的高浓度溶质的黏度开始显著增加,并且限制了溶质晶核的分子移动与水分的扩散,食品体系将从未冻结的胶化状态变成所谓的玻璃化状态(即无定形固体存在的状态,简称玻璃化状态)。此时温度即所谓的玻璃转化温度,简称玻璃化相变温度(T_g)。

　　玻璃化状态下的未冻结的水不是按前述的氢键方式结合的,其分子的移动性被束缚在由极高溶质黏度所产生的具有极高黏度的玻璃化状态下,这样的水不具有反应活性,使整个食品系统以不具有反应活性的非结晶性固体形式存在。因此,在玻璃化相变温度下,食品可维持高度的稳定状态。现在的研究认为,低温冷冻食品的稳定性用该食品的玻璃化相变温度(T_g)与储藏温度(t)的差($t - T_g$)来决定,差值越大,食品的储藏寿命就越短,稳定性越差。

　　下面是采用分子流动性方法研究食品稳定性的九个重要概念。

(一)许多食品含有无定形组分并且以介稳定或非平衡状态存在

　　复杂的食品往往含有无定形区(非结晶固体或过饱和液体)。生物聚合物是典型的无定形或部分的无定形。具体的例子包括蛋白质(如明胶、弹性蛋白和面筋蛋白)和碳水化合物(如支链淀粉和直链淀粉)。许多小分子,如蔗糖,也能以无定形状态存在。所有干燥、部分干燥、冷冻和冷冻干燥食品都含有无定形区。

　　无定形区以介稳平衡或非平衡状态存在。达到热力学平衡(最小自由能)不是食品加工的目标,尽管这样的条件能导致最高的稳定性。食品科学家和工艺学家的一个主要目标(虽然他们很少以这样的方式来考察自己的职责)是最大限度地使食品具有期望的品质,而这些品质取决于介稳状态,并且这些期望的品质在不可避免地取决于非平衡状态的条件下能达到可接受的稳定性。硬糖果(无定形固体)是一个常见的介稳定状态食品的例子,而乳状液、小冰结晶和不饱和脂是以不稳定的非平衡状态存在的食品组分的例子。用干燥或冷冻方法往往能使食品达到介稳定状态。

(二)大多数物理变化和一些化学变化的速度是由分子流动性(M_m)所决定的

由于大多数食品是以介稳或非平衡状态存在的,因此动力学方法比热力学方法更适合于了解、预测和控制它们的性质。分子流动性(M_m)与食品中由扩散限制的变化的速度有着因果关系,因此它被认为是适合于此目的的一种动力学方法。WLF(Williams – Landel – Ferry)方程提供了能估计在玻璃化相变温度以上而在 T_m^1 或 T_m^s 以下温度的 M_m 的一种方法。状态图指示了允许介稳状态和非平衡状态存在的温度和组分条件。

M_m 方法可用于预测许多种类的物理变化,但在有些情况下并不适用。这些情况包括:反应速度没有强烈地受扩散影响的化学反应;通过特定的化学物质的作用(例如改变 pH 或氧的压力)所产生的期望的或不期望的效应;试样的 M_m 是根据一个聚合物组分(聚合物的 T_g)估计的,而渗透进入聚合物基质的小分子的 M_m 却是决定产品重要性质的决定性因素;微生物细胞的生长(P/P_0 是比 M_m 更可靠的估计参数)。

在室温下,一些反应是由扩散限制的,而许多反应不是由扩散限制的。在恒定的温度和压力下,决定化学反应速度的三个主要因子是:扩散因子 D(为了支撑一个反应,反应物首先必须彼此相遇);碰撞的频率因子 A(在相遇后单位时间碰撞的次数);化学活化能因子 E_a(两个适当定向的反应物发生碰撞时有效能量必须足以导致一个反应的发生,即反应物能量必须超过活化能)。后两者已并入描述反应速度常数与温度关系的 Arrhenius 方程。对于由扩散限制的反应,显然 A 和 E_a 不一定是限制速度的,也就是说,适当定向的反应物必定以很高的频率碰撞,并且活化能必定是足够的低以致于具有高几率的碰撞导致反应的发生。由扩散限制的反应一般具有低活化能(8 ~ 25kJ/mol)。此外,大多数"快速反应"(低活化能 E_a 和高频率因子 A)是由扩散限制的。质子转移反应、自由基重新结合反应、包括 H^+ 和 OH^- 输送的酸—碱反应、许多酶催化反应、蛋白质折叠反应、聚合物链增长反应以及血红蛋白和肌红蛋白的氧合/去氧反应都是扩散限制反应。这些反应涉及各种化学本体,它们包括分子、原子、离子和自由基。在室温下,由扩散限制的双分子反应的速度常数为 $10^{10} \sim 10^{11} M^{-1}S^{-1}$;因而这样大小的速度常数被认为是反应由扩散限制的推定证据。溶液中进行的反应可能比由扩散限制的反应来得慢,即由扩散限制的速度是可能的最高速度(设定常规反应机制)。这样,反应速度显著地低于由扩散限制的反应的最高速度时,此反应是由 A 或 E_a 或这两个因子的结合所限制的。Smoluchowski 在 1917 年提出了描述由扩散限制的反应的理论。对球状、未带电的粒子,二级扩散限制速度常数为:

$$K_{\text{扩散}} = \frac{4\pi N_A}{1000}(D_1 + D_2)r$$

式中: N_A 是 Avogadro 数; D_1 和 D_2 分别是粒子 1 和 2 的扩散常数; r 是粒子 1 和 2 的半径的总和,即最接近的距离。

此后 Debye 修改了此方程,使它适用于带电的粒子,后人进一步修改此方程,使它适用于真实体系的其他特征。根据 Smoluchowski 方程可在数量级上估计 $k_{\text{扩散}}$。

扩散常数与黏度和温度的依赖关系与目前的讨论密切相关。此关系由 Stokes – Einstein 方程表示:

$$D = \frac{KT}{\pi\beta\eta r_s}$$

式中: k 是 Boltzmann 常数; T 是绝对温度; β 是一个数字常数(约 6), η 是黏度; r_s 是扩散物的流体动力学半径。 D(进而 $k_{\text{扩散}}$)对黏度的依赖性具有特殊的意义,这是因为在 WLF 区黏度随温度下降而剧烈地增加。

在室温条件下,高水分食品中的一些反应的速度似乎是由扩散限制的,而其他一些似乎不是由扩散限制的。由扩散限制的反应,当温度下降或水分含量减少时当然符合 WLF 动力学;许多在室温下不是由扩散限制的反应(或许是非催化的慢反应),当温度下降至低于冻结点或水分减少至溶质饱和/过饱和时,或许也成为由扩散限制的反应。这是可能的,原因如下:温度下降减少了供活化的热能和大幅度地增加了黏度;水分含量的减少导致黏度的显著增加。由于碰撞的频率因子 A 并非强烈地取决于黏度,因此在上述的条件下它或许不是一个反应限制机制中的决定因素。当温度下降或水分含量减少时一些化学反应可能从非扩散限制转变成由扩散限制,这会导致这些反应在 WLF 区的上部不符合 WLF 动力学而在 WLF 区的下部较好地符合 WLF 动力学。

(三)自由体积在机制上与 M_m 相关

当温度下降时,自由体积减小,使移动和转变(M_m)变得更加困难;这对聚合物片段的运动和食品中局部的黏度有直接的影响。于是,当温度 $< T_g$ 时,由扩散限制的食品性质的稳定性一般是好的。加入低相对分子质量溶剂(如水)或提高温度,或同时采取这两项措施能增加自由体积(通常并不期望如此)和分子的移动。自由体积为解释 M_m 与食品稳定性的关系提供了一个基础,到目前为止,还未能将自由体积作为定量的指标预测食品的稳定性。

(四)大多数食品具有玻璃化相变温度(T_g 或 T_g')或范围

T_g 与由扩散限制的食品性质的稳定性有着重要的关系。含有无定形区或在冷却或干燥时无定形区成长起来的食品具有 T_g 或 T_g' 范围。在生物体系中,溶质很少在冷却或干燥时结晶,所以无定形区和玻璃化相变是常见的,可以从 M_m 和 T_g 的关系估计这类物质的由扩散限制的性质的稳定性。M_m 和所有由扩散限制的变化,包括许多变质反应,在低于 T_g 时通常受到严格的限制。然而,许多食品保藏的温度 T 高于 T_g,比起保藏在 $T < T_g$ 的食品,M_m 高得多而稳定性差得多。

对于简单体系,可采用配有导数作图附件的差示扫描量热计(DSC)测定 T_g,但必须仔细操作才能获得精确的结果。对于复杂体系(大多数食品),较难采用 DSC 精确地测定 T_g,可以采用动态力学分析(DMA)和动态力学热分析(DMTA)作为替代技术。但这些方法花费比较大,且不适合于工厂的测定。

对于仅含有几个组分的试样,可用已有的各种方程式来计算它们的 T_g。当试样的成分和各个组分的 T_g 值已知时,这个方法能提供一个有价值的估计。Gordon 和 Taylor 提出的应用于二元体系的方程如下:

$$T_g = \frac{W_1 T_{g1} + kW_2 T_{g2}}{W_1 + kW_2}$$

式中:T_{g1} 和 T_{g2} 分别代表试样中组分 1(水)和组分 2 的玻璃化相变温度;W_1 和 W_2 是试样中组分 1 和组分 2 的重量分数;k 是一个经验常数。

(五)食品性质与温度的相依性

T_m 代表 T_m^l 或 T_m^s,取决于试样的组成。对于食品,$T_m^l \sim T_g$ 或者 $T_m^s \sim T_g$ 这个温度范围可能高至 $100\,℃$,也可能低至 $10\,℃$;在此温度范围内,含有无定形区的许多产品的 M_m 和黏弹性质显示了对温度异常大的相依性。大多数分子的流动性在 T_m 时很强,而在 T_g 或低于 T_g 时却被抑制。此温度范围所包含的产品的稠度被称为"似橡胶的"和"似玻璃的"(尽管术语"似橡胶"仅适用于产品中含有大的聚合物时)。图 2-24 描述了物质的性质和温度(包括范围 $T_m \sim T_g$)之间的定性关系。

M_m 对温度的依赖性和那些强烈地取决于 M_m 的食品性质(大多数物理性质

图 2-24　物质的性质和温度之间的定性关系图
（基于平均常数的 WLF 动力学）

和一些化学性质）对温度的依赖性在 $T_m \sim T_g$ 区远大于在高于或低于此区的温度时的依赖性。于是，通常可以发现 Arrhenius 图从 $T_m \sim T_g$ 区外进入区内时它的斜率有一个变化（活化能的变化）。估计在 $T_m \sim T_g$ 区反应速度对温度的依赖性是颇为重要的研究项目，然而尚未建立能精确地应用于所有类型的反应和条件的方程。在区 $T_m \sim T_g$，许多物理变化的速度较严密地符合 WLF 方程和其他类似的方程，而与 Arrhenius 方程符合的程度相对较差。由于化学反应对 M_m 的依赖性随反应物的类型会有显著的变化,因此 WLF 和 Arrhenius 方程都不能在 $T_m \sim T_g$ 区应用于所有的化学反应。物理和化学变化与 WLF 或 Arrhenius 关系的一致性在有冰存在时比无冰存在时较差,这是因为冰形成的浓缩效应与上述两种方法都不相容。

由于 WLF 方程是估计在 $T_m \sim T_g$ 区物理变化速度的有效工具,因此值得对它作进一步的讨论。用黏度表达的 WLF 方程如下:

$$\log(\eta/\eta_g) = \frac{-C_1(T - T_g)}{C_2 + (T - T_g)}$$

式中:η 是在产品温度 T(K)时的黏度(注意:可用 $1/M_m$ 或任何其他由扩散限制的松弛过程取代 η);η_g 是在产品温度 T_g(K)时的黏度;C_1(无量纲的)和 C_2(K)是常数。当不存在冰时,一般认为 T_g 可作为 WLF 方程中的参考温度。当存在冰时,是 T_g 还是 T_g' 更恰当,依然存在分歧。在涉及冷冻保藏的工艺问题的章节中再进一步讨论该问题。

C_1 和 C_2 项是由物质所决定的常数(即与温度无关),对于许多合成的、纯的(无稀释剂)、完全无定形聚合物,它们的平均值(有时称为"通用的")分别为 17.44 和 51.6。这些常数的数值随水分含量和物质种类而显著地变化,因此,适合于食品的数值往往与此平均值有着明显的差别。如果希望数据与方程能达到合理的一致,就必须采用所研究食品的特定常数。

WLF 方程表明在 $T_m \sim T_g$ 区物质性质对温度有着很大的依赖性。如果假设与 WLF 动力学(平均常数)一致,不存在冰和最初的物质温度 $< T_g$,那么温热将导致黏度(或 $1/M_m$)的一系列变化:

①在从玻璃态向过饱和液体的等温度转变期间,黏度下降,约为原先的 10^{-3} 倍,而 M_m 提高约 10^3 倍;

②在温度高于 T_g 时立即温热使温度升高 20℃ 时,黏度下降,约为原先的 10^{-5} 倍,而 M_m 提高约 10^5 倍(对于冷冻试样的非冻结部分,温度升高 1℃,这些性质的变化更大);

③温热使温度从 T_g 升高至 T_m,黏度下降,约 10^{-12} 倍,而 M_m 提高约 10^{12} 倍。

对于处在 WLF 区($T_m \sim T_g$)由扩散限制的食品稳定性,下述两项具有特别的重要性:$T - T_g$(或 $T - T_g'$)和 T_m/T_g。$T - T_g$(T 是产品温度)规定了食品在 WLF 区中的位置。$\log(\eta/\eta_g)$(或任何其他与黏度相关的性质,如 M_m)随 $T - T_g$ 呈曲线形变化。T_m/T_g(按 K 氏温标计算)提供了对产品在 T_g 时黏度(与 M_m 有着反比的关系)的一个大概的估计。由于产品在 T_g 时黏度是在 WLF 方程中的参考值,并且此值随产品的成分显著地变化,因此有关产品在 T_g 时黏度的知识是重要的。

主要是根据由扩散限制的碳水化合物性质推断出与 $T_m - T_g$、$T - T_g$ 和 T_m/T_g 相关的有价值的概念,它们包括:

①$T_m \sim T_g$ 区的大小为 $10 \sim 100℃$,它的变化取决于产品的组成;

②在 $T_m \sim T_g$ 区,产品的稳定性取决于产品的温度 T,即反比于 $\triangle T = T - T_g$;

③在确定的 T_g 值和恒定的固体含量,T_m/T_g 的变化反比于 M_m,于是 T_m/T_g 在 T_g 和 WLF 区的 $T > T_g$ 时,直接相关于由扩散限制的产品稳定性和产品硬度(黏度);例如,在 WLF 区的任意指定的 T,具有小的 T_m/T_g 值的物质(例如果糖)相比于具有大的 T_m/T_g 值的物质(例如丙三醇)产生较大 M_m 值和较高的由扩散限制的变化的速度;T_m/T_g 值的小差异会导致 M_m 和产品稳定性很大的差异。

④T_m/T_g 显著地取决于溶质的类型(表 2 - 7);

⑤如果 T_m/T_g 相同,在一个指定的产品温度,固体含量的增加导致 M_m 的降低和产品稳定性的提高。

(六)水是一种高效增塑剂并且显著地影响 T_g

对于亲水性和含有无定形区的高聚、低聚和单聚食品物质,水是一种特别有效的增塑剂。水的增塑剂作用在高于和低于 T_g 时都能促进 M_m。当水增加时,T_g 下降而自由体积增加,这种情况的出现是由于混合物的平均相对分子质量降低。一般情况下,每加入 1% (W/W) 水,T_g 降低 $5 \sim 10℃$。然而,应该注意到,水的存在并不一定产生增塑作用,水必须被吸收至无定形区时才会有效。

由于水是小分子物质,即使在玻璃态基质中它仍能保持令人惊奇的流动。这种流动性使一些有小分子参加的反应在低于聚合物基质的 T_g 时能继续以可以测量的速度进行下去,它也使水在温度低于 T_g 的冷冻干燥的第二阶段能解吸。

(七)溶质的类型显著地影响 T_g 和 T_g'

T_g 强烈地取决于溶质种类和水分含量,而观察到的 T_g' 主要取决于溶质类型,水分含量(起始)仅轻微地影响它。对于蔗糖、糖苷和多元醇,T_g(和 T_g')随溶质相对分子质量增加(最高至 1200)而成比例地提高。由于分子的移动随分子增大而降低,因此一个较大的分子比一个较小的分子需要更高的温度才能运动。然而,当相对分子质量大于 3000(淀粉水解产物的 DE 值 <6)时,T_g 与相对分子质量(M_r)无关。当时间和大分子浓度足以形成"缠结网状结构"时,出现例外的情况,此时 T_g 随相对分子质量的增加而继续稍有提高。图 2 - 24 中一个值得注意的方面是溶质的功能性质和它们的 DE 值(或数均相对分子质量 M_n)之间的关系。曲线的低相对分子质量部分(垂直边)所代表的化合物是甜味剂、湿润剂、参

与 Maillard 反应的化合物和冷冻保护剂,与曲线的高平部分所代表的化合物具有完全不同的功能,这在图 2 – 25 中已指出。

图 2 – 25　商业水解淀粉产品的数均相对分子质量和葡萄糖当量(DE)对 T_g' 的影响

[T_g' 是从最大冷冻浓缩溶液测定的,溶液的起始水分含量为 80%(质量分数)]

M_r 低于 3000 的溶质的 M_r – T_g 图是线性的,可用于观察 M_r 和 T_g' 的关系。对于干溶质,合适的图是 T_g 对溶质的 $-1/M_{r,n}$(数均相对分子质量的负倒数)作图。对于含有相当数量水的试样,合适的图是 T_g' 对水 – 溶质溶液的 $-1/M_{r,w}$(重均相对分子质量的负倒数)作图,而溶液处在试样的 T_g'。必须注意到,当非同一系列的物质并入同一图中时,显著地损害了这些图良好的线性关系。于是,当相同的 M_r(或相同的 DE)的化学物质相互交换时,并不一定得到相同的产品性质(稳定性、加工性能)。当这样的交换涉及不同族的化学物质时,相同 M_r 的化合物更不能显示一致的性质。例如,对于相同 M_r 的不同糖,T_g' 的差别能大到 10℃。相同类型的分子如果构型不同,它们的性质也会有差异。表 2 – 7 列出了部分纯碳水化合物的 T_g 和 T_g' 值以及相关的相对分子质量和其他一些重要的性质。

大多数(或许所有的)高 M_r 生物聚合物具有非常类似的玻璃化曲线和接近 –10℃ 的 T_g' 值。具有此范围 T_g' 值的生物聚合物包括多糖如淀粉,麦芽糊精,纤维素,半纤维素,羧甲基纤维素,葡聚糖,黄原胶及蛋白质如面筋蛋白质、麦谷蛋白、麦醇溶蛋白、玉米醇溶蛋白、胶原、明胶、弹性蛋白、角蛋白、白蛋白、球蛋白和酪蛋白。

（八）溶质的种类显著地影响 W_g

W_g 是试样在 T_g 时的水分含量,而 W_g' 是在 T_g' 时的未冷冻水含量。C_g 和 C_g' 分别是试样在 T_g 和 T_g' 时固体的含量（$C_g' = 100 - W_g'$,相同的关系适用于在一个指定温度下的 C_g 和 W_g）。W_g' 和 W_g 具有如下特性。

①在 T_g',W_g' 随分子流动性 M_m 增加而增加,而随产品稳定性增加而减少。产品水分含量超过 W_g' 或 W_g 导致稳定性下降和 M_m 增加。

②W_g' 值随溶质种类而显著地变化,正如表 2 – 7 中的数据所示。W_g' 值一般随 T_g' 和 M_n 增加而减少,然而这些都是定性关系,除对于同系物的成员外,不能用于预测的目的。一般情况下,通过测定获得最可靠的溶质或产品的 W_g' 值。

根据前述,不能认为具有相同的相对分子质量或相同 P/P_0 的化合物在 WLF 区显示相同的性质,这是因为这些化合物会具有不同的 W_g' 和 T_g'（或 W_g 和 T_g）值,例如,比较葡萄糖与果糖的 W_g' 值和乳糖与海藻糖的 W_g' 值就很清楚了。虽然每一对化合物具有相同的相对分子质量,但是它们对产品稳定性的影响通常是十分不同的,至少可将这一现象部分地归之于 W_g' 的差别。

（九）分子的缠结能显著地影响食品的性质

当溶质分子足够大（以碳水化合物为例, $> 3000 M_r$, $< 6DE$）,溶质浓度超过临界值和体系保持足够长的时间时,大分子的缠结能形成缠结网状结构（EN）。除碳水化合物外,蛋白质也能形成 EN,如面团中的面筋蛋白和仿制 Mozzarella 干酪中的酪蛋白酸钠。

EN 对食品性质有显著的影响。例如,根据一些实验证据,EN 能减缓冷冻食品的结晶速度,阻滞焙烤食品中水分的迁移,帮助早餐谷物食品保留脆性,帮助糕点和馅饼的外壳减少湿润性以及促进干燥、凝胶形成和胶囊化过程。一旦形成 EN,进一步提高 M_r 不仅会导致 T_g 或 T_g' 的进一步提高,而且会产生坚硬的网状结构。

第八节　水分转移与食品稳定性

食品中水分的转移可分为两种情况:一种情况是水分在同一食品中的不同部位或在不同食品之间发生位移,导致了原来水分分布状况的改变;另一种情况是食品水分的相移,特别是气相和液相的水互相转移,导致了食品含水量的变化,这对食品的储藏性及加工性和商品价值都有极大的影响。

一、食品中水分的位移

由于温差引起的水分转移,是食品水分从高温区域沿着化学势降落的方向运动,最后进入低温区域,这个过程较为缓慢。

由于水分活度不同引起的水分转移,水分从 A_w 高的地方自动地向 A_w 低的地方转移。如果把水分活度大的蛋糕与水分活度低的饼干放在同一环境中,则蛋糕里的水分就逐渐转移到饼干里,使两者的品质都受到不同程度的影响。

二、食品中水分的相移

如前所述,食品的含水量是指在一定温度、湿度等外界条件下食品的平衡水分含量。如果外界条件发生变化,则食品的水分含量也就发生变化。

空气湿度的变化就有可能引起食品水分的相转移,空气湿度变化的方式与食品水分相转移的方向和强度密切相关。

1. 空气湿度的表示方法

①绝对湿度:是指空气中实际所含有的水蒸气的数量,即单位体积空气中所含水蒸气的质量或水蒸气所具有的压力。

②饱和湿度:是指在一定的温度下,单位体积空气所能容纳的最大水蒸气量或水蒸气所具有的最大压力。

③相对湿度:指空气绝对湿度与同温度下饱和湿度的比值,用%表示。相对湿度表明空气的绝对湿度接近饱和湿度的程度。若相对湿度越小,在其他条件相同时,则空气的干燥能力越大。

2. 食品中水分相移的主要形式

食品中水分的相移主要形式为水分蒸发和蒸汽凝结。

①食品中水分蒸发。食品中的水分由液相变为气相而散失的现象称为食品的水分蒸发。水分蒸发对食品质量有重要的影响。利用水分的蒸发进行食品的干燥或浓缩可制得低水分活度的干燥食品或中湿食品。但对新鲜的水果、蔬菜、肉禽、鱼贝及其他许多食品,水分蒸发对食品的品质会产生不良的影响,会导致外观皱缩,原来的新鲜度和脆度受到很大的影响,严重的甚至会丧失其商品价值。同时,由于水分蒸发,还会促使食品中水解酶活力增强、高分子物质水解、产品的货架寿命缩短。

　　水分蒸发主要与空气湿度与饱和湿度差有关,饱和湿度差是指空气的饱和湿度与同一温度下空气中的绝对湿度之差。若饱和湿度差越大,则空气要达到饱和状态所能容纳的水蒸气量就越多,反之就越少。因此,饱和湿度差是决定食品水分蒸发量的一个极为重要的因素。饱和湿度差大,则食品水分蒸发量大;反之,蒸发量就小。

　　影响饱和湿度差的因素主要有空气温度、绝对湿度、流速等。空气的饱和湿度随着温度的变化而变化,温度升高,空气的饱和湿度也升高。在相对湿度一定时,温度升高,饱和湿度差变大,食品水分蒸发量增大。在绝对湿度一定时,若温度升高,饱和湿度随之增大,所以饱和湿度差也增大,相对湿度降低。同样,食品水分蒸发量加大。若温度不变,绝对湿度改变,则饱和湿度也随着发生变化;如果绝对湿度增大,温度不变,则相对湿度增大,饱和湿度差减小,食品的水分蒸发量减小。空气的流动可以从食品周围的空气中带走较多的水蒸气,从而降低了这部分空气的水蒸气气压,加大了饱和湿度差,因而能加快食品水分的蒸发,使食品的表面干燥。

　　总之,环境的相对湿度越低,空气的饱和湿度差越大,食品水分蒸发越强烈。

　　②食品中水分的凝结。空气中的水蒸气在食品的表面凝结成液体水的现象称为水蒸气凝结。

　　单位体积的空气所能容纳水蒸气的最大数量随着温度的下降而减少,当空气的温度下降一定数值时,就有可能使原来饱和的或不饱和的空气变为饱和状态,导致空气中的一部分水蒸气有可能在其物体上凝结成液态水。空气中的水蒸气与食品表面、食品包装容器表面等接触时,如果其表面的温度低于水蒸气饱和时的温度,则水蒸气也有可能在表面凝结成液态水。在一般情况下,若食品为亲水性物质,则水蒸气凝结后铺展开来并与之溶合,如糕点、糖果等就容易被凝结水润湿,并可将其吸附;若食品为憎水性的物质,则水蒸气凝聚后收缩为小水珠,如蛋的表面和水果的蜡质层均为憎水性的物质,水蒸气在其上面凝结时不能扩展而凝结为小水珠。

　　可以说水不仅是食品中最丰富的组分,而且是决定食品品质的最关键成分之一。水是食品腐败变质的主要影响因素;它决定了许多化学反应的速度;它在冻结时产生的不希望有的副反应中起着作用;它以复杂的方式与非水组分相结合,这种结合一旦被某些方法,例如干燥或冷冻所破坏,就再也不能完全恢复原状。因此水的性质及作用极其复杂,对水的研究尚需深入。

思考题

1. 水在食品中起什么作用?

2. 食品中水与离子和离子基团的相互作用?

3. 食品中水与中性基团的相互作用?

4. 食品中水与非极性物质的相互作用?

5. 食品中水有几种存在状态?

6. 水对食品品质产生什么影响?

7. 食品中水含量为什么要用水分活度(A_w)来表示?

8. 如何用水分活度(A_w)值来说明食品稳定性?

9. 如何降低食品中水分活度以提高食品稳定性?

10. 冻藏是如何影响食品稳定性的?

11. 食品中水分的转移形式有哪些类型?

第三章　蛋白质

本章重点：蛋白质的变性机理及其影响因素；蛋白质变性对食品品质的影响；蛋白质的功能性质产生的机理、影响功能性质的因素及其在储藏加工过程中的变化，以及食品加工条件对食品品质和营养价值的影响；蛋白质的改性方法。

难点：蛋白质功能性质及在蛋白质储藏加工过程中的变化，蛋白质构象变化对其性质的影响。

蛋白质（Protein）是一类生物大分子，几乎存在于生物体所有的组织和器官中，其相对分子质量范围常在 $10^4 \sim 10^5$，一些甚至可以达到 10^6。生物体结构越复杂，其蛋白质种类和功能也越繁多。一个真核细胞可能含有数千种蛋白质，从很小的肽到相对分子质量达数百万的巨型聚合物，这些蛋白质包括各种酶、抗体、多肽类激素、转运蛋白、收缩蛋白等，它们都有着各自特殊的结构和功能。

蛋白质是生物体的重要组成部分，在生物体系中起着核心作用，约占活细胞干重的 50%，它与核酸等其他生物大分子共同构成生命的物质基础。尽管遗传信息的携带者是核酸，但遗传信息的传递和表达需要有酶的催化，受到各种蛋白质的调节控制，并通过编码蛋白质来最终实现。生物体的生长、运动、消化、呼吸、免疫、光合作用等各种活动，以及对外界环境变化的感知和所作出的必要反应等，都必须依靠蛋白质来实现，如收缩蛋白、胶原蛋白。蛋白质也是机体内生物免疫作用所必需的物质，它能在机体内形成抗体以防止机体感染，如免疫球蛋白。部分蛋白质作为生物催化剂（酶和激素）控制着机体的生长、消化、代谢、分泌及其能量转移等变化过程，如胰岛素，血红蛋白，生长激素。在食品加工中，蛋白质除具有营养价值外，对食品的色、香、味、质地等方面都有着极其重要的功能作用。

第一节　概述

一、食品中蛋白质的定义及化学组成

蛋白质（Protein）是由氨基酸组成的一类生物大分子，主要由碳、氢、氧、氮、硫等元素组成。有些蛋白质还含有少量磷、铁、铜、锌、锰等元素，个别蛋白质还含有碘。

其中，各种蛋白质的含氮量十分接近，平均约为16%。动植物组织中的含氮化合物主要以蛋白质为主，因此，测定食品中的含氮量可按下列公式推出食品中蛋白质的大概含量。

100g样品中蛋白质含量（g/100g）= 每克食品中含氮量×6.25×100

通常，食品中的蛋白质包括可供人类食用、易于消化、安全无毒、富有营养、具有功能特性的蛋白质。乳品、肉类、禽蛋类、谷物类、豆类等是食品蛋白质的主要来源。

二、食品中蛋白质特性及分类

大多数蛋白质是由20种不同的氨基酸组成的生物大分子，蛋白质完全水解的产物是氨基酸，它们的侧链结构和性质各不相同。蛋白质分子中的氨基酸残基通过肽键（酰胺键）连接可形成含多达几百个氨基酸残基的多肽链。肽键具有部分双键性质，不同于多糖和核酸的醚键和磷酸二酯键，因此，蛋白质的结构非常复杂，这些特定的空间构象赋予蛋白质特殊的生物功能和特性。例如：酪蛋白胶束独特的胶体结构决定了乳品的质构性质和凝乳块的形成性质；小麦面筋蛋白质的黏弹性质决定了焙烤食品的感官性质；肌肉蛋白质的结构性质决定了肉类产品的质构和多汁的特征。

蛋白质的种类繁多，分类方法也多样。根据化学组成的不同，蛋白质可分为单纯蛋白质（homoprotein）、结合蛋白质（conjugated protein）和衍生蛋白质三种。单纯蛋白质仅由氨基酸组成，不含有其他化合物。结合蛋白质由单纯蛋白质和其他非蛋白质化合物结合而成。非蛋白质部分称为辅基（prosthetic group）。根据辅基化学性质的不同，结合蛋白质又分为核蛋白、脂蛋白、糖蛋白、磷蛋白和金属蛋白。衍生蛋白质是指用酶或化学方法处理蛋白质后得到的相应产物。

根据分子形状和空间构象的不同，蛋白质又可分为纤维状蛋白质（fibrous protein）和球状蛋白质（globular protein）。其中，蛋白质分子的长轴与短轴的比值小于10的蛋白质就称为球状蛋白质，如胶原蛋白、弹性蛋白、角蛋白等。

根据蛋白质的不同功能可将其分为结构蛋白质、生物活性蛋白质和食品蛋白质。

根据蛋白质化学组成和在不同介质中的溶解性，可分为水溶蛋白质、盐溶蛋白质、碱（酸）溶蛋白质、醇溶蛋白质等。常见各种蛋白质的溶解特性、主要来源和实例如表 3 - 1 所示。

表 3 - 1 蛋白质的分类

蛋白质		特性	来源	实例
单纯蛋白	白蛋白	溶于水、盐类、酸、碱溶液,在饱和硫酸铵中析出,加热凝固	动植物细胞和体液中	血清蛋白、乳清蛋白、卵白蛋白、豆白蛋白
	球蛋白	溶于盐类、酸、碱溶液,不溶于水,在半饱和硫酸铵中析出,加热时多数凝固	动植物细胞和体液中	血清球蛋白、β - 乳球蛋白、大豆球蛋白、肌球蛋白、溶菌酶
	谷蛋白	溶于稀酸、稀碱溶液,不溶于水、盐溶液	植物种子	麦谷蛋白、米胶谷蛋白
	醇溶蛋白	溶于稀酸、稀碱溶液及66% ~ 80%乙醇,不溶于水、盐溶液,脯氨酸、谷氨酸较高,赖氨酸较低	植物种子	麦胶蛋白、醇溶蛋白、玉米胶蛋白
	硬蛋白	一般不溶于各种溶液或水,也不能被酶分解	动物组织	胶原蛋白、弹性蛋白、角蛋白
	组蛋白	溶于稀酸和水,不溶于氨水,在酸性或中性溶液中加磷钨酸沉淀	动物细胞	胸腺组蛋白、红血球组蛋白、核蛋白
	精蛋白	溶于稀酸和水,不溶于氨水,在酸性或中性溶液中加磷钨酸沉淀,精氨酸含量高	成熟的生殖细胞中	鱼类精蛋白
结合蛋白	核蛋白	核酸(RNA,DNA)	动植物细胞	胸腺组蛋白、病毒蛋白
	磷蛋白	含磷酸基,可被磷酸酯酶分解	动植物细胞和体液	酪蛋白、卵黄磷蛋白
	色素蛋白	含铁、铜等及有机色素	动植物体和细胞	血红蛋白、肌红蛋白、细胞色素、过氧化氢酶
	糖蛋白	含糖基	动物细胞	血清糖蛋白、卵黏蛋白
衍生蛋白	一次衍生物	蛋白质初始变性物,酸、碱变性蛋白质		凝乳酶凝固的酪蛋白
	二次衍生物	蛋白质的分解产物,性质明显改变		肽类

第二节　氨基酸

蛋白质是一类大分子物质,可以在酸、碱或蛋白酶的作用下水解为小分子物质。蛋白质彻底水解后,能得到其基本组成单位——氨基酸(amino acid)。存在于自然界中的氨基酸有300余种,但是参与构成蛋白质的氨基酸通常有20种,并且它们均属于 $L - \alpha -$ 氨基酸(甘氨酸除外)。这些氨基酸以不同的连接顺序通过肽键连接起来构成蛋白质。

一、氨基酸的组成、结构与分类

组成蛋白质的 20 种氨基酸的结构有共同的特点。蛋白质水解得到的氨基酸都是 α – 氨基酸(其中,脯氨酸为 α – 亚氨酸),氨基连接在 α 碳原子上,它可用下面的结构通式表示。结构通式如图 3 – 1 所示,其中,R 称为氨基酸的侧链基团。

$$R—CH—COOH$$
$$\overset{|}{\underset{NH_2}{}}$$

图 3 – 1 氨基酸的结构通式

不同氨基酸的 R 基团也各不相同,除了 R 为 H 原子的甘氨酸外,其他氨基酸的 α 碳原子都是手性碳原子,故它们都具有旋光性,存在 D – 型和 L – 型两种异构体,如图 3 – 2 所示。但是,组成天然蛋白质的氨基酸均为 L – 型。

$$\underset{R}{\overset{COOH}{H_2N—C—H}} \qquad \underset{R}{\overset{COOH}{H—C—NH_2}}$$

$$L – \alpha – 氨基酸 \qquad D – \alpha – 氨基酸$$

图 3 – 2 氨基酸的两种异构体

氨基酸的分类依据有多种,按照 R 基团的不同对其进行分类,可将氨基酸分为四类,如表 3 – 2 所示。

1. 带负电荷的酸性氨基酸

在氨基酸的 R 基团中均含有一个羧基,在生理条件下,氨基酸的羧基完全解离使氨基酸本身带负电荷,故称为酸性氨基酸。这类氨基酸包括 2 种,即天冬氨酸(aspartic acid)和谷氨酸(glutamic acid)。

2. 带正电荷的碱性氨基酸

由于氨基酸的 R 基团中均含有一个氨基,在生理条件下,氨基酸的氨基完全解离而使氨基酸本身带正电荷,故称为碱性氨基酸。这类氨基酸有 3 种,即赖氨酸(lysine)、精氨酸(arginine)和组氨酸(histidine)。

3. 非极性或疏水性氨基酸

由于氨基酸的 R 基团是疏水性的,故称为非极性或疏水性氨基酸。这类氨基酸包括 8 种,即丙氨酸(alanine)、亮氨酸(leucine)、异亮氨酸(isoleucine)、缬氨酸(valine)、脯氨酸(proline)、甲硫氨酸(methionine)、苯丙氨酸(phenylalanine)和色氨酸(tryptophan)。

4. 极性非解离氨基酸

由于氨基酸的 R 基团具有极性,但在中性溶液中不解离,故称为极性非解离氨基酸。这类氨基酸有 7 种,即甘氨酸(glycine)、半胱氨酸(cysteine)、丝氨酸(serine)、苏氨酸(threonine)、天冬酰胺(asparagine)、谷氨酰胺(glutamine)和酪氨酸(tyrosine)。

表 3 - 2　氨基酸的分类

分类	名称	简写符号	结构式	相对分子质量	pI
酸性氨基酸	天冬氨酸	Asp	HOOC—CH₂—CH—COOH (NH₂)	133.1	2.77
	谷氨酸	Glu	HOOC—CH₂—CH₂—CH—COOH (NH₂)	147.1	3.22
碱性氨基酸	赖氨酸	Lys	CH₂—CH₂—CH₂—CH₂—CH—COOH (NH₂) (NH₂)	146.2	9.74
	精氨酸	Arg	H₂N—C—NH—(CH₂)₃—CH—COOH (NH) (NH₂)	174.2	10.76
	组氨酸	His	N—NH—CH₂—CH—COOH (NH₂)	155.2	7.59
非极性或疏水性氨基酸	丙氨酸	Ala	CH₃—CH—COOH (NH₂)	89.06	6.02
	亮氨酸	Leu	CH₃—CH—CH₂—CH—COOH (CH₃) (NH₂)	131.11	5.98
	异亮氨酸	Ile	CH₃—CH₂—CH—CH—COOH (CH₃) (NH₂)	131.11	6.02
	缬氨酸	Val	CH₃—CH—CH—COOH (CH₃) (NH₂)	117.09	5.96
	脯氨酸	Pro	（环状结构）—COOH N H	115.13	6.30

续表

分类	名称	简写符号	结构式	相对分子质量	pI
非极性或疏水性氨基酸	甲硫氨酸	Met	$CH_3-S-(CH_2)_2-\underset{\underset{NH_2}{\vert}}{CH}-COOH$	149.15	5.47
	苯丙氨酸	Phe	（苯环）$-CH_2-\underset{\underset{NH_2}{\vert}}{CH}-COOH$	165.09	5.48
	色氨酸	Trp	（吲哚环）$-CH_2-\underset{\underset{NH_2}{\vert}}{CH}-COOH$	204.22	5.89
极性非解离氨基酸	甘氨酸	Gly	$\underset{\underset{NH_2}{\vert}}{CH_2}-COOH$	75.05	5.97
	半胱氨酸	Cys	$HS-CH_2-\underset{\underset{NH_2}{\vert}}{CH}-COOH$	121.12	5.07
	丝氨酸	Ser	$HO-CH_2-\underset{\underset{NH_2}{\vert}}{CH}-COOH$	105.6	5.68
	苏氨酸	Thr	$CH_3-\underset{\underset{OH}{\vert}}{CH}-\underset{\underset{NH_2}{\vert}}{CH}-COOH$	119.08	6.17
	天冬酰胺	Asn	$H_2N-\underset{\underset{O}{\parallel}}{C}-CH_2-\underset{\underset{NH_2}{\vert}}{CH}-COOH$	132.02	5.41
	谷氨酰胺	Gln	$H_2N-\underset{\underset{O}{\parallel}}{C}-CH_2-CH_2-\underset{\underset{NH_2}{\vert}}{CH}-COOH$	146.15	5.65
	酪氨酸	Tyr	$HO-$（苯环）$-CH_2-\underset{\underset{NH_2}{\vert}}{CH}-COOH$	181.09	5.66

　　上述氨基酸中,脯氨酸和半胱氨酸结构较为特殊。脯氨酸属于 α - 亚氨基酸,但其亚氨基仍能与另一羧基形成肽链。在蛋白质合成加工时,脯氨酸可被修饰成羟脯氨酸。此外,2 个半胱氨酸通过脱氢后可以二硫键的形式结合,形成胱氨酸。蛋白质中有不少半胱氨酸以胱氨酸形式存在。

　　除上述 20 种氨基酸外,从蛋白质水解物中还分离出一些其他的氨基酸。例如:胶原蛋白中含有羟基脯氨酸和 5 - 羟基赖氨酸,弹性蛋白中含锁链素(desmosine)和异锁链素(isodesmosine),肌肉蛋白中存在甲基组氨酸、$\varepsilon - N -$ 甲基赖氨酸和 $\varepsilon - N -$ 三甲基赖氨酸。这些氨基酸从化学结构上看都是属于上述的常见氨基酸的衍生物。另外,还有一些氨基酸是代谢的中间产物或前体,或在神经传递过程中有重要作用。

二、氨基酸的物理性质

氨基酸为无色晶体,熔点超过 200℃,比一般有机化合物的熔点高很多。α-氨基酸有酸、甜、苦、鲜 4 种不同味感。谷氨酸单钠盐和甘氨酸是用量最大的鲜味调味料。氨基酸一般都溶于水、酸溶液和碱溶液中,不溶或微溶于乙醇或乙醚等有机溶剂。氨基酸在水中的溶解度差别很大,例如酪氨酸的溶解度最小,25℃时,100 g 水中酪氨酸仅溶解 0.045 g,但在热水中酪氨酸的溶解度较大。赖氨酸和精氨酸常以盐酸盐的形式存在,因为它们极易溶于水,因潮解而难以制得结晶。

(一)旋光性

除甘氨酸外,大多数氨基酸的 α-碳原子是不对称的手性碳原子,所以大多数氨基酸都具有旋光性(rotation),其旋光性方向和大小不仅与侧链 R 基的性质有关,还与水溶液的 pH 值、温度等介质条件有关。氨基酸的旋光性可以用于它们的定量分析和定性鉴别。一些氨基酸的比旋光度如表 3-3 所示。

表 3-3　氨基酸的比旋光度

氨基酸	比旋光度/(°)	氨基酸	比旋光度/(°)	氨基酸	比旋光度/(°)
丙氨酸	+14.7	组氨酸	-39.0	脯氨酸	-52.6
精氨酸	+26.9	异亮氨酸	+40.6	丝氨酸	+14.5
天冬氨酸	+34.3	亮氨酸	+15.1	苏氨酸	-28.4
胱氨酸	-214.4	赖氨酸	+25.9	色氨酸	-31.5
谷氨酸	+31.2	甲硫氨酸	+21.2	酪氨酸	-8.6
甘氨酸	0	苯丙氨酸	-35.1	缬氨酸	+28.8

(二)氨基酸的紫外吸收和荧光

常见的 20 种氨基酸在 400～780 nm 可见光区域内均无吸收。但由于羧基的存在,所有氨基酸在紫外光区的短波长 210 nm 附近均有弱的吸收。酪氨酸、色氨酸和苯丙氨酸由于含有芳香环,分别在 278 nm、279 nm 和 259 nm 处有较强的吸收,摩尔吸光系数 ε 分别为 1400 L·mol^{-1}·cm^{-1}、5600 L·mol^{-1}·cm^{-1}、200 L·mol^{-1}·cm^{-1},可以利用这个性质对这三种氨基酸进行分析测定。酪氨酸、色氨酸结合后的残基等同样在 280 nm 附近有最大的吸收,故紫外分光光度法同样也可以用于蛋白质的定量分析。

酪氨酸、色氨酸和苯丙氨酸也能受激发而产生荧光,激发后它们可在

304 nm、348 nm 和 282 nm 分别测定其荧光强度,而其他的氨基酸则不产生荧光。

(三)氨基酸的酸碱性质

氨基酸的离子化能力是非常重要的,这一性质可用于氨基酸的定量分析。另外,氨基酸的一些性质(熔点、溶解度、偶极矩及在水溶液中的介电常数)都是由于在水溶液中的电荷分布不均匀而产生的。因此,在接近中性 pH 的水溶液中,所有氨基酸主要以两性离子(zwitterion),也称偶极离子(dipolor ion)的形式存在,如图 3 - 3 所示。

$$R—CH—COO^-$$
$$|$$
$$NH_3^+$$

图 3 - 3　氨基酸偶极离子

在不同的 pH 条件下,氨基酸既可作为碱接受一个 H^+,又可作为酸离解出一个 H^+,因此,一个单氨基单羧基氨基酸全部质子化以后,可将其看作一个二元酸,存在两个离解常数 pK_{a_1} 和 pK_{a_2},分别对应于羧基和氨基的离解。当氨基酸侧链还有另外的可离解基团时,例如碱性氨基酸或酸性氨基酸的 ε - 氨基、ε - 羧基,此时,氨基酸就具有了第三个离解常数 pK_{a_3}。

当氨基酸分子在溶液中呈电中性时(即净电荷为零,氨基酸分子在电场中不运动),此时,溶液的 pH 值即为该氨基酸的等电点(pI,isoelectric point)。在等电点时,氨基酸的溶解性能最差,容易从溶液中沉淀析出。一个单氨基单羧基的氨基酸,其 pI 与 pK_{a_1}、pK_{a_2} 的关系为 $2pI = pK_{a_1} + pK_{a_2}$;碱性氨基酸的 pI 与 pK_{a_2}、pK_{a_3} 的关系为 $2pI = pK_{a_2} + pK_{a_3}$;酸性氨基酸的 pI 与 pK_{a_1}、pK_{a_3} 的关系为 $2pI = pK_{a_1} + pK_{a_3}$。常见氨基酸的 pK_a 值和 pI 值(25℃)如表 3 - 4 所示。

表 3 - 4　常见氨基酸的 pK_a 和 pI(25℃)

氨基酸	$pK_{a_1}(\alpha - COOH)$	$pK_{a_2}(\alpha - NH_3^+)$	$pK_{aR}(R = 侧链)$	pI
丙氨酸	2.35	9.69		6.02
精氨酸	2.17	9.04	12.48	10.76
天冬酰胺	2.02	8.08		5.41
天冬氨酸	2.09	9.82	3.86	2.97
半胱氨酸	1.96	10.28	8.18	5.07
谷氨酰胺	2.17	9.13		5.65
谷氨酸	2.19	9.67	4.25	3.22
甘氨酸	2.34	9.78		6.06

续表

氨基酸	pK_{a_1} (α – COOH)	pK_{a_2} (α – NH$_3^+$)	pK_{a_R} (R = 侧链)	pI
组氨酸	1.82	9.17	6.00	7.85
异亮氨酸	2.36	9.68		6.02
亮氨酸	2.36	9.64		6.00
赖氨酸	2.18	8.95	10.53	9.74
甲硫氨酸	2.28	9.21		5.75
苯丙氨酸	1.83	9.24		5.53
脯氨酸	1.99	10.6		6.30
丝氨酸	2.21	9.15		5.68
苏氨酸	2.71	9.62		6.16
色氨酸	2.38	9.39		5.89
酪氨酸	2.20	9.11	10.07	5.65
缬氨酸	2.32	9.62		5.97

(四) 氨基酸的疏水性

蛋白质在水中的溶解度同氨基酸侧链的极性基团(带电荷或不带电荷)和非极性(疏水)基团的分布状态有关,同时蛋白质和肽的结构、溶解性及结合脂肪的能力等许多物理化学性质,都与其所含有的氨基酸的疏水性有关。

氨基酸的疏水性(hydrophobicity)定义为将 1 mol 氨基酸从水溶液中转移到乙醇溶液中时所产生的自由能变化。在忽略活度系数变化的情况下,此时体系的自由能变化为:

$$\triangle G° = - RT\ln\ (S_{乙醇}/S_{水})$$

式中, $S_{乙醇}$ 为氨基酸在乙醇中的溶解度, mol/L; $S_{水}$ 为氨基酸在水中的溶解度, mol/L。

氨基酸分子中有多个基团,则 $\triangle G°$ 应该是氨基酸中多个基团的加和函数,即有:

$$\triangle G° = \sum \triangle G_i°$$

如果将氨基酸分子分为两个部分,一部分是甘氨酸基,另一部分是侧链(R),并设定甘氨酸的侧链(此时 R = H)的 $\triangle G°$ 为零,则有:

$$\triangle G° = \triangle G°_{(侧链)} + \triangle G°_{(甘氨酸)}$$

因此,任何一种氨基酸侧链残基的疏水性就为 $\triangle G°_{(侧链)} = \triangle G° - \triangle G°_{(甘氨酸)}$ 。

目前,食品化学中常用 Tanford 法来确定氨基酸侧链的疏水性大小。常见氨基酸侧链的疏水性如表 3 – 5 所示。

表 3 – 5　氨基酸侧链的疏水性(25℃,乙醇 – 水,Tanford 法)

氨基酸	$\triangle G°_{(侧链)}$/(kJ/mol)	氨基酸	$\triangle G°_{(侧链)}$/(kJ/mol)
丙氨酸	2.09	亮氨酸	9.61
精氨酸	3.1	赖氨酸	6.25
天冬酰胺	0	甲硫氨酸	5.43
天冬氨酸	2.09	苯丙氨酸	10.45
半胱氨酸	4.18	脯氨酸	10.87
谷氨酰胺	– 0.42	丝氨酸	– 1.25
谷氨酸	2.09	苏氨酸	1.67
甘氨酸	0	色氨酸	14.21
组氨酸	2.09	酪氨酸	9.61
异亮氨酸	12.54	缬氨酸	6.27

如果疏水性数值是较大的正值,意味着氨基酸的侧链是疏水的,在蛋白质结构中该残基倾向分布于分子的内部;而疏水性数值是较大的负值,则意味着氨基酸的侧链是亲水的,在蛋白质结构中倾向分布于分子的表面。但是,赖氨酸却是一个例外,它是一个亲水性的氨基酸,而其疏水性数值为正值,这是因为赖氨酸的分子中含有 4 个易溶于有机相的亚甲基。这些数据亦可用于预测氨基酸在疏水性载体上的吸附行为,因为吸附吸收与疏水性程度成正比。

三、氨基酸的化学性质

氨基酸分子中的官能团都可以进行多种化学反应,既有氨基参与的反应,也有羧基参与的反应,还有侧链基团参与的反应。

(一)氨基的反应

1. 与亚硝酸的反应

α – 氨基酸的 α – NH_2 能定量与亚硝酸作用,产生氮气和羟基酸。

$$R—\overset{\overset{H}{|}}{\underset{\underset{NH_2}{|}}{C}}—\overset{\overset{O}{\parallel}}{C}—OH + HNO_2 \longrightarrow R—\overset{\overset{H}{|}}{\underset{\underset{OH}{|}}{C}}—\overset{\overset{O}{\parallel}}{C}—OH + H_2O + N_2$$

只要测定 N_2 的体积就可以得到样品中氨基酸的含量。与 α – NH_2 不同,ε –

NH_2 与 HNO_2 反应较慢, 脯氨酸的 α - 亚氨基则不与 HNO_2 反应, 精氨酸、色氨酸和组氨酸的分子中被环结合的氮也不能与 HNO_2 反应。

2. 与醛类化合物的反应

氨基酸的 α - 氨基可与醛类化合物发生反应, 生成 Schiff 碱类化合物, Schiff 碱则是美拉德反应的重要中间产物。

3. 酰基化反应

氨基酸的 α - 氨基与苄氧基甲酰氯在弱碱性条件下反应, 则生成氨基衍生物, 此反应可用于肽的合成。

4. 烃基化反应

氨基酸的 α - 氨基可以与 2,4 - 二硝基氟苯反应, 生成稳定的黄色化合物, 此反应可用于氨基酸、蛋白质中末端氨基酸的分析。

(二)羧基的反应

1. 酯化反应

氨基酸在干燥 HCl 存在条件下, 能够与无水甲醇或乙醇作用生成甲酯或乙酯。

2. 脱羧反应

大肠杆菌中含有谷氨酸脱羧酶, 这种酶可作用于谷氨酸使其发生脱羧反应。该反应通常用于味精中谷氨酸钠的含量分析。

（三）由氨基与羧基共同参与的反应

1. 形成肽键

一个氨基酸的羧基和另一个氨基酸的氨基之间发生缩合反应,脱去一分子水,则形成肽键(peptide bond),此反应过程是形成蛋白质的物质基础。

$$R_1-CH-NH_2 + HOOC-CH-R_2 \longrightarrow R_1-CH-NH-C-CH-R_2 + H_2O$$

$$\underset{COOH}{} \qquad \underset{NH_2}{} \qquad \qquad \underset{COOH}{} \ \underset{O}{} \ \underset{NH_2}{}$$

2. 与茚三酮的反应

氨基酸的 α – 氨基酸与茚三酮在碱性溶液中共热会发生反应,最终生成蓝紫色的化合物,这类化合物通常在 570 nm 处有最大吸收。此反应可用于氨基酸的定性和定量分析。脯氨酸因其分子结构中含有 α – 亚氨基,它与茚三酮共热后,生成物为黄色的化合物,此化合物通常在 440 nm 处有最大吸收。

$$2\ \text{茚三酮} + R-\underset{NH_2}{\overset{H}{C}}-COOH \longrightarrow \text{呈色物质} + RCHO + CO_2 + 3H_2O$$

茚三酮　　　　　　　　　　　　　　　　呈色物质

（四）侧链的反应

α – 氨基酸的侧链 R 基的反应很多,例如 R 基上含有酚基时可还原 Folin – 酚试剂,生成钼蓝和钨蓝。如果 R 基上含有—SH 基,可氧化生成二硫键;而在还原剂存在条件下,二硫键亦可被还原,重新变成—SH 基,这个反应在蛋白质功能性质等方面具有重要作用。

$$-SH + -SH \longrightarrow -S-S-$$

氨基酸或蛋白质的定性鉴别中,有一些涉及到氨基酸的侧链基团的重要化学反应,见表 3 – 6。

表 3 – 6　氨基酸(蛋白质)的一些重要颜色反应

反应名称	试剂	反应氨基酸/基团/化学键	颜色
米伦反应	汞、亚汞的硝酸溶液	苯酚基/酪氨酸	砖红色
黄色蛋白反应	浓硝酸	苯环/酪氨酸、色氨酸	黄色,加碱为橙色
乙醛酸反应	乙醛酸	色氨酸/吲哚环	紫色
茚三酮反应	水合茚三酮	α—氨基、ε—氨基	紫色或蓝紫色
Ehrlich 反应	p – 二甲基氨基苯甲醛	吲哚环	蓝色
Sakaguchi 反应	α – 萘酚,次氯酸钠	呱啶环/精氨酸	红色
Sullivan 反应	1,2 – 萘醌磺酸钠,亚硫酸钠,硫代硫酸钠、氰化钠	胱氨酸、半胱氨酸	红色

第三节　蛋白质的结构和性质

一、蛋白质的结构

蛋白质分子是由许多氨基酸通过肽键连接而成的生物大分子。每种蛋白质都具有一定氨基酸数量及氨基酸排列顺序,以及多肽链在空间的特定排布。每种蛋白质具有独特生理功能的结构基础是氨基酸排列顺序及多肽链的空间排布。蛋白质的分子量一般都较大,组成蛋白质的氨基酸大约有 20 种,因此蛋白质分子中氨基酸排列顺序和空间位置几乎是无穷尽的,足以为成千上万种蛋白质提供不同的序列和特定的空间排布,从而完成生命所赋予的数以千万计的生理功能。我们将蛋白质的分子结构分为一级结构、二级结构、三级结构和四级结构 4 个层次,后三者统称为高级结构或空间构象。蛋白质的空间构象涵盖了蛋白质分子中的每一原子在三维空间的相对位置,它们是蛋白质特有性质和功能的结构基础。但是,并非所有的蛋白质都有四级结构,仅由一条多肽链构成的蛋白质只具有一级、二级和三级结构,只有由二条或二条以上多肽链构成的蛋白质才可能具备完整的四级结构。

(一)一级结构

蛋白质的一级结构(primary structure)也称作蛋白质的共价结构,它是指蛋白质中氨基酸的数目和排列顺序及其共价连接。一级结构是蛋白质分子的基本结构。但是这个概念仅适用于只含有氨基酸的简单蛋白质。在生物体内还有很多的结合蛋白质,它们的分子结构中除了含有氨基酸外,还有其他的组分,比如糖类、脂类等。对于结合蛋白质,其完整的一级结构的概念应该是包括多肽链及多肽链以外的其他的成分(如糖蛋白上的糖链,脂蛋白中的脂类的部分等)以及这些非肽链部分的连接方式和位点。蛋白质的一级结构是一个无空间概念的一维结构。

在蛋白质多肽链中,带有游离氨基的一端被称作为 N - 端,而带有游离羧基的一端则称作 C - 端。目前,许多蛋白质的一级结构已经确定,例如胰岛素、血红蛋白、酪蛋白等。少数蛋白质中氨基酸残基数目为几十个,大多数的蛋白质含有 100 ~ 500 个氨基酸残基,也有一些不常见的蛋白质含有多达数千个氨基酸残基。

图 3 - 4 为牛胰岛素的一级结构。牛胰岛素的一级结构中含有 A 链和 B 链

二条多肽链，A 链含有 21 个氨基酸残基，B 链含有有 30 个氨基酸残基。牛胰岛素分子的一级结构中总共形成 3 个二硫键，其中 1 个二硫键位于 A 链内部，由 A 链的第 6 位和第 11 位半胱氨酸的巯基氧化脱氢而形成，另外 2 个二硫键均形成于 A 链和 B 链之间。

图 3 - 4　牛胰岛素的一级结构

蛋白质的一级结构是决定其空间结构的基础，而空间结构则是其实现生物学功能的基础。尽管各种蛋白质的基本结构都是多肽链，但所含氨基酸的数目、各种氨基酸所占构成比例、氨基酸在肽链中的排列顺序的不同，就形成了结构多种多样、功能各异的蛋白质。因此，蛋白质一级结构的研究，是在分子水平上阐述蛋白质结构与其功能关系的基础。

（二）二级结构

蛋白质的二级结构（secondary structure）是指蛋白质分子多肽链骨架中原子的局部空间排列，不涉及氨基酸残基侧链的构象（conformation）。蛋白质的二级结构的常见类型包括 α - 螺旋、β - 折叠、β - 转角和无规卷曲。

1. α - 螺旋

α - 螺旋（α - helix）是存在于各种天然蛋白质中的一种特定的螺旋状肽链立体结构，是蛋白质中最常见、最典型、含量最丰富的二级结构元件。α - 螺旋结构如图 3 -5 所示。

α - 螺旋的结构特点如下：

（1）在 α - 螺旋结构中，多肽链通过链内的多个肽平面上的 α - 碳原子旋转，紧密盘绕成稳固的右手螺旋，每圈螺旋有 3.6 个氨基酸残基，氨基酸残基位于螺旋的外侧，螺旋的表观直径为 0.6 nm，螺旋之间的距离为 0.54 nm，相邻的 2 个氨基酸残基的垂直距离为 0.15 nm。

（2）在 α - 螺旋结构中，相邻两圈螺旋通过肽键中 C＝O 和 NH 形成许多链内氢键，即每一个氨基酸残基中的 NH 和前面相隔三个残基的 C＝O 之间形成氢

图 3-5　α-螺旋结构示意图

键。肽链中的全部肽键都可以形成氢键,这是稳定 α-螺旋的主要因素。氢键的方向与螺旋的长轴基本平行。

（3）在 α-螺旋结构中,肽链中氨基酸侧链 R 分布于螺旋外侧,侧链 R 的形状、大小和所带电荷均会影响 α-螺旋的形成。其中,酸性或碱性氨基酸集中的区域,由于同性电荷相斥,不利于 α-螺旋形成;较大的 R 基（如苯丙氨酸、色氨酸、异亮氨酸）集中的区域,也不利于 α-螺旋的形成;脯氨酸分子结构中由于 α-碳原子位于五元环上,不易扭转,α-亚氨基存在的部位也不易形成氢键,所以脯氨酸也不利于上述 α-螺旋的形成;甘氨酸的 R 基为 H,空间占位很小,同样不利于维持该处螺旋的稳定性。

2. β-折叠

β-折叠（β-pleated sheet）也叫 β-片层（β-sheet）,是蛋白质中常见的二级结构,它由伸展的多肽链组成的。β-折叠的构象是通过一个肽键的羰基的氧和位于同一个肽链的另一个亚氨基的氢之间形成的氢键来维持的。氢键形成的方向几乎都垂直于伸展的肽链。β-折叠结构如图 3-6 所示。

β-折叠的结构特点如下:

（1）在 β-折叠结构中,多肽链得到充分伸展,肽链平面之间折叠成锯齿状,

图 3 - 6　β - 折叠结构示意图

同一条多肽链上相邻肽键平面间呈 110° 夹角。多肽链中氨基酸残基的 R 侧链均向外伸出分别位于折叠面的上方或下方。

（2）在 β - 折叠结构中，分子依靠两段肽链间的 C═O 和 NH 形成氢键，使蛋白质构象趋于稳定。

（3）在 β - 折叠结构中，两段多肽链有顺向平行的，也有逆向平行的。前者两条链从"N - 端"到"C - 端"是同方向的，后者是反方向的。顺向平行的 β - 折叠结构中，形成氢键的两个残基间距为 0.65 nm；逆向平行的 β - 折叠结构中，形成氢键的两个残基间距则为 0.70 nm。β - 折叠的形成通常与结构蛋白质的空间结构有关，但在有些球状蛋白质的空间结构中也存在。如天然丝蛋白中就同时存在 β - 折叠和 α - 螺旋，溶菌酶、羧肽酶等球状蛋白中也都存在 β - 折叠结构。

3. β - 转角

在蛋白质的分子结构中，多肽链常常会在空间结构中出现 180° 的回折，这种回折处的构象就称为 β - 转角（β - turn）。在 β - 转角结构中，第一个氨基酸残基的 C═O 与第四个氨基酸残基的 NH 之间形成氢键，从而使结构稳定，如图 3 - 7 所示。其中，β - 转角结构中第二个氨基酸残基通常为脯氨酸，除此之外，甘氨酸、天冬氨酸、天冬酰胺和色氨酸也都常常出现在 β - 转角的位置。β - 转角结构常存在于球状蛋白质分子的表面，与蛋白质的生物学功能有关。

图 3 - 7   β - 转角结构示意图

4. 无规卷曲

大部分蛋白质,尤其是球状蛋白质,通常包含几种有规律的二级结构,如上面提到的 α - 螺旋和 β - 折叠,但蛋白质多肽链中还包含一部分难以确定规律的肽链构象,我们通常把它称作无规卷曲(random coil)。

在蛋白质的构象中,还存在着二级结构与三级结构之间的一个层次,称为超二级结构(supersecondary structure)。它是指在多肽链内顺序上相互邻近的二级结构常常在空间折叠中靠近,彼此相互作用,形成规则的二级结构聚集体。目前,发现的蛋白质超二级结构有三种形式:α - 螺旋组合($\alpha\alpha$)、β - 折叠组合($\beta\beta\beta$)和 α - 螺旋 β - 折叠组合($\beta\alpha\beta$),其中以 $\beta\alpha\beta$ 组合最为常见。

(三)三级结构

蛋白质的三级结构(tertiary structure)是指在二级结构的基础上,多肽链借助多种作用力,进一步折叠卷曲形成紧密的复杂球形分子的结构。蛋白质的三级结构如图 3 - 8 所示。

稳定蛋白质三级结构的作用力主要是次级键,包括氢键、疏水作用、离子键及范德瓦耳斯等。其中,疏水作用是最主要的稳定作用力。疏水作用是蛋白质分子中疏水基团之间的结合力。酸性和碱性氨基酸的 R 基团可以带电荷,正负电荷相互吸引形成离子键。与氢原子共用电子对形成的键则为氢键。稳定蛋白质三级结构的这些作用力可存在于一级结构序号相隔很远的氨基酸残基的 R 基团之间。而这些作用力都属于非共价键,因此易受环境中 pH、温度、离子强度等因素的影响,有变动的可能性。二硫键虽然不属于次级键,但是它在稳定蛋白质三级结构中也起着重要的作用,因为在某些多肽链中它能使相隔较远的两个肽段联系在一起。

一些具备三级结构的蛋白质,如血浆清蛋白、球蛋白、肌红蛋白等属于球状蛋白,球状蛋白的疏水基团多聚集在分子的内部,而亲水基团则多分布于分子的

图 3 - 8　蛋白质三级结构示意图

表面,所以球状蛋白是亲水的。更重要的是,多肽链经过盘曲形成三级结构后,可形成具有某些生物功能的特定区域,如酶的活性中心。

　　蛋白质三级结构包括蛋白质分子主链的构象和分子中各个侧链所形成的一定的构象。其中,侧链构象是指形成的结构域。结构域(domain)是蛋白质构象中特定的空间区域。在分子较大的蛋白质中,多肽链上相邻的超二级结构紧密联系,就能形成两个或多个稳定的球形结构单位。一般每个结构域由 100～200 个氨基酸残基组成,有着各自的独特的空间结构,并承担着不同的生物学功能。

(四)四级结构

　　蛋白质的四级结构(quaternary structure)是指一些具有特定的三级结构的肽链通过非共价键形成大分子体系的组合方式,是含有两条及以上多肽链的蛋白质的空间排列。构成蛋白质四级结构的每一条具有完整三级结构的多肽链,称为蛋白质的亚基(subunit)。构成蛋白质的亚基的分子结构可以相同,也可以不同。蛋白质的四级结构如图 3 - 9 所示。

图 3 - 9　蛋白质四级结构示意图

在蛋白质的四级结构中,亚基之间的作用力不含有共价键,各亚基之间的作用力主要是氢键和疏水作用。一种蛋白质中所含疏水性氨基酸的摩尔比例高于30%时,它形成的四级结构的倾向大于含较少疏水性氨基酸的蛋白质。

蛋白质从一级结构到四级结构的形成过程如图3-10所示。

图3-10 蛋白质结构形成示意图

二、维持和稳定蛋白质结构的作用力

蛋白质是生物大分子,结构复杂,种类繁多。它同任何分子一样,只有在分子内部存在某些特定的相互作用时,分子中一些原子或基团间的相对位置才能被固定,呈现出完整、稳定的立体结构。维持和稳定蛋白质结构的作用力主要有:

1. 肽键

在蛋白质分子的多肽链中,一个氨基酸的 α-羧基和另外一个氨基酸的 α-氨基之间脱去一分子水,缩合就能形成肽键(peptide bond)。肽键是蛋白质一级结构的主要作用力。肽键的结构如图3-11所示。

图3-11 肽键的结构

肽键中的 C—N 键具有部分双键的性质,其键长为 0.132 nm,介于单键和双键之间,不能自由旋转。组成肽键的 C、O、N、H 这4个原子和与之相邻的2个 α-碳原子($C_{\alpha 1}$ 和 $C_{\alpha 2}$)均位于同一肽平面内,构成肽单元(peptide unit)。肽单元中 C_{α} 分别与 N 和羰基 C 相连的键都是典型的单键,可以自由旋转。肽单元上的 C_{α} 所连的两个单键的自由旋转角度,决定了两个相邻的肽单元平面的相对空间位置。

2. 二硫键

二硫键是由两个半胱氨酸残基中的巯基氧化后以共价键的方式连接在一起而形成的。二硫键也是维系蛋白质一级结构的主要作用力。二硫键存在于蛋白质分子多肽链的链内和链间,二硫键数目越多,则蛋白质抵抗外界不利因素的能力越强。在生物体内,具有保护作用的角蛋白含二硫键数目最多。某些二硫键是蛋白质形成生物活性所必需的,这些二硫键被还原后,将引起蛋白质天然构象的改变和生物活性的丧失。

3. 氢键

氢键是指具有孤电子对的电负性原子,如 N、O 和 S 等,与一个 H 原子结合形成的键,而 H 原子本身同时又与另一个电负性的原子以共价方式结合。在蛋白质分子中,一个肽键的羰基和另一个肽键的 N—H 的氢形成氢键。氢键距离 O···H 约为 0.175 nm,键能为 8 ~ 40 kJ/mol,键能的大小取决于参与氢键的电负性原子的性质和形成的键角。氢键是蛋白质空间结构的主要作用力。

蛋白质多肽链骨架中亚氨基团的氢,色氨酸侧链吲哚环上和氮原子连接的氢,组氨酸侧链咪唑环上和氮原子连接的氢,酪氨酸侧链酚基上的氢,还有一些酸性氨基酸的羧基的氢和酰胺基上的氢,以及侧链羟基上的氢都能与羰基和许多极性基团相互作用形成氢键。在具有 α – 螺旋和 β – 折叠结构的多肽键中,其 N—H 和羰基 C═O 之间形成氢键的数量最多。

氢键的稳定性与环境的介电常数有关。蛋白质分子中氨基酸残基的庞大侧链能阻止水与 N—H 和羰基 C═O 接近形成氢键,从而维持着蛋白质二级结构中氢键的稳定性。

4. 离子键

离子键,也叫盐键,是由正负离子之间的静电引力所形成的化学键。蛋白质分子中,有带正、负电荷的基团如羧基、氨基、咪唑基等,在空间结构和环境适宜的情况下,就能形成离子键。大多数情况下,这些基团分布在蛋白质分子表面,与水分子发生电荷—偶极作用,形成排列有序的水化层,从而稳定蛋白质在水溶液中的构象。高浓度的盐、过高 pH 值或过低 pH 值等条件,都可以破坏蛋白质构象中的离子键,这就是强酸、强碱致使蛋白质发生变性的原因。

5. 范德瓦耳斯力

范德瓦耳斯力包括三种较弱的作用力,即定向力、诱导力、分散力,它们都是静电引力。定向力发生在极性分子(或基团)与极性分子(或基团)之间。极性分子具有偶极,而偶极与偶极之间的相互吸引使相反的极相对。诱导力是指极性分子(或基团)的偶极与非极性分子(或基团)的诱导偶极之间的相互吸引。分散力是指非极性分子(或基团)瞬时偶极之间的相互吸引,是大多数情况下起主要作用的范德瓦耳斯力。分子或基团中电子电荷密度的波动即电子运动的不对称性会造成瞬时偶极,范德瓦耳斯力可以诱导周围的分子或基团产生诱导偶极,诱导偶极反过来又稳定了原来的偶极,因此在它们之间产生了相互作用。

范德瓦耳斯力是很弱的作用力,它的特点是:引力与距离的 6 次方的倒数成正比。但当上述两基团靠得很近时,电子云之间的斥力就增大,使二者不能碰撞。范德瓦耳斯作用力数量很大,是维持蛋白质的三级、四级结构中不容忽视的重要力量。

6. 疏水作用力

在水溶液中,蛋白质非极性侧链的氨基酸残基彼此可以紧密靠近,形成的疏水结构往往藏在蛋白质分子的内部,从而避开与水分子的接触,这种现象叫做疏水作用力。实际上,许多亲水的球状蛋白质的三级结构,就是大量非极性基团聚集在内部,极性基团分布于蛋白质分子表面的球形结构。疏水基团的聚集是一个有序化的过程,如果想破坏这种聚集结构,使蛋白质分子展开并与水分子充分接触,就需要外界提供能量。疏水作用力也是维持蛋白质三级、四级结构稳定的重要因素。

维持蛋白质构象的作用力如图 3 - 12 所示。

图 3 - 12 维持蛋白质构象的作用力

a—离子键 b—氢键 c—疏水作用力 d—范德瓦耳斯力 e—二硫键力

三、蛋白质的理化性质

蛋白质分子是由氨基酸组成的,其理化性质有一部分与氨基酸相似或相关。例如,酸碱性及等电点、紫外吸收性质、呈色反应等。除此之外,蛋白质还具有胶体性质、沉淀性、水解性和疏水性等其他功能性质。

(一)蛋白质的酸碱性

蛋白质同氨基酸一样,也属于两性电解质,它能同酸或者碱发生反应。蛋白质可离解基团除了 C - 末端的 a - 羧基和 N - 末端的 a - 氨基外,其他的可离解基团主要来自于蛋白质分子的侧链,因此,蛋白质相当于一个多价离子,其所带电荷的性质和数量与分子中可离解基团的含量、分布有关,同时也与溶液的 pH 值有关。蛋白质分子在某一个 pH 值时所带电荷数为零,这就是它的等电点 pI。在 pH > pI 的介质中,蛋白质作为阴离子在电场中可向阳极移动;而在 pH < pI 的介质中,蛋白质则作为阳离子向阴极移动;在 pH = pI 的介质中,蛋白质在电场中不运动,此时蛋白质的溶解度也最低。

(二)蛋白质的水解

蛋白质在酸、碱或酶的催化作用下,发生肽键断裂,最终完全水解生成氨基酸。在水解的过程中,随着水解程度的不同,反应会生成不同的中间产物,主要是蛋白胨和各种不同长度的肽类。

蛋白质→蛋白胨→小肽→二肽→氨基酸

蛋白质在酸水解过程中,得到的色氨酸会被破坏;蛋白质发生碱水解时,胱氨酸、半胱氨酸、精氨酸等遭到破坏,还会引起氨基酸的外消旋化。而蛋白质的酶水解较为理想,它对氨基酸的破坏较小。但是,酶水解的反应速度较慢,要将蛋白质彻底水解往往还需要一系列酶的共同作用。

(三)蛋白质的颜色反应

蛋白质分子中的肽键和许多侧链基团都可以与一些特定的试剂发生呈色反应。这些呈色反应常用于蛋白质的定性和定量检测。

1. 双缩脲反应

在蛋白质的颜色反应中,双缩脲反应(biuret reaction)是一个重要的颜色反应。双缩脲反应的原理是在碱性溶液中,蛋白质或三肽及以上的分子均可与 Cu^{2+} 发生双缩脲反应,生成紫红色络合物。因为氨基酸的分子中没有肽键,二肽分子中只含有一个肽键,故不能发生此反应。因此,双缩脲反应可用于检测蛋白质的水解程度。反应如图 3 - 13 所示。

双缩脲　　　　　　　　　　　　　　双缩脲铜钾氢氧化物

图 3 - 13　双缩脲反应

2. 酚试剂反应

酚试剂呈色反应是最为常用的蛋白质定量方法(Lowry 法)。蛋白质分子中的色氨酸与酪氨酸残基可将试剂中的磷钨酸和磷钼酸盐还原生成蓝色化合物(钼蓝)。酚试剂法灵敏度很高,可用于蛋白质的定性和定量检测。

3. 茚三酮反应

茚三酮反应也是蛋白质的一个重要颜色反应,在 pH = 5～7 条件下,蛋白质与水合茚三酮溶液共热,可生成蓝紫色的化合物。

水合茚三酮

呈色物质

图 3 - 14　茚三酮反应

4. 黄色反应

含有芳香族氨基酸,特别是酪氨酸和色氨酸的蛋白质在溶液中与硝酸反应,先产生白色沉淀,加热白色沉淀则变成黄色,再加入碱,颜色变深至橙黄色。这也是皮肤、毛发、指甲遇到浓硝酸变黄的原因。

5. 米伦反应

米伦试剂为硝酸汞、亚硝酸汞、硝酸和亚硝酸的混合液。蛋白质溶液中加入米伦试剂后即产生白色沉淀,加热后沉淀变成红色。由于酪氨酸分子结构中含有酚基,故酪氨酸及含有酪氨酸的蛋白质都能发生此反应。

(四)蛋白质的疏水性

蛋白质有它自身的疏水性,理论上,已知一种蛋白质的氨基酸组成,就可以根据各氨基酸的疏水性确定蛋白质的平均疏水性,即各氨基酸的疏水性加和后与总氨基酸数的比值。

$$\triangle \bar{G}^\circ = \frac{\sum \triangle G^\circ}{n}$$

蛋白质的表面疏水性(或表观疏水性,surface hydrophobicity)是一个重要的物理化学常数。蛋白质的表面疏水性与蛋白质的空间结构、蛋白质所呈现的表面性质和与脂肪结合能力等有重要的关系,更能反映出蛋白质同水、其他化学物质的作用。

四、蛋白质的功能性质

在食品加工、制备、保藏和消费期间凡是能够影响蛋白质在食品体系中的性能的那些蛋白质的物理和化学性质都被称为蛋白质的功能性质(functional property)。如蛋白质的胶凝、溶解、泡沫、乳化、黏度等。蛋白质功能性质大多数影响着食品的感官质量,尤其是在质地方面,也对食品成分制备、食品加工或储存过程中的物理特性起着重要的作用。各种蛋白质在不同食品中的功能作用如表3-7所示。

表3-7　蛋白质在食品中的功能作用

功能	作用机理	食品	蛋白质类型
溶解性	亲水性	饮料	乳清蛋白
黏度	持水性,流体动力学的大小和形状	汤,调味汁,色拉调味汁,甜食	明胶
持水性	氢键,离子水合	肉,香肠,蛋糕,面包	肌肉蛋白,鸡蛋蛋白
胶凝作用	水的截留和不流动性,网络的形成	肉,凝胶,蛋糕焙烤食品和奶酪	肌肉蛋白,鸡蛋蛋白和牛奶蛋白
黏结—黏合	疏水作用,离子键和氢键	肉,香肠,面条,焙烤食品	肌肉蛋白,鸡蛋蛋白和乳清蛋白
弹性	疏水键,二硫交联键	肉和面包	肌肉蛋白,谷物蛋白
乳化	界面吸附和膜的形成	香肠,大红肠,汤,蛋糕,甜食	肌肉蛋白,鸡蛋蛋白和乳清蛋白
泡沫	界面吸附和膜的形成	搅打顶端配料,冰淇淋,蛋糕,甜食	鸡蛋蛋白,乳清蛋白
脂肪和风味的结合	疏水键,截留	低脂肪焙烤食品,油炸面圈	牛奶蛋白,鸡蛋蛋白和谷物蛋白

蛋白质的功能性质是多样的,它们对不同食品的不同品质起着决定性的作用。各种食品中蛋白质的功能性质如表3-8所示。

表3-8　各种食品中蛋白质的功能性质

食品	功能性质
饮料	不同pH值时的溶解性、热稳定性、黏度
汤、沙司	黏度、乳化作用、持水性
面团焙烤产品(面包、蛋糕)	成型和形成黏弹性膜、内聚力、热变性和胶凝作用、乳化作用、吸水作用、发泡、褐变
乳制品(干酪、冰淇淋、甜点心)	乳化作用、对脂肪的保留、黏度、发泡、胶凝作用、凝结作用
鸡蛋	发泡、胶凝作用
肉制品(香肠、火腿)	乳化作用、胶凝作用、内聚力、对水和脂肪的吸收和保持
肉代用品(组织化植物蛋白)	对水和脂肪的吸收和保持、不溶性、硬度、咀嚼性、内聚力、热变性
食品涂膜	内聚、黏合
糖果制品(牛奶巧克力)	分散性、乳化作用

(一)水合性质

大多数食品是水合(hydration)的固体体系,食品中各种组成成分的物理化学性质和流变学特性会受到体系中水的影响和水与食品中其他组成成分的相互作用的影响。蛋白质在溶液中的构象主要取决于它和水之间的相互作用,水能改变蛋白质的物理、化学性质,如具有无定形和半结晶性质的食品蛋白质,水的增塑作用可以改变它们的玻璃化转变温度 T_g 和变性温度 T_d。此外,在食品加工过程中,浓缩蛋白质或分离蛋白的应用,都涉及到蛋白质的水合过程。蛋白质吸附水、保留水的能力,不仅能影响蛋白质的黏度和其他性质,还能影响食品的质地,影响最终产品的数量。

蛋白质制品的许多功能特性都与水合作用有关,例如水吸收作用、溶解性、溶胀、润湿性、增稠性、黏度、持水容量(或水保留作用)、黏附和内聚力,以及聚集、乳化、起泡性等,都与水合作用的过程有关。

1. 蛋白质—水相互作用

蛋白质的水合作用指的是蛋白质的肽键(偶极—偶极或氢键),或氨基酸侧链(离子的极性甚至非极性基团)同水分子之间的相互作用。蛋白质的水合作用,通常以持水力(water holding capacity)或保水性(water retention capacity)来衡量。蛋白质的持水力是指蛋白质将水截留(保留)在其组织中的能力,被截留的水包括吸附水、物理截留水和流体动力学水。由于氨基酸组成不同,所以不同蛋白质的水合能力也不同。研究表明,分子中含有极性基团的极性氨基酸、离子化的氨基酸、蛋白质盐等对水有更强的结合能力,所以它们的结合水量相对较大。

2. 水合性质的测定方法

蛋白质的水合性质对食品品质有着十分重要的作用。实验室测定食品蛋白质的吸水性和持水容量的方法通常有四种。

(1)相对湿度法(或平衡水分含量法)。相对湿度法是测定保持在某一水分活度 A_w 时,食品所吸收的水量的方法。这种方法在食品中可用于评价蛋白粉的吸湿性和结块现象。

(2)溶胀法。溶胀法是通过将蛋白质粉末置于下端连有刻度的毛细管的烧结玻璃过滤器上,让其自发地吸收过滤器下面毛细管中的水,即可测定水合作用的速率和程度的方法。

(3)过量水法。过量水法是使蛋白质试样同超过蛋白质所能结合的过量水接触,随后通过过滤或低速离心或挤压使过剩水同蛋白质保持的水分离的方法。这种方法只适用于溶解度低的蛋白质。用于可溶性蛋白质测定时必须进行校正。

(4)水饱和法。水饱和法是指测定蛋白质饱和溶液所需要的水量(用离心法测定对水的最大保留性)的方法。

3. 影响水合性质的因素

蛋白质的浓度、pH 值、温度、离子强度、其他成分等,均能影响蛋白质—蛋白质和蛋白质—水的相互作用。蛋白质总水吸附量随蛋白质浓度的增加而增加,而在等电点时蛋白质表现出最小的水合作用,这是由于在等电点条件下蛋白质—蛋白质的相互作用达到最大,蛋白质分子所带的净电荷数最少,蛋白质同水的作用最小。

pH 的变化影响蛋白质分子的解离和净电荷量,因而可改变蛋白质分子间的相互吸引力和排斥力及其与水缔合的能力。在等电点时,蛋白质—蛋白质相互作用最强,蛋白质的水合作用和溶胀最小。例如,宰后僵直前的生牛肉(或牛肉匀浆)pH 值从 6.5 下降到接近 5.0(等电点),其持水容量显著减少,并导致肉的汁液减少和嫩度降低。

温度的变化会影响蛋白质的氢键作用和离子基团结合水的能力,从而影响蛋白质结合水的能力。蛋白质结合水的能力一般随温度升高而降低。蛋白质加热时发生变性和聚集,聚集可以减少蛋白质的表面面积和极性氨基酸对水结合的有效性,因此,变性后聚集的蛋白质结合水的能力因蛋白质之间相互作用而下降。

离子的种类和浓度对蛋白质的吸水性、溶胀和溶解度也有很大影响。盐类和氨基酸侧链基团通常同水发生竞争性结合。在低盐浓度(<0.2 mol/L)时,蛋白质的水合作用增强,这是由于水合盐离子与蛋白质分子的带电基团发生微弱结合的原因,但是这样低的浓度不会对蛋白质带电基团的水合层带来影响。实质上,增加的结合水量是来自与蛋白质结合离子的缔合水。高盐浓度时,水和盐之间的相互作用超过水和蛋白质之间的相互作用,因而引起蛋白质"脱水"。

4. 水合作用和蛋白质其他功能性质之间的关系

吸水性和黏度之间是相互关联的,但并不总是呈正相关。因为蛋白质的溶解度和吸水性之间的关系并不总是一致的。pH和温度的变化对于蛋白质的吸水性和蛋白质溶液的黏度的影响,会因为蛋白质的种类的不同而有所不同。

蛋白质分子吸收和保持水的能力在各种食品的质地性能中起着主要的作用,特别是碎肉和焙烤过的面包,不溶解的蛋白质吸水可导致溶胀和产生体积,黏度和黏合等性质的变化。

(二)溶解性

蛋白质作为有机大分子化合物,在水中以分散态存在,因此,蛋白质在水中无严格意义上的溶解度,只是将蛋白质在水中的分散量或分散水平相应地称为蛋白质的溶解度(solubility)。蛋白质溶解度的大小在食品加工过程中非常重要,因为溶解度特性数据在确定天然蛋白质的提取、分离、纯化时是非常有用的,蛋白质的变性程度也可以以蛋白质的溶解行为的变化作为评价指标。溶解度也是评价蛋白质饮料的一个主要特征。

1. 溶解性的表示方法

蛋白质溶解度的常用表示方法为蛋白质分散指数(protein dispersibility index,PDI)、氮溶解指数(nitrogen solubility index,NSI)、水可溶性氮(water soluble nitrogen,WSN)。

PDI=(水分散蛋白质/总蛋白质)×100%

NSI=(水溶解氮/总氮)×100%

WSN=(可溶性氮的质量/样品质量)×100%

2. 影响蛋白质溶解性质的因素

蛋白质溶解度的大小受到 pH 值、离子强度、温度、溶剂类型等因素的影响。影响蛋白质溶解性质的因素主要有：

（1）氨基酸组成与疏水性

蛋白质分子中氨基酸的疏水性和离子性是影响蛋白质溶解性的主要因素。疏水相互作用增强了蛋白质与蛋白质的相互作用，使蛋白质在水中的溶解度降低。离子相互作用则有利于蛋白质—水相互作用，可使蛋白质分散在水中，从而增大了蛋白质在水中的溶解度。蛋白质的溶解度与氨基酸残基的平均疏水性和电荷频率有关，平均疏水性越小或电荷频率越大，蛋白质的溶解度也就越大。

（2）pH 的影响

蛋白质的溶解度在等电点 pI 时通常是最低的，pH 值在高于或低于等电点 pI 时，蛋白质所带的净电荷为负电荷或正电荷，其溶解度均增大。但是，蛋白质的种类不同，其在等电点 pI 时的溶解度也会各异。一些蛋白质如酪蛋白、大豆蛋白在等电点时几乎不溶，而乳清蛋白在等电点时的溶解性仍然很好。利用大多数蛋白质在 pH 为 8～9 时具有很高的溶解性，可提取植物蛋白。例如，将大豆粉置于 pH 为 8～9 的碱性水溶液中浸提，然后利用等电点沉淀法将 pH 调至 4.5～4.8，再从提取液中回收大豆蛋白质。

（3）离子强度的影响

不同浓度的盐溶液对蛋白质的溶解性会产生不同的影响。当中性盐溶液浓度为 0.1～1 mol/L 时，它可增大蛋白质在水中的溶解度，叫做盐溶（salting in），此时蛋白质的溶解性与离子强度有关。而当中性盐溶液的浓度大于 1 mol/L 时，它会降低蛋白质在水中的溶解度甚至使蛋白质产生沉淀析出，叫做盐析（salting out）。

（4）温度的影响

在一定的 pH 和离子强度条件下，蛋白质的溶解度在 0℃到 40℃之间会随着温度的升高而增大。但是，对于高疏水性蛋白质，它们的溶解度的变化则与温度呈负相关。例如 β - 酪蛋白和某些谷蛋白，在温度超过 40℃时，其分子运动足以使稳定的二级和三级结构的键断裂，这种变性就会伴随着分子聚集现象的发生而发生。

大多数蛋白质在较高温度条件下处理时，溶解度会发生明显的不可逆降低。但是，有时为了杀灭微生物，钝化微生物体内的酶，去除异味、水分和其他成分，加热处理又是不可或缺的。

（5）有机溶剂的影响

有机溶剂同样会影响蛋白质的溶解性。一些有机溶剂如丙酮、乙醇等,可降低蛋白质溶液中水的介电常数,使得蛋白质分子内和分子间的静电作用力提高。蛋白质分子内的静电排斥作用使得蛋白质分子伸长,有利于肽链基团的暴露和分子间氢键的形成,并促使分子间的异种电荷产生静电吸引。这些分子间的极性相互作用,促使蛋白质在有机溶剂中聚集沉淀或在水介质中溶解度降低。

（三）黏度

溶液的黏度（viscosity）反映了溶液对流动的阻力情况。一般用黏度系数 μ 表示一种液体的黏度大小。蛋白质溶液的黏度是蛋白质在食品加工中增稠能力的指标。通常,在加工处理中高温杀菌、pH 值的改变、蛋白质的水解、无机离子的存在等都会严重影响蛋白质溶液的黏度。

$$\tau = \mu \cdot \gamma = \mu \cdot v / d$$

式中,τ 为液体流动时的剪切力;γ 为液体流动时的剪切速率;v 为板块的运动速率;d 为两个板块间的距离。

影响蛋白质流体黏度特性的主要因素是分散蛋白质分子或颗粒的表观直径。表观直径的变化受以下参数的影响:

①蛋白质分子的固有特性,如蛋白质分子的分子大小、体积、结构、电荷数及浓度等;

②蛋白质和溶剂（水）分子间的相互作用情况;

③蛋白质分子间的相互作用力。

任何影响蛋白质黏度的因素,都会影响到蛋白质分子的表观直径大小。

蛋白质溶液的黏度系数会随其流速的增大而降低,这种现象称为"剪切稀释"（shear thinning）。该现象产生的原因为:

①蛋白质分子运动方向取向逐渐一致,使得液体流动时的摩擦阻力降低;

②蛋白质的水合环境在运动方向产生形变;

③氢键和其他弱的键断裂,使得蛋白质的聚集体、网状结构离解,蛋白质体积减小。

当溶液流动时,蛋白质中弱的作用力的断裂通常是缓慢发生的,因此蛋白质流体在达到平衡之前,其表观黏度随时间的增加而降低。当剪切停止时,原来的聚集体可能重新形成,但黏度系数不会降低,如乳清蛋白浓缩物和大豆分离蛋白。

蛋白质体系的黏度、稠度是流体食品如饮料、肉汤、汤汁等食品的主要功能性质,它影响着食品的品质、质地,对于蛋白质食品的输送、混合、加热和冷却等加工过程也有实际意义。

(四)胶凝作用

蛋白质的胶凝作用(gelation)是指变性的蛋白质分子聚集并形成有序的蛋白质网络结构的过程。蛋白质的胶凝作用与蛋白质的缔合、聚集、沉淀、絮凝和凝结等都属于蛋白质分子在不同水平上的聚集变化,但它们相互之间有一定的区别。蛋白质的缔合(association)一般是指在亚基或分子水平上的变化;聚合(polymerization)或聚集(aggregation)是指有较大的聚合物生成;沉淀(flocculation)是指由于蛋白质溶解度部分或全部丧失而引起的一切聚集反应;絮凝(precipitation)指蛋白质没有变性时所发生的无序聚集反应;凝结(coagulation)是变性蛋白质所产生的无序聚集反应。

蛋白质通过胶凝作用形成的凝胶具有三维网状结构,它是蛋白质—蛋白质之间的相互作用(氢键、疏水相互作用),蛋白质—水之间的相互作用以及邻近肽键之间的吸引力和排斥力这 3 类作用力达到平衡时的产物。蛋白质凝胶可以容纳其他的成分和组分,对食品的外观、形态、质地等方面具有重要作用,如肉类食品,不仅可以形成黏弹性质地,同时还具有保水、稳定脂肪、黏结等作用。热处理通常是蛋白质凝胶形成的重要过程,随后的冷却过程中,酸化有助于凝胶的形成。添加盐类,特别是 Ca^{2+} 能提高凝胶形成的速率和凝胶的强度,例如大豆蛋白、乳清蛋白和血清蛋白。但是,有少量的蛋白质不经过加热也可以形成凝胶。例如酪蛋白胶束、卵白蛋白和血纤维蛋白可经过适度的酶水解后形成凝胶;酪蛋白胶束可通过添加 Ca^{2+} 形成凝胶;大豆蛋白还可通过先碱化,然后恢复到中性或等电点 pH 的方式来形成凝胶。

蛋白质的热凝结胶凝作用分为两个步骤:第一步是在加热条件下,蛋白质分子发生一定程度的变性和伸展,从溶液状态转变为预凝胶状态,一些有利于凝胶网络形成的基团暴露,一定数量的基团通过非共价键结合,为第二步凝胶的形成做准备,此过程是不可逆的,存在一定程度的聚集;第二步是冷却的过程,随着溶液的温度冷却到室温,溶液体系的热动能降低,有利于各种分子暴露的功能基团间非共价键的稳定形成,从而形成凝胶。

根据胶凝形成的途径,可将凝胶分为热致凝胶和非热致凝胶两类。例如,卵白蛋白加热形成的凝胶为热致凝胶,而通过调节 pH 值、加入二价金属离子或者是部分水解蛋白质形成的凝胶则为非热致凝胶。根据蛋白质形成凝胶后,凝胶对热的稳定性的不同,可将凝胶分为热可逆凝胶和非热可逆凝胶两类。热可逆凝胶是通过蛋白质分子间的氢键形成而保持稳定,当凝胶重新被加热后会再次形成溶液,冷却后又恢复凝胶状态,如明胶。非热可逆凝胶多涉及分子间的二硫键形成,二硫键一旦形成就不容易再发生断裂,加热不会对其产生破坏作用,如卵白蛋白、大豆蛋白。

蛋白质形成凝胶有两类不同的结构方式,分别为肽链的有序串性聚集排列和肽链的自由聚集排列两类。肽链的有序串性聚集排列形成的凝胶是透明或半透明的,例如血清蛋白、溶菌酶、卵白蛋白、大豆球蛋白等形成的凝胶;肽链的自由聚集排列形成的凝胶是不透明的,例如肌浆蛋白在高离子强度下形成的凝胶,还有乳清蛋白、β - 乳球蛋白所形成的凝胶。常见蛋白质的凝胶结构中,这两种方式可同时存在,并且受到凝胶条件(蛋白质浓度、pH 值、离子种类、离子强度、加热温度和加热时间等)的影响。

胶凝是某些蛋白质的一种很重要的功能性质,在许多食品的制备中起着主要的作用,例如,各种乳品、果冻、凝结蛋白、明胶凝胶、各种加热的碎肉或鱼制品、大豆蛋白凝胶、膨化或喷丝的组织化植物蛋白和面包面团的制作等。

(五)面团的形成

小麦蛋白是众多食品蛋白质中唯一具有形成黏弹性面团特性的蛋白质。小麦面粉与水大约以 3∶1 的比例在室温下混合、揉搓,能形成强内聚性和强黏弹性的面团(dough),再通过发酵、焙烤等工艺就可制成面包。

小麦面粉中含有可溶性蛋白质和不溶性蛋白质两类蛋白质。可溶性蛋白质大约占小麦总蛋白的20%,主要包括清蛋白和球蛋白,以及少量的糖蛋白,它们对于小麦粉的面团形成特性没有贡献。面筋蛋白是不溶性蛋白质,约占小麦总蛋白的80%,主要包括麦醇溶蛋白(gliadin)和麦谷蛋白(glutenin),它们是面团形成的主要因素。小麦粉中的面筋蛋白在形成面团以后,其中还包含有其他成分,如淀粉、糖和极性脂类、非极性脂类、可溶性蛋白质等,这些成分都有助于面筋蛋白形成面团三维网状结构,从而影响着面包的质地。

面筋中氨基酸组成比较独特,其中谷氨酰胺和脯氨酸残基含量占总氨基酸残基的40%以上,有利于分子间氢键的形成,同时也使面筋具有很强的吸水能力和黏弹性质。面筋中所含有的许多非极性氨基酸有利于蛋白质分子和脂类的疏水作用,使之产生聚集。半胱氨酸残基和胱氨酸残基占面筋总量的2% ~3%,可形成许多二硫键,有利于蛋白质分子在面团中形成紧密的连接。

水和面粉在混合和揉搓时,面筋蛋白质分子开始排列成行和部分伸展,分子间疏水相互作用随之增强,从而促使二硫键的形成。最初的面筋颗粒转变成薄膜,形成具有三维空间的黏弹性蛋白质凝胶网络,该网络能够起到截留淀粉粒和其他成分(糖、极性脂类和非极性脂类)的作用。但是,面团对网络结构破坏的抵抗能力随着捏合时间的延长而增强,达到最大耐受值,随后又减弱,此时凝胶网络结构被破坏。这种破坏包括聚合物在剪切方向的取向和二硫键的断裂,以及由此引起的聚合物聚集体的减小。在面团形成过程中,加入氧化剂 $KBrO_3$ 有助于二硫键的形成,可增加面团的弹性和韧性。

麦谷蛋白(glutenin)和麦醇溶蛋白(gliadin)二者的适当平衡的比例对于面团的形成也是非常重要的。麦谷蛋白的含量决定着面团的弹性、黏合性和强度,麦醇溶蛋白决定着面团的流动性、伸展性和膨胀性。面包的强度与大分子的麦谷蛋白有关,麦谷蛋白的含量过高会抑制发酵过程中残留的 CO_2 气泡的膨胀,抑制面团的鼓起,而若麦醇溶蛋白的含量过高则会导致过度的膨胀,使产生的面筋膜易破裂和易渗透,面团容易出现塌陷。在面团中加入极性脂类有利于麦谷蛋白和麦醇溶蛋白的相互作用,提高面筋的网络结构。脂可以形成"醇溶蛋白—脂—谷蛋白"复合体。极性脂与面筋蛋白结合后,面筋蛋白就能利用其极性基团与淀粉、戊聚糖或水等相互结合,大大增强面团弹性,改善面团强度,从而改变面团的加工性能。

(六)蛋白质的界面性质

蛋白质的界面性质(interficial properties)是指蛋白质能自发地迁移至汽—水界面或油—水界面的性质。由于蛋白质分子是两亲分子,它在界面上的吉布斯自由能低于其在体相水中的自由能,因此,体相水中的蛋白质能自发地向界面迁移,到达平衡时,蛋白质在界面上的浓度总是高于其在体相水中的浓度。蛋白质作为一类天然大分子物质,它能够在界面上形成高黏弹性薄膜,并产生物理垒以抵抗外界机械作用的冲击,使得界面体系更加稳定。

影响蛋白质的表面活性的因素分为内在因素和外在因素。内在因素指的是蛋白质中氨基酸的组成、结构、立体构象、分子中极性和非极性残基的分布与比例、二硫键的数目与交联以及分子的大小、形状和柔顺性等。外在因素指凡是能影响蛋白质构象、亲水性与疏水性的环境因素,它包括温度、pH 值、离子强度和盐的种类、界面的组成、蛋白质浓度、糖类和低相对分子质量表面活性剂的加入、能量的输入,以及形成界面加工的容器和操作顺序等。

蛋白质是一种比较理想的表面活性剂,其特点有:

①具有能快速吸附到界面的能力;

②吸附到达界面后蛋白质分子能迅速伸展和取向;

③蛋白质一旦到达界面,就能立即与邻近分子发生相互作用而形成具有强内聚力和黏弹性的膜,能耐受热和机械作用的破坏。

许多天然的和加工的食品都是泡沫或乳化体系的产品,需要利用蛋白质的起泡性、泡沫稳定性和乳化性等功能性质。

1. 乳化性质

食品乳化体系是分散的互不相溶的两个液态相,常见的液态相为水相和油相。由于两相的极性不同,在界面上界面张力比较大,使得乳化体系在热力学上是不稳定的体系,因此需要通过乳化剂的作用来降低界面张力,增加体系的稳定性。蛋白质分子中同时具有亲水基团和亲油基团,可以在食品乳化体系的形成过程中发挥乳化剂的作用。

许多食品都是由蛋白质稳定的乳状液,形成的分散系有油包水型(W/O)和水包油型(O/W)两种形式。蛋白质在维持这些乳状液体系的稳定性中发挥着十分重要的作用,它吸附在分散的油滴和连续水相的界面上,能使油滴具备产生抗凝集性的物理学、流变学性质。可溶性蛋白质最重要的作用是它有向油—水界面扩散并在界面吸附的能力,蛋白质分子的一部分与界面相接触,其疏水性氨基酸残基面向非水相排列,降低了体系的自由能,蛋白质分子的其余部分发生伸展并自发地吸附在界面上,表现出相应的界面性质。一般认为蛋白质分子的疏水性越大,界面上吸附的蛋白质的浓度也越大,界面张力也就越小,乳状液体系就越稳定。

影响蛋白质乳化作用的因素主要有:

①蛋白质的溶解度与其乳化性质(emulsifying property)之间存在着正相关。例如,在肉馅胶体(pH 为 4~8)中,如果有 0.5~1 mol/L 氯化钠的存在就可大大提高蛋白质的乳化容量,增大蛋白质的溶解性,从而达到较好的乳化效果。

②pH 对蛋白质的乳化作用也有影响。某些蛋白质在等电点 pH 时溶解度很低,乳化能力下降,不能稳定油滴的表面电荷。当达到等电点或一定的离子强度时,蛋白质以高黏弹性紧密结构形式存在,这样不但可以阻止蛋白质伸展或在界面吸附,还可稳定已吸附在界面的蛋白质膜,阻止表面形变或解吸。

③加热可降低被界面吸附的蛋白质膜的黏度和刚性,从而降低乳状液体系的稳定性。例如,β-乳球蛋白经过热处理后,分子内的—SH 暴露,与相邻分子之间的—SH 形成二硫键,在界面上发生有限聚集。

④添加低相对分子质量的表面活性剂,不利于由蛋白质稳定的乳状液体系的稳定性。因为小分子表面活性剂会降低蛋白质膜的硬性,削弱蛋白质在界面

保留的能力。

通常,评价蛋白质乳化性质的指标包括乳化活性指数(EAI, emulsifying activity index)、乳化容量(EC, emulsion capacity)和乳化稳定性(ES, emulsion stability)。

① 乳化活性指标(EAI)指单位质量的蛋白质所产生的界面面积。

$$EAI = \frac{3\varphi}{Rm}$$

式中,φ 为分撒相的体积分数;R 为乳状液粒子的平均半径;m 为蛋白质的质量。

另一种简便且实际的测定蛋白质的 EAI 的方法是浊度法,即乳状液的浊度。

$$EAI = \frac{2.303A}{l}$$

式中,A 为吸光度;l 为光路长度。

② 乳化容量(EC)是指在乳状液相转变前(从 O/W 乳状液转变成 W/O 乳状液)每克蛋白质所能乳化的油的体积。

测定蛋白质乳化容量的方法:在不变的温度和速度下,将油或熔化的脂肪加至在食品捣碎器中被连续搅拌的蛋白质水溶液中,根据后者黏度和颜色的突然变化或电阻的增加检测相的转变。

对于一个由蛋白质稳定的乳状液,相转变通常会发生在 φ 为 0.65 ~ 0.85 范围。

相转变并非一个瞬时过程,转变之前先形成 W/O/W 双重乳状液。

乳化容量随相转变达到时蛋白质浓度的增加而减少,而未吸附的蛋白质累积在水相。

③ 乳化稳定性(ES):由蛋白质稳定的乳状液一般在数日内是稳定的。试样在正常条件下,在合理的保藏期内通常观察不到相分离。因此,常采用诸如保藏在高温或在离心力下分离这样的剧烈条件来评价乳化稳定性。

若采用离心的方法,可用乳状液界面面积(即浊度)减少的百分数,或者分出的乳油的百分数,或者乳油层的脂肪含量表示乳状液的稳定性。常用下式表示乳化稳定性

$$ES = \frac{乳油层体积}{乳状液总体积} \times 100$$

乳化性质也是蛋白质重要的功能性质之一。在食品加工中,球蛋白具有很稳定的结构和很强的表面亲水性,它们不是良好的乳化剂,例如血清蛋白、乳清

蛋白。酪蛋白分子结构中肽链上高度亲水区域与高度疏水区域是隔开的,所以它们是很好的乳化剂。大豆蛋白分离物、肉和鱼肉蛋白质也是不错的乳化剂。

2. 起泡性质

食品泡沫(foam)是指气泡在连续的液相或含有可溶性表面活性剂的半固相中形成的分散体系。通常,气体是空气或 CO_2,连续相是含蛋白质的水溶液或悬浊液。食品泡沫的特点是:

①含有大量的气体;

②在气相和连续相之间存在较大的表面积;

③溶质的浓度在界面处较高;

④具有能膨胀、具有刚性或半刚性和弹性的膜;

⑤泡沫不透明。

泡沫食品的柔软性决定于气泡体积、薄层厚度及流变学性质。泡沫中,分散的两相之间存在界面张力,蛋白质的作用就是吸附在气—液界面,降低界面的张力,同时对所形成的吸附膜产生必要的流变学特性和稳定性。

许多加工食品都是泡沫型产品,例如蛋白质酥皮、蛋糕、棉花糖和充气糖果、点心顶端配料、冰淇淋、蛋奶酥、啤酒泡沫、奶油冻和面包等。冰淇淋是很复杂的泡沫体系,它含有脂肪球、乳胶体、分散的冰晶悬浮体、多糖凝胶、糖和蛋白质的浓缩溶液以及空气气泡等多种成分。

食品加工中,产生泡沫的方法主要有以下几种:

①让鼓泡的气体通过多孔分配器(如烧结玻璃),然后通入浓度为 0.01% ~ 2.0% 的蛋白质水溶液中可产生泡沫;

②在大量气相存在时搅打、搅拌或振摇蛋白质水溶液可产生泡沫;

③突然解除预先加压溶液的压力可产生泡沫。

形成的泡沫由于表面张力等原因,会发生破裂,造成泡沫不稳定性的因素主要有:

①重力、压力差、蒸发作用等降低了薄层的厚度,导致泡沫的破裂;

②泡沫本身大小不一,会导致泡沫的破裂;

③分隔气泡的薄层发生破裂从而导致泡沫的破裂。

影响蛋白质起泡性质的因素主要包括以下几点。

(1)蛋白质本身的性质

具有良好起泡性的蛋白质应当是蛋白质分子能够快速扩散到气—液界面,易于在界面吸附、展开和重排,并且通过分子间的作用形成黏弹性的吸附膜。蛋白质自身性质对起泡性质的影响如表 3 - 9 所示。

表 3 - 9　蛋白质本身性质对起泡性质的影响

蛋白质的性质	起泡性质
疏水性	极性区与疏水区的相对独立分布,起到降低界面张力的作用
肽链的柔韧性	有利于蛋白质分子在界面上的伸展,变形
肽链间的相互作用	有利于蛋白质分子间的相互作用,形成黏弹性好、稳定的吸附膜
基团的离解	有利于气泡间的排斥,但是高电荷密度也不利于蛋白质在膜上的吸附
极性基团	对水的结合、蛋白质分子之间的相互作用有利于吸附膜的稳定性

具有良好起泡能力的蛋白质,其泡沫的稳定性一般较差,相反,起泡能力差的蛋白质,其形成泡沫的稳定性较好,因为蛋白质的起泡能力和泡沫的稳定性是由两类不同的分子性质决定的。起泡能力取决于蛋白质分子的快速扩散、对界面张力的降低、疏水基团的分布等性质,主要由蛋白质的溶解性、疏水性、肽链的柔软性决定;泡沫稳定性主要由蛋白质溶液的流变学性质决定,如吸附膜中蛋白质的水合、蛋白质的浓度、膜的厚度、适当的蛋白质分子间相互作用。

在食品加工中,卵清蛋白是最好的蛋白质起泡剂,血清蛋白、明胶、酪蛋白、谷蛋白、大豆蛋白等也具有不错的起泡性质。

(2)盐类

盐的种类和蛋白质在盐溶液中的溶解特性,影响着蛋白质的起泡性。大多数球状蛋白(如牛血清蛋白、卵清蛋白、谷蛋白和大豆蛋白等)的起泡性和泡沫稳定性,随着 NaCl 溶液浓度的增大而增强;相反,另外一些蛋白质(如乳清蛋白、特别是 β - 乳球蛋白)的起泡性和泡沫稳定性,随着盐浓度的增大而减弱。二价阳离子(Ca^{2+}、Mg^{2+})在浓度为 0.02% ~ 0.04% 范围内,能与蛋白质的羧基生成桥键,使之形成黏弹性较好的蛋白质膜,从而提高了泡沫的稳定性。

(3)糖类

蔗糖、乳糖和其他糖类通常会抑制泡沫的膨胀。蛋白质在糖溶液中,由于其结构的稳定性大大增强,不能在界面吸附和伸长,因此蛋白质在搅打时就很难产生较大的界面面积和较大的泡沫体积。制作蛋白酥皮和其他含糖泡沫甜食时,最好在泡沫膨胀后再加入糖。而有的蛋白质在糖溶液中具有较好的起泡性质,例如卵清蛋白、糖蛋白等。

(4)脂类

低浓度(小于 0.1%)脂类与蛋白质共存时,其起泡性能会大大降低。特别是具有高表面活性的极性脂类化合物占据了空气/水界面,对吸附蛋白质膜的最适宜构象产生干扰,从而抑制了蛋白质在界面的吸附,使泡沫的内聚力和黏弹性降低,最终降低泡沫的稳定性,造成搅打过程中泡沫的破裂。

（5）蛋白质浓度

蛋白质浓度越高,泡沫越稳定;蛋白质的起泡能力一般也随着蛋白质浓度的增大而增强,并在某一浓度达到最大值。蛋白质浓度在 2% ~8% 的范围内,液相具有最好的黏度,膜具有适宜的厚度和稳定性;但当蛋白质浓度超过 10% 时,溶液的黏度过大,影响到蛋白质的起泡能力,气泡变小、泡沫变硬。

（6）机械搅拌

机械搅拌是形成泡沫的常用手段,但是搅拌强度和时间必须适中,才能使蛋白质在界面形成良好的吸附。过度搅拌会使蛋白质产生絮凝,不能很好地吸附在界面上,从而降低了膨胀度和泡沫的稳定性。

（7）加热处理

蛋白质经过加热处理致使其部分变性,可以改善蛋白质本身的起泡性。在产生泡沫前,适当加热可提高大豆蛋白（70~80℃）、乳清蛋白（40~60℃）等蛋白质的起泡性能。但是,加热会使泡沫中的气体膨胀、黏度降低,导致泡沫的破裂,因此,加热处理大大降低泡沫的稳定性,却有利于蛋白质的起泡能力。

（8）pH 值

在溶液的 pH 值接近等电点 pI 时,蛋白质分子之间的排斥力很小,有利于蛋白质分子间的相互作用和蛋白质在膜上的吸附,形成黏稠的吸附膜,从而提高蛋白质的起泡性能和泡沫的稳定性。在 pI 值之外的 pH 环境中,蛋白质的起泡能力较好,但泡沫的稳定性很差。

（七）蛋白质与风味物质结合

蛋白质可以跟风味物质（flavor compounds）结合,从而影响食品的感官品质。食品中存在的风味物质主要有醛、酮、酸、酚和脂肪氧化的分解产物等,它们与蛋白质结合会影响到食品在加工过程中或是食用时的口感。

风味结合包括风味物质在食品的表面吸附或经扩散向食品内部渗透,风味结合与蛋白质样品的水分含量和蛋白质与风味物质的相互作用有关。固体食品的吸附分为两种类型:一种是范德瓦耳斯力或氢键相互作用,以及蛋白质粉的空隙和毛细管中的物理截留引起的可逆物理吸附;另一种是共价键或静电力的化学吸附。对于液态或高水分含量食品,风味物质与蛋白质结合的机理主要是风味物质的非极性部分与蛋白质表面的疏水性区或空隙部分的相互作用,以及风味化合物与蛋白质极性基团,如羟基和羧基,通过氢键和静电作用的相互结合。而醛和酮在表面疏水区被吸附后,还可以进一步扩散至蛋白质分子的疏水区内部。

风味物质与蛋白质的相互作用通常是完全可逆的。但是,如果挥发性物质(如醛或酮)以共价键的方式与蛋白质结合,这种结合通常是不可逆的。风味物质与蛋白质的可逆的非共价键结合应遵循斯卡特卡尔(Scatchard)方程,平衡时

$$V_{结合}/[L] = nk - V_{结合}k$$

式中,$V_{结合}$ 为每摩尔蛋白质结合挥发性物质的物质的量,mol;$[L]$ 为平衡时游离挥发性化合物的浓度,mol/L;k 为平衡结合常数,mol/L;n 为每摩尔蛋白质可用于结合挥发性化合物的总位点数。

根据平衡时的不同 $[L]$ 值,用斯卡特卡尔方程,从实验测定的 $V_{结合}$ 值即可计算出 k 和 n,或者以 $V_{结合}/[L]$ 对 $V_{结合}$ 作图,得到一条直线,k 为直线的斜率,nk 为截距。这是假设蛋白质中的所有配体的结合位点都具有相同的亲和力,而且配体与蛋白质结合时其构象不发生变化。与此相反的另一个假设,当蛋白质与风味物质结合时,通常会产生适度的构象变化。此时,风味物质将扩散至蛋白质的疏水内部,并破坏蛋白质链段间的疏水相互作用,从而使蛋白质的结构去稳定和改变蛋白质的溶解性。由于这些结构的变化,斯卡特卡尔关系式在蛋白质应用中呈曲线。各种羰基化合物与蛋白质结合的热力学常数如表 3 – 10 所示。

表 3 – 10 羰基化合物与蛋白质结合的热力学常数

蛋白质	羰基化合物	n/(mol/mol)	k/(mol/L)	$\triangle G$/(kJ/mol)
血清蛋白	2 - 壬酮	6	1800	– 18.4
	2 - 庚酮	6	270	– 13.8
β - 乳球蛋白	2 - 庚酮	2	150	– 12.4
	2 - 辛酮	2	480	– 15.3
	2 - 壬酮	2	2440	– 19.3
大豆蛋白(天然)	2 - 庚酮	4	110	– 11.6
	2 - 辛酮	4	310	– 14.2
	2 - 壬酮	4	930	– 16.9
	5 - 壬酮	4	541	– 15.5
大豆蛋白(部分变性)	壬酮	4	1094	– 17.3
大豆蛋白(琥珀酰化)	2 - 壬酮	4	1240	– 17.6
	2 - 壬酮	2	850	– 16.7

注:n 为天然状态时结合部位的数目;k 为平衡结合常数。

蛋白质与风味物质的结合也会受到环境因素的影响,水可以提高蛋白质对极性挥发物质的结合,但不影响蛋白质对非极性物质的结合,这是因为水增加了极性物质的扩散速度。高浓度的盐使蛋白质的疏水相互作用减弱,导致蛋白质伸展,可提高蛋白质与羰基化合物的结合。在中性或碱性 pH 条件下,酪蛋白与羰基化合物的结合能力更强。蛋白质的水解会降低蛋白质与风味物质的结合能力。蛋白质的热变处理会增强其与风味物质的结合。脂类物质的存在,可促进蛋白质与各种羰基挥发物质的结合和保留。对蛋白质进行真空冷冻干燥处理时,可使原本与蛋白质结合的 50% 的挥发物质释放出来。

(八)与其他物质的结合

蛋白质除了可与水分、脂类和挥发性风味物质结合以外,还能通过弱的相互作用或共价键与其他的很多物质(金属离子、色素、染料等)结合,也能与一些具有诱变性和其他生物活性的物质结合。这些物质的结合能产生良好的解毒作用,也可产生毒性增强的作用,还有可能使得食品中蛋白质的营养价值降低。蛋白质与金属离子结合有利于一些矿物质(钙、铁)的吸收,蛋白质与色素的结合可用于蛋白质的定量分析,大豆蛋白与异黄酮结合可有效提高其营养价值。

第四节　蛋白质的变性

蛋白质变性(protein denaturation)是指蛋白质在某些物理和化学因素作用下,其特定的空间构象(如二级结构、三级结构或四级结构)被改变,导致理化性质的改变和生物活性的丧失,而一级结构(氨基酸的排列顺序)不会受到影响的现象。蛋白质的天然结构是各种吸引和排斥相互作用的净结果,由于生物大分子含有大量的水,因此这些作用力包括分子内的相互作用和蛋白质分子与周围水分子之间的相互作用。

变性是一个复杂的过程,在这个过程中有新的构象的出现,这些构象通常是以中间状态的形式,短暂存在的,蛋白质变性后最终会成为完全伸展的多肽结构(无规卷曲)。某些情况下,天然蛋白质的构象即使是只有一个次级键的改变,或一个侧链基团的取向不同,也同样会引起蛋白质的变性。而对于某些天然状态就为伸展结构的蛋白质(如酪蛋白单体)来说,它们的分子却是不易发生变性的。从结构观点来看,蛋白质分子的变性状态是很难被定义的状态。蛋白质分子在结构上的较大变化通常表现为 α - 螺旋和 β - 折叠结构的增加,以及随机结构的减少。然而在多数情况下,变性涉及有序结构的丧失。蛋白质的变性程度与变性条件有关,各种变性状态之间的吉布斯自由能差别很小。球蛋白完全变性时,会成为无规卷曲的结构。

蛋白质变性可引起结构、功能和某些性质发生变化。许多具有生物活性的蛋白质在变性后,它们的活性会完全丧失或者部分降低。但是,有的蛋白质适度变性后仍然可以保持原有活性,甚至还会在原有活性的基础上有所提高,这是由于变性后某些活性基团暴露所致。食品蛋白质变性后通常引起溶解度降低或失去溶解性,从而影响蛋白质的功能特性或加工特性。在某种情况下,变性又是有益的。例如,利用豆类中胰蛋白酶抑制剂的热变性,对其进行加热处理后,可以显著提高豆类在动物体内的消化率和豆类本身的生物有效性。部分变性的蛋白质则比其天然状态更易于消化,或具有更好的乳化性、起泡性和胶凝性。热变性也是食品蛋白质产生热诱导凝胶的先决条件。

蛋白质变性对蛋白质的结构、物理化学性质、生物学性质的影响,一般包括:

①分子内部疏水性基团暴露,蛋白质在水中的溶解度降低;

②生物蛋白质的生物活性丧失,如失去酶活性或免疫活性;

③蛋白质肽键的暴露,使得蛋白质易于被蛋白酶类催化而发生水解;

④蛋白质结合水的能力发生改变;

⑤蛋白质分散体系的黏度发生改变;

⑥蛋白质的结晶能力丧失。

蛋白质的变性情况,可通过测定蛋白质的一些性质,如光学性质、沉降性质、黏度、电泳和热力学性质等来反映,也可以用免疫学的方法如酶联免疫吸附法(ELISA)来测定蛋白质的变性情况。

天然蛋白质的变性有时是可逆的,有的是不可逆的。在温和的条件下,蛋白质比较容易发生可逆的变性,而在比较剧烈的条件下,蛋白质将发生不可逆的变性。当稳定蛋白质构象的二硫键被破坏时,则变性的蛋白质就很难复性了。发生可逆变性的蛋白质,当引起其变性的因素被解除后,蛋白质能恢复到原状的过程称为蛋白质的复性(renaturation)。

引起蛋白质变性的因素有物理因素和化学因素两大类。常见的有温度、机械处理、pH 值、化学试剂和辐射等。

一、蛋白质的物理变性

1. 加热

加热是引起蛋白质变性最常见的物理因素,也是食品加工中常用的处理方法。蛋白质加热到一定温度,会发生变性,这个温度叫做蛋白质的变性温度。蛋白质经过热变性后表现出相当程度的伸展变形,而且会影响食品的功能特性。

蛋白质在加热时,稳定其结构的氢键作用力被破坏,分子发生伸展使得一些疏水性残基和反应基团暴露,可以导致蛋白质分子间的聚集反应。许多化学反应的温度系数为 3~4,即反应温度每升高 10℃,反应速度将增加 3~4 倍。但是,蛋白质变性的温度系数为 600 左右,即温度每升高 10℃,变性速度将增加 600 倍左右。这个性质在食品加工中有很重要的应用价值,如高温瞬时杀菌(HTST)和超高温瞬时杀菌(UHT)技术就是利用高温能大大加快蛋白质的变性速度,短时间内能破坏生物活性蛋白质或微生物中的酶,同时因为食品中其他营养素化学反应的速度变化相对较小而确保损失较少。一些变化的活化能及温度的相关性如表 3-11 所示。

表 3-11　一些变化的活化能以及温度相关性

变化类型	活化能/(kJ/mol)	100℃的相关性	变化类型	活化能/(kJ/mol)	100℃的相关性
化学反应	80~125	2~3	蛋白变性	200~600	6~175
酶促反应	40~60	~1.5	酶失活	450	50
脂肪自动氧化	80~100	1.4~2.4	细菌灭活	200~600	6~175
美拉德反应	100~180	2.4~5	孢子灭活	250~330	9~17

影响蛋白质的热变性的因素有很多,例如蛋白质的组成、浓度、水分活度、pH 值和离子强度等。大多数的蛋白质在低温下比较稳定,分子中含有较多的疏水性氨基酸的蛋白质要比含有较多的亲水性氨基酸的蛋白质稳定,即蛋白质平均疏水性、疏水性氨基酸分布与蛋白质的变性温度相关。如表 3-12 所示。

表 3-12　一些蛋白质的热变性温度(T_d)与其平均疏水性

蛋白质	T_d/℃	平均疏水性（残基)/(kJ/mol)	蛋白质	T_d/℃	平均疏水性（残基)/(kJ/mol)
胰蛋白酶原	55	3.68	鸡蛋白蛋白	76	4.01
胰凝乳蛋白酶原	57	3.78	胰蛋白酶抑制物	77	—
弹性蛋白酶	57	—	肌红蛋白	79	4.33
胃蛋白酶	60	4.02	α-乳清蛋白	83	4.26
核糖核酸酶	62	3.42	β-乳球蛋白	83	4.50
羧肽酶	63	—	大豆球蛋白	92	—
乙醇脱氢酶	64	—	蚕豆 11S 蛋白	94	—
牛血清白蛋白	65	4.22	向日葵 11S 蛋白	95	—
血红蛋白	67	3.98	燕麦球蛋白	108	—
溶菌酶	72	3.72			

蛋白质的变性温度与水分的关系表明,生物活性蛋白质在干燥状态下比较稳定,对温度变化的承受能力较强,而在湿热状态下容易发生变性。在一些大豆产品的加工过程中,例如豆粕需要经过水蒸气脱除溶剂,或者是大豆粉采用高温处理破坏其抗营养因子,均是考虑到水对蛋白质变性的影响作用。

在间接利用 ELISA 对牛半膜肌和收缩肌提取物进行研究时,发现加热时间30 min、加热温度 40℃时,提取物中的蛋白质开始失去抗原性,在 70℃时有近50%的蛋白质失去抗原性,在 100℃时则有 70%以上的蛋白质失去抗原性,如图3-13 所示。回归分析发现加热后蛋白质抗原性的保留率与加热温度负相关。由于加热至 40℃时已经发现蛋白质变性,所以 ELISA 技术对蛋白质变性的评价可能比其他技术更灵敏。

表 3-13　加热对牛后半膜肌和收缩肌提取物的变性影响

热处理	无	40℃	50℃	60℃	70℃	80℃	90℃	100℃
抗原浓度/(ng/μg)	32.4	28.0	24.2	20.9	16.5	14.6	11.3	9.4
抗原性保留率/%	100	86.3	54.6	64.4	50.9	44.9	35.0	28.9

2. 冷冻

低温处理也可以导致某些蛋白质的变性。低温可以改变蛋白质的水合环境,破坏维持蛋白质结构的作用力的平衡,同时一些基团的水化层也被破坏,基团之间的作用力引起蛋白质的聚集或者亚基重排;较低温度时体系结冰后的盐效应也会导致蛋白质变性。另外,冷冻引起浓缩效应,可能导致蛋白质分子内、分子间的二硫键交换反应增加,从而导致蛋白质变性。

肌红蛋白在 30℃显示出最大的稳定性,一旦温度低于 0℃,就会发生变性;L-苏氨酸脱氨酸酶在室温下稳定,但在 0℃时不稳定;11S 大豆蛋白质、乳蛋白在冷却或冷冻时可以发生凝集和沉淀,这也是蛋白质低温变性的典型例子。但是,低温也能引起某些低聚物解离和亚单位重排。脱脂牛乳在 4℃保藏时,β-酪蛋白会从酪蛋白胶束中解离出来,从而改变胶束的物理化学性质和凝乳性质。乳酸脱氢酶和甘油醛磷酸脱氢酶在 4℃条件下,由于其亚基的解离,会失去大部分活性,如果将其移至室温下保温数小时后,亚基又重新缔合为原来的天然结构,并恢复其原有的活性。

3. 机械处理

揉捏、振动、挤压或搅打等高速机械剪切处理,都能引起蛋白质变性。剪切速率越高,蛋白质变性的程度则越大。同时,如果蛋白质受到高温和高速剪切力共同处理,它往往会发生不可逆变性。在 pH 值为 3.5 ~ 4.5、温度为 80 ~ 120℃ 的条件下,浓度为 10% ~ 20% 的乳清蛋白经过 7500 ~ 10000 个/s 的剪切速度处理后,就可以形成蛋白质脂肪代用品,如具有润滑和乳状液口感的冰淇淋等就是运用这种方法制备的。

4. 静高压

球状蛋白质分子内部存在空穴,具有柔顺性和可压缩性,高压可以导致这类蛋白质变性。光学性质表明,大多数蛋白质在 100 ~ 1000 MPa 压力范围作用下才会产生变性。当压力很高时,一般在 25℃ 即能发生变性。由于高压而导致的蛋白质的变性或酶的失活,在高压消除以后会重新恢复。

高压加工的方法优于热加工方法,它不会损害蛋白质中的必需氨基酸、天然色泽和风味,也不会导致有毒化合物的生成。对肉制品进行高压处理还可以使肌肉组织中的肌纤维裂解,从而提高肉制品的品质。因此,高压技术是食品高新加工技术之一。

5. 辐射

高能射线可被芳香族氨基酸残基(色氨酸、酪氨酸和苯丙氨酸)所吸收,导致蛋白质构象的改变,同时还会使氨基酸残基发生各种变化,如共价键的破坏、分子离子化、分子游离基化等。所以辐射不仅可以使蛋白质发生变性,还可能因结构的改变而导致蛋白质的营养价值变化。

但是,运用于食品保鲜时,辐射对食品蛋白质的影响极小,一是由于食品处理时使用的辐射剂量较低,二是食品中存在水的裂解而减少了其他物质的裂解。

6. 界面作用

蛋白质分子在水和空气、水和非水溶液或固相等界面吸附时,一般会发生不可逆变性。一般认为,蛋白质在界面的吸附包括界面吸附和变性两个阶段。蛋白质大分子向界面扩散的过程中,蛋白质可能与界面高能水分子发生相互作用,致使蛋白质—蛋白质之间的氢键遭到破坏,结构发生"微伸展",蛋白质在界面进一步的伸展和扩展,而亲水和疏水残基分别在水相和非水相中取向,从而引起蛋白质变性。蛋白质吸附速率与其向界面扩散的速率有关,当界面吸附的变性蛋白质达到饱和时,吸附立即停止。

二、蛋白质的化学变性

1. pH 值

蛋白质所处介质的 pH 值对变性过程有很大的影响,蛋白质在等电点时最稳定,溶解度最低,在中性 pH 环境中,除少数几个蛋白质带有正电荷外,大多数蛋白质都带有负电荷。几种蛋白质的等电点如表 3-14 所示。

表 3-14 几种蛋白质的等电点(pI)

蛋白质	等电点	蛋白质	等电点
胃蛋白酶	1.0	血红蛋白	6.7
κ-酪蛋白 B	4.1~4.5	糜蛋白酶	8.3
卵清蛋白	4.6	糜蛋白酶原	9.1
大豆球蛋白	4.6	核糖核酸酶	9.5
血清蛋白	4.7	细胞色素 c	10.7
β-乳球蛋白	5.2	溶菌酶	11.0
β-酪蛋白 A	5.3		

酸碱引起的蛋白质变性可能是因为蛋白质溶液 pH 值的改变导致多肽链中某些基团的解离程度发生变化,从而破坏了维持蛋白质分子空间结构所必需的某些带相反电荷基团之间因静电作用形成的键。在中性 pH 值附近,静电排斥的净能量小于其他相互作用,大多数蛋白质是稳定的,然而当 pH 值超出 4~10 范围就会发生变性。在极端 pH 值时,蛋白质分子内的离子基团产生强静电排斥,促使蛋白质分子伸展和溶胀。

2. 盐类

在蛋白质溶液中加入中性盐后,因中性盐浓度的不同可产生不同的反应。低浓度盐可使大多数蛋白质溶解度增加,称为盐溶作用(salting in)。由于低浓度盐可促使蛋白质表面吸附某种离子,导致其颗粒表面同性电荷数目增加而排斥力增强,同时与水分子作用也增强,从而提高了蛋白质的溶解度。当蛋白质处于高盐浓度环境时,蛋白质的水化层会遭到破坏,并且分子中的电荷会被中和,蛋白质颗粒随即相互聚集而沉淀,这种现象称为盐析作用(salting out)。

不同的蛋白质因分子大小、电荷多少的不同,盐析时所需盐的浓度也各异。混合蛋白质溶液可用不同浓度的盐使其分别沉淀,这种方法称为分级沉淀。盐析常用的无机盐有 $(NH_4)_2SO_4$、NaCl 和 Na_2SO_4。在等离子强度条件下,各种阴离子影响蛋白质结构稳定性的能力遵循下列顺序:$F^- < SO_4^{2-} < Cl^- < Br^- < I^- < ClO_4^- < SCN^- < Cl_3CCOO^-$。这个顺序称为感胶离子序(Hofmeister series)或离液序列(chaotropic series)。采用盐析法沉淀分离蛋白质的优点是沉淀出来的蛋白质不会发生变性。因此,中性盐沉淀法常用于酶、激素等具有生物活性的蛋白质的分离制备。

金属离子能够与蛋白质分子中的某些基团结合形成难溶的复合物,同时破坏了蛋白质分子的立体结构而造成蛋白质的变性。碱金属如 Ca^{2+}、Fe^{2+}、Cu^{2+} 和 Mg^{2+} 可以成为某些蛋白质分子中的一个组成部分。一般用透析法或螯合剂可将金属离子从蛋白质分子中除去,但这将明显降低这类蛋白质对热和蛋白酶作用的稳定性。过渡金属例如 Cu^{2+}、Fe^{2+}、Hg^{2+} 和 Ag^+ 等容易与蛋白质发生作用,其中许多能与巯基形成稳定的复合物,从而使蛋白质变性。卤水点豆腐就是一个典型的例子,金属离子致使大豆蛋白质分子发生变性,凝集后形成豆腐。

3. 有机溶剂

在蛋白质溶液中加入一定量的能与水互溶的有机溶剂(organic solvents),如酒精、甲醇、丙酮、甲醛等,会致使蛋白质颗粒聚集而沉淀。因为有机溶液降低了溶液的介电常数,使蛋白质分子内基团间的静电力增加;或者是破坏、增加了蛋白质分子内的氢键,改变了稳定蛋白质构象原有的作用力情况;或是进入蛋白质的疏水性区域,破坏了蛋白质分子的疏水相互作用。

低浓度的有机溶剂对蛋白质结构的影响较小,一些甚至具有稳定作用。而在高浓度的有机溶剂存在的条件下,所有的有机溶剂均能对蛋白质产生变性作用。例如以脱脂大豆粉为原料,采用水—乙醇混合物提取其中的可溶性糖类化合物(低聚糖)和无机盐制备的大豆浓缩蛋白。按此法得到的大豆浓缩蛋白的溶解度一般偏低,这显然是因为有机溶剂乙醇致使部分大豆蛋白变性的缘故。如果在低温下操作可以减轻或避免有机溶剂造成的蛋白质变性现象。

4. 有机化合物水溶液

某些有机化合物水溶液,例如 $4 \sim 8$ mol/L 的尿素和胍盐(guanidine salts)的高浓度水溶液,能致使氢键断裂,从而使蛋白质发生不同程度的变性。同时,还可通过增大疏水性氨基酸残基在水相中的溶解度,降低疏水相互作用。

在室温下,$4 \sim 6$ mol/L 尿素和 $3 \sim 4$ mol/L 盐酸胍,可使球状蛋白质从天然状态转变至变性状态的中点,而 8 mol/L 尿素和约 6 mol/L 盐酸胍可以使蛋白质完全转变为变性状态。尿素易于同蛋白质结合形成新的氢键。盐酸胍的作用与尿素相似,能破坏氢键,使巯基暴露。尿素和盐酸胍引起的变性通常是可逆的。但是在某些情况下,由于一部分尿素可以转变为氰酸盐和氨,而蛋白质的氨基能够与氰酸盐反应改变蛋白质的电荷分布。现在它们被广泛用于检测蛋白质的可伸展性和构象的稳定性。

5. 表面活性剂

表面活性剂如十二烷基磺酸钠(SDS)是一种很强的变性剂。SDS 浓度在

3~8 mmol/L范围内可引起大多数球状蛋白质变性。SDS在蛋白质的疏水区和亲水环境之间起着媒介作用,除了可以破坏蛋白质分子内的疏水相互作用外,还能与蛋白质分子强烈地结合,在接近中性pH时使蛋白质带有大量的净负电荷,从而增加蛋白质内部的斥力,促使天然蛋白质伸展趋势增大,这也是SDS类表面活性剂能在较低浓度下使蛋白质完全变性的原因。同时,SDS类表面活性剂诱导的蛋白质变性是不可逆的。

6. 还原剂

巯基乙醇($HSCH_2CH_2OH$)、半胱氨酸、二硫苏糖醇等还原剂,由于具有—SH基,能使蛋白质分子中存在的二硫键被还原,破坏蛋白质的结构,从而改变蛋白质的原有构象,导致蛋白质的不可逆变性。

$$HSCH_2CH_2OH \ + \ —S—S—Pr \longrightarrow —S—SCH_2CH_2OH + HS—Pr$$

一些化合物对蛋白质变性的影响如表3-15所示。

表3-15　一些化合物对β-乳球蛋白变性的影响

化合物	浓度/(mol/L)	Td/℃	$\triangle H$/(J/g)	化合物	浓度/(mol/L)	Td/℃	$\triangle H$/(J/g)
无	0	81.5	14.4	SDS	0.01	82.3	12.5
脲	3	75.8	12.9		0.10	80.5	11.8
	6	66.7	9.6		0.20	76.4	7.1
NaCl	0.3	84.2	13.1	CaCl$_2$	0.1	83.5	13.2
	0.5	85.4	15.2		0.3	84.0	13.2
	0.75	86.3	16.3		0.5	85.0	13.1
	1.0	87.7	15.2		1.0	84.6	13.5

对于食品加工而言,蛋白质的变性一般来讲是有利的,但在某些情况下蛋白质的变性又必须避免,如在酶的分离、牛乳的浓缩过程中,蛋白质由于过度变性会导致酶的失活或蛋白质沉淀,这些变化是生产所不希望的。

第五节　食品蛋白质在加工和储藏中的变化

在食品工业中,从原料的处理、加工到产品的储藏、运输和销售的整个过程中,常常会涉及热处理、低温处理、脱水、碱处理和辐射等处理手段,它们将会不可避免地引起蛋白质的物理、化学和营养的变化。而这些变化有些对食品的营养和产品品质是有利的,有些变化则是不利的。因而,对食品蛋白质在加工和储藏中的变化作全面详细的了解,有助于我们选择适宜的处理手段和条件,来避免蛋白质发生不利的变化,从而促使蛋白质发生有利的变化。

蛋白质在加工、储藏过程中发生的主要化学反应如表3-16所示。

表3-16　蛋白质在加工、储藏过程中发生的主要化学反应

加工处理方法	主要的化学反应
温和热处理(100℃)	变性、水解、与还原糖的反应(美拉德反应初期)
高温热处理(100~150℃)	异肽键的形成、水解、与还原糖的反应(美拉德反应后期)、解离、缔合、复合物的形成、氨基酸的分解反应
过度热处理(150℃以上)	低分子化、热分解(形成风味物质)、外消旋化、交联、形成自由基
氧化	与空气中的氧反应、与脂质过氧化物反应、与氧化剂反应、光氧化反应
碱处理	外消旋化、交联、消去反应、水解
冷冻、干燥	变性、水结合状态改变

一、热处理的影响

热处理在食品加工中对蛋白质的影响比较大。其影响程度的大小取决于加热温度、加热时间、湿度以及有无还原性物质存在等因素。在热处理过程中,与蛋白质相关的化学反应有蛋白质变性、蛋白质分解、氨基酸氧化、氨基酸键之间的交换、氨基酸新键的形成等。因此,在食品加工中选择适宜的热处理条件,对于保持蛋白质的营养价值有着极其重要的意义。

大多数食品蛋白质在60~90℃条件下,经过温热处理1 h或更短的时间,会产生适度变性。蛋白质原有的肽链上的氢键因受热而断裂,使原来折叠部分的肽链松散,容易被消化酶作用,提高了蛋白质的消化吸收率。因此,绝大多数蛋白质的营养价值经过温和热处理后得到了提高。对其所含氨基酸进行分析发现,适度变性的蛋白质中的氨基酸几乎没有发生变化。从营养学的角度来看,温和热处理所引起的蛋白质变性一般都是有利的。例如,哺乳动物胶原蛋白在大量水存在的条件下,加热至65℃以上会出现伸展、解离和溶解现象;肌纤维蛋白在同样的条件下则出现收缩、聚集和持水力降低的现象。

一些植物蛋白质通常含有蛋白质类的抗营养因子,温和热处理可以破坏它们,从而提高食品的营养价值。豆类和油料种子蛋白质含有胰蛋白酶抑制因子和胰凝乳蛋白酶抑制因子,这些抑制因子会降低蛋白质的消化率和生物有效性。同时,这些抑制剂会引起胰腺过量分泌胰蛋白酶和胰凝乳蛋白酶,使胰腺肿大,

甚至出现胰腺瘤。豆类和油料种子蛋白质中还含有外源凝集素,又称为植物血球凝集素,它们是糖蛋白。植物血球凝集素会导致血红细胞的凝集,它们对碳水化合物具有高亲和力,会与肠黏膜细胞的膜糖蛋白结合,从而影响肠功能。当人体摄入含有植物血球凝集素的蛋白质时,会损害蛋白质的消化作用,造成其他营养成分的肠吸收障碍。由于存在于植物蛋白质中的蛋白酶抑制因子和植物血球凝集素是热不稳定的,故适当的热处理即可很好地解决这些问题。

热烫或蒸煮可以使酶失去活性,例如酯酶、脂肪氧合酶、蛋白酶、多酚氧化酶和其他氧化酶及酵解酶类。酶失活能防止食品产生不期望的颜色、风味、质地等变化和纤维素含量的降低。例如,油料种子和豆类富含脂肪氧合酶,在大豆油脂提取或大豆分离蛋白的制备过程中,在分子氧存在的条件下脂肪氧合酶可催化多不饱和脂肪酸氧化而产生氢过氧化物,随后氢过氧化物分解并释放出醛和酮。产生的酮会使大豆粉、大豆分离蛋白和浓缩蛋白产生不良风味。为了避免不良风味的形成,有必要在破碎原料前钝化脂肪氧合酶的活性。鸡蛋蛋白中的蛋白酶抑制剂(胰蛋白酶抑制剂和卵类黏蛋白抑制剂)、牛乳中的蛋白酶抑制剂、血纤维蛋白酶抑制剂等,在有水存在的条件下,经适度热处理,都会失活。

对蛋白质品质产生不利影响的热处理一般是过度热处理,因为强热处理蛋白质时,会发生氨基酸的脱氨、脱硫、脱二氧化碳反应,使氨基酸被破坏,从而降低蛋白质的营养价值。当食品中含有还原糖时,赖氨酸残基可与还原糖发生美拉德反应,形成在消化道中不能被酶水解的 Schiff 碱,从而降低蛋白质的营养价值。非还原糖如蔗糖在高温下水解生成的羰基化合物和脂肪氧化生成的羰基化合物,均能与蛋白质发生美拉德反应。强热处理还会导致赖氨酸残基与谷氨酰胺残基之间发生交联作用(图 3-15)。而在高温下对蛋白质进行长时间处理,会使其分子中的肽键在无还原剂存在时发生转化,生成蛋白酶无法水解的化学键,因而降低蛋白质的生物利用率。

$$Pr-(CH_2)_2-\underset{OH}{\overset{O}{\underset{\|}{C}}} + H_2N-(CH_2)_4-Pr \longrightarrow Pr-(CH_2)_2-\overset{O}{\overset{\|}{\underset{H}{C-N}}}-(CH_2)_4-Pr$$

谷氨酸残基　　　　　赖氨酸残基　　　　　　　　赖谷氨酸残基

图 3-15　谷氨酸残基与赖氨酸残基的交联反应

72℃巴氏杀菌时,牛乳中大部分酶可失去活性,而牛乳中的乳清蛋白、牛乳的香味和牛乳的营养价值变化不大;但若在更高温度下进行杀菌,酪蛋白发生脱磷酸作用,乳清蛋白发生热变性,从而对牛乳的品质产生严重的影响。在进行杀菌时,肉类肌浆蛋白和肌纤维蛋白在80℃时即发生凝集,同时肌纤维蛋白中的—SH基被氧化生成二硫键;杀菌温度为90℃时,则会释放出H_2S,同时蛋白质会和还原糖发生美拉德反应,使某些必需氨基酸失去其营养价值。经过煎炸或烧烤处理的食品蛋白质可生成环状衍生物,其中有些具有强致突变作用。肉在200℃以上条件加热时,蛋白质环化生成氨基咪唑基氮杂环(AIAS)类致突变化合物。其中一类是由肌酸酐、糖和某些氨基酸(如甘氨酸、苏氨酸、丙氨酸和赖氨酸)的浓缩产品在剧烈加热时生成的咪唑喹啉类化合物。

在食品工业中,蛋白质往往还需要在碱性pH条件下进行热处理,如蛋白质的浓缩、分离、组织化、乳化或发泡等,此时将会发生一些不良的反应。在碱性pH条件下热处理,精氨酸转变为鸟氨酸、尿素、瓜氨酸和氨,半胱氨酸转变成脱氢丙氨酸,从而引起氨基酸的损失。在酸性pH条件下加热,丝氨酸、苏氨酸和赖氨酸的含量也会降低。不过总体看来,热处理对食品蛋白质品质的影响是利大于弊的。

二、低温处理的影响

在低温下储藏食品能抑制微生物的繁殖、抑制酶活性及降低化学反应速率的目的,从而延缓或防止蛋白质的腐败。通常低温处理的方法有:

①冷却,即将食品的储藏温度控制在略高于食品的冻结温度,此时微生物的繁殖受到抑制,蛋白质较稳定,冷却处理对食品风味的影响较小;

②冷冻及冻藏,即将食品的储藏温度控制在低于食品的冻结温度(一般为 - 18℃),这对食品的风味则有些影响,一般情况下冷冻处理对蛋白质的营养价值无影响,但对蛋白质的品质往往有比较严重的影响。

肉类食品经冷冻和解冻后,其组织及细胞膜被破坏,水—蛋白质结合状态被破坏,取而代之的是蛋白质—蛋白质之间的相互作用,形成不可逆的蛋白质变性。这些变化导致肉类食品的质地变硬,持水性降低。解冻后鱼肉变得干且有韧性,同时鱼脂肪中不饱和脂肪酸含量一般较高,在冻藏期间也极易发生自动氧化反应,生成的过氧化物和游离基再与肌肉蛋白作用,使蛋白质聚合,氨基酸也被破坏。牛乳中的酪蛋白冷冻后,极其容易形成解冻后不易分散的沉淀,从而影响牛乳的感官品质。蛋黄能冷冻并储存于 - 6℃,解冻后呈胶状结构,但若在蛋黄冷冻前加10%的糖或盐则可防止该现象的发生。

冷冻使蛋白质变性的原因主要是由于蛋白质分解密度的变化而引起的。由于温度下降,冰结晶逐渐形成,使蛋白质分子中的水化膜减弱甚至消失,蛋白质侧链暴露出来,同时加上在冻结中形成的冰结晶的挤压,使蛋白质分子互相靠近而结合,致使蛋白质凝集沉淀。蛋白质在冷冻条件下的变性程度与冷冻速度有关。一般来说,冻结速度越快,形成的冰结晶越小,挤压作用也越小,变性程度就越小。因此,食品工业一般都是采用快速冷冻的方法,尽量保持食品原有的质地和风味。

三、脱水的影响

食品脱水(dehydration)又叫作食品干燥,其目的在于提高食品的稳定性,延长食品的保藏期限,但同时对蛋白质的品质也将产生一些不利的影响。食品经过脱水干燥后由于质量减轻、水分活度降低从而便于储存和运输。蛋白质溶液中除去部分水,可引起所有非水组分浓度的增加,结果增加了蛋白质—蛋白质、蛋白质—糖类和蛋白质—盐类之间的相互作用,这些相互作用会明显地改变蛋白质功能性质。蛋白质溶液中水分几乎全部除去后,常常引起蛋白质分子的大量聚集,特别是在高温下除去水分,可导致蛋白质溶解度和表面活性剧烈降低,食品的复水性降低、硬度增加、风味变劣。

食品工业中,常用的食品脱水方法如下:

①热风干燥。热风干燥后的畜禽肉、鱼肉会变得坚硬、复水性差、烹调后既无原来的风味又感觉坚韧,目前已经很少采用。

②真空干燥。由于食品处于真空环境中,氧气分压低,所以氧化速度慢,同时干燥温度较低还可以减少美拉德反应和其他化学反应的发生。与热风干燥相比,真空干燥对肉类品质的影响较小。

③冷冻干燥。冷冻干燥的原理是使蛋白质的外层水化膜和蛋白质颗粒间的自由水在低温下结成冰,然后在真空下升华除去水分而达到干燥保存的目的。冷冻干燥可使食品保持原有的色、香、味和形状,具有多孔性,有较好的回复性,是肉类脱水最好的干燥方法。但是,冷冻干燥也会使部分蛋白质变性,持水性下降,不过对蛋白质的营养价值及消化吸收率没有影响,特别适用于对生物活性蛋白(酶、益生菌)的干燥。

④喷雾干燥。液体食品以雾状进入快速移动的热空气,食品中的水分会被快速蒸发而得到小颗粒,同时颗粒物的温度能很快降低,所以对蛋白质本身的性质影响较小。蛋白质食品或一些蛋白质配料常用喷雾干燥方法来脱去其中的水分。

干燥通常是制备蛋白质配料的最后一道工序,所以应该注意干燥处理对蛋白质功能性质的影响。干燥条件对粉末颗粒的大小以及内部和表面孔隙的影响,将会改变蛋白质的可湿润性、吸水性、分散性和溶解度。充分干燥磨碎的蛋白质粉末或浓缩物可形成小的颗粒和大的表面积。这与未磨碎的对应物比较,可以提高蛋白质的吸水性、溶解性和起泡性。当水以蒸汽形式迅速被除去时,可以达到最低限度的颗粒收缩以及盐类和糖类向干燥表面迁移,通常可以得到多孔性的粉末颗粒。

四、碱处理的影响

食品加工中,如果采用碱处理配合热处理,特别是在强碱性条件下,会使蛋白质发生一些不良的变化,如蛋白质的营养价值严重下降,甚至产生安全性问题。蛋白质经过碱处理后会发生很多变化,生成各种新的氨基酸。发生变化的氨基酸有丝氨酸、赖氨酸、胱氨酸和精氨酸等。大豆蛋白在 pH = 12.2 条件下,于40℃加热 4 h 后,胱氨酸、赖氨酸逐渐减少,并有赖氨基丙氨酸的生成(图3-16)。脱氢丙氨酸还可与精氨酸、组氨酸、苏氨酸、丝氨酸、酪氨酸和色氨酸残基之间通过缩合反应形成天然蛋白质中不存在的衍生物,使肽链间产生共价交联(图3-17),从而造成蛋白质营养价值大大降低。

图3-16 脱氢丙氨酸残基的形成

加热条件下的碱处理方式对蛋白质的影响更大。这样处理会导致赖氨酰丙氨酸、羊毛硫氨酸、鸟氨酰丙氨酸的形成以及在分子间或分子内形成共价交联。在强烈热处理条件下,赖氨酸和谷氨酰胺之间,或赖氨酸和天冬酰胺残基之间可分别形成肽链间共价键,高达15%的蛋白质赖氨酸残基参加了这个反应。这种键的形成使蛋白质消化率和蛋白质效率比大大降低。如果温度超过200°C,碱处理还可使精氨酸—胱氨酸、色氨酸、丝氨酸和赖氨酸等发生构型变化,与羧基相连的碳原子(手性碳原子)发生脱氢反应,生成平面结构的负离子,当再次形成氨基酸残基时,H^+ 有两个不同的进攻位置,由天然的 L-型转变为 D-型,由于 D-

图 3 - 17　脱氢丙氨酸残基与其他氨基酸的交联

型氨基酸不具有营养价值,所以外消旋化将使蛋白质的营养价值降低
(图3 - 18)。

图 3 - 18　氨基酸的消旋化及去氢丙氨酸的生成

五、辐射

辐射(irradiation)方法在许多国家被用于食品的保藏。当物质吸收射线,会形成离子与受激分子,然后受激分子和离子降解或者与邻近分子反应引起化学键断裂而产生游离基,游离基可以相互结合或扩散到体相介质中去与其他分子反应。射线对蛋白质的影响随波长和能量的变化而变化。芳香族氨基酸残基(Trp,Tyr 和 Phe)能吸收紫外线,一旦紫外线的能量水平足够高,就能断裂其间的二硫交联,从而导致蛋白质构象的变化。

辐射可以使水分子离解成游离基和水合电子,使脂肪和蛋白质裂解成游离基或正负碳离子,如果在有氧气存在的条件下,辐射还可产生氧化游离基。当受到 γ - 辐射或者在有氧化脂肪存在条件下,蛋白质会发生分子间或分子内的共价交联,主要在氨基酸残基 α - 碳上形成自由基而发生聚合反应。γ - 辐射还可引起低水分含量食品的多肽链断裂。当过氧化氢酶存在时,酪氨酸会发生氧化交联生成二酪氨酸残基。与此同时,产生的变化有氨基酸残基氧化、共价键断裂、离子化、形成蛋白质自由基以及重新结合和聚合反应。上述的许多反应是以水的辐射裂解为媒介而发生的。在这些高活性物质存在下,食品的脂肪、蛋白质、色素和维生素等会发生多种形式的分解和变化,生成各种各样的辐照产物。这些辐照产物都有一定的气味,称为辐照味。但一般剂量的辐射对氨基酸和蛋白质的营养价值影响不大。例如,在 $-5 \sim -40℃$ 采用 $4.7 \times 10^4 \sim 7.1 \times 10^4 Gy/$剂量辐射牛肉时,牛肉蛋白质的氨基酸残基没有变化。然而,某些食品对辐照非常敏感,牛乳就是其中之一,在辐照剂量低于灭菌所需的水平时牛乳就会产生不良风味。在经过辐射的脱脂乳和酪蛋白酸钠溶液中检出甲基硫化物,这显然与蛋白质分子中含硫氨基酸残基的变化有关。

六、蛋白质与其他物质的反应

除了上述的五种影响因素外,脂类游离基、亚硝酸盐、亚硫酸盐、氧化剂等均能与蛋白质发生作用,影响蛋白质在加工和储藏过程中的品质。

(一)与脂类游离基的反应

脂蛋白是由蛋白质和脂类组成的非共价复合物,广泛存在于活体组织中。它影响着食品的物理性质和功能性质。脂类氧化产物与蛋白质之间可产生共价键结合,某些食品和饲料的脂类在氧化后,都是蛋白质—脂类的共价相互作用的结果,如冷冻或干制鱼、鱼粉和油料种子。脂类的氧化与蛋白质的共价结合和脂类诱导的蛋白质聚合反应包括以下机理。

①脂类的氧化产物可与蛋白质发生共价结合反应,随后发生蛋白质交联聚合反应。

$$ROO \cdot + Pr \longrightarrow \cdot ROOPr \qquad 脂类—蛋白质游离基$$

$$\cdot ROOPr + O_2 \longrightarrow \cdot OOROOPr$$

$$\cdot OOROOPr + Pr \cdot \longrightarrow PrOOROOPr \qquad 脂类—蛋白质交联$$

②脂类游离基可以与蛋白质作用生成蛋白质游离基,随后发生蛋白质聚合反应。

$$ROO \cdot + Pr \longrightarrow ROOH + Pr \cdot \qquad 蛋白质游离基$$

$$Pr \cdot + Pr \longrightarrow \cdot Pr - Pr \qquad 二聚物$$

$$Pr - Pr \cdot + Pr \longrightarrow \cdot Pr - Pr - Pr \qquad 三聚物$$

蛋白质的交联聚合会导致蛋白质营养价值的降低。而油脂氧化生成的分解产物丙二醛,则是使一些食品蛋白质功能特性劣化的重要原因。

此外,在模拟体系中的研究表明,氧化脂肪还可以对蛋白质或氨基酸产生破坏作用,造成相应的分解和侧链降解反应,特别是在体系的水分含量降低时。同时还发现了这种破坏作用与蛋白质、反应条件间的依赖关系。模拟体系中氧化脂肪对蛋白质、氨基酸的破坏作用情况如表 3－17 和表 3－18 所示。

表 3－17　蛋白质与氧化脂肪作用时氨基酸的损失情况

反应体系		反应条件		氨基酸损失率/%
蛋白质	脂肪	时间	温度/℃	
细胞色素 C	亚麻酸	5 h	37	组氨酸 59,丝氨酸 55,脯氨酸 53,缬氨酸 49,精氨酸 42,甲硫氨酸 38,半胱氨酸 35
胰蛋白酶	亚油酸	40 min	37	甲硫氨酸 83,组氨酸 12
溶菌酶	亚油酸	8 d	37	色氨酸 56,组氨酸 42,赖氨酸 17,甲硫氨酸 14,精氨酸 9
酪蛋白	亚油酸乙酯	4 d	60	赖氨酸 50,甲硫氨酸 47,异亮氨酸 30,苯丙氨酸 30,精氨酸 19,组氨酸 28,苏氨酸 27,丙氨酸 27
卵白蛋白	亚油酸乙酯	24 h	55	甲硫氨酸 17,丝氨酸 10,赖氨酸 9,亮氨酸 8,丙氨酸 8

表 3－18　氧化脂肪对氨基酸的破坏作用

反应体系		反应形成的化合物
蛋白质	脂肪	
组氨酸	亚油酸甲酯	咪唑基乳酸,咪唑基乙酸

续表

反应体系		反应形成的化合物
蛋白质	脂肪	
半胱氨酸	花生四烯酸乙酯	胱氨酸,硫化氢,磺酸,丙氨酸
甲硫氨酸	亚油酸甲酯	甲硫氨酸亚砜
赖氨酸	亚油酸甲酯	氨基戊烷,甘氨酸,丙氨酸,天冬氨酸,α-氨基己酸等

(二)与亚硝酸盐的作用

硝酸盐存在于土壤、水体和动植物组织中。如果在农产品生长时使用过多的硝酸盐化肥,农产品中硝酸盐的含量就会偏高;奶牛在饮用盐碱水时其分泌的乳汁中的硝酸盐含量也会偏高。硝酸盐在一定条件下可以转化为亚硝酸盐,例如在微生物的还原作用下;蔬菜在正常条件下的储存、腐烂或腌制时,亚硝酸盐的含量就会增大。

亚硝酸盐对人类的健康存在危害,因为在酸性条件下,食品中的亚硝酸盐能与二级胺和三级胺反应,生成 N-亚硝胺(图 3-19),某些游离的或蛋白质结合的氨基酸如脯氨酸、色氨酸、酪氨酸、半胱氨酸、精氨酸或组氨酸构成反应底物。蛋白质食品在烹调或胃酸 pH 条件消化过程中,通常容易发生这种反应。由于已

图 3-19 亚硝胺的形成

经发现许多亚硝胺具有致突变作用,因而该反应和亚硝酸盐在食品中的安全性问题就引起了人们的关注。肉类食品中通常存在的极低浓度的亚硝酸盐,不致引起赖氨酸、色氨酸和半胱氨酸的含量或有效性明显降低。

(三)与亚硫酸盐的作用

亚硫酸盐是一种还原剂,亚硫酸根离子能够还原蛋白质中的二硫键,生成 S – 磺酸盐衍生物。当还原剂为半胱氨酸或巯基乙醇时,S – 磺酸盐衍生物可被转化为半胱氨酸;在酸性或者碱性条件下,S – 磺酸盐衍生物可被分解生成二硫化合物。虽然对二硫键的 S – 磺化作用不会影响半胱氨酸的生物利用度,但是由于增加了蛋白质的电负性和二硫键的断裂,导致蛋白质的分子构象改变并影响其功能性质。

$$\text{Pr}_1 - S - S - \text{Pr}_2 + SO_3^{2-} \longrightarrow \text{Pr}_1 - S - SO_3^- + \text{Pr}_2 - S^-$$

图 3 – 20　亚硫酸盐与二硫键的作用

由于蛋白质中许多胱氨酸残基的性质比较稳定,因此不容易受到亚硫酸盐的作用,所以亚硫酸盐对蛋白质的营养价值没有影响。通常情况下,亚硫酸盐能与羰基化合物反应,因此,亚硫酸盐的存在还可防止蛋白质发生不利于营养价值的美拉德反应。

(四)氧化剂的氧化

在食品加工过程中,氧化剂的使用比较广泛。过氧化氢是常用的杀菌剂和漂白剂,用于干酪加工中牛乳的冷灭菌;也可用于鱼蛋白质浓缩物和谷物面粉、麦片、油料种子蛋白质离析物等产品的色泽改善;还可用于含黄曲霉毒素的面粉、豆类和麦片的脱毒以及种子去皮。过氧化苯甲酰是面粉和乳清粉常用的漂白剂。次氯酸钠具有杀菌作用也常广泛应用于肉品的喷雾法杀菌和受黄曲霉毒素污染的花生粉脱毒。次氯酸钠脱毒的原理主要是根据黄曲霉毒素的内酯环在碱性介质中开环后很容易被次氯酸氧化,生成无毒的衍生物,从而达到脱毒的目的。

多酚类物质广泛存在于很多植物中,多酚类物质在中性或碱性 pH 条件下容易被氧化生成醌类化合物或聚合物。反应生成的过氧化物属于强氧化剂,因而容易引起蛋白质中氨基酸的损失。另外,一些色素通过光敏氧化或碱加工处理产生的自由基等,也对蛋白质的营养性和功能性造成影响。

脂类氧化产生的过氧化物及其降解产物存在于许多食品体系中,它们通常会引起蛋白质成分发生降解反应。氨基酸残基由于光氧化反应、辐射、亚硫酸盐—微量金属—氧体系的作用、热空气干燥和发酵过程中充气等原因,也会发生氧化。

在氧化反应中最为敏感的氨基酸是含硫氨基酸和色氨酸,其次是酪氨酸和组氨酸。

(1)甲硫氨酸的氧化

甲硫氨酸残基能被强氧化剂(过甲酸)氧化生成甲硫氨酸砜,游离的或结合的甲硫氨酸可被过氧化氢氧化成甲硫氨酸亚砜,有时也被氧化成甲硫氨酸砜(图3-21)。例如,将 pH = 5 ~ 8,浓度为 10 mmol/L 的甲硫氨酸溶液或 pH = 7,浓度为 5% 的酪蛋白溶液与 0.1 mol/L 的过氧化氢于 50℃ 加热 30 min,甲硫氨酸将全部转变成甲硫氨酸亚砜。此外,蛋白质与次氯酸钠、亚硫酸盐—锰—氧体系、氧化的脂类或多酚类化合物共存时,也可以形成甲硫氨酸亚砜。在有光、氧和敏化剂(如核黄素和次甲基蓝)存在时,甲硫氨酸残基由于光氧化作用可生成甲硫氨酸亚砜。某些情况下,也会生成高半胱氨酸或同型半胱氨酸。

图 3 - 21 甲硫氨酸的氧化

对氧化结合型甲硫氨酸的营养价值的研究发现,甲硫氨酸砜和高半胱氨酸对鼠在生理上是不可利用的物质,甚至还表现出某种程度的毒性。然而,游离的或蛋白质结合的甲硫氨酸亚砜可代替鼠或鸡饲料中甲硫氨酸,所产生的效率依甲硫氨酸构型(L - 或 D - 型)而异。用将甲硫氨酸全部氧化成甲硫氨酸亚砜的酪蛋白进行鼠喂饲试验,结果表明蛋白质功效比(或蛋白质净利用率)比对照的未氧化酪蛋白大约低 10%。如果用经消化的酪蛋白喂饲鼠,鼠的血液和肌肉中甲硫氨酸亚砜的水平会增高,这说明甲硫氨酸亚砜在鼠体内的还原过程是缓慢的。

(2)半胱氨酸和胱氨酸的氧化

半胱氨酸和胱氨酸发生氧化反应后存在多种氧化衍生物。这些氧化衍生物一般都是不稳定的,所以很难对每一种产物进行鉴定,其中有一些已经用核磁共振法鉴定。从营养学的角度来看,L - 胱氨酸的一、二亚砜衍生物和半胱次磺酸能部分代替 L - 半胱氨酸,而磺基丙氨酸和半胱亚磺酸则不能代替 L - 半胱氨酸。

（3）色氨酸的氧化

色氨酸是人体必需氨基酸,有着十分重要的生理作用。在强氧化剂存在时,游离色氨酸氧化成 β - 氧吲哚基丙氨酸和 N - 甲酰犬尿氨酸、犬尿氨酸等（图 3 - 22）。从营养学角度来看,犬尿氨酸无论是甲酰化或非甲酰化,至少对鼠来说它们都不能代替色氨酸的作用。犬尿氨酸注射至动物膀胱内会产生致癌作用,色氨酸得到这类降解产物对培养的鼠胚胎成纤维细胞的生长有抑制作用,并且表现出致突变性。色氨酸—核黄素的光加合物对哺乳动物的细胞产生细胞毒性,并在胃肠外营养中引起肝功能障碍。

图 3 - 22　色氨酸的氧化产物

（4）酪氨酸的氧化

酪氨酸溶液在过氧化物酶和过氧化氢作用下可被氧化为二酪氨酸（图 3 - 23）。这类交联产物已经在天然蛋白质（如节肢弹性蛋白、弹性蛋白、角蛋白和胶原蛋白）和面团中被发现。

酪氨酸   二酪氨酸

图 3 - 23   酪氨酸的酶促氧化

(五) 蛋白质的交联

蛋白质分子上的游离氨基(一般为赖氨酸的 $\varepsilon - NH_2$)可以与醛类发生缩合,生成缩合产物 Schiff 碱。例如,两分子蛋白质与一分子脂类的氧化产物丙二醛会发生反应,因而产生了蛋白质的交联(图 3 - 24)。

图 3 - 24   丙二醛与蛋白质的交联作用

蛋白质的交联改变了蛋白质本身的溶解度、保水能力等功能性质。酪蛋白经过交联处理后,生成的交联酪蛋白甚至可以抗拒蛋白酶的水解作用。人体内由于脂类氧化生成的丙二醛与蛋白质发生交联反应,生成的产物在体内不断蓄积,随着年龄的增长而成为所谓的脂褐质(lipofusin),又被称作增龄色素,这是机体衰老的标志。

一些食品蛋白质同时含有分子内和分子间的交联。例如球状蛋白质、锁链素(desmosine)和异锁链素(isodesmosine)中的二硫键和纤维状蛋白质角蛋白、弹性蛋白、节肢弹性蛋白和胶原蛋白中的二酪氨酸和三酪氨酸类的交联。胶原蛋白中也含有 $\varepsilon - N - (\gamma - 谷氨酰基)$赖氨酰基和 $\varepsilon - N - (\gamma - 天冬氨酰基)$赖氨酰基交联。存在于天然蛋白质中的这些交联作用使得代谢性的蛋白质水解降到最低。蛋白质在食品加工中,尤其在碱性 pH 条件下,也能诱导交联的形成。在多肽链之间形成非天然的共价交联降低了包含在或接近交联的必需氨基酸的消化率和生物有效性。

经碱处理的蛋白质,由于形成蛋白质—蛋白质之间的交联,它们的消化率和生物价降低。离子辐照能导致蛋白质聚合作用。在 70~90℃ 和中性 pH 条件下加热蛋白质会引起—SH 和—S—S—的交换反应,因而造成蛋白质的聚合作用。这类热诱导的交联一般不会影响蛋白质和必需氨基酸的消化率和生物有效性。纯蛋白质溶液或低碳水化合物含量的蛋白质食品经过长时间加热也会形成 ε - N - (γ - 谷氨酰基)赖氨酰基和 ε - N - (γ - 天冬氨酰基)赖氨酰基交联,这些交联并不存在于原先的蛋白质中,它们又被称作异肽键(isopeptide bonds)。

(六)与糖类或醛类的相互作用

在食品加工和储藏过程中,含有还原性糖或羰基化合物(如脂类氧化产生的醛和酮)的蛋白质食品,有可能发生非酶褐变(美拉德反应)。因为非酶褐变中的许多反应具有高活化能,所以在蒸煮、热处理、蒸发和干燥时这些反应也明显增强。中等水分含量的食品,如焙烤食品、炒花生、焙烤早餐谷物和用滚筒干燥的奶粉其褐变转化速率最大。

非酶褐变反应中生成的羰基衍生物,很容易与游离氨基酸发生斯特雷尔(strecker)降解反应,生成醛、氨和二氧化碳。生成的醛可在食品中产生特殊的香气,如表 3 - 19 所示。这些醛类是食品产生风味物质的重要途径之一,甚至是一些食品(如面包、可可豆、茶叶、酱油等)产生风味物质的必需途径,但有时可能有副作用,过度的反应会产生焦糊味。

食品在比较温和的条件下发生美拉德反应时,降低了 Lys 的利用率和食品中蛋白质的含量,从而降低了食品的营养价值。蛋白质与葡萄糖在高温高压下,即使是经过短时间的加热,损失的营养价值也很大。蛋白质加热时,还原糖对氨基酸破坏的同时,蔗糖也参与这种破坏作用。通过 Lys 的氨基进行的 1,2 - 配糖键的氨基分解,配糖键的裂解导致还原基团的形成,生成的还原性基团可以与 Lys 的另一个分子发生典型的美拉德反应,氨基分解对美拉德反应起着一种刺激反应的机制。

表 3 - 19 氨基酸和葡萄糖反应生成的醛类及产生的风味

氨基酸	醛类化合物	风味	
		100~150℃	180℃
甘氨酸	甲醛	焦糖	烧焦臭味
丙氨酸	乙醛	焦糖	烧焦臭味
缬氨酸	甲基丙醛	糕点	巧克力
亮氨酸	3 - 甲基丁醛	面包、巧克力	烤焦干酪

续表

氨基酸	醛类化合物	风味	
		100～150℃	180℃
丝氨酸	羟乙醛	枫糖	烧焦气味
苯丙氨酸	苯乙醛	蔷薇	焦糖
甲硫氨酸	甲硫醛	马铃薯、甘蓝	马铃薯
脯氨酸		玉蜀黍	面包
组氨酸		面包、黄油	
精氨酸		面包、爆玉米	烧焦
赖氨酸		马铃薯	油炸马铃薯
天冬氨酸			焦糖
谷氨酸		焦糖	烧焦
异亮氨酸	2－甲基丁醛	糕点、霉味	烧焦的干酪
苏氨酸	2－羟基丙醛	枫糖、巧克力	烧焦臭味

除了已经提到的羰基氨基反应以外，有两种与特殊醛类的反应在食品加工中也起着一定的作用：一种是在棉子酚加工过程中与棉子酚的反应，另一种是肉类烟熏时与甲醛的反应。这两种反应都会使 Lys 的利用率降低。

七、加工和储藏中蛋白质的变化对食品感官质量的影响

加工和储藏过程中，蛋白质本身的变化会直接影响到食品的感官质量。食品蛋白质在美拉德反应中会降解产生一些风味化合物；乳制品的灭菌处理对其中的蛋白质也造成了破坏，从而影响乳制品的风味；由于微生物的污染繁殖，水产品中的蛋白质极容易发生分解反应，产生影响产品风味的化合物。

1. 美拉德反应中风味化合物的形成

美拉德反应的必要条件是有极少量氨基化合物存在，通常是氨基酸、肽、蛋白质、还原糖和少量水作为反应物。美拉德反应生成可溶和不溶的高聚物及其他化合物，有的则是风味化合物、香气和深色的高聚物等，这些色素和风味化合物有的是需要的，有的是不需要的。它们在储藏过程中只能缓慢产生，但在高温（如油炸、烘烤或焙烤）时则很快形成。在美拉德反应的最后阶段，由于发生了复杂的醇醛缩合和聚合反应，食品或溶液开始变为红棕色或深褐色，并有明显的焦糖香味和不溶解的胶体状类黑精物质出现，以及少量二氧化碳产生，这时即使再添加亚硫酸盐也不能褪色。

2. 乳制品风味的形成

未消毒的牛乳因含有丙酮、乙醛、丁酸和甲基硫化物等而呈现出生乳的气

味,但经过杀菌处理后,牛乳将产生加工后的气味——乳香味,并且香气与杀菌方式相关。一般来讲,牛乳和乳制品中的二甲基硫化物是重要的香气成分,二甲基硫化物是由 S – 甲基甲硫氨酸磺酸盐分解而产生的(图 3 – 25),而风味化合物中其他含—SH 基的化合物来自于乳清蛋白中的半胱氨酸残基,所以蛋白质的分解产物对乳制品的风味形成有着重要的意义。

图 3 – 25 牛乳加热时二甲基硫的生成

对于乳制品中的干酪,蛋白质更是产生风味物质的典型例子。干酪的风味主要是在成熟过程中形成,涉及氨基酸的脱羧反应、脱氨反应、转氨基反应、脱硫反应、Strecker 降解反应等,最后形成胺类、醛类、醇类、含硫化合物等。

3. 水产品的变质

在水产品的腐败变质中,蛋白质分解及产生的化合物对风味、安全性问题产生显著的影响。当引起水产品污染的微生物繁殖到一定程度时,就可以分泌出蛋白酶,蛋白酶将蛋白质分解成游离的氨基酸后,再将氨基酸分子的氨基、羧基脱去,生成低分子的风味化合物。例如由谷氨酸产生 γ – 氨基丁酸,由赖氨酸产生尸胺(图 3 – 26),由鸟氨酸产生腐胺,由组氨酸产生组胺,由色氨酸产生吲哚等,导致水产品的感官质量异常。此外,尸胺、组胺的毒性较大,人在食用组胺含量高的鱼类时可以产生过敏性食物中毒(摄入量大于 1.5 mg/kg),鱼肌肉组织中组胺含量超过 2000 mg/kg 也可产生毒性作用。

图 3 – 26 淡水鱼中尸胺的生成

八、蛋白质的化学改性

由于蛋白质分子的侧链上含有一些活性基团,在酸性 pH 或碱性 pH 条件下,加热都可引起氨基酸残基侧链的改变。例如麦谷蛋白在酸性条件下加热,使

30%的天冬酰胺和谷氨酰胺残基脱氨,从而提高了蛋白质的溶解度和表面性质,特别是乳化性质。蛋白质的化学改性可以改变蛋白质的功能性质,改性主要是通过水解反应、烷基化反应、酰化和磷酸化等方法来完成的。

1. 水解反应

水解反应实际上相当于一种基团转换,典型例子是将侧链上的酰胺基转化为羧酸基,例如将谷氨酰胺或天冬酰胺水解转化为相应的谷氨酸或天冬氨酸。

2. 烷基化反应

用卤代乙酸盐或卤代烷基酰胺试剂对氨基、酚羟基、咪唑基、吲哚基、硫醇基和硫醚基的烷基化。通过反应在侧链上引入烷基或取代的烷基(如羧甲基),引入烷基的方法有直接引入或间接引入,氨基酸侧链参与反应的基团包括羟基、氨基、巯基等。

3. 酰化

在侧链上引入羧酸基,常用的有机酸是低分子有机酸或者是二羧酸,有时也可以使用长链脂肪酸,氨基酸侧链参与反应的基团包括氨基、羟基。

4. 磷酸化

在侧链上引入磷酸基,通常利用的化学试剂是三氯氧磷或者是多聚磷酸盐,氨基酸侧链参与反应的基团包括羟基、氨基。

在蛋白质分子中引入一些基团后,对蛋白质功能性质的影响主要取决于所引入基团的性质。引入羧甲基、二羧酸基、磷酸基等离子基团以后,由于增加了蛋白质分子内的静电斥力,将导致蛋白质分子的伸展,所以将会改变它的溶解度。引入羧酸基、磷酸基后会增加蛋白质对钙离子的敏感性。对蛋白质侧链的酰胺基进行水解,可以增加其溶解性能,改善其发泡能力和乳化能力。如果引入的基团是非极性基团,则蛋白质的疏水性增强,其表面性质发生改变。

九、蛋白质的酶法改性

在生物体中存在一系列酶和蛋白质,许多酶对蛋白质的修饰已有研究。在食品加工过程中,通过酶的作用可改善食品蛋白质的功能性。蛋白质酶法改性的常用方法有蛋白质的限制性酶水解、转蛋白反应和蛋白质的酶促交联。

1. 蛋白质的限制性酶水解

利用蛋白酶对蛋白质进行水解处理时,深度水解产生的是小分子肽类以及游离氨基酸,导致蛋白质功能性质的大部分损失,只保留其高度溶解性和溶解度对 pH 值的不敏感两个特点,这对于只需要蛋白质溶解性的食品是一个比较理想的处理方法。但对于其他食品来说,则需要蛋白质的限制性酶水解(limited enzymatic hydrolysis)。

利用特异性蛋白酶对蛋白质的限制性水解,可以改善蛋白质的乳化、发泡性质,但同时也会破坏蛋白质的胶凝性质,并且由于分子内部疏水区的破坏、疏水基团的暴露,其溶解性有时降低。例如通过限制性酶水解将大豆蛋白水解至水解度为4%左右时,水解物的发泡、乳化性能得到明显的改善,但是还存在稳定性的问题,因为此时形成的蛋白质吸附膜不足以维持泡沫或乳化液的稳定性;又如在生产干酪时,凝乳酶对酪蛋白的水解导致酪蛋白的聚集,从而可以分出乳凝块。而对于一些疏水氨基酸含量较高的蛋白质在水解时将会产生具有苦味的肽分子(苦味肽),所以会影响感官质量。苦味肽的苦味强度取决于蛋白质中氨基酸的组成和所使用的蛋白酶,一般来说,平均疏水性大于 5.85 kJ/mol 的蛋白质容易产生苦味,而非特异性蛋白酶较特异性蛋白酶更容易水解出苦味肽。

2. 转蛋白反应

转蛋白反应不是单一的反应,实际上它包括一系列反应。在转蛋白反应中,首先是蛋白质的酶水解,接着是在蛋白酶催化作用下的蛋白质再合成反应。第一步反应在一般条件下进行,蛋白质分子水解为小肽分子;第二步反应是在高底物浓度条件下进行,蛋白酶催化先前产生的小肽链重新结合形成新的多肽链,此时甚至可以通过加入氨基酸的方式对原蛋白质中的某种氨基酸进行强化,改变蛋白质的营养特性。由于最后形成的多肽分子与原来的蛋白质分子的氨基酸序列或组成不同,所以蛋白质的功能性质改变。转蛋白反应也可以通过在高蛋白质浓度下进行蛋白酶催化处理,直接进行两步反应。

蛋白质经过转蛋白反应对氨基酸进行强化以后,其氨基酸的组成改变如表3－20所示。

表3－20　转蛋白反应对蛋白质中甲硫氨酸含量的影响

蛋白质	α_{s1} – 酪蛋白	β – 酪蛋白	大豆 7S – 蛋白	大豆 11S – 蛋白
对照	2.7	2.9	1.1	1.0
酶处理	5.4	4.4	2.6	3.5

3. 蛋白质的酶促交联

转谷氨酰胺酶(transglutaminase)通过催化转酰基反应,在赖氨酸残基和谷氨酰胺残基间形成新的共价键,由此改变了蛋白质分子的大小,从而改变蛋白质的流变学性质。

目前,研究人员已经对许多蛋白质进行过相关的交联研究,包括酪蛋白、乳清蛋白、大豆蛋白、谷蛋白和肌动蛋白等。通过对蛋白质的交联处理,一般可以达到保护赖氨酸,使其避免发生各种不利的反应,避免形成热致凝胶,提高所形成的蛋白膜的抗水、抗热、抗氧化等多种能力。如在食品加工中,利用蛋白质的酶促交联改善乳制品(酸奶)、谷物制品(面包)的品质。

在温和的反应条件下,经过转谷氨酰胺酶的催化交联反应,蛋白质分子发生分子间的交联和聚合的结果,可以通过蛋白质分子的色谱或电泳分析图谱中看出。经过蛋白质的酶催化交联反应以后,蛋白质有不同的聚集体生成,使得该交联反应可能成为未来蛋白质功能性质酶法改性的重要手段之一。

蛋白质的转谷氨酰胺酶催化交联反应对蛋白质功能性质的影响尚未彻底进行研究,但是已经有一些结论。例如对 β – 酪蛋白的研究表明,交联反应导致 β – 酪蛋白的乳化活性指数(EAI)降低,但对酪蛋白—脂肪乳化体系的稳定性却随着交联程度的增加而增加,这可能与交联作用导致的空间位阻有关;对谷蛋白的交联研究却发现,适当地添加转谷氨酰胺酶可以提高面包的品质,过多的添加反而会导致面包品质的降低;对酸奶产品的研究发现,通过交联反应,提高了酸奶的破裂强度。

近年来,酪氨酸残基在过氧化酶作用下的交联反应也被有目的地应用于改善蛋白质的功能性质,但有关其交联反应机理,却有不同的看法。例如在利用来自蘑菇中的酪氨酸酶对溶菌酶、酪蛋白和核糖核酸酶进行交联的研究中,发现只有存在少量的低分子酚类化合物时才有蛋白质交联反应的发生,因此研究者认为蛋白质的交联反应实际上涉及到酚类物质的氧化、蛋白质残基的加成反应,参与加成反应的氨基酸残基包括含有—SH、—NH_2等基团的氨基酸残基。当然,蛋白质本身存在的酪氨酸,由于可以作为一个酚类物质发生氧化生成醌类化合物,所以也可以直接使蛋白质发生交联反应。

第六节　各类食品中的蛋白质

食品蛋白质可以分为动物源、植物源两大类。其中,主要的动物源蛋白有乳蛋白、肉类蛋白和卵蛋白;主要的植物源蛋白包括大豆蛋白和谷物蛋白。这些蛋白质都是传统蛋白,有着悠久的食用历史,在人类的日常消费中也占据着重要的地位,同时也是食品加工中重要的食品成分或配料,如表 3 – 21 所示。除此之外,随着新食品资源的开发和利用,还存在一些可食用的食品蛋白新资源,如单细胞蛋白、昆虫蛋白和叶蛋白。

表 3 – 21　主要的食品蛋白质及其应用

来源	蛋白质	应用
谷物	面筋蛋白、玉米蛋白	早餐食品、焙烤食品、搅打发泡剂
鸡蛋	全蛋、卵白、卵黄脂蛋白	用途广泛,有乳化、发泡、黏合、胶凝
鱼类	肌肉、胶原(明胶)	胶凝、肉糜产品
动物	肌肉、胶原(明胶)、猪/牛血	胶凝、乳化、保水
乳类	全脂乳、脱脂乳、干酪素、乳清蛋白粉	用途广泛,包括乳化、黏合、增稠
油子	大豆、花生、芝麻等蛋白粉、浓缩蛋白、分离蛋白	焙烤食品、豆乳、人造肉及替代物

一、动物来源食品中蛋白质

动物来源的蛋白质有很多。常见的有乳蛋白、肉类蛋白和卵蛋白。

1. 乳蛋白

通常所说的乳蛋白指的是牛乳蛋白(milk proteins),它主要由酪蛋白(casein)和乳清蛋白(whey protein)这两大类组成。其中,酪蛋白约占总蛋白的 80%,包括 α_{s1}、酪蛋白、β – 酪蛋白和 κ – 酪蛋白;乳清蛋白约占总蛋白的 20%,包括 β – 乳球蛋白和 α – 乳白蛋白;此外牛乳中还含有一些其他的生物活性蛋白、肽类等,如免疫蛋白、乳铁蛋白、溶菌酶和其他的酶类等。

牛乳中的主要蛋白质是以多聚体形式存在,其中酪蛋白以高度水合的酪蛋白磷酸钙形式存在(酪蛋白胶束)。酪蛋白胶束的直径在 30 ~ 300 nm,以纳米形式存在,在 1 mL 液体乳中胶束的数量在 10^{14} 左右,只有小部分的胶束直径在 600 nm 左右。

在生产冰淇淋和发泡奶油点心过程中,乳蛋白起着发泡剂和泡沫稳定剂的作用。乳蛋白冰淇淋还有保香作用。在焙烤食品中加入脱脂奶粉,可以改善面团的吸水性,增大体积,阻止水分的蒸发,控制气体的逸散速度,加强结构性。乳清中的蛋白质,具有较强的耐搅打性,可用作西式点心的顶端配料,稳定泡沫,脱脂奶粉可以作为乳化剂添加到肉糜中去,增强其保湿性。

酪蛋白的分离可以简单地采用酸沉淀分离法,也可以利用凝乳酶的作用,最终产品的性能随处理方法的差异而有所不同。酪蛋白是食品加工中的重要配料。目前,已经有 4 种不同的酪蛋白产品可以在食品中应用,其中以酪蛋白的钠盐(干酪素钠,cseinate)的应用最广泛。酪蛋白钠盐在 pH > 6 时稳定性较好,在水中有很好的溶解性和热稳定性,是一种较好的乳化剂、保水剂、增稠剂、搅打发泡剂和胶凝剂。

来自乳清的乳清蛋白浓缩物(whey protein concentrate,WPC)或乳清蛋白分离物(whey protein isolate,WPI)也是很好的功能性食品配料,特别是在模拟人类母乳构成的婴幼儿食品中有广泛的应用。乳清蛋白和酪蛋白不同的性质还在于乳清蛋白在酸性条件下的优良溶解性,可应用在一些酸性食品中。商品化乳蛋白产品的化学组成如表3-22所示。

表3-22 商品化乳蛋白产品的化学组成

乳蛋白产品	生产方法	化学组成/%,干重			
		蛋白质	灰分	乳糖	脂肪
干酪素	酸沉淀	95	2.2	0.2	1.5
	凝乳酶	89	7.5	—	1.5
	共沉淀	89~94	4.5	1.5	1.5
乳清蛋白浓缩物	超滤	59.5	4.2	28.2	5.1
	超滤+反渗透	80.1	2.6	5.9	7.1
乳清蛋白分离物	Spherosil 工艺	96.4	1.8	0.1	0.9
(超滤/反渗透/离子交换)	Vistec 工艺	92.1	3.6	0.4	1.3

除酪蛋白、乳清蛋白外,从乳清中将 β-乳球蛋白和 α-乳白蛋白等单一的组分分离出来,也可以用作很好的食品加工原料,还有一些其他的蛋白质或肽有重要的应用价值。牛乳蛋白中主要成分的性质、功能和应用如表3-23所示。

表3-23 牛乳蛋白中主要成分的性质、功能和应用

蛋白质	重要的功能
酪蛋白(α、β、κ)	金属离子(Cu、Fe、Ca)的载体,一些生物活性肽的前体
α-乳白蛋白	Ca 载体,免疫调控,抗癌作用
β-乳球蛋白	视黄醇载体,脂肪酸结合,可能的抗氧化剂
免疫球蛋白(A、M、G)	免疫保护
糖肽	抗病毒、抗细菌
乳铁蛋白	毒素结合,抗菌、抗病毒,免疫调控,抗氧化,抗癌,铁结合
乳过氧化物酶	抗菌
溶菌酶	抗菌,与乳铁蛋白和免疫球蛋白存在协同作用

2. 肉类蛋白

肉类是人类最重要的食物,也是重要的蛋白质来源之一。动物肌肉组织中

的蛋白质大致可分为肌原纤维蛋白(myofibrillar protein)、肌浆蛋白(sarcoplasmic protein)和肌基质蛋白(stroma protein)三种,它们所占动物肌肉组织总蛋白质的百分比分别约为55%、30%和15%。其中,肌浆蛋白可以用水或者是低浓度的盐水将其从肌肉组织中提取出来,肌原纤维蛋白则需要用高浓度的盐溶液才能够将其从肌肉组织中分离提取出来,肌基质蛋白则是不溶解的蛋白质。

肌肉蛋白的保水性是影响鲜肉滋味、嫩度和颜色的重要功能性质,也是影响肉类加工质量的决定因素。肌肉中的水溶性肌浆蛋白和盐溶性肌纤蛋白的乳化性,对大批量肉类的加工质量影响极大。肌肉蛋白的溶解性、溶胀性、黏着性和胶凝性,在食品加工中也很重要。如胶凝性可以提高产品强度、韧性和组织性。蛋白的吸水、保水和保油性能,使食品在加工时减少油水的流失量,阻止食品收缩;蛋白的黏着性有促进肉糜结合,免用黏着剂的作用。

肌原纤维蛋白主要有肌球蛋白和肌动蛋白等。肌球蛋白的等电点为5.4左右,在温度达到50~55℃时发生凝固,它具有ATP酶的活性。肌动蛋白的等电点为4.7,与肌球蛋白可以结合为肌动球蛋白。肌原纤维蛋白中的肌球蛋白、肌动蛋白间的作用决定了肌肉的收缩。

肌浆蛋白主要有肌红蛋白、清蛋白(肌溶蛋白)等。肌红蛋白为产生肉类色泽的主要色素,它的等电点为6.8,性质不稳定,在外来因素的影响下所含的二价铁容易转化为三价铁,导致肉色的异常。存在于肌原纤维间的清蛋白性质也不稳定,在温度达到50℃附近就可以变性。

肌基质蛋白主要有胶原蛋白和弹性蛋白。胶原蛋白含有较多的甘氨酸、脯氨酸和羟脯氨酸,不仅具有分子内的交联键,而且还具有分子间的交联键,并且交联的程度随动物年龄的增加而增大。胶原蛋白的交联程度增大的结果导致胶原蛋白性质的稳定,从而影响到肉质的嫩度。胶原蛋白经过加热后逐步转化为明胶,而明胶的重要特性就是可以溶于水中,并可以形成热可逆的凝胶,在食品加工中有应用价值。弹性蛋白不含羟脯氨酸和色氨酸,含脯氨酸、甘氨酸、缬氨酸较多,可以抗拒胃蛋白酶、胰蛋白酶的水解,但是它可以被胰腺中的弹性蛋白酶水解。

对肉制品来讲,形成乳化分散系时,盐溶蛋白、肌纤维蛋白与碎片、结缔组织及碎片等对乳化体系的形成或稳定起作用。一般来讲,增加肌肉的斩拌时间,可以增加脂肪球上所吸附的蛋白层的厚度,所以有利于改进乳化稳定性。对于不同的肌肉蛋白质来讲,肌球蛋白的乳化性质最好。

肉的嫩度(tenderness)是肉品的重要感官质量之一,是反映肉的质地的一项重要指标,一般意义上的嫩度是我们的感觉器官对肌肉蛋白性质的总体概括,它与肌肉蛋白质的结构、变性、聚集、分解等有关。从总体来看,我们对肉品质中嫩度的感觉有4个方面:一是肉对舌或颊的柔软性;二是肉对牙齿切入时的抵抗力;三是咬断肌纤维的难易程度;四是肉的嚼碎程度。

对肉进行嫩化处理,一般是利用植物蛋白酶如木瓜蛋白酶、菠萝蛋白酶和无花果蛋白酶。肉酶嫩化的作用机制是:利用酶对蛋白质的催化水解作用来裂解肌肉蛋白,酶可以通过注射的方式在屠宰前进入动物体,也可以在屠宰后处理肉时加入到肌肉组织中,如表3-24所示。菠萝蛋白酶对胶原蛋白有较强的亲和作用,对弹性蛋白和肌原蛋白的亲和作用差一些。木瓜蛋白酶对肌原纤维蛋白有高度的亲和作用,对胶原蛋白只是稍有作用。无花果蛋白酶对肌原纤维蛋白和结缔组织蛋白均有好的作用。3种酶的适宜作用温度为:木瓜蛋白酶60~80℃,菠萝蛋白酶30~60℃,无花果蛋白酶30~50℃。

表3-24 肉质嫩化时蛋白质的使用量

处理方法	酶的种类及使用量
宰前注射	蛋白酶,0.5 mg/lb 体重
宰前注射	胶原酶、弹性蛋白酶,1 g/500lb 体重
宰前注射	0.1~0.35 酪氨酸单位的木瓜蛋白酶/lb 体重
宰后注射	胰脏粉,0.06~0.75 oz/100lb
宰后注射	木瓜蛋白酶溶液(0.004%),加入量3%

注:1lb(磅)=0.4536 kg;oz(盎司)=28.3495 g。

3. 卵蛋白

人类食用历史最悠久的卵类是鸡蛋。一个完整鸡蛋的可食部分由蛋白(albumen)和蛋黄(yolk)两个部分组成。在卵蛋白中,各种蛋白质基本上是球蛋白。卵蛋白中蛋白质为主要的成分,碳水化合物含量较低,脂肪的含量可被忽略不计;卵白中的碳水化合物以结合态(与蛋白质结合成为糖蛋白)或游离态存在,并且绝大部分的游离碳水化合物为葡萄糖。相比之下,卵黄的主要成分为蛋白质和脂肪,碳水化合物的含量仍是很低,大多数的脂类与蛋白质结合,以脂蛋白的形式存在,并对卵蛋白的功能性质有着决定性的作用。

卵蛋白是食品加工中重要的胶凝剂,容易形成热不可逆凝胶。在诸多的卵蛋白凝胶中,以卵清蛋白的胶凝性质研究得最多。卵清蛋白所形成的凝胶,其凝胶强度和浊度是介质 pH 值和离子强度的函数,这些因素影响作用的原因在于:

热变性后的卵清蛋白的构象与天然卵清蛋白的构象差不多,在接近等电点的 pH 值或高的离子强度条件下,变性的蛋白质分子通过分子间的疏水相互作用随机聚集;而在远离等电点的 pH 值和低离子强度时,蛋白质分子间的静电斥力妨碍了随机聚集的发生,从而导致有序的线性聚集体形成。

卵蛋白的主要功能是促进食品的凝结、胶凝、发泡和成形,是食品中重要的发泡剂。卵白中多种蛋白质的共同作用使得其发泡能力优于酪蛋白。比较卵白中各种蛋白质的发泡能力,它们的顺序为:卵黏蛋白 > 卵球蛋白 > 卵转铁蛋白 > 卵清蛋白 > 卵类黏蛋白 > 溶菌酶,由于溶菌酶和卵类黏蛋白的结构相对稳定(分子内具有二硫键),不易发生变形而难以在界面吸附,所以能够降低其发泡性能。球蛋白的发泡性能虽然较差,但是如果通过不产生沉淀的变性处理(如酸、碱或热处理),就可以提高其发泡能力。

卵黄的主要功能是乳化及乳化稳定性,它是食品加工中重要的乳化剂。卵黄的乳化性质很大程度上取决于脂蛋白。比较卵黄蛋白、卵黄磷蛋白和脂蛋白的乳化性质,得到卵黄磷蛋白的乳化性质是最好的;卵黄中的低密度脂蛋白的乳化性质,也比相同蛋白质浓度的牛血清蛋白的乳化性好,在卵黄低密度脂蛋白中加入磷脂后不影响其乳化能力。

二、植物来源食品中蛋白质

植物来源食品中蛋白质主要包括大豆蛋白和谷物蛋白。

1. 大豆蛋白

大豆蛋白(soybean proteins)主要存在于蛋白体和糊粉粒中,由于它能溶于 $pH \neq pI$ 的水及盐溶液,所以主要是球蛋白,也有少量的其他蛋白质。从必需氨基酸组成来看,大豆蛋白营养价值与动物蛋白是很相近的,其中含有足够的赖氨酸,但是缺乏含硫氨基酸,因此,大豆蛋白具备优质蛋白质的条件,最具有开发潜力。

大豆蛋白质具有广泛的功能性质,如溶解性、吸水和保水性、黏着性、胶凝性、弹性、乳化性和发泡性等。每一种性质都给食品加工带来特定的效果。如将大豆蛋白加入到咖啡乳内,是利用其乳化性;涂在冰淇淋表面,是利用其发泡性;用于肉类加工,是利用它的保水性、乳化性和胶凝性。加在富含脂肪的香肠、大红肠和午餐肉中,是利用它的乳化性,提高肉糜间的黏性等等。因其价廉,故应用得非常广泛。

水提取的大豆蛋白在适当的条件下经过超离心处理后,根据蛋白质的沉降系数的不同可分为 4 个部分，即 2S、7S、11S 和 15S 大豆蛋白。2S 部分主要含有蛋白酶抑制物、细胞色素 C、尿囊素酶和两种球蛋白，整体约为蛋白质的 20%；7S 部分中含有 β - 淀粉酶、血细胞凝集素、脂氧合酶和 7S 球蛋白，占大豆水提取蛋白的 37%；11S 部分主要是 11S 球蛋白，占大豆水提取蛋白的 1/3 以上；15S 部分尚不太清楚，为大豆球蛋白的聚合物，含量约为水提取蛋白的 10%。由于 7S 和 11S 蛋白占总蛋白的 70% 左右，所以是大豆中最重要的蛋白质。

大豆脱脂后所得到的剩余物豆粕，主要成分为大豆蛋白质和碳水化合物；在以压榨法生成油脂的工艺中，由于蛋白质所经受的温度较高，蛋白质的变性程度大，功能性质差，通常用于动物饲料的加工；而在以有机溶剂浸提法生产得到的豆粕，则不存在这些不足。豆粕通过进一步加工，一般可以得到以下 3 种不同的大豆蛋白，可以作为蛋白质原料用于食品中。大豆蛋白产品的必需氨基酸组成如表 3 - 25 所示。

表 3 - 25　大豆蛋白产品的必需氨基酸组成(100 g 蛋白产品)

蛋白质	Ile	Leu	Lys	Met + Cys	Phe + Tyr	Thr	Trp	Val
脱脂豆粉	4.6	7.8	6.4	2.6	8.8	3.9	1.4	4.6
大豆浓缩蛋白	4.8	7.9	6.4	2.8	8.9	4.5	1.6	5.0
大豆分离蛋白	4.9	8.2	6.4	2.6	9.2	3.8	1.4	5.0

（1）脱脂豆粉

脱脂豆粉（defatted soybean flour）中蛋白质含量约为 50%。大豆在经过调质、脱皮、压片处理后，利用有机溶剂如 6# 溶剂（主要成分为正己烷）浸提出油脂后，所余下的豆粕主要由大豆蛋白质和碳水化合物（可溶于水或不溶于水的）组成，残余的有机溶剂可通过闪蒸法脱除，大豆中的抗营养因子被灭活，蛋白质的功能性质得到很好地保留。

（2）大豆浓缩蛋白（大豆蛋白浓缩物）

脱脂豆粉用 pH = 4.5 的水浸提，或用含有一定浓度乙醇的水浸提，或进行湿热处理后用水浸提处理，可除去其中所含的可溶性低聚糖（即胀气因子），最后产品蛋白质含量提高至 70% 左右，蛋白酶抑制物含量也降低。脱脂豆粉中的一些蛋白质也由于浸提而损失在乳清液中，最后总收率约为原料的 2/3。

（3）大豆分离蛋白（大豆蛋白分离物）

用稀碱溶液浸提处理脱脂豆粉，分离出残渣后，蛋白质提取液加酸至等电点后，大豆蛋白沉淀出来，沉淀经过碱中和、喷雾干燥后就得到大豆分离蛋白，蛋白质含量超过 90%,基本不含纤维素、抗营养因子等物质,可将其看成是真正的大豆蛋白质制品,它的溶解度高,具有很好的乳化、分散、胶凝以及增稠作用,在食品中的应用范围很广。大豆蛋白产品在食品中的功能性质如表 3 – 26 所示。

表 3 – 26 大豆蛋白产品在食品中的功能性质

功能性质	作用方式	应用食品体系	大豆蛋白产品
溶解性	蛋白质的溶剂化作用,pH 值确定	饮料	F,C,I,H
水吸附及结合能力	水的氢键键合,水的容纳	肉制品、面包、蛋糕	F,C
黏度	增稠、水结合	汤、肉汤	F,C,I
胶凝	形成蛋白质的三维网状结构	肉制品、干酪	C,I
黏合、结合	蛋白质作为黏合物质	肉制品、焙烤食品、面制品	F,C,I
弹性	二硫键在可变形的凝胶	肉类、焙烤食品	I
乳化	蛋白质的乳化形成及稳定作用	香肠、蛋糕、腊汤、汤	F,C,I
脂肪吸附	对游离脂肪的吸附	肉制品	F,C,I
风味结合	风味物质的吸附、容纳及释放	人造肉制品、焙烤食品	C,I,H
泡沫	形成薄膜容纳气体	裱花、甜点	I,W,H
色泽控制	漂白作用(lipoxygenase)	面包	F

注:C 为大豆蛋白浓缩物;F 为脱脂豆粉;H 为水解大豆蛋白;I 为分离大豆蛋白;W 为大豆乳清蛋白。

2. 谷物蛋白

谷物也是人类食用历史悠久的主要食物,它主要包括稻谷、小麦、玉米、大麦和燕麦等作物。从其化学组成特征来看,谷物中蛋白质含量比动物源食品、油籽作物等低,氨基酸组成不平衡,一部分氮元素以非蛋白氮形式存在。谷物蛋白质根据其溶解性分为 4 大类:清蛋白(albumin,水溶)、球蛋白(globulin,盐溶)、醇溶蛋白(prolamin,70% 乙醇溶解)、谷蛋白(glutelin,酸或碱溶)。几种谷物食品中蛋白质的分级组成如表 3 – 27 所示。

表 3 – 27 几种谷物食品中蛋白质的分级组成

谷物	清蛋白/%	球蛋白/%	醇溶蛋白/%	谷蛋白/%
小麦	5	10	69	16
大米	5	10	5	80
玉米	4	2	55	39
高粱	8	8	52	32

这几种蛋白质在谷物中的含量随品种、地域、生长条件的不同而变化。三种

谷物中醇溶蛋白的组成情况和谷物蛋白的一些化学特征分别见表 3 – 28 和 3 – 29 所示。

表 3 – 28　三种谷物中醇溶蛋白的组成情况

小麦		大麦		玉米	
成分	相对分子质量/kD	成分	相对分子质量/kD	成分	相对分子质量/kD
α – 麦醇溶蛋白	32	B – 大麦醇溶蛋白	35 ~ 46	20K	20 ~ 21
β – 麦醇溶蛋白	40	C – 大麦醇溶蛋白	45 ~ 72	22K	22 ~ 23
ω – 麦醇溶蛋白	40 ~ 72	D – 大麦醇溶蛋白	100	9K	9 ~ 10
高分子亚基	95 ~ 136			14K	13 ~ 14

由于谷物蛋白中醇溶蛋白与谷蛋白的总量超过 85% , 所以谷物蛋白质的营养价值依赖于这两种蛋白质。醇溶蛋白中赖氨酸的含量很低, 所以整体来讲谷物蛋白的限制性氨基酸一般是赖氨酸。

表 3 – 29　谷物蛋白的一些化学特征

蛋白质	氨基酸组成化学特征
醇溶蛋白	富含硫部分(α – 、β – 、γ – 麦醇溶蛋白), 谷氨酰胺含量 32% ~ 42% , 脯氨酸含量 15% ~ 24% , 苯丙氨酸含量 7% ~ 9% , 半胱氨酸含量 2% 硫缺乏部分(ω – 麦醇溶蛋白), 谷氨酰胺含量 42% ~ 53% , 脯氨酸含量 20% ~ 31% , 半胱氨酸含量 0%
麦谷蛋白	低相对分子质量, 谷氨酰胺含量 33% ~ 39% , 甘氨酸含量 13% ~ 18%
高分子亚基	相对分子质量较麦谷蛋白高, 半胱氨酸含量 0.5% ~ 1%

醇溶蛋白、谷蛋白由于其溶解性差而不溶于水, 加工中一般将其统称为面筋蛋白。醇溶蛋白由单一肽链组成, 相对分子质量为 $3 \times 10^4 ~ 6 \times 10^4$, 分子内存在二硫键, 可将其分为 α – 、β – 、γ – 、ω – 四种醇溶蛋白。谷蛋白则由低分子肽链、高分子肽链亚基组成, 亚基相对分子质量为 $3.1 \times 10^4 ~ 4.8 \times 10^4$ 和 $9.7 \times 10^4 ~ 1.36 \times 10^5$, 有肽链间(或者分子间)二硫键, 分子中一般含 3 ~ 5 个高分子亚基、约 15 个低分子亚基。

对食品加工来讲, 面粉中的谷物蛋白对焙烤产品品质的影响很大, 因为加工时原料的质量、面团的流变学特性均决定最终产品的品质, 而这些又与面粉中蛋白质的含量、蛋白质组成有关。例如所谓的强力粉就是含有较高的蛋白质的面粉, 在制作面包时具有很好的气体滞留能力, 同时还使得产品具有良好的外观和质地。一般不同蛋白质含量的面粉的用途如表 3 - 30 所示。

表 3 – 30　不同蛋白质含量的面粉的用途

蛋白质含量	用途	蛋白质含量	用途	蛋白质含量	用途
7.8% ~9.2%	蛋糕和小甜饼	9.6% ~11.2%	脆饼干	11.4% ~14.0%	白面包
7.7% ~10.6%	馅饼和炸面圈	9.4% ~12.3%	所有目的	13.3% ~15.1%	健康面包
9.3% ~10.2%	普通面条	12.2% ~14.6%	鸡蛋面条	14.1% ~16.3%	全麦面包

对面筋蛋白,从化学结构的角度看二硫键的作用非常重要,它决定了醇溶蛋白和谷蛋白的溶解行为,因而决定面团的性质。早期的研究曾显示,在面团中加入还原剂使其发生二硫键交换反应,结果导致蛋白质溶解度增加和面团强度减弱,所以氧化剂(例如过氧化苯甲酰)的使用可以改善面粉的品质,活性大豆粉的作用也是如此。另外,面筋蛋白与其他成分的作用有时也是非常重要的,例如面筋蛋白与淀粉的作用对于产品的老化问题具有意义,蛋白与淀粉形成的网状结构可以抗拒淀粉老化。

面筋蛋白含量与面团性质的关系研究显示,谷蛋白含量与面团体积间的关系,比面粉蛋白含量与面团体积间的关系更好。通过研究谷蛋白大聚集体的含量发现,谷蛋白大聚集体是决定焙烤产品面团品质的重要参数。

三、可食用的蛋白质新资源

1. 单细胞蛋白

单细胞蛋白(single cell protein,SCP)是指以工业方式培养的微生物(如酵母菌、乳酸菌和霉菌等),这些菌体含丰富的蛋白质,可用作人类食物或动物饲料。单细胞蛋白是一种浓缩的蛋白类产品,含粗蛋白 50% ~85%,其中氨基酸组分齐全,可利用率高,还含维生素、无机盐、脂肪和糖类等,其营养价值优于鱼粉和大豆粉。一些单细胞生物的化学组成如表 3 – 31 所示。

表 3 – 31　一些单细胞生物的化学组成

成分	藻类	酵母	细菌	霉菌
氮	7.5 ~10	7.5 ~8.5	11.5 ~12.5	5 ~8
脂类	7 ~20	2 ~6	1.5 ~30	2 ~8
灰分	8 ~10	5.0 ~9.5	3 ~7	9 ~14
核酸	3 ~8	6 ~12	8 ~16	变化较大

单细胞蛋白中重要的是酵母蛋白、细菌蛋白和藻类蛋白,它们的化学组成中一般以蛋白质、脂肪为主。

①酵母蛋白。真菌中的酵母在食品加工中应用较早,包括酿造、焙烤等食品。酵母中蛋白质的含量超过了干重的一半,但相对缺乏含硫氨基酸。另外,由于酵母中含有较高量的核酸,若摄入过量的酵母蛋白则会造成血液的尿酸水平升高,引起机体的代谢紊乱。

②细菌蛋白。细菌蛋白的生产一般是以碳氢化合物(如天然气或沥青)或甲醇作为底物,它们的蛋白含量占干重的 3/4 以上,必需氨基酸组成中同样缺乏含硫氨基酸,另外它们所含的脂肪酸也多为饱和脂肪酸。

这两种微生物蛋白一般不能直接食用,需要除去其中的细胞壁、核酸和灰分等杂质,其原理在工艺上与大豆蛋白的加工处理类似。细菌蛋白提取处理后得到细菌分离蛋白,它的化学组成与大豆分离蛋白相近,并且在补充含硫氨基酸以后,它的营养价值与大豆分离蛋白也相近。

③藻类蛋白。以小球藻和螺旋藻最引人注目,它们是在海水中快速生长的两种微藻,二者的蛋白含量分别为 50% 、60%(干重),必需氨基酸中除含硫氨基酸较少外,其他的必需氨基酸却很丰富。

此外,单细胞蛋白还具有以下开发上的优势。

①单细胞蛋白的生产有着广阔的原料资源。利用纤维资源如秸秆、木屑和蔗渣等均可用作发酵底物,在制备发酵产物的同时还可收集微生物生产单细胞蛋白。

②单细胞蛋白生产投资少,生产速率高。微生物几十分钟便可增殖一代,质量倍增之快是动植物不能比拟的。有人估计,一头 500 kg 的牛每天产蛋白约 0.4 kg,而 500 kg 的酵母每天至少生产蛋白质 5000 kg。

③工业生产单细胞不需占用大量的耕地,不受生产地区、季节和气候条件的限制。由此可见,单细胞蛋白资源开发具有广阔的前景。但应该注意的是大部分单细胞蛋白含有较高的核酸含量,限制它们直接用于人类消费。对此,可采用热或碱处理细胞,有利于提高蛋白质的消化率、氨基酸有效性和除去核酸。经过这种处理的酵母和细菌,进行动物饲养试验检验其营养价值,即使长期试验也未发现毒性。

2. 昆虫蛋白

昆虫是地球上最大的生物类群,具有食物转化率高、繁殖速度快和蛋白质含量高的特点,被认为是目前最大且最具开发潜力的动物蛋白源。许多昆虫干体的蛋白质含量高达 50% 以上,如蝇蛆为 61%、蚕蛹为 71%、蝴蝶为 75%、蟋蟀为 75%、蝉为 72%、蚂蚁为 67%,有的甚至高达 80% 以上,如黄蜂为 81% 等。这些昆虫的蛋白质含量远大于鸡、鱼、猪肉和鸡蛋中的蛋白质含量,与牛肝中的蛋白质含量相差无几。更重要的是昆虫蛋白质中氨基酸组分分布的比例与联合国粮食与农业组织(FAO)制定的蛋白质中必需氨基酸的比例模式非常接近。因此,昆虫是一类高品质的动物蛋白质资源。人类开发昆虫蛋白质资源有较早的历史,据资料推断,从史前开始,墨西哥的土著人就有吃虫的习惯。我国也早在公元前 11 世纪的周代,就有食虫的记载。最近几十年来,随着科技的进步,人类对食用昆虫的利用意义与过去相比有了更深刻和更广泛的认识,特别是昆虫作为一类巨大的蛋白质资源,已经取得了许多专家和学者的共识,并掀起了一股研究与开发昆虫蛋白质的热潮,形成了一门新兴的介于昆虫学和营养学之间的边缘交叉学科——食用昆虫学。目前,国内外已经大规模工厂化生产昆虫蛋白系列食品,如德国已建立了汉堡"康福林"昆虫联合加工企业等工厂,年产成品8000 t,其昆虫蛋白质提纯已投入工厂生产。在中国山东鱼台,建有"油炸金蝉罐头"生产线,产品出口日本,每吨利润达 12 万元。

3. 叶蛋白

植物的叶片是进行光合作用及合成蛋白质的场所,许多禾谷类、豆类作物的叶片中含 2% ~4% 的蛋白质。叶蛋白(leaf protein)是以新鲜的青绿植物茎叶为原料,经压榨取汁、汁液中蛋白质分离和浓缩干燥而制备的蛋白质浓缩物。叶蛋白制品含蛋白质 55% ~72%,叶蛋白含有 18 种氨基酸,其中包括 8 种人体所必需的氨基酸,且其组成比例平衡,与联合国粮食与农业组织推荐的成人氨基酸模式基本相符,特别是 Lys 含量较高,这对多以谷物类为主食的第三世界国家尤为重要。叶蛋白的 Ca,P,Mg,Fe,Zn 含量高,是各类种子的 5 ~8 倍,胡萝卜素和叶黄素含量比各类叶子分别高 20 ~30 倍和 4 ~5 倍,无动物蛋白所含的胆固醇,具有防病治病,防衰抗老,强身健体等多种生理功能。叶蛋白经过有机溶剂脱色处理等后,会改善叶蛋白的适口性,添加到谷类食物中则可提高谷类食物中赖氨酸的含量。被 FAO 认为是一种高质量的食品,是一种具有高开发价值的新型蛋白质资源。

叶蛋白制备主要包括汁液榨取、汁液中蛋白质分离和叶蛋白的浓缩干燥,其中叶蛋白的分离是整个制备工艺的核心。

思考题

1. 名词解释:氨基酸,必需氨基酸,单纯蛋白,结合蛋白,蛋白质的一级结构,肽键,氢键,蛋白质变性,蛋白质功能性质,蛋白质的交联。

2. 比较各类氨基酸的化学结构的异同,总结氨基酸的化学性质。

3. 用化学反应动力学原理解释 UHT 技术在液态食品中的应用。

4. 在加热处理条件下,蛋白质或氨基酸可能发生的反应。

5. 解释面粉形成面团时谷蛋白所发挥的作用。

6. 阐述蛋白质的不同功能性质的特点及其在食品加工中的重要作用。

7. 请阐述可食用的蛋白质新资源的发展前景。

第四章　碳水化合物

本章重点：单糖和双糖在食品应用方面的重要物理性质及化学性质；淀粉的糊化、老化作用的机理、影响因素及作用；果胶凝胶的形成机理、影响因素及应用。

难点：糖类化合物的结构与功能之间的关系。

第一节　概述

一、食品中碳水化合物的定义

碳水化合物是自然界中存在量最大的一类化合物，是绿色植物光合作用的主要产物，在植物中含量可达干重的80%以上，动物体中肝糖、血糖也属于碳水化合物，约占动物干重的2%左右。

碳水化合物的分子组成一般可用$C_n(H_2O)_m$通式表示，一般是由碳和水组成的化合物，故称为碳水化合物。但是此称谓并不确切，因为甲醛（CH_2O）、乙酸（$C_2H_4O_2$）等有机化合物的氢氧比也为2∶1，但它们并不是碳水化合物，而其他的一些有机化合物如鼠李糖（$C_6H_{12}O_5$）和脱氧核糖（$C_5H_{10}O_4$），氢氧比并不符合2∶1的通式，但它们的确是碳水化合物。一般认为，将碳水化合物称为糖类更为科学合理。根据糖类的化学结构特征，糖类的定义应是多羟基醛或多羟基酮及其衍生物和缩合物。

碳水化合物占所有陆生植物和海藻干重的3/4，它们存在于所有的谷物、蔬菜、水果以及其他人类能食用的植物中，它为人类提供了主要膳食热量，还提供了良好质构、口感和甜味。碳水化合物是一类很大的化合物，它包括单糖、低聚糖以及多糖。最丰富的碳水化合物是纤维素，它们主要存在于植物细胞壁中。但人类消费的主要食品碳水化合物是淀粉和糖（D-葡萄糖、D-果糖、乳糖以及蔗糖等），占总摄入热量的70%～80%。大多数天然植物产品如蔬菜和水果中都含有少量的糖（表4-1）。

表4-1　水果、蔬菜中的游离糖　　　　　　　　（以鲜果计）

植物产品	D-葡萄糖/%	D-果糖/%	蔗糖/%
苹果	1.17	6.04	3.78
葡萄	6.68	7.84	2.26
樱桃	6.49	7.38	0.22
草莓	2.09	2.40	1.03
桃子	0.91	1.18	6.92
胡萝卜	0.85	0.85	4.24
黄瓜	0.87	0.86	0.06
洋葱	2.07	1.09	0.89
番茄	1.12	1.34	0.01

一般玉米颗粒含有0.25%~0.5% D-葡萄糖、0.1%~0.4% D-果糖和1%~2%蔗糖。但甜玉米是比较甜的,这是因为甜玉米是在蔗糖转化成淀粉前就采摘的,如果在采摘后立即进行烧煮或冷冻,使糖转变成淀粉的酶系失活,那么大量的糖就保留下来。如果在成熟时采摘甜玉米或者在采摘后未及时将糖转变成淀粉的酶系失活,那么大多数的蔗糖将被转变成淀粉,玉米即失去甜味,而且变硬变老。

水果一般在完全成熟前采摘,在储藏与销售期间,与后熟有关的酶促过程使储藏淀粉转变成糖,水果的质构逐渐变软,并且变熟、变甜。淀粉是植物中最普遍的储藏能量的碳水化合物,广泛分布于种子、根与块茎中。

动物性产品含有能代谢的碳水化合物比其他食品少得多,存在于肌肉和肝中的糖原是一种葡聚糖,结构与支链淀粉相似。

二、食品中碳水化合物的分类

根据碳水化合物的水解情况分为三类:

1. 单糖(monosaccharides)

单糖主要是不能再水解的多羟基醛或多羟基酮。根据单糖分子中碳原子数目的多少,可将单糖分为丙糖(triose,三碳糖),丁糖(tetrose,四碳糖),戊糖(pentose,五碳糖),己糖(hexose,六碳糖)等;根据其单糖分子中所含羰基的特点又可分为醛糖(aldoses)和酮糖(ketoses)。单糖中比较重要的有戊醛糖、己醛糖和己酮糖,如葡萄糖、果糖、半乳糖、木糖、阿拉伯糖等。

单糖的结构有链式和环状两种,当单糖分子从链式结构转变成环状结构时,分子中增加了一个手性碳原子,它在空间的排列方式有2种,因此形成了2种环状异构体,分别称为α-式和β-式,如葡萄糖形成环状结构时,有两种异构体,

α – 葡萄糖和 β – 葡萄糖。

2. 低聚糖（oligosaccharides）

低聚糖又叫寡糖，通常含 2~10 个单糖结构的缩合物。按水解后所生成单糖分子的数目，低聚糖可分为二糖（disaccharides）、三糖（trisaccharides）、四糖（tetrasaccharides）、五糖（pentasaccharides）等，其中以二糖最为重要，如蔗糖（sucrose）、乳糖（1actose）、麦芽糖（maltose）等；根据其还原性质不同也可分为还原性低聚糖（reducing oligosaccharides）和非还原性低聚糖。低聚糖又分为均低聚糖和杂低聚糖，前者是由同一种单糖聚合而成的，如麦芽糖和聚合度小于 10 的糊精，后者由不同种的单糖聚合而成，如蔗糖、棉子糖等。

3. 多糖（polysaccharides）

含 10 个以上单糖结构的缩合物。如淀粉（starch）、纤维素（cellulose）、糖原等。根据组成不同，多糖又可以分为均多糖和杂多糖两类。均多糖是指由相同的糖基组成的多糖，如纤维素、淀粉；杂多糖是指由两种或多种不同的单糖单位组成的多糖，如半纤维素、果胶质、黏多糖等。根据所含非糖基团的不同，多糖可以分为纯粹多糖和复合多糖，主要有糖蛋白、糖脂、脂多糖、氨基糖等。根据在生物体内的功能，多糖可分为结构性多糖、储藏性多糖和抗原多糖。根据多糖的来源又可分为植物多糖、动物多糖和细菌多糖。多糖可以与肽链结合，形成糖蛋白或蛋白多糖，与脂类结合形成脂多糖，与硫酸结合成硫酸酯化多糖。单糖的衍生物如氨基糖和糖醛酸也可组成多糖，如虾、蟹等甲壳动物的甲壳质为氨基葡萄糖组成的多糖，海藻中的藻朊酸为 D – 甘露糖醛酸组成的多糖。

食品中常见的糖类有单糖、双糖、转化糖（蔗糖的酸性水解液，含等量的葡萄糖和果糖）、环糊精及麦芽糊精、淀粉、果胶、纤维素、半纤维素等。糖类是食物中重要的供能营养素，可被人体消化的淀粉、单糖、双糖等是食物中的主要热能来源。不能被人体消化吸收的某些多糖，其可能的营养保健功能也日益受到人们的重视。如低聚异麦芽糖、低聚木糖、低聚果糖等能促进人体内双歧杆菌增殖，有利于肠道微生态平衡，又如膳食纤维（包括半纤维素、果胶、无定形结构的纤维素和一些亲水性的多糖胶）可促进肠的蠕动，改善便秘，预防肠癌、糖尿病、肥胖症等。单、双糖在食品加工中的作用是显而易见的，如作为甜味剂、形成食品的色泽等；多糖的增稠作用在日常烹饪中也有应用；糖类的衍生物在功能性食品中的应用也日益广泛。总而言之，糖类不仅为人类提供生命活动的能量，在食品加工中对食品的口味、质地、风味及加工特性也有很多贡献。

第二节　食品中的单糖及低聚糖

一、食品中单糖及低聚糖的结构

（一）单糖的结构

1. 单糖的链状结构

单糖是最简单的碳水化合物,按照羰基在分子中的位置可分为醛糖或酮糖。依分子中碳原子的数目,单糖可依次命名为丙糖、丁糖、戊糖及己糖等。碳水化合物含有手性碳原子,手性碳原子即不对称碳原子,它连接 4 个不同的原子或功能基团,在空间上存在两种不同构型,即 D – 型及 L – 型两种构型。天然存在的单糖大多为 D – 型,食物中只有两种天然存在的 L – 糖,即 L – 阿拉伯糖和 L – 半乳糖。单糖中最重要的是戊糖和己糖,下面是自然界存在的重要的单糖(图 4 – 1)。

图 4 – 1　常见单糖的结构

单糖的直链状构型的写法,以费歇尔式(E. Fischer)最具代表性。常见的单糖可以看成是 D – 甘油醛的衍生物,从 $C_3 \sim C_6$ 衍生出来的 D – 醛糖的构型用费歇尔式表示,即为图 4 – 2。

图 4 - 2 　 D - 醛糖的结构式（$C_3 \sim C_6$）

2. 单糖的环状结构

戊糖以上的单糖除了直链式外,还存在着环状结构,尤其在水溶液中多以环状结构——分子内半缩醛式或半缩酮式的构型存在,即单糖分子中的羰基与其本身的一个醇基反应,形成五元呋喃糖环(furanoses)和更为稳定的六元吡喃糖环(pyranoses)。由于环状结构中增加了一个手性碳原子,因此又多了两种构型,即 α - 型和 β - 型。图 4 - 3 为 D - 葡萄糖环状结构的形成,在 20℃和处于平衡状态时,两种构型的比例为 $\alpha : \beta = 37 : 63$。纯的 D - 葡萄糖属于 α - D - 吡喃葡萄糖,制成水溶液时,由于 α 与 β 转换,比旋光度由最初 +112° 逐渐降到 +52.7° 时恒定下来,这种现象称为变旋现象(mutarotation)。温度越高,变旋速度越快。

单糖环状结构的书写以哈武斯式(W. N. Haworth)最为常见(图 4 - 4)。天然存在的糖环实际上并非平面结构,吡喃葡萄糖有两种不同的构象——椅式或船式,但大多数己糖是以椅式存在(图 4 - 5)。

图4-3　D-葡萄糖的平衡状态(Haworth 表示法)

图4-4　几种单糖的环状构型

图 4 - 5 椅式吡喃环

（二）低聚糖的结构及命名

低聚糖是由 2 ~ 20 个糖单位通过糖苷键连接起来,形成直链的或具有分支结构的一类糖的总称。低聚糖可溶于水,普遍存在于自然界。自然界中的低聚糖的聚合度一般不超过 6 个糖单位,其中主要是双糖和三糖,食品中天然低聚糖以双糖最多,其中蔗糖、乳糖、麦芽糖最常见。食品中天然含有的其他低聚糖很少,主要分布在豆科植物种子和一些植物的块茎中,其中棉子糖、水苏糖和松三糖等较常见,尤其在大豆中低聚糖含量较高。

低聚糖的糖基组成可以是同种的(均低聚糖),也可以是不同种的(杂低聚糖)。低聚糖的糖基单位几乎全部都是己糖,除果糖为呋喃环结构外,葡萄糖、甘露糖和半乳糖等均是吡喃环结构。

此外,还有相对分子质量更大的低聚糖,特别应该提到的是饴糖和玉米糖浆中的麦芽低聚糖(聚合度 DP 或单糖残基数为 4 ~ 10),以及环状糊精(cyclodextrin)。环状糊精是食品工业中广泛应用的另一类低聚糖,是由 6 ~ 8 单位 α - D - 吡喃葡萄糖基通过 α - 1,4 糖苷键首尾相连形成的环状低聚物,主要有 α、β 和 γ 环状糊精 3 种。

低聚糖的名称通常采用系统命名,即用规定的符号 D 或 L 和 α 或 β 分别表示单糖残基的构型和糖苷键的构型,用阿拉伯数字和箭头(→)表示糖苷键连接的碳原子位置和连接方向,用"O"表示取代位置在羟基氧上。如:麦芽糖的系统名称为 4 - O - α - D - 吡喃葡萄糖基 - (1→4) - D - 吡喃葡萄糖;乳糖的系统名称为 β - D - 吡喃半乳糖基 - (1→4) - D - 吡喃葡萄糖,蔗糖系统名称为 α - D - 吡喃葡萄糖基 - (1→2) - β - D - 呋喃果糖苷(图 4 - 6)。除系统命名外,因习惯名称使用简单方便,沿用已久,故目前仍然经常使用,如蔗糖、乳糖、海藻糖、棉籽糖等。

麦芽糖(α-D-吡喃葡糖基-(1→4)-D-吡喃糖)

乳糖(β-D-吡喃半乳糖基-(1→4)-D-吡喃葡糖)

蔗糖(α-D-吡喃葡糖基-(1→2)-β-D-呋喃果糖苷)

图4-6　几种低聚糖的结构式

二、食品中单糖及低聚糖的物理性质

（一）甜度

甜味是糖的重要性质,甜味的强弱用甜度来表示,但甜度目前还不能用物理或化学方法定量测定,只能采用感官比较法,即通常以蔗糖(非还原糖)为基准物,一般以10%或15%的蔗糖水溶液在20℃时的甜度为100,其他糖的甜度则与之相比较而得,如葡萄糖的甜度为70,果糖的甜度为150。麦芽糖为44,麦芽二糖为32,麦芽四糖为20,麦芽五糖为17,麦芽六糖为10,随着聚合度的增加甜度下降。由于这种甜度是相对的,所以又称为比甜度或相对甜度。常见单糖及低聚糖相对甜度见表4-2。

表4-2 糖的相对甜度

糖	相对甜度	糖	相对甜度
蔗糖	100	果糖	114~175
乳糖	16~27	半乳糖	30~60
麦芽糖	32~60	鼠李糖	30
棉籽糖	23	木糖	40~70
转化糖	80~130	葡萄糖	74

糖甜度的高低与糖的分子结构、相对分子质量、分子存在状态及外界因素有关,即相对分子质量越大,溶解度越小,则甜度越小。此外,糖的 α 型和 β 型也影响糖的甜度,如对于 D-葡萄糖,如把 α 型的甜度定为100,则 β 型的甜度为66.6左右;结晶葡萄糖是 α 型,溶于水以后一部分转为 β 型,所以刚溶解的葡萄糖溶液最甜。果糖与之相反,若 β 型的甜度为100,则 α 型果糖的甜度是33;结晶的果糖是 β 型,溶解后,一部分变为 α 型,达到平衡时其甜度下降。

优质的糖应具备甜味纯正,甜度高低适当,甜感反应快,消失得也迅速的特点。常用的几种单糖基本上符合这些要求,但仍有差别。例如,与蔗糖相比,果糖的甜味感觉反应快,达到最高甜味的速度快,持续时间短;而葡萄糖的甜味感觉反应慢,达到最高甜度的速度也慢,甜度较低,并具有凉爽的感觉。

不同种类的糖混合时,对其甜度有协同增效作用。例如,蔗糖与果葡糖浆结合使用时,可使其甜度增加20%~30%;5%葡萄糖溶液的甜度仅为同浓度蔗糖甜度的1/2,但若配成5%葡萄糖与10%蔗糖的混合溶液,甜度相当于15%蔗糖溶液的甜度。

低聚糖除蔗糖、麦芽糖等双糖外,其他低聚糖可作为一类低热值低甜度的甜味剂,在食品中被广泛利用,尤其是作为功能性食品甜味剂,备受青睐。

(二)旋光性

旋光性是一种物质使直线偏振光的振动平面发生旋转的特性。旋光方向以符号表示:右旋为 D-或(+),左旋为 L-或(-)。

除丙酮糖外,其余单糖分子结构中均含有手性碳原子,故都具有旋光性,旋光性是鉴定糖的一个重要指标。

糖的比旋光度是指1 mL含有1 g糖的溶液在其透光层为0.1 m时使偏振光旋转的角度,通常用 $[\alpha]_{\lambda}^{t}$ 表示,t 为测定时的温度,λ 为测定时光的波长。一般采用钠光,用符号 D 表示。表4-3为几种单糖的比旋光度数值。

表4-3　几种单糖在20℃(钠光)时的比旋光度数值

单糖名称	比旋光度	单糖名称	比旋光度
D-葡萄糖	+52.2	D-半乳糖	+80.2
D-果糖	-92.4	D-阿拉伯糖	-105.0
D-木糖	+18.8	D-甘露糖	+14.2

糖刚溶解于水时,其比旋光度是处于变化中的,经过一定时间后,就稳定在一恒定的旋光度上,这种现象称为变旋现象(mutarotation)。例如D-葡萄糖,在20℃和处于平衡状态时,两种构型的比例为$\alpha:\beta=37:63$。纯的D-葡萄糖属于α-D-吡喃葡萄糖,制成水溶液时,由于α与β转换,比旋光度由最初+112°逐渐降到+52.7°时恒定下来,且温度越高,变旋速度越快。因此对有变旋光性的糖,在测定其旋光度时,必须使糖液静置一段时间再测定。

(三)溶解性

在同一温度下,各种单糖的溶解度不同,其中果糖的溶解度最大,其次是葡萄糖;各种单糖的溶解速度也不相同,其中葡萄糖溶于水的速度比蔗糖慢很多,不同葡萄糖异构体之间也存在差别,如设蔗糖的溶解速度为1.0,则无水β-葡萄糖、无水α-葡萄糖、含水α-葡萄糖的溶解速度分别为1.40、0.55和0.35。温度对溶解过程和溶解速度具有决定性影响,一般随温度升高,溶解度增大。不同温度下果糖、蔗糖和葡萄糖的溶解度如表4-4所示。

表4-4　几种糖的溶解度

糖	20℃		30℃		40℃		50℃	
	溶解度/(g/100g水)	浓度/%	溶解度/(g/100g水)	浓度/%	溶解度/(g/100g水)	浓度/%	溶解度/(g/100g水)	浓度/%
果糖	374.78	78.94	441.70	81.54	538.63	84.34	665.58	86.94
蔗糖	199.4	66.60	214.3	68.18	233.4	70.01	257.6	72.04
葡萄糖	87.67	46.71	120.46	54.64	162.38	61.89	243.76	70.91

糖溶解度的大小还与其水溶液的渗透压密切相关,在一定温度下,随着浓度增加,其渗透压也增大。对果酱、蜜饯类食品,是利用高浓度糖的保存性质(渗透压),这需要糖具有高溶解度。因为糖浓度只有在70%以上才能抑制酵母、霉菌的生长。在20℃时,单独的蔗糖、葡萄糖、果糖最高浓度分别为66%、50%与79%,故此时只有果糖具有较好的食品保存性,而单独使用蔗糖或葡萄糖均达不到防腐保质的要求。果葡糖浆的浓度因其果糖含量不同而异,当果糖含量为42%、55%和90%时,其浓度分别为71%、77%和80%,因此,果糖含量较高的果

葡糖浆,其保存性能较好。

(四) 吸湿性及保湿性

吸湿性和保湿性都表明糖结合水的能力。吸湿性是指糖在较高的环境湿度下吸收水分的性质;保湿性是指糖在较低的环境湿度下保持水分的性质。这两种性质对于保持糕点类食品的柔软性和食品的储藏、加工都有重要的实际意义。不同的糖吸湿性不一样,在所有的糖中,果糖的吸湿能力最强,转化糖中由于含有果糖,所以吸湿能力也较强。常见糖的吸湿性强弱为:

果糖≥转化糖 > 麦芽糖 > 葡萄糖 > 蔗糖 > 无水乳糖

一些糖醇,是糖的还原产物,比糖类具有更好的保湿性。面包、糕点需要保持柔软的口感,软糖果需要保持一定的水分,避免在干燥天气中干缩,所以在制作时,用转化糖和果葡糖浆为宜;糕饼表面的糖霜起限制水进入食品的作用,在包装后,糖霜也不应当结块,因此应选用吸湿性较小的蔗糖,吸湿性最小的乳糖也适宜用于食品挂糖衣。食品加工中利用糖的吸湿性或保湿性,实际上就是为了达到限制水进入食品或是将水保持在食品中的目的。

含有一定数量转化糖的糖制品,比如蜜饯,如果没有合适的包装,便会吸收空气中的水分,增加自由水含量,使水分活度增大,降低耐藏性。用果糖或果葡糖浆生产面包、糕点,软糖、调味品等食品,效果很好,但也正因其吸湿性、保湿性强,不能用于生产硬糖、酥糖及酥性饼干。葡萄糖经氢化生成的山梨醇具有良好的保湿性,作为保水剂广泛应用于食品、烟草、纺织等工业,效果优于甘油。

(五) 结晶性

单糖和双糖可能会形成过饱和溶液。但各种糖液在一定的浓度和温度条件下都能析出晶体,这就是糖的结晶性。糖结晶形成的难易与溶液的黏度和糖的溶解度有关。蔗糖易结晶且晶粒较大;葡萄糖也易结晶,但晶粒较小;果糖和转化糖较难结晶;淀粉糖浆是葡萄糖、低聚糖和糊精的混合物,不能结晶,并能防止蔗糖的结晶。

在糖果生产中,就需利用糖结晶性质上的差别。例如当饱和蔗糖溶液由于水分蒸发后,形成了过饱和的溶液,此时在温度骤变或有晶种存在情况下,蔗糖分子会整齐地排列在一起重新结晶,利用这个特性可以制造冰糖等。又如生产硬糖时,不能单独使用蔗糖,否则,当熬煮到含水量小于3%时,冷却下来后就会出现蔗糖结晶,硬糖碎裂而得不到透明坚韧的硬糖产品;如果在生产硬糖时添加适量的淀粉糖浆(DE 值42),就不会形成结晶体而可以制成各种形状的硬糖。这是因为淀粉糖浆不含果糖,吸湿性较小,糖果保存性好。同时因淀粉糖浆中的糊精能增加糖果的黏性、韧性和强度,使糖果不易碎裂。此外,在糖果制作过程中加入其他物质,如牛奶、明胶等,也会阻止蔗糖结晶的产生。而对于蜜饯制品,需要高糖浓度,若使用蔗糖则易产生返砂现象,不仅影响外观且防腐效果降低,因此可利用果糖或果葡糖浆的不易结晶性,适当替代蔗糖,可大大改善产品的品质。

蔗糖的结晶性质还用于面包、糕点及其他一些食品表面糖霜的形成。另外,一些食品外表面糖衣的形成,也是利用了蔗糖的结晶性。利用蔗糖与风味物质共结晶的方法是一种有用的微胶囊技术。将风味物掺到熔化的蔗糖溶液中,蔗糖在冷却结晶时可包裹住风味物,当此种结晶蔗糖加入到食品中时,风味物也随之进入,有利于提高风味物的储藏稳定性。这种技术也可用于提高固体饮料和添加剂的稳定性和速溶性。

糖类的结晶性有其可利用的一面,但对另外某些食品可能会带来不良的后果。糖溶液中晶体的析出,直接降低了糖液的浓度,减小了糖液的渗透压,不能有效地抑制微生物的生长,不利于食品的保藏,还可能造成糖果、糕点等食品口感的变化(如返砂现象)。

(六)黏度

一般来说,糖的黏度是随着温度的升高而下降,但葡萄糖的黏度则随温度的升高而增大;单糖的黏度比蔗糖低,低聚糖的黏度多数比蔗糖高;淀粉糖浆的黏度随转化程度增大而降低。

糖浆的黏度特性对食品加工具有现实的生产意义。如在一定黏度范围,可使由糖浆熬煮而成的糖膏具有可塑性,以适合糖果工艺中的拉条和成型的需要;在搅拌蛋糕蛋白时,加入熬好的糖浆,就是利用其黏度来包裹稳定蛋白中的气泡。

(七)渗透压

单糖的水溶液与其他溶液一样,具有冰点降低,渗透压增大的特点。糖溶液的渗透压与其浓度和分子质量有关,即渗透压与糖的摩尔浓度成正比;在同一浓度下,单糖的渗透压为双糖的 2 倍。例如,果糖或果葡糖浆就具有高渗透压特性,故其防腐效果较好。低聚糖由于其分子质量较大,且水溶性较小,所以其渗透压也较小。因此,糖藏是保存食品的重要方法之一,如果酱、蜜饯等,这是由于糖液的渗透压使微生物菌体失水,其生长受到抑制。不同微生物受糖液抑制生长的性质存在差别,如对于蔗糖来说:50% 可以抑制酵母的生长,65% 可以抑制细菌的生长,80% 可以抑制霉菌的生长。而对于链球菌,35% ~45% 的葡萄糖可抑制其生长,而用蔗糖溶液则需要 50% ~60% 的浓度。

（八）发酵性

糖类发酵对食品具有重要的意义,酵母菌能使葡萄糖、果糖、麦芽糖、蔗糖、甘露糖等发酵生成酒精,同时产生 CO_2,这是酿酒生产及面包疏松的基础。但各种糖的发酵速度不一样,大多数酵母发酵糖的顺序为:葡萄糖 > 果糖 > 蔗糖 > 麦芽糖。乳酸菌除可发酵上述糖类外,还可发酵乳糖产生乳酸。但大多数低聚糖却不能被酵母菌和乳酸菌等直接发酵,必须先水解产生单糖后,才能被发酵。

另外,由于蔗糖、葡萄糖、果糖等具有发酵性,故在某些食品的生产中,可用其他甜味剂代替糖类,以避免微生物生长繁殖而引起食品变质或汤汁浑浊现象的发生。

三、单糖及低聚糖的化学性质

（一）美拉德反应

美拉德反应(Maillard reaction)又称羰氨反应,即指羰基与氨基经缩合、聚合反应生成类黑色素的反应。由于此反应最初是由法国生物化学家美拉德(Louis Camille Maillard)于 1912 年发现,故以他的姓氏命名。美拉德反应的最终产物是结构复杂的有色物质,使反应体系的颜色加深,所以该反应又称为"褐变反应"。这种褐变反应不是由酶引起的,故属于非酶褐变反应。

几乎所有食品中均含有羰基(来源于糖或油脂氧化酸败产生的醛和酮)和氨基(来源于蛋白质),因此都可能发生羰氨反应,故在食品加工中由羰氨反应引起食品颜色加深的现象比较普遍。如焙烤面包产生的金黄色,烤肉产生的棕红色,熏干产生的棕褐色,酿造食品如啤酒的黄褐色,酱油、醋的棕黑色等均与其有关。

1. 美拉德反应的机理

美拉德反应过程可分为初期、中期、末期三个阶段。每一个阶段包括若干个反应。

（1）初期阶段

包括羰氨缩合和分子重排两种作用。

①羰氨缩合。羰氨反应的第一步是氨基化合物中的游离氨基与羰基化合物的游离羰基之间的缩合反应(图 4 - 7),最初产物是一个不稳定的亚胺衍生物,称为薛夫碱(schiff base),此产物随即环化为氮代葡萄糖基胺。

在反应体系中,如果有亚硫酸根的存在,亚硫酸根可与醛形成加成化合物,这个产物能和 R—NH$_2$ 缩合,但缩合产物不能再进一步生成薛夫碱和氮代葡萄糖基胺(图 4 - 8),因此,亚硫酸根可以抑制羰氨反应褐变。

羰氨缩合反应是可逆的,在稀酸条件下,该反应产物极易水解。羰氨缩合反

图 4-7 羰氨缩合反应式

图 4-8 亚硫酸根与醛的加成反应式

应过程中由于游离氨基的逐渐减少,使反应体系的 pH 值下降,所以在碱性条件下有利于羰氨反应。

②分子重排。氮代葡萄糖基胺在酸的催化下经过阿姆德瑞(amadori)分子重排作用,生成 1-氨基-2-酮糖即单果糖胺;此外,酮糖也可以与氨基化合物生成酮糖基胺,而酮糖基胺可经过海因斯(heyenes)分子重排作用异构成 2-氨基-2-脱氧葡萄糖(图 4-9)。

氮代葡萄糖基胺   1-氨基-1-脱氧-2-酮糖

图 4 - 9 糖基胺的分子重排反应

（2）中期阶段

重排产物果糖基胺可通过多条途径进一步降解，生成各种羰基化合物，如羟甲基糠醛（hydroxymethylfural，HMF）、还原酮等，这些化合物还可进一步发生反应。

①果糖基胺脱水生成羟甲基糠醛。果糖基胺在 pH≤5 时，首先脱去胺残基（R—NH₂），再进一步脱水生成5 - 羟甲基糠醛（图4 - 10）。HMF 的积累与褐变速度有密切的相关性，HMF 积累后不久就可发生褐变。因此，可用分光光度计测定 HMF 积累情况来监测食品中褐变反应发生的情况。

②果糖基胺脱去胺残基重排生成还原酮（reductones）。除上述反应历程中发生阿姆德瑞分子重排的1,2 - 烯醇化作用外（烯醇式果糖基胺），还可发生2,3 - 烯醇化，最后生成还原酮类化合物（图4 - 11）。还原酮类化合物的化学性质比较活泼，可进一步脱水后再与胺类缩合，也可裂解成较小的分子如二乙酰、乙酸、丙酮醛等。

图 4 - 10　果糖基胺脱水生成羟甲基糠醛的反应

图 4 - 11　果糖基胺重排反应式

③氨基酸与二羰基化合物的作用。在二羰基化合物存在下,氨基酸可发生脱羧、脱氨作用,生成醛和二氧化碳,其氨基则转移到二羰基化合物上并进一步发生反应生成各种化合物(风味成分,如醛、吡嗪等),这一反应称为斯特勒克(strecker)降解反应(图 4 - 12)。通过同位素示踪法已证明,在羰氨反应中产生的二氧化碳中90% ~ 100%来自氨基酸残基而不是来自糖残基部分。所以,斯特勒克降解反应在褐变反应体系中即使不是唯一的,也是主要产生二氧化碳的途径。

图 4 - 12 斯特勒克(strecker)降解反应

④果糖基胺的其他反应产物的生成。在美拉德反应中间阶段,果糖基胺除生成还原酮等化合物外,还可以通过其他途径生成各种杂环化合物,如吡啶、苯并吡啶、苯并吡嗪、呋喃化合物、吡喃化合物等(图 4 - 13),所以此阶段的反应是一个复杂的反应。

图 4 - 13 美拉德反应过程中吡啶化合物的生成

此外,阿姆德瑞(amadori)产物还可以被氧化裂解,生成有氨基取代的羧酸化合物(图 4 - 14)。因此,ε - 羧甲基赖氨酸可以作为该反应体系中美拉德反应进程的一个指标。

图 4 - 14 阿姆德瑞(amadori)产物的氧化裂解

(3)末期阶段

羰氨反应的末期阶段,多羰基不饱和化合物(如还原酮等)一方面进行裂解反应,产生挥发性化合物;另一方面又进行缩合、聚合反应,产生褐黑色的类黑精物质(melanoidin),从而完成整个美拉德反应。

①醇醛缩合。醇醛缩合是两分子醛的自相缩合,并进一步脱水生成不饱和醛的过程(图4-15)。

图4-15 醇醛缩合反应

②生成类黑精物质的聚合反应。该反应是经过中期反应后,产物中有糠醛及其衍生物、二羰基化合物、还原酮类、由斯特勒克降解和糖的裂解所产生的醛等,这些产物进一步缩合、聚合形成复杂的高分子色素。

总之,食品体系中发生羰氨反应的生成产物众多,对食品的风味、色泽等方面有重要的影响。

2. 影响美拉德反应的因素

美拉德反应的机制十分复杂,不仅与参与的单糖及氨基酸的种类有关,同时还受到温度、氧气、水分及金属离子等因素的影响。控制这些因素,就可以产生或抑制非酶褐变,这对食品加工具有实际意义。

(1)底物的影响

对于不同的还原糖,美拉德反应的速度不同,在五碳糖中:核糖 > 阿拉伯糖 > 木糖;在六碳糖中:半乳糖 > 甘露糖 > 葡萄糖;并且五碳糖的褐变速度大约是六碳糖的10倍,醛糖 > 酮糖,单糖 > 二糖。另外一些不饱和羰基化合物(如2-己烯醛)、α-二羰基化合物(如乙二醛)等的反应活性比还原糖更高。

一般地,氨基酸、肽类、蛋白质、胺类均与褐变有关,简单胺类比氨基酸的褐变速度快。而就氨基酸来说,碱性氨基酸的褐变速度快;对于不同的氨基酸,具有 ε-NH_2 氨基酸的美拉德反应速度,远大于 α-NH_2 氨基酸。因此,可以发现,在美拉德反应中赖氨酸损失较大。对于 α-NH_2 氨基酸,碳链长度越短的 α-NH_2 氨基酸,反应性越强。

(2)pH值的影响

美拉德反应在酸、碱环境中均可发生,但在 pH=3 以上,其反应速度随 pH 值的升高而加快。一般在蛋粉干燥前,加酸降低 pH 值,在蛋粉复溶时,再加碳酸钠恢复 pH 值,这样可以有效地抑制蛋粉的褐变。在很低的 pH 值下,氨基完全质子化,羰氨反应停止。所以降低 pH 值是控制褐变的较好方法。同时,也可加入亚硫酸盐来防止食品褐变,因亚硫酸盐与羰基反应,能抑制葡萄糖生成 5 - 羟基糠醛,从而可抑制褐变发生。

（3）反应物浓度

美拉德反应速度与反应物浓度成正比,水也是反应物之一,因此在完全干燥条件下,反应难以进行。水分在10% ~15% 时,褐变易进行,水分含量在3% 以下时,褐变反应会受到抑制。水分过多,则会过度稀释其他反应物而减速。此外,褐变与脂肪也有关,当水分含量超过 5% 时,脂肪氧化加快,褐变也加快。

（4）温度

美拉德反应受温度的影响很大,温度相差10℃,褐变速度相差3 ~5 倍,一般在 30℃以上褐变较快,而20℃以下则进行较慢,所以置于 10℃以下冷藏,则可较好地防止褐变。

（5）金属离子

铁和铜催化还原酮类的氧化,促进美拉德反应。Fe^{3+} 比 Fe^{2+} 更为有效,在食品加工处理反应避免这些金属离子的混入。而钙可同氨基酸结合生成不溶性化合物,可抑制美拉德反应,Mn^{2+}、Sn^{2+} 等离子也可抑制美拉德反应。而 Na^+ 对褐变没有什么影响。

（6）氧气

氧气的存在影响美拉德反应,真空或充入惰性气体,则降低了脂肪等的氧化和羰基化合物的生成,也减少了它们与氨基酸的反应。此外,氧气被排除虽然不影响美拉德反应早期的羰氨反应,但是可影响反应后期色素物质的形成。

对于很多食品,为了增加色泽和香味,在加工处理时利用适当的褐变反应是十分必要的,例如,茶叶的制作,可可豆、咖啡豆的烘焙,酱油的加热杀菌等。然而对于某些食品,由于褐变反应可引起其色泽变劣,则要严格控制,如乳制品、植物蛋白饮料的高温灭菌。

（二）焦糖化反应

糖类尤其是单糖在没有含氨基化合物存在的情况下,加热到熔点以上的高温（一般是 140 ~170℃以上）,因糖发生脱水与降解,也会产生褐变反应,这种反应称为焦糖化反应（caramelization）。

各种单糖因熔点不同,其反应速度也各不一样,葡萄糖的熔点为146℃,果糖的熔点为 95℃,麦芽糖的熔点为103℃。由此可见,果糖引起焦糖化反应最快。

糖液的 pH 值不同,其反应速度也不相同,pH 值越大,焦糖化反应越快,在

pH 值为 8 时要比 pH 值为 5.9 时快 10 倍。

焦糖化反应主要有以下两类产物:一类是糖的脱水产物——焦糖(或称酱色,caramel);另一类是糖的裂解产物——挥发性醛、酮类等。对于某些食品如焙烤、油炸食品,焦糖化作用适当,可使产品获得悦人的色泽与风味。另外,利用此反应,还可以生产作为食品着色剂的焦糖色素。

1. 焦糖的形成

糖类在无水条件下加热,或者在高浓度时用稀酸处理,可发生焦糖化反应。由葡萄糖生成右旋光性的葡萄糖酐(1,2-脱水-α-D-葡萄糖)和左旋光性的葡萄糖酐(1,6-脱水-β-D-葡萄糖),前者的比旋光度为 +69°,后者为 -67°,酵母菌只能发酵前者,两者很容易区别。在同样条件下果糖可形成果糖酐(2,3-脱水-β-D-呋喃果糖)。

图 4-16　葡萄糖和果糖的焦糖化反应

由蔗糖形成焦糖色的过程可分为 3 个阶段。开始阶段,蔗糖熔融,继续加热,当温度达到约 200℃ 时,经约 35 min 的起泡(foaming),蔗糖失去一分子水,生成异蔗糖酐(图 4 - 17),无甜味而具有温和的苦味,这是蔗糖焦糖化的初始反应。

图 4 - 17　异蔗糖酐的生成

生成异蔗糖酐后,起泡暂时停止。稍后又发生二次起泡现象,这就是形成焦糖的第二阶段,持续时间比第一阶段长,约为 55 min,在此期间失水量达 9%,形成的产物为焦糖酐,平均分子式为 $C_{24}H_{36}O_{18}$。

$$2C_{12}H_{22}O_{11} \xrightarrow{-4H_2O} C_{24}H_{36}O_{18}$$

焦糖酐的熔点为 138℃,可溶于水及乙醇,味苦。中间阶段起泡 55 min 后进入第三阶段,进一步脱水形成焦糖稀:

$$3C_{12}H_{22}O_{11} \xrightarrow{-8H_2O} C_{36}H_{50}O_{25}$$

焦糖稀的熔点为 154℃,可溶于水。若再继续加热,则生成高分子量的深色难溶的物质,称为焦糖素(caramelin),分子式为 $C_{125}H_{188}O_{80}$。这些复杂色素的结构目前尚不清楚,但具有下列的官能团:羰基、羧基、羟基和酚基等。

生产焦糖色素的原料一般为蔗糖、葡萄糖、麦芽糖或糖蜜,高温和弱碱性条件可提高焦糖化反应速度,催化剂可以加速此反应,并可生产具有不同类型的焦糖色素。现在,市场上有三种商品化焦糖色素。第一种是由亚硫酸氢铵催化蔗糖生产的耐酸焦糖色素,可应用于可乐饮料、其他酸性饮料、烘焙食品、糖浆、糖果以及调味料中,这种色素的溶液呈酸性(pH 值为 2 ~ 4.5),含有带负电荷的胶体粒子,酸性盐催化蔗糖糖苷键的裂解,铵离子参与 amadori 重排。第二种是将糖与铵盐加热,产生红棕色并含有带正电荷的胶体粒子的焦糖色素,其水溶液的 pH 值为 4.2 ~ 4.8,用于烘焙食品、糖浆以及布丁等。第三种是由蔗糖直接热解产生红棕色并含有略带负电荷的胶体粒子的焦糖色素,其水溶液的 pH 值为 3 ~ 4,应用于啤酒和其他含醇饮料。焦糖色素的等电点在食品的制造中有重要意义。例如,在一种 pH 值为 4 ~ 5 的饮料中若使用了等电点的 pH 值为 4.6 的焦糖色素,就会发生凝絮、浑浊乃至出现沉淀。

磷酸盐、无机酸、碱、柠檬酸、延胡索酸、酒石酸、苹果酸等对焦糖的形成有催化作用。

2. 糠醛和其他醛的形成

糖在强热下的另一类变化是裂解脱水,形成一些醛类物质。如单糖在酸性条件下加热,主要进行脱水形成糠醛或糠醛衍生物。它们经聚合或与胺类反应,可生成深褐色的色素。单糖在碱性条件下加热,首先发生互变异构作用,生成烯醇糖,然后断裂生成甲醛、五碳糖、乙醇醛、四碳糖、甘油醛、丙酮醛等。这些醛类经过复杂缩合、聚合反应或发生羰氨反应均可生成黑褐色的物质。

(三) 与碱的作用

单糖在碱性溶液中不稳定,易发生异构化和分解等反应。碱性溶液中单糖的稳定性与温度有很大关系,在温度较低时稳定,而温度增高,单糖会很快发生异构化和分解反应,并且这些反应发生的程度和形成的产物受许多因素的影响,如单糖的种类和结构、碱的种类和浓度、作用的温度和时间等。

1. 异构化(isomerization)

稀碱溶液处理单糖,首先生成烯醇式中间体,C_2失去手性。当葡萄糖烯醇式中间体C_1羟基上的氢转回C_2时,如果由左面加到C_2上,则C_2上的羟基便在右面,即仍然得到 D – 葡萄糖;但当C_1羟基上氢原子由右面加到C_2上,则C_2上羟基便转至左面,产物便是 D – 甘露糖;且C_2羟基上的氢原子也同样可以转移到C_1上,这样得到的产物便是 D – 果糖。因此,D – 葡萄糖在稀碱作用下,可通过烯醇式中间体转化得到 D – 葡萄糖,D – 甘露糖和 D – 果糖三种物质的平衡混合物。同理,用稀碱处理 D – 果糖或 D – 甘露糖,也可得到相同的平衡混合物(图 4 – 18)。

单糖的烯醇化不仅仅发生在 1、2 位生成 1,2 – 烯二醇,随着碱浓度的增高,还可以发生在 2、3 位和 3、4 位上,从而形成其他的己醛糖和己酮糖。但在弱碱作用下,烯醇化作用一般停止于 2、3 位的阶段。

在未使用酶法以前,就是利用此反应处理葡萄糖溶液或淀粉糖浆来生产果葡糖浆,此时果糖的转化率只有 21% ~ 27%,糖分损失 10% ~ 15%,同时还产生有色物质,精制很困难。在 1957 年开始使用异构酶后,已有 3 代果葡糖浆产品在食品工业应用。第一代果葡糖浆产品中 D – 葡萄糖为 52%,D – 果糖为 42%,高碳糖为 6%,固形物约 71%;第二代果葡糖浆产品中 D – 葡萄糖为 40%,D – 果糖为 55%,高碳糖为 5%,固形物约 77%;第三代果葡糖浆产品中 D – 葡萄糖为 7%,D – 果糖为 90%,高碳糖为 3%,固形物约 80%。

图 4 - 18　葡萄糖的异构化反应

2. 糖精酸的生成

单糖与碱作用时,随碱浓度的增加、加热温度的提高或加热作用时间的延长,单糖还会发生分子内氧化还原反应与重排作用,生成羧酸类化合物。此羧酸类化合物的组成与原来单糖的组成没有差异,只是分子结构(或原子连接顺序)改变,此羧酸类化合物称为糖精酸类化合物,有多种异构体,因碱浓度不同而不同,且不同的单糖生成不同结构的糖精酸(图 4 - 19)。

图 4 - 19　糖精酸的生成反应

3. 分解反应

在浓碱的作用下,单糖分解产生较小分子的糖、酸、醇和醛等化合物。此分解反应,因有无氧气或其他氧化剂的存在而其分解产物各不相同。在有氧化剂存在时,己糖受碱作用,先发生连续烯醇化,然后在氧化剂存在的条件下从双键处裂开,生成含 1、2、3、4 和 5 个碳原子的分解产物(图 4 – 20)。若没有氧化剂存在时,则碳链断裂的位置为距离双键的第二单键上,具体的反应式如图 4 – 21 所示。

图 4 – 20　氧化条件下单糖的分解反应

图 4 – 21　非氧化条件下单糖的分解反应

(四) 与酸的作用

酸对于糖的作用,受酸的种类、浓度、温度和 pH 值的影响。在室温下稀酸对单糖的稳定性无影响,但在较高的温度下,则发生复合反应(分子间脱水)生成低聚糖,发生脱水反应(分子内脱水)生成非糖物质。糖在不同条件下可发生如下反应。

1. 缩聚反应

缩聚反应实质上是分子间的缩合脱水。受酸和热的作用,一个单糖分子的半缩醛羟基与另一个单糖分子的羟基通过 1,3 – 或 1,6 – 糖苷键缩合,失水生成双糖。若缩聚反应程度高,还能生成三糖和其他低聚糖,这种反应称为缩聚反应。

如:$2C_6H_{12}O_6 \longrightarrow C_{12}H_{22}O_{12} + H_2O$

不同酸对此反应的催化程度依次为盐酸＞硫酸＞草酸。D－葡萄糖、D－甘露糖主要通过1,6－糖苷键复合成双糖，L－阿拉伯糖则主要通过1,3－糖苷键复合，且只能得到β－二糖。值得注意的是，复合反应并不是水解反应的副反应，如麦芽糖由2分子葡萄糖通过α－1,4－糖苷键结合而成，水解后生成两分子的葡萄糖；但两分子葡萄糖发生复合时并不是通过α－1,4－糖苷键缩合，而是通过α－1,6－糖苷键缩合成异麦芽糖或通过β－1,4－糖苷键形成龙胆二糖。

缩聚反应是淀粉水解不利的副反应，在工业上用酸水解淀粉产生葡萄糖时，产物往往含有5%左右的异麦芽糖和龙胆二糖，影响葡萄糖的产率，还会影响葡萄糖的结晶性和风味。这些缩聚糖类最终存留于葡萄糖废蜜中，不能被酵母发酵，约占废蜜中糖分的三分之一。葡萄糖废蜜是制备异麦芽糖和龙胆二糖的好原料，龙胆二糖具有苦味，苦杏仁中含有此糖。葡萄糖结晶后，这些缩聚糖存留于母液中，为收回这些缩聚的葡萄糖，工业上再添加酸于母液中，加热水解，使缩聚糖转变成葡萄糖，如此提高葡萄糖的产率。另外为防止或尽量降低复合葡萄糖含量，可采取如下措施：严格控制加酸量和淀粉溶液的浓度，0.15%盐酸、35%淀粉溶液是比较合适的，另外控制液化温度和液化时间。

2. 脱水反应

糖受酸和热的作用，易发生分子内脱水反应，生成环状结构体或双键化合物。与较浓的酸共热，脱水反应更容易进行，并产生非糖物质。如戊糖在加热和酸性条件生成糠醛，己糖在加热和酸性条件生成5－羟甲基糠醛，5－羟甲基糠醛进一步分解甲酸，乙酰丙酸和聚合成有色物质。这种反应在糖果加工中易出现，硬糖的黄色与糠醛及其衍生物有关。另外在此反应过程中还可产生麦芽酚和异麦芽酚，它们具有特殊的气味（焦糖香型），可增强其他风味，如增强甜味等。麦芽酚可以使蔗糖的阈值浓度降低一半，而异麦芽酚作为甜味的增强剂时，它所产生的效果相当于麦芽酚的6倍。

糖分子发生分子内脱水产生的糠醛及5－羟甲基糠醛与各种酚易发生显色反应，如与α－萘酚显紫色，此反应常用于糖的定性和定量分析。

（五）糖的氧化与还原反应

简单的单糖和大多数低聚糖分子中具有羰基和羟基，因此具有醇羟基的成酯、成醚、成缩醛等反应和羰基的一些加成反应以及一些特殊反应。这里主要介绍几种与食品有关而且比较重要的反应。

1. 还原反应（reduction）

单糖分子中的醛或酮能被还原生成多元醇，常用的还原剂有钠汞齐（NaHg）

和四氢硼钠（$NaBH_4$）。如，D－葡萄糖还原生成山梨醇，木糖还原生成木糖醇，D－果糖还原生成甘露醇和山梨醇的混合物。

山梨醇、甘露醇等多元醇存在于植物中，如山梨醇存在于梨、苹果和李等多种水果中。山梨醇无毒，有轻微的甜味和吸湿性，甜度为蔗糖的50%，可用作食品、化妆品和药物的保湿剂。木糖醇的甜度为蔗糖的70%，可以替代蔗糖作为糖尿病患者的甜味剂。

2. 氧化反应

（1）土伦试剂、费林试剂氧化

单糖含有游离羰基或酮基，而酮基在稀碱溶液中能转化为醛基，因此单糖具有醛的通性，既可被氧化成酸又可被还原为醇。所以醛糖与酮糖都能被像土伦试剂或费林试剂这样的弱氧化剂氧化，前者产生银镜，后者生成氧化亚铜的砖红色沉淀，糖分子的醛基被氧化为羧基。

$$C_6H_{12}O_6 + Ag(NH_3)_2^+ + OH^- \longrightarrow C_6H_{12}O_7 + Ag \downarrow$$

$$\text{葡萄糖或果糖} \qquad\qquad \text{葡萄糖酸}$$

$$C_6H_{12}O_6 + Cu(OH)_2 \longrightarrow C_6H_{12}O_7 + Cu_2O \downarrow$$

$$\text{红色沉淀}$$

凡是能被上述弱氧化剂氧化的糖，都称为还原糖，所以果糖也是还原糖。这主要是果糖在稀碱溶液中可发生酮式－烯醇式互变，羰基不断地变成醛基，并与氧化剂发生反应之故。

（2）溴水氧化

溴水能氧化醛糖，生成糖酸，糖酸加热很容易失水而得到 $\gamma -$ 和 $\delta -$ 酯。例如D－葡萄糖被溴水氧化生成 D－葡萄糖酸和 D－葡萄糖酸 $-\delta -$ 内酯（GDL）（图 4－22），后者是一种温和的酸味剂，适用于肉制品与乳制品。而葡萄糖酸还可与钙离子生成葡萄糖酸钙，它是口服钙的配料。但酮糖不能被溴水氧化，因为酸性条件下，不会引起糖分子的异构化作用，所以可用此反应来区别醛糖和酮糖。

图 4－22　溴水氧化 D－葡萄糖反应

（3）硝酸氧化

稀硝酸的氧化作用比溴水强，它能将醛糖的醛基和伯醇基都氧化，生成具有相同碳数的二元酸。例如图 4－23 中 D－葡萄糖被硝酸氧化成 D－葡萄糖二酸，然后互变成它的内酯。

图 4－23　硝酸氧化 D－葡萄糖反应

而半乳糖氧化后生成半乳糖二酸。半乳糖二酸不溶于酸性溶液，而其他己醛糖氧化后生成的二元酸都能溶于酸性溶液，利用这个反应可以鉴定半乳糖和其他己醛糖。

（4）高碘酸氧化

糖类像其他有两个或更多的在相邻的碳原子上有羟基或羰基的化合物一样，也能被高碘酸所氧化，碳碳键发生断裂（图 4－24）。该反应是定量的，每断裂 1 个碳碳键就消耗 1 摩尔高碘酸。因此，该反应现在是研究糖类结构的重要手段之一。

图 4－24　高碘酸氧化单糖反应

（5）其他

除了上面介绍的一些氧化反应外，如酮糖在强氧化剂作用下，在酮基处裂解，生成草酸和酒石酸。单糖与强氧化剂反应还可生成二氧化碳和水。葡萄糖在氧化酶的作用下，可以保持醛基不被氧化，仅第六个碳原子上的伯醇基被氧化生成羧基而形成葡萄糖醛酸。

四、食品中的重要的单糖及低聚糖

（一）核糖

核糖和脱氧核糖是五个碳原子的单糖，它们是戊醛糖。核糖和脱氧核糖是组成核酸的主要成分，核酸在生命过程中起着重要的作用。核糖的开链和环状立体结构式如图 4-25 所示。

D-（-）-核糖

α-D-（-）-2-脱氧核糖

图 4-25　核糖结构

（二）木糖

木糖（结构如图 4-26 所示）是无色至白色结晶或白色结晶性粉末，略有特殊气味和爽口甜味。易溶于水和热乙醇，不溶于乙醇和乙醚。相对密度 1.525，熔点 144℃，呈右旋光性和变旋光性，比旋光度 $[\alpha]_D^{20}$ 为 +18.6°~ +92°。甜度约为蔗糖的 40%。

图 4-26　D-木糖结构式

木糖是多缩戊糖的一个组分，在自然界迄今还未发现游离状态的木糖。天然 D-木糖以多糖的形态存在于植物中，在农产品的废弃部分如玉米芯、棉籽壳、甘蔗渣、稻壳以及其他禾秆、种子皮壳等中含量较多。木糖也存在于动物肝素、软骨素和糖蛋白中,它是某些糖蛋白中糖链与丝氨酸(或苏氨酸)的连接单位。

木糖不能被人体消化吸收,是无热量甜味剂,适用于肥胖者及糖尿病患者,亦用于脂肪氧化防止剂、制酱色的原料及香料原料。美国和西欧一些国家限于糖尿病患者作甜味剂使用。另外木糖能促进双岐杆菌增殖,调节人体微生物环境,提高机体免疫能力。木糖加氢制成木糖醇,做为甜味剂在食品、饮料中应用,在制药、化工业也广泛应用。

(三)葡萄糖

葡萄糖在自然界分布极广,以在葡萄中含量较多而得名。由于葡萄糖呈右旋性又叫做右旋糖。游离状态的葡萄糖不仅存在于植物特别是果实中,在蜂蜜和动物体中亦有存在,在正常人体每100 mL血液中含有葡萄糖80~120 mg,糖尿病病人的尿中常有大量葡萄糖存在。葡萄糖是许多糖类化合物如蔗糖、麦芽糖、淀粉、糖原和纤维素的组成成分。

葡萄糖的性质:葡萄糖为白色晶体,易溶于水,难溶于酒精,不溶于醚、氯仿等有机溶剂中,有甜味,对石蕊呈中性反应。

葡萄糖或其他醛糖是一种多羟基醛,因此同时具有醇和醛的性质。凡具有环状结构的单糖,不仅表现环状结构的化学性质,同时也表现开链结构的化学性质。在水溶液中起化学反应时一般是以开链结构进行的。现将葡萄糖的几项重要化学性质分述如下。

1. 氧化作用

葡萄糖或其他单糖都容易被氧化,因此都是还原糖。葡萄糖被氧化后,氧化产物一般是羧酸。

葡萄糖在不同的氧化剂作用下产生不同的氧化物。在酸性或中性溶液里,用溴水氧化可生成葡萄糖酸,再用碳酸钙中和即得葡萄糖酸钙。

在酸性溶液中经硝酸强烈氧化可生成二元羧酸,这就是葡萄糖在工业上可作为生产草酸原料的原因。

在碱性溶液中氧化,碳链就分解,尤其在加热情况下,能生成各种各样的产物,如乳酚、甲酸和其他带有颜色的产物。因此在葡萄糖工业生产中,始终是保持在酸性溶液中,以防止产生这些副产物。

在人体肝脏中的葡萄糖,其中一部分被氧化为葡萄糖醛酸。在人体代谢中产生对机体无用的物质和有毒物质,在肝脏中能与葡萄糖醛酸结合,使有毒物质毒性减弱,或成为更易溶于水的物质,便于从尿中排出体外,这是人体自行解毒的一种方式。

在临床上医生常给肝病患者服用葡萄糖醛酸类药物,帮助机体解毒,如"肝泰乐"就是葡萄糖醛酸内酯。

2. 成酯作用

葡萄糖分子中具有醇的羟基,亦能与酸作用生成酯。葡萄糖与磷酸作用生成的葡萄糖磷酸酯,对医学关系密切。在细胞内葡萄糖和磷酸经酶的催化作用,可生成下列几种葡萄糖磷酸酯。

糖在代谢和发酵过程中常常是经过磷酸酯的生成,这是动植物组织内糖类储存和分解的基本步骤之一。

3. 成苷作用

苷是由糖(葡萄糖或其他糖)与某种非糖物质(多为羟基化合物,又叫做苷元)缩去一分子水而成的化合物。例如熊果苷是由一分子葡萄糖和一分子对苯二酚缩去一分子水而成的苷。

从结构来看苷是一种缩醛,糖与苷元两部分通过氧原子连接起来,这种键叫做苷键,或称氧桥键。苷在稀酸或酶的作用下易水解产生糖和苷元。苷在自然界中分布极广,尤以植物的果实、花、叶、树皮和根等部分含量较多。

4. 成脎反应

成脎反应是单糖和苯肼作用,经加热后生成一种不溶于水的结晶性化合物的反应。成脎反应是单糖的共同反应,但各种糖所成脎的结晶态、生成的时间、颜色,在显微镜下观察各有不同。据此,可用来区别各种糖。葡萄糖脎是深黄色结晶。

5. 加氢还原

葡萄糖在碱性和加压条件下,以活性镍为催化剂,可与氢加成,羟基被还原成相应的醇羟基,结果分别生成山梨醇和甘露醇,总称己六醇。

(四)果糖

果糖是己糖的一种,其分子式与葡萄糖相同,但结构式不同,因此果糖是葡萄糖的同分异构体。

果糖有两种环状结构(图4-27):一种成六元环,比较稳定,叫做吡喃果糖,以游离状态存在于水果果实和蜂蜜中。另一种成五元环,叫做呋喃果糖,较不稳定,是构成蔗糖成分之一。

从果糖的结构式可以看到它不含醛基,而且有酮的羰基,因此果糖是一种多羟基酮,为己酮糖的一种。

图 4 – 27 D – 果糖结构式

果糖虽不含醛基,但有还原性,是由于果糖的羰基受邻近的羟基影响,亦能被弱氧化剂如碱性硫酸铜试剂氧化,C – 2 和 C – 3 之间的键断裂生成两个羟基酸。

果糖呈左旋型,又叫做左旋糖。将蔗糖水解即可得到果糖和葡萄糖。果糖比葡萄糖甜,蜂蜜的甜度主要是因果糖的存在。

(五) 蔗糖

蔗糖(sucrose,saccharose,cane sugar)是 α – D – 葡萄糖的 C_1 与 β – D – 果糖的 C_2 通过糖苷键结合的非还原糖(图 4 – 28)。在自然界中,蔗糖广泛地分布于植物的果实、根、茎、叶、花及种子内,尤以甘蔗、甜菜中含量最高。蔗糖是人类需求最大,也是食品工业中最重要的能量型甜味剂。

图 4 – 28 蔗糖结构式

纯净蔗糖为无色透明的单斜晶体结晶,相对密度 1.588,熔点 160℃,加热到熔点,便形成玻璃样固体,加热到200℃以上形成棕褐色的焦糖。蔗糖易溶于水,溶解度随温度上升而增加;当 KCl,K_3PO_4,$NaCl$ 等存在时,其溶解度也增加,而当 $CaCl_2$ 存在时,反而减少。蔗糖在乙醇、氯仿、醚等有机溶剂中难溶解。

蔗糖是右旋糖,其水溶液的比旋光度为 $[\alpha]_D^{20} = +66.5°$,当其水解后,得到等量的葡萄糖和果糖混合物,此时的比旋光度为 $[\alpha]_D^{20} = -19.9°$,即水解混合物的旋光方向发生改变,因此将蔗糖的水解产物称为转化糖。

蔗糖不具还原性,无变旋现象,也无成脎反应,但可与碱土金属的氢氧化物结合,生成蔗糖盐。工业上利用此特性可从废糖蜜中回收蔗糖。

在烘制面包的面团中,蔗糖是不可缺少的添加剂,它不仅有利于面团的发酵,而且在面包的烘烤过程中,蔗糖产生的焦糖化反应能增进面包的颜色。蔗糖被摄入人体内后,在小肠内因蔗糖酶的作用,水解生成葡萄糖和果糖而被人体吸收。蔗糖由于具有极大的吸湿性和溶解性,因此能形成高浓度浓缩的高渗透压溶液,对微生物有抑制效应。

（六）麦芽糖

麦芽糖(maltose)是由 2 分子葡萄糖通过 $\alpha-1,4$ 糖苷键结合而成的二糖(图 4-29),有 α-麦芽糖和 β-麦芽糖两种异构体。麦芽糖为透明针状晶体,易溶于水,微溶于酒精,不溶于醚。其熔点为 $102\sim103℃$,相对密度 1.540,甜度为蔗糖的 1/3,味爽,口感柔和。α-麦芽糖的 $[\alpha]_D^{20}$ 为 $+168°$,β-麦芽糖 $[\alpha]_D^{20}$ 为 $+112°$,变旋达平衡时的 $[\alpha]_D^{20}$ 为 $+136°$。

图 4-29　麦芽糖结构

麦芽糖存在于麦芽、花粉、花蜜、树蜜及大豆植株的叶柄、茎和根部,在淀粉酶(即麦芽糖酶)或唾液酶作用下,淀粉水解可得麦芽糖。面团发酵和甘薯蒸烤时就有麦芽糖生成,啤酒生产时所用的麦芽汁中所含糖的主要成分就是麦芽糖。

由于麦芽糖具有还原性,能与过量苯肼形成糖脎,工业上将淀粉用淀粉酶糖化后加酒精使糊精沉淀除去,再经结晶即可制得纯冷麦芽糖。

（七）乳糖

乳糖(lactose)是哺乳动物乳汁中的主要糖成分,牛乳含乳糖 4.6%～5.0%,人乳含 5%～7%。乳糖是由一分子 β-D-半乳糖与另一分子 D-葡萄糖通过 $\beta-1,4$-糖苷键结合生成(乳糖结构如图 4-30 所示)。乳糖在常温下为白色固体,溶解度小,甜度仅为蔗糖的 1/6,具有还原性,能形成脎,有旋光性,其比旋光度 $[\alpha]_D^{20}=+55.4°$,常用于食品工业和医药工业。

图 4-30　乳糖的结构

乳糖有助于机体内钙的代谢和吸收,但对体内缺乳糖酶的人群,它可导致乳糖不耐症,此时只有它在水解成单糖之后才能作为能量利用。

乳糖存在于绝大多数哺乳动物的乳汁中,牛乳含乳糖 4.6% ~5.0% ,人乳含 5% ~7% 。乳糖有助于机体内钙的代谢和吸收,同时,乳糖的存在能促进婴儿肠道双歧杆菌的生长。乳酸菌使乳糖发酵变成乳酸。在乳酸酶的作用下,乳酸可水解成 D – 葡萄糖和 D – 半乳糖而被人体吸收。但对体内缺乳糖酶的人群,可导致乳糖不耐症。

(八) 果葡糖浆

果葡糖浆(fructose,corn syrups)又称高果糖浆或异构糖浆,是以酶法水解淀粉所得的葡萄糖液经葡萄糖异构酶的异构化作用,将其中一部分葡萄糖异构成果糖而形成的由果糖和葡萄糖组成的一种混合糖浆。

果葡糖浆根据其所含果糖的多少,分为果糖含量为 42% 、55% 、90% 三种产品,其甜度分别为蔗糖的 1.0、1.4、1.7 倍。

果葡糖浆作为一种新型食用糖,其最大的优点就是含有相当数量的果糖,而果糖具有多方面的独特性质,如甜度的协同增效,冷甜爽口性,高溶解度与高渗透压,吸湿性,保湿性与抗结晶性,优越的发酵性与加工储藏稳定性,显著的褐变反应等,而且这些性质随果糖含量的增加而更加突出。因此,目前作为蔗糖的替代品在食品领域中的应用日趋广泛。

(九) 环状糊精

环状糊精(cyclodextrin)是由 α – D – 葡萄糖以 α – 1,4 – 糖苷键结合而成的闭环结构的低聚糖,聚合度分别为 6,7,8 个葡萄糖单位,依次称为 α – , β – , γ – 环状糊精。工业上多用软化芽孢杆菌(Bacitlus macemw)产生的葡萄糖苷基转移酶(EC.2.4.1.19)作用于淀粉而制得(图 4 – 31)。

图 4 – 31　环状糊精的结构图

α－环状糊精、β－环状糊精、γ－环状糊精的结构如图 4－32 所示。其立体结构如上下无底盖、上口和下口大小不一的木桶,中间的空腔被称为环糊精的空穴。

α –环糊精　　　　　　β –环糊精　　　　　　γ –环糊精

图 4－32　α－环状糊精、β－环状糊精和 γ－环状糊精结构

环状糊精结构具有高度对称性,呈圆筒形立体结构,空腔深度和内径均为 0.7～0.8 nm;分子中糖苷氧原子是共平面的,分子上的亲水基葡萄糖残基上的伯醇羟基均排列在环的外侧,而疏水基 C—H 键则排列在圆筒内壁,使中间的空穴呈疏水性。鉴于其这一分子结构特性,环状糊精很容易以其内部空间包合脂溶性物质如香精油、风味物等,因此可作为微胶囊化的壁材充当易挥发嗅感成分的保护剂,不良气味的修饰包埋剂,食品化妆品的保湿剂、乳化剂、起泡促进剂、营养成分和色素的稳定剂等。其中,以 β－环状糊精的应用效果最佳。此外,还可以利用它对被分析物质的包埋作用来提高其分析的灵敏度。

β－环糊精为白色结晶性粉末、无臭、微甜。在 β－环糊精分子中 7 个葡萄糖基的 C_6 上的伯醇羟基都排列在环的外侧,而空穴内壁侧由呈疏水性的C—H 键和环氧组成,使中间的空穴是疏水区域,环的外侧是亲水的。由于中间具有疏水空穴,因此可以包含脂溶性物质或适当大小的疏水物质,形成各种包合物。在溶液中同时存在有憎水性物质和亲水性物质时,憎水性物质能被环内侧疏水基吸附,主动进入空穴,并稳定在其中。由于环糊精具有这种特性,它可对油脂起乳化作用,对挥发性的芳香物质有防止挥发的作用,对易氧化和易光解的疏水小分子物质有保护作用,对食品中一些苦味和异味物的不良风味可以去除。

第三节 多糖

一、多糖的分子结构

多糖是指单糖聚合度大于 10 的糖类。自然界存在的多糖,其聚合度一般在 100 以上,大部分多糖的聚合度在 200 ~ 3000 之间。而纤维素的聚合度可达 7000 ~ 15000。多糖具有两种结构:一种是直链,一种是支链,都是由单糖分子通过 1,4 和 1,6 - 糖苷键结合而形成的高分子化合物。多糖大分子结构与蛋白质一样,也可以分为一级、二级、三级和四级结构层次。多糖的一级结构是指多糖线性链中糖苷键连接单糖残基的顺序。多糖的二级结构是指多糖骨架链间以氢键结合所形成的各种聚合体,主要关系到多糖分子主链的构象,不涉及侧链的空间排布。在多糖一级结构和二级结构的基础上形成的有规则而粗大的空间构象,就是多糖的三级结构,但应注意到,在多糖一级和二级结构中,不规则的以及较大的分支结构,都会阻碍三级结构的形成,而外在的干扰,如溶液温度和离子强度改变也影响三级结构的形成。多糖的四级结构是指多糖链间以非共价键结合而形成的聚集体。这种聚集作用能在相同的多糖链之间进行,如纤维素链间的氢键相互作用;也可以在不同的多糖链间进行,如黄杆菌聚糖的多糖链与半乳甘露聚糖骨架中未取代区域之间的相互作用。

二、多糖的性质

(一) 溶解性

多糖具有大量羟基,每个羟基均可和一个或几个水分子形成氢键,环氧原子以及连接糖环的糖苷氧原子也可与水形成氢键,多糖中每个糖环都具有结合水分子的能力,因而多糖具有较强亲水性,易于水合和溶解。在食品体系中,多糖具有控制水分移动的能力,同时水分也是影响多糖的物理与功能性质的重要因素。因此,食品的许多功能性质和质构都跟多糖和水分有关。

多糖是相对分子质量较大的大分子,它不会显著降低水的冰点,是一种冷冻稳定剂。如淀粉溶液冷冻时,形成两相体系,一相是结晶水(即冰),另一相是由 70% 淀粉分子与 30% 非冷冻水组成的玻璃态物质。非冷冻水是高度浓缩的多糖溶液的组成部分,由于黏度很高,因而水分子的运动受到限制;当大多数多糖处于冷冻浓缩状态时,水分子的运动受到了极大的限制,水分子不能吸附到晶核或晶核长大的活性位置,因而抑制了冰晶的长大,能有效的保护食品结构与质构不受破坏,从而提高产品的质量与储藏稳定性。

在冻藏温度(-18℃)下,无论是高相对分子质量或低相对分子质量碳水化合物都能有效地保护食品产品的结构与质构不受破坏,提高产品的质构与储藏稳定性,主要原因是控制了冰晶周围的冷冻浓缩无定形介质的数量与结构状态。

大部分多糖不能结晶,因而易于水合和溶解。在食品工业和其他工业中使用的水溶性多糖与改性多糖被称为胶或亲水胶体。

(二)黏度与稳定性

多糖(亲水胶体或胶)主要具有增稠和胶凝的功能,此外还能控制流体食品与饮料的流动性质与质构,以及改变半固体食品的变形性等。在食品加工中,一般添加0.25% ~0.5%浓度的胶,即能产生极大的黏度甚至形成凝胶。

高聚物溶液的黏度同分子的大小、形态及其在溶剂中的构象有关。一般多糖分子在溶液中呈无序的无规线团状态(图4-33),但是大多数多糖的实际状态与严格的无规线团存在偏差,通常形成紧密的线团,而线团的结构同单糖的组成与连接有关,有些是紧密的,有些是松散的。

图4-33　无规则团状多糖分子

溶液中线性高聚物分子旋转时占有很大空间,分子间彼此碰撞频率高,产生摩擦,因而具有很高黏度。线性高聚物溶液黏度很高,甚至当浓度很低时,其溶液的黏度仍很高。而高度支链的多糖分子比具有相同相对分子质量的直链多糖分子占有的体积小得多,因而相互碰撞频率也低,溶液的黏度也比较低。

对于带一种电荷的直链多糖,由于同种电荷产生静电斥力,引起链伸展,使链长增加,高聚物占有体积增大,因而溶液的黏度大大提高。而一般情况下,不带电的直链均匀多糖分子倾向于缔合和形成部分结晶,这是因为不带电的多糖分子链段相互碰撞易形成分子间键,因而产生缔合或形成部分结晶。例如,直链淀粉在加热条件下溶于水,当溶液冷却时,分子立即聚集,产生沉淀,此过程称为老化。

亲水胶体溶液的流动性质同水合分子的大小、形状、柔顺性、所带电荷的多少有关。多糖溶液一般具有两类流动性质,一类是假塑性,另一类是触变性。

假塑性流体是剪切变稀,随剪切速率增高,黏度快速下降。流动越快,则意味着黏度越小,流动速率随着外力增加而增加。黏度变化与时间无关,线性高聚物分子溶液一般是假塑性的。一般来说,相对分子质量越高的胶,假塑性越大。假塑性大的称为"短流",其口感是不黏的,假塑性小的称为"长流",其口感是黏稠的。

另一类流动是触变,也是剪切变稀,随着流动速率增加,黏度降低不是瞬时发生的,在恒定的剪切速率下,黏度降低与时间有关。剪切停止后,需要一定的时间才能恢复到原有黏度,触变性溶液在静止时显示弱凝胶结构。

大多数亲水胶体溶液随温度升高黏度下降,因而利用此性质,可在高温下溶解较高浓度的亲水胶体,溶液冷下来后就起到增稠的作用。但是黄原胶溶液除外,黄原胶溶液在 0~100℃内,黏度基本保持不变。

(三)凝胶

在许多食品产品中,一些高聚物分子(例如多糖或蛋白质)能形成海绵状的三维网状凝胶结构(图4-34)。连续的三维网状凝胶结构是由高聚物分子通过氢键、疏水相互作用、范德华引力、离子桥联、缠结或共价键形成联结区,网孔中充满了液相,液相是由低相对分子质量溶质和部分高聚物组成的水溶液。

图4-34 三维网状凝胶结构示意图

凝胶既有固体性质,也有液体性质,海绵状三维网状凝胶结构是具有黏弹性的半固体。1%高聚物和99%水分的多糖溶液,就能形成很强的凝胶,例如,甜食凝胶、果冻、仿水果块等。

不同的胶具有不同的用途,选择标准取决于所期望的黏度、凝胶强度、流变性质、体系的 pH 值、加工温度、与其他配料的相互作用及质构等。此外,也要考虑所期望的功能特性。亲水胶体具有多功能用途,可以作为增稠剂、结晶抑制剂、澄清剂、成膜剂、脂肪代用品、絮凝剂、泡沫稳定剂、缓释剂、悬浮稳定剂、吸水膨胀剂、乳状液稳定剂以及胶囊剂等,这些性质常作为用途的选择依据。每种食品都有一种或几种独特的性质。

（四）多糖的水解

在食品加工和储藏过程中,多糖比蛋白质更容易水解。因此,往往添加相对高浓度的食用胶,以免由于多糖的水解导致体系黏度的降低。

在酸或酶的催化下,低聚糖或多糖的水解,伴随着黏度的下降。水解程度取决于酸的强度或酶的活力、时间、温度以及多糖的结构。

淀粉、果胶、半纤维素和纤维素的水解在食品工业中具有重要意义。主要水解方式有酶解、酸解和碱水解。

（1）酶促淀粉的水解

为了生产糖浆和改善食品感官性质等目的,食品工业中利用来自大麦芽或微生物的淀粉酶将淀粉水解。

水解淀粉的酶通称淀粉酶,有 α - 淀粉酶及 β - 淀粉酶。α - 淀粉酶是一种内切酶,它能随机水解糖链的 α - 1,4 - 糖苷键。因此,使直链淀粉的黏度很快降低,碘液染色迅速消失,而且由于生成还原基团而增加了还原力。α - 淀粉酶以类似的方式攻击支链淀粉,因不能水解其中的 α - 1,6 - 糖苷键,最后使淀粉生成麦芽糖、葡萄糖与糊精。

β - 淀粉酶是一种外切酶,即它只能水解淀粉非还原性末端,以麦芽糖为单位进行水解。生成的麦芽糖能增加淀粉溶液的甜度,故 β - 淀粉酶又称糖化酶。直链淀粉中偶尔出现的 1,3 - 糖苷键和支链淀粉中的 α - 1,6 - 糖苷键不能被淀粉酶水解,反应就停止下来,剩下来的化合物称为极限糊精。若有脱支酶去水解这些键时,β - 淀粉酶可继续作用。β - 淀粉酶只存在植物组织之中,如大麦芽、小麦、白薯和大豆中含量丰富。在水果成熟、马铃薯加工、玉米糖浆、玉米糖、啤酒和面包制作过程中淀粉酶起着重要作用。

此外还有支链淀粉酶（pullulanases）和异淀粉酶（isoamylase）,它们能水解支链淀粉和糖原中的 1,6 - α - D - 葡萄糖苷键,生成直链的片段,若与 β - 淀粉酶混合使用可生成含麦芽糖丰富的淀粉糖浆。

（2）酶促纤维素的水解

纤维素酶包括内切、外切和 β - 葡萄糖苷酶。内切酶即 β - 1,4 - 葡聚糖水解酶(EC3.2.1.4),简称 C 酶,可任意作用于纤维素的糖苷键而将纤维素断裂。外切酶有两种形式:$\beta-1,4-$ 葡聚糖纤维二糖水解酶和 $\beta-1,4-$ 葡聚糖葡萄糖水解酶。前者从纤维素非还原性末端逐一切下纤维二糖,后者也从该末端逐一切下葡萄糖。$\beta-$ 葡萄糖苷酶可进一步地把产生的纤维二糖水解为两分子葡萄糖。

对于纤维素酶催化的水解,底物对酶的敏感度可通过两个因素增加:其一,在 0.5mol/L NaOH 溶液中浸胀;其二,首先在浓磷酸溶液中溶解,然后在稀溶液中析出。

许多不同来源的纤维素酶都耐热,适宜温度范围在 30~60℃,适宜 pH 值一般在 4.5~6.5。

食品工业利用纤维素酶水解纤维素,可将其转化为膳食纤维和葡萄糖浆,也可在果汁生产中提高榨汁率和澄清度。

（3）酶促果胶的水解

果胶酶指分解果胶的一个多酶复合物,通常包括原果胶酶、解聚酶和果胶酯酶(PE)。通过它们的联合作用使果胶质得以完全分解。天然的果胶质在原果胶酶作用下,转化成水可溶性的果胶;果胶被果胶甲酯水解酶催化去掉甲酯基团,生成果胶酸;果胶酸经果胶酸水解酶类和果胶酸裂合酶类降解生成半乳糖醛酸。果胶酶的作用 pH 值为 2.5~6.0,最适作用 pH=3.5。作用温度为 15~55℃ 左右。最适作用温度为 50℃。

果胶酶是果汁生产中最重要的酶制剂之一,已被广泛应用于果汁的提取和澄清、改善果汁的通量以及植物组织的浸渍和提取。

（4）酸和碱催化下多糖的水解

糖苷键在酸性介质中易于裂解,在碱性介质中一般是相当稳定的。一般认为糖苷的酸水解是遵循图 4-35 所示的机制,其中失去 ROH 与产生共振稳定的正碳离子是反应速度决定步骤,酸在这里只起到了催化作用。

图 4-35　烷基吡喃糖苷的酸催化水解机制

影响酸催化的糖苷水解因素如下:

① α – D – 糖苷键比 β – D 糖苷键对水解更敏感。

② 不同位点的糖苷键的水解难易顺序为（1→6）>（1→4）>（1→3）>（1→2）。

③ 吡喃环式糖比呋喃环式糖更难水解。

④ 多糖的结晶区比无定形区更难水解。

上述关于碳水化合物中糖苷键水解的规律对于中性糖来说都可在实验中得到证实，但对于酸性糖和碱性糖，则可出现例外。一个重要的例外是果胶在碱性条件下可发生水解，甚至在 pH 值中性条件下加热也可发生类似的水解，这种碱催化的水解叫转消性水解，其机理和产物见图 4 – 36。

碱吸引羰基邻位碳上质子使它发生解离，形成负碳离子，然后发生消除反应而使糖苷键裂解。产物中一部分是切短了的果胶，另一部分虽然也是切短了的果胶，但它的末端糖环中产生了双键。

果品加工中，碱液有助于去皮；商品湿果胶要求在 pH = 3.5 左右储存以及在果酱、果脯和果冻加工中，就利用了果胶在酸热条件下并不严重水解，在弱酸下最稳定以及高浓度糖可保护它的道理。

图 4 – 36　多糖的转消性水解

（五）多糖与风味结合

食品的风味和香气是食品产品的主要质量指标之一，大分子糖类化合物，是一类很好的风味固定剂，应用最普遍的是阿拉伯胶。阿拉伯胶能在风味物质颗粒的周围形成一层膜，从而可以防止水分的吸收、蒸发和化学氧化造成的损失。采用糖类化合物将风味物质进行微胶囊化起到了保藏和持留风味的作用，防止风味成分的挥发，减少风味的损失。阿拉伯胶和明胶的混合物用于微胶囊的壁材,是食品风味成分固定方法的一大进展。

另外,由无定型的麦芽糊精聚集而成的颗粒,具有多孔结构和吸附风味物质的能力,将风味物质作为一种客体分子包埋于环状糊精的内部空穴中从而减少风味物质的氧化与挥发性的方法也是一种新兴的微胶囊化技术。

淀粉一直以来是一种常用的风味载体,直链淀粉的螺旋状结构有利于其对风味分子的捕获。一些淀粉颗粒的表面孔直径一般为 $1 \sim 3~\mu m$,应用淀粉酶对淀粉颗粒进行处理可以使其多孔性结构更好。干燥的淀粉的表面积一般少于 $3~m^2/g$。淀粉颗粒与少量的蛋白质或多糖接合剂一起经喷雾干燥可以聚集为多孔的球形结构,这些聚集物之间的空穴的相互连接可以形成具有足够包埋风味物质的多孔性球体,从而作为控制释放剂。

第四节 食品中的主要多糖

一、淀粉

(一)淀粉的结构

淀粉是由 D - 葡萄糖通过 $\alpha - 1,4$ 和 $\alpha - 1,6$ 糖苷键结合而成的高聚物,可用通式 $(C_6H_{10}O_5)_n$ 表示,分为直链淀粉(amylose)和支链淀粉(amylopectin),这两种淀粉的结构和理化性质都有差别。在天然淀粉颗粒中,这两种淀粉同时存在,两者在淀粉中的比例随植物的品种而异,一般直链淀粉占10% ~30% ,支链淀粉占 70% ~90% 。但有的淀粉(如糯玉米)99% 为支链淀粉,而有的豆类淀粉则全是直链淀粉。其相对含量因淀粉的来源不同而不相同(表4 – 5)。

表4 – 5 不同品种淀粉中直链淀粉含量

淀粉种类	直链淀粉含量/%	淀粉种类	直链淀粉含量/%
大米	17	马铃薯	22
糯米	0	燕麦	24
小麦	24	绿豆	30
玉米	26	蚕豆	32
糯玉米	0	木薯	17
高粱	27	甘薯	20

直链淀粉是 D - 葡萄糖通过 $\alpha - 1,4$ 糖苷键连接而形成的线状大分子,聚合度为 100 ~6000,一般为 250 ~300。从立体构象看,则是由分子内的氢键使链卷曲盘旋成左螺旋状(图4 – 37)。在晶体状态下,通过 X 射线图谱分析认为,直链

淀粉为双螺旋结构时,每一圈中每股链包含 3 个糖基;为单螺旋结构时,每一圈包含 6 个糖基。在溶液中,直链淀粉呈现螺旋结构、部分断开的螺旋结构和不规则的卷曲结构(图 4 – 38)。

图 4 – 37　直链淀粉结构

图 4 – 38　溶液中直链淀粉的 3 种结构

　　支链淀粉是 D – 葡萄糖通过 α – 1,4 和 α – 1,6 糖苷键连接而形成的大分子(图 4 – 39),结构中具有分支,即每个支链淀粉分子由一条主链和若干条连接在主链上的侧链组成。支链淀粉分子中的 α – D – 葡萄糖也同样通过 α – 1,4 – 糖苷键连接成长链外,通过 α – 1,6 – 糖苷键相互连接形成侧链,每隔 6 ~ 7 个葡萄糖单位又能再度形成另一支链结构,使支链淀粉形成复杂的树状分支结构的大分子。一般将主链称为 C 链,侧链又分成 A 链和 B 链。A 链是外链,经 $\alpha-1,6$ 糖苷键与 B 链连接,B 链又经 $\alpha-1,6$ 糖苷键与 C 链连接,A 链和 B 链的数目大致相等,A 链、B 链和 C 链本身是由 $\alpha-1,4-$ 糖苷键连接而形成的。每一个分支平均含有 20～30 个葡萄糖残基,分支与分支之间相距 11～12 个葡萄糖残基,各分支也卷曲成螺旋结构。支链淀粉分子的聚合度一般在 6000 以上,比直链淀粉分子的聚合度大得多,是最大的天然化合物之一。

图 4 - 39　支链淀粉结构

大多数淀粉中含有75%的支链淀粉,含有100%支链淀粉称为蜡质淀粉。马铃薯支链淀粉比较独特,它含有磷酸酯基,每 215 ~ 560 个 α – D – 吡喃葡萄糖基有一个磷酸酯基,88% 磷酸酯基在 B 链上,因而马铃薯支链淀粉略带负电,在温水中快速吸水膨胀,使马铃薯淀粉具有黏度高、透明度好以及老化速率慢的特性。

在所有多糖中,淀粉是唯一的以颗粒形式存在的多糖类物质。它是大多数植物的主要储备物,在种子、根和茎中最丰富。一般淀粉中直链淀粉占 15% ~ 30%,玉米的变异品种含有高达 85% 的直链淀粉。直链淀粉溶于热水,由 100 ~ 2000 葡萄糖分子以 α – 1,4 – 键连接不等长度直链所组成。这些淀粉难以糊化,有些需要超过 100 ℃ 才能糊化。反之,有些淀粉,如糯米淀粉几乎不含直链淀粉。支链淀粉在热水中膨胀成胶体。它是以 α – 1,4 – 键结合形成主链,有长度不等(10 ~ 20 葡萄糖残基)的支链以 α – 1,6 – 键连接在主链上。利用两种淀粉性质不同,可以使直链淀粉和支链淀粉相互分离,如用 70 ~ 80℃ 的水可将直链淀粉从混合物中溶解出来。

淀粉粒结构很紧密,在冷水中不溶,在热水中可溶胀。淀粉颗粒是由直链淀粉或支链淀粉分子径向排列而成,具有结晶区与非结晶区交替层的结构。支链淀粉成簇的分支(B 链和 C 链)是以螺旋结构形式存在,这些螺旋结构堆积在一起形成许多小的结晶区(微晶束)(图 4 – 40)。结晶区是靠分支侧链上葡萄糖残基以氢键缔合平行排列而形成,主要有三种结晶形态,即 A、B、C 型(但当淀粉与有机化合物形成复合物后,将以 V 型结构存在)。这也说明并不是整个支链淀粉分子参与结晶区的形成,而是链的某个部分参与结晶区的构成,另一部分链则不参与,而成为淀粉颗粒的非结晶区,也就是无定形区。同时,直链淀粉也主要是形成非结晶区。结晶区构成了淀粉颗粒的紧密层,无定形区构成了淀粉颗粒的稀疏层,紧密层与稀疏层交替排列而形成淀粉颗粒。晶体结构在淀粉颗粒中只占小部分,大部分则是非结晶体。

图 4 – 40　微晶束结构

在偏光显微镜下观察淀粉颗粒,可看到黑色的偏光十字(polarizingcross)或称马耳他十字(maltese cross),将淀粉颗粒分成四个白色的区域,偏光十字的交叉点位于淀粉颗粒的粒心(脐点),这种现象称作双折射性(bireferingence),说明淀粉颗粒具有晶体结构,也说明淀粉颗粒中淀粉分子是径向排列和有序排列的(图4-41)。

图4-41　小麦(a)和马铃薯(b)淀粉粒的偏光显微形态

同时,淀粉颗粒在显微镜下观察时,可以发现围绕脐点的类似于树木年轮的环层细纹(称为轮纹,图4-42),呈螺壳形,纹间密度的大小不同。马铃薯淀粉颗粒的环纹最为明显,木薯淀粉颗粒的环纹也很清楚,但粮食淀粉颗粒几乎没有环纹。

图4-42　马铃薯淀粉颗粒的环纹结构
1—简单淀粉粒　2—半复合淀粉粒　3,4—复合淀粉粒　5—淀粉粒心

淀粉颗粒的形状一般分为圆形、多角形和卵形(椭圆形)三种(图4-43),随来源不同而呈现差异。例如,马铃薯淀粉和甘薯淀粉的大粒为卵形,小粒为圆形;大米淀粉和玉米淀粉颗粒大多为多角形;蚕豆淀粉为卵形而更接近肾形;绿豆淀粉和豌豆淀粉颗粒则主要是圆形和卵形。

图 4-43　部分淀粉颗粒扫描电子显微镜图

（a）（b）小麦　（c）玉米　（d）高直链玉米　（e）马铃薯

（f）木薯　（g）大米　（h）荞麦　（i）苋菜籽

不同淀粉颗粒的大小差别很大,同种淀粉的颗粒,大小也有很大差别(表4-6)。淀粉颗粒的形状和大小受种子生长条件、成熟度、胚乳结构以及直链淀粉和支链淀粉的相对比例等因素影响,对淀粉的性质也有很大影响。

表 4-6　几种淀粉颗粒的大小

淀粉种类	颗粒大小	平均粒度
马铃薯	5～100	65
甘薯	5～40	17
大米	3～8	5
玉米	5～30	25
小麦	2～10,25～35	20
绿豆	8～21	16
蚕豆	20～48	32

（二）淀粉的物理性质

淀粉为白色粉末。因淀粉分子中存在的羟基而具有较强的吸水性和持水能力,因此淀粉的含水量较高,约为 12%,但与淀粉的来源有关。纯支链淀粉易分散于冷水中,而直链淀粉则相反。天然淀粉完全不溶于冷水,但加热到一定的温度,天然淀粉将发生溶胀(swelling),直链淀粉分子从淀粉粒向水中扩散,形成胶体溶液,而支链淀粉仍保留在淀粉粒中。当温度足够高并不断搅拌时,支链淀粉也会吸水膨胀形成稳定的黏稠胶体溶液。当胶体溶液冷却后,直链淀粉重结晶而沉淀并不能再分散于热水中,而支链淀粉重结晶的程度则非常小。淀粉水溶液成右旋光性,$[\alpha]_D^{20} = +201.5° \sim 205°$,平均相对密度为 1.5～1.6。

淀粉与碘呈色反应。淀粉与碘可以形成有颜色的复合物（非常灵敏），直链淀粉与碘形成的复合物呈棕蓝色，支链淀粉与碘的复合物则呈蓝紫色，糊精与碘呈现的颜色随糊精分子质量递减，由蓝色、紫红色、橙色以至无色。这种颜色反应与直链淀粉的分子大小有关，聚合度 4～6 的短直链淀粉与碘不显色，聚合度 8～20 的短直链淀粉与碘显红色，聚合度大于 40 的直链淀粉分子与碘呈深蓝色。支链淀粉分子的聚合度虽大，但其分支侧链部分的聚合度只有 20～30 个葡萄糖残基，所以与碘呈现紫红色。

这种颜色反应并不是化学反应，在水溶液中，直链淀粉分子以螺旋结构方式存在，每个螺旋吸附一个碘分子，借助于范德瓦耳斯力连接在一起，形成一种复合物，从而改变碘原有的颜色。碘分子犹如一个轴贯穿于直链淀粉分子螺旋（图 4-44），一旦螺旋伸展开来，结合着的碘分子就会游离出来。因此，热淀粉溶液因螺旋结构伸展，遇碘不显深蓝色，冷却后，因又恢复螺旋结构而呈深蓝色。

图 4-44 碘—淀粉复合物

淀粉具有旋光性，它的比旋度约为 +190°。它能完全溶于某些盐溶液，也溶于稀碱和某些有机介质（甲酰胺和甲酸），淀粉溶液会老化和易分解，所以测定淀粉分子量是困难的。

纯净的直链淀粉能定量结合碘，每克直链淀粉可结合 200 mg 的碘，这一性质通常被用于直链淀粉含量的测定。

直链淀粉除了可以与碘结合形成复合物外，还能与脂肪酸、醇类、表面活性剂等形成结构类似于淀粉—碘的复合物。

天然淀粉总是伴随着各种非碳水化合物组分。它在冷水中不发生明显膨胀。马铃薯中淀粉的含量最大，其次是小麦和其他谷类的淀粉。应该强调指出，磷酸在淀粉中是以不同的键型存在的。马铃薯淀粉中的磷酸，主要以酯键与支链淀粉结合，它也能以磷脂的形式存在而被吸收在淀粉上，使淀粉表现出不同的物理和化学性质，可用萃取法把它除去。磷酸的未酯化的羟基可以被阳离子

（Ca^{2+}，Mg^{2+}，K^+，Na^+）中和，这些阳离子的相对含量影响着淀粉的的某些性质。例如风味、膨胀性、溶解性、胶体的黏度、导电性、pH 值和碱溶液的反应性等。天然马铃薯淀粉在生产过程中，可用阳离子交换法以钾离子代替钙离子，钾淀粉比钙淀粉具有较高的黏性。

玉米淀粉中的脂肪酸是与多聚淀粉结合成酯存在的。合成的淀粉酯在食品工业中有它的重要性。

淀粉粒除了含有直链淀粉和支链淀粉外，通常还含有水 12% ~ 20%，氮 0.004% ~ 0.08%，脂肪酸 0.04% ~ 0.83%（或脂肪），磷酸 0.0005% ~ 0.3%（P_2O_5），少量硅酸以及灰分 0.2% ~ 1.0%。

淀粉的溶解性。由于淀粉分子间形成的氢键众多，导致淀粉分子间作用力较强，在一般条件下无法破坏这些作用力，淀粉颗粒不溶于冷水。将干燥的淀粉放入冷水中，水分子进入淀粉粒的内部，在非结晶区同一些亲水基团（游离的）作用，淀粉粒就会因吸收少量的水而产生溶胀作用。另外，淀粉颗粒具有一定的完整性，水分子只能进入组织性最差的非结晶区，不能破坏淀粉结晶的完整性。所以，淀粉的溶解度通常是指一定温度下在水中加热处理 30 min 后，淀粉溶解在水中的质量分数。

虽然淀粉不溶于冷水，但是对于不同的淀粉还是有差异的。马铃薯淀粉由于含有较多的磷酸基、颗粒较大，所以内部结构较松弛，溶解度相对较高。玉米淀粉由于颗粒小、结构致密，同时含有较多的脂类化合物，抑制了淀粉的膨胀和溶解，溶解度相对较低。不过由于温度能够破坏氢键，当温度升高以后，淀粉的溶胀性增加，溶解度也会相应增加，但是不同淀粉仍然存在差异。

提高淀粉的溶解性可采用 3 种不同的途径：第一种方法是引入一些亲水基团，增加淀粉分子与水分子间的相互作用，如化学改性淀粉；第二种方法是改变淀粉分子的结构方式，破坏淀粉粒，使原有的结晶区不再存在，如预糊化淀粉；第三种方法就是将淀粉水解，使分子变小、破坏淀粉的结构，如糊精。

（三）淀粉的水解

淀粉在无机酸或酶的催化下将发生水解反应，分别称之为酸水解和酶水解。淀粉的水解产物因催化条件、淀粉的种类不同而有差别，但最终水解产物为葡萄糖。根据不同的水解程度可以得到不同的产品，如玉米糖浆、麦芽糖浆、葡萄糖、糊精等。工业上常用葡萄糖值（DE 值，dextrose equivalent）表示淀粉水解的程度，它的定义是还原糖（按葡萄糖计）在溶粉糖浆中所占的百分数（按干物质计）。

根据淀粉水解的程度不同，淀粉水解产品有以下几种：

（1）糊精

在淀粉水解过程中产生的多苷链断片,统称为糊精。糊精能溶于水,不溶于酒精。糊精化程度低的淀粉,仍能与碘形成蓝色复合物,但较普通淀粉易溶于水,一般称为可溶性淀粉。普通淀粉在稀酸(7%)中于常温下浸泡 5～7d,即得化学实验室常用的可溶性淀粉指示剂。

（2）淀粉糖浆

淀粉糖浆是淀粉不完全水解的产物,为无色、透明、黏稠的液体,储存性好,无结晶析出。糖浆的糖分组成为葡萄糖、低聚糖、糊精等。各种糖分组成的比例因水解的程度和生产工艺不同而不同。淀粉水解可以得到多种淀粉糖浆,分为高、中、低转化糖浆三类。工业上用葡萄糖值(DE 值)表示淀粉水解的程度。工业上生产最多的是中等转化糖浆,其 DE 值为 38～42。

（3）麦芽糖浆

麦芽糖浆也称为饴糖,其主要成分是麦芽糖,呈浅黄色,甜味温和,还具有特殊的风味。工业上是利用麦芽糖酶水解淀粉来制得的。

（4）葡萄糖

葡萄糖是淀粉水解的最终产物,经过结晶后,可得到结晶葡萄糖。结晶葡萄糖有含水 α – 葡萄糖、无水 α – 葡萄糖和无水 β – 葡萄糖三种。

商业上常采用玉米淀粉为原料,用 α – 淀粉酶和葡萄糖糖化酶水解淀粉得到近乎纯的 D – 葡萄糖,然后再用葡萄糖异构酶将 D – 葡萄糖转变成 D – 果糖,形成 58% D – 葡萄糖和 42% D – 果糖组成的混合物,叫果葡糖浆(或玉米糖浆)。工业上还可生产出果糖含量达 55%,甚至 90% 的高果玉米糖浆。这是利用 Ca^{2+} 型阳离子交换树脂结合 D – 果糖,再回收果糖而制得的。淀粉转化成 D – 葡萄糖的程度可以根据葡萄糖当量(DE)来衡量,它的定义是还原糖(按葡萄糖计)在玉米糖浆中所占的百分数(按干物质计)。DP 是聚合度,DE 与 DP 的关系式为:DE = 100/DP。

DE < 20 的水解产品为麦芽糊精,DE 值为 20～60 的水解产品为玉米糖浆,工业上生产最多的是中等转化糖浆,DE 值为 38～42。

1. 酸水解

淀粉分子糖苷键的酸水解或多或少是随机的,起初产生很大的片段。淀粉水解程度不同,其水解产物的分子大小也不同,可以是紫色糊精、红色糊精、无色糊精、麦芽糖、葡萄糖。

不同来源的淀粉,其酸水解难易不同,一般马铃薯淀粉较玉米、小麦、高粱等谷类淀粉易水解,大米淀粉较难水解。支链淀粉较直链淀粉容易水解。糖苷键酸水解的难易顺序为 $\alpha-1,6 > \alpha-1,4 > \alpha-1,3 > \alpha-1,2$,$\alpha-1,4$ 糖苷键的水解速度较 $\beta-1,4$ 糖苷键快。结晶区比非结晶区更难水解。另外,淀粉的酸水解反应还与温度、底物浓度和无机酸种类有关,一般来讲盐酸和硫酸的催化水解,效率较高。

工业上,将盐酸喷射到混合均匀的淀粉中,或用氯化氢气体处理搅拌的含水淀粉;然后混合物加热得到所期望的解聚度,接着将酸中和,回收产品、洗涤以及干燥。产品仍然是颗粒状,但非常容易破碎(烧煮),此淀粉称为酸改性或变稀淀粉(acid - modified or thin - boiling starches),此过程称为变稀(thinning)。酸改性淀粉形成的凝胶透明度得到改善,凝胶强度有所增加,而溶液的黏度有所下降。

2. 酶水解

淀粉的酶水解在食品工业上称为糖化,所使用的淀粉酶也被称为糖化酶。淀粉的酶水解一般要经过糊化、液化和糖化三道工序。淀粉酶水解所使用的淀粉酶主要有 α - 淀粉酶(液化酶)、β - 淀粉酶(转化酶、糖化酶)和葡萄糖淀粉酶等。

α - 淀粉酶是一种内切酶,它能将直链淀粉和支链淀粉两种分子从内部裂开任意位置的 $\alpha-1,4$ - 糖苷键,产物还原端葡萄糖残基为 α - 构型,故称 α - 淀粉酶。A - 淀粉酶不能催化水解 $\alpha-1,6$ - 糖苷键,但能越过 $\alpha-1,6$ - 糖苷键继续催化水解 $\alpha-1,4$ - 糖苷键。此外,α - 淀粉酶也不能催化水解麦芽糖分子中的 $\alpha-1,4$ - 糖苷键水解,所以其水解产物主要是 α - 葡萄糖、α - 麦芽糖和很小的糊精分子。

β - 淀粉酶可以从淀粉分子的还原尾端开始催化 $\alpha-1,4$ - 糖苷键水解,不能催化 $\alpha-1,6$ - 糖苷键水解,也不能越过 $\alpha-1,6$ - 糖苷键继续催化水解 $\alpha-1,4$ - 糖苷键。因此,β - 淀粉酶是外切酶,水解产物是 β - 麦芽糖和 β - 限制糊精。

葡萄糖淀粉酶则是由非还原尾端开始催化淀粉分子的水解,反应可发生在 $\alpha-1,6$、$\alpha-1,4$、$\alpha-1,3$ 糖苷键上,即能催化水解淀粉分子中的任何糖苷键。葡萄糖淀粉酶也属于外切酶,最后产物全部是葡萄糖。

有一些脱支酶专门催化水解支链淀粉的 1→6 连接,产生许多低相对分子质量的直链分子,其中一种酶是异淀粉酶,另一种是普鲁兰酶。

(四)淀粉的糊化

生淀粉分子靠大量的分子间氢键排列得很紧密,形成束状的胶束,彼此之间的间隙很小,即使水这样的小分子也难以渗透进去。具有胶束结构的生淀粉称为β-淀粉,β-淀粉在水中经加热后,随着加热温度的升高,破坏了淀粉结晶区胶束中弱的氢键,一部分胶束被溶解而形成空隙,于是水分子浸入内部,与一部分淀粉分子进行氢键结合,胶束逐渐被溶解,空隙逐渐扩大,淀粉粒因吸水,体积膨胀数十倍,生淀粉的结晶区胶束即行消失,这种现象称为膨润现象。继续加热,结晶区胶束则全部崩溃,淀粉分子形成单分子,并为水所包围(氢键结合),而成为溶液状态,由于淀粉分子是链状或分枝状,彼此牵扯,结果形成具有粘性的糊状溶液。这种现象称为糊化(starch gelatinization)(图4-45),处于这种状态的淀粉称为α-淀粉。

糊化前　　　　　　　　　　　糊化后

图4-45　淀粉糊化前后的分子形态示意图

淀粉的糊化通常发生在一个较狭窄的温度范围内,糊化后的凝胶体系一般简单的将其称为"淀粉糊",淀粉糊中除含有被分散的直链淀粉、支链淀粉以外,还包括有淀粉粒剩余物;冷却后淀粉糊因淀粉分子间的相互作用形成凝胶,如玉米淀粉就能够形成具黏弹性、坚硬的凝胶,或形成沉淀(特别是在进行连续的搅拌时)。天然淀粉中以马铃薯淀粉的淀粉糊透明性最好,木薯、蜡质玉米淀粉等的透明性次之,谷物淀粉糊的透明性最差。

在正常的食品加工条件下,淀粉颗粒吸水膨胀,直链淀粉分子扩散到水相,形成淀粉糊,从图4-46可知,随温度升高,黏度逐步增加,在95℃恒定一段时间后,黏度逐步减小。到达峰黏度时,一些颗粒通过搅拌已经破裂,进一步搅拌,颗粒不断破裂,黏度进一步下降。冷却时,一些淀粉分子重新缔合形成沉淀或凝胶,这个过程称为老化。凝胶强度与形成连接区数量有关,连接区的形成同存在的其他配料如脂肪、蛋白质、糖、酸以及水分含量有关。在烘焙食品中,淀粉的糊化程度影响到产品的性质,包括储藏性质与消化率。有些烘焙食品如曲奇饼与油酥饼干,由于脂肪含量高和水分含量少,因此有90%的淀粉颗粒未糊化,不易消化。有些产品如白面包,由于水分含量高,96%的淀粉颗粒均糊化了,因而容易消化。

图 4-46　淀粉颗粒悬浮液加热黏度变化曲线

糊化作用可分为 3 个阶段：

①可逆吸水阶段，水分进入淀粉粒的非晶质部分，淀粉通过氢键与水分子发生作用，颗粒的体积略有膨胀，外观上没有明显的变化，淀粉粒内部晶体结构没有改变，此时冷却干燥，可以复原，双折射现象不变。

②不可逆吸水阶段，随温度升高，水分进入淀粉微晶束间隙，不可逆大量吸水，颗粒的体积膨胀，淀粉分子之间的氢键被破坏和分子结构发生伸展，结晶"溶解"，双折射现象开始消失。

③淀粉粒解体阶段，淀粉分子全部进入溶液，体系的黏度达到最大，双折射现象完全消失。

淀粉糊化一般有一个温度范围，双折射现象开始消失的温度称为开始糊化温度，双折射现象完全消失的温度称为完全糊化温度。通常用糊化开始的温度和糊化完成的温度表示淀粉的糊化温度。表 4-7 列出了几种淀粉的糊化温度。

表 4-7　几种淀粉的糊化温度

淀粉	糊化起始温度/℃	彻底糊化温度/℃	淀粉	糊化起始温度/℃	彻底糊化温度/℃
小麦	65	68	马铃薯	59	67
大麦	58	63	甘薯	70	76
玉米	64	72	粳米	59	61
荞麦	69	71	糯米	58	63

淀粉糊化、淀粉溶液黏度和淀粉凝胶的性质等，不仅取决于淀粉的种类、加

热的温度,还取决于共存的其他组分的种类和数量,如糖、蛋白质、脂肪、有机酸、水以及盐等物质。

各种淀粉的糊化温度不相同,其中直链淀粉含量越高的淀粉,糊化温度越高;即使是同一种淀粉,因为颗粒大小不同,其糊化温度也不相同。一般来说,小颗粒淀粉的糊化温度高于大颗粒淀粉的糊化温度。

高浓度的糖将降低淀粉糊化的速度、黏度的峰值和所形成凝胶的强度,二糖在升高糊化温度和降低黏度峰值等方面比单糖更有效,通常蔗糖 > 葡萄糖 > 果糖。糖是通过增塑作用和干扰结合区的形成而降低凝胶强度的。

脂类,如三酰基甘油和脂类衍生物,如一酰基甘油和二酰基甘油乳化剂,也影响淀粉的糊化,即能与直链淀粉形成复合物的脂肪推迟了颗粒的肿胀,如在脂肪含量低的白面包中,通常 96% 的淀粉是完全糊化的。但在已糊化的淀粉体系中加入脂肪,如果不存在乳化剂,则对其所能达到的最大黏度值无影响,但是会降低达到最大黏度的温度。例如,在玉米淀粉—水悬浮液的糊化过程中,在 92℃ 达到最大黏度,如果存在 9% ～ 12% 的脂肪,将在 82℃ 时达到最大黏度。

加入具有 16～18 碳原子的脂肪酸或其一酰基甘油,将使其糊化温度提高,达到最大黏度的温度也增加,而凝胶形成的温度与凝胶的强度则降低。一酰基甘油的脂肪酸或脂肪酸组分,能与螺旋形直链淀粉形成包合物,也可与支链淀粉较长的侧链形成包合物(图 4 - 47),因淀粉螺旋内部的疏水性高于外部,脂—淀粉复合物的形成,干扰了结合区的形成,能有效地阻止水分子进入淀粉颗粒。

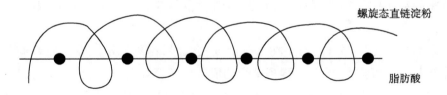

螺旋态直链淀粉

脂肪酸

图 4 - 47　脂肪酸与直链淀粉包合物

由于淀粉具有中性特征,低浓度的盐对糊化或凝胶的形成影响很小,但含有一些磷酸盐基团的马铃薯支链淀粉和人工制造的离子化淀粉则受盐的影响,对于一些盐敏感性淀粉,根据条件的不同,盐可增加或降低膨胀的速度。不同离子对淀粉糊化的促进作用大小顺序为:$Li^+ > Na^+ > K^+ > Rb^+$;$OH^- >$ 水杨酸 $> SCN^- > I^- > Br^- > Cl^- > SO_4^{2-}$。另外,能够破坏氢键的化合物,如脲、胍盐、二甲亚砜等,在常温下也能使淀粉产生糊化,其中二甲基亚砜在淀粉尚未发生溶胀前就产生溶解,所以可作为淀粉的溶剂。

酸普遍地存在于许多淀粉增稠的食品中,因此,大多数食品的 pH 值范围在 4~7,这样的酸浓度对淀粉溶胀或糊化影响很小。在 pH 值为 10.0 时,淀粉溶胀的速度明显增加,但这个 pH 值已超出食品的范围。在低 pH 值时,淀粉糊的黏度峰值显著降低,并且在烧煮时黏度快速下降,因为在低 pH 值时,淀粉发生水解,产生了非增稠的糊精。在淀粉增稠的酸性食品中,为避免酸致变稀,一般使用交联淀粉。

在食品加工中,淀粉的糊化程度影响到一些淀粉类食品的消化率和储藏性,如桃酥由于脂肪含量高、水分含量少,使 90% 的淀粉粒未糊化而不易消化,而面包则由于含水量高,96% 以上的淀粉粒均已糊化,所以易消化。

在许多食品中,淀粉和蛋白质间的相互作用对食品的质构产生重要影响。如小麦淀粉和面筋蛋白质在和面时,就发生了一定的作用,在有水存在的情况下加热,淀粉糊化而蛋白质变性,使焙烤食品具有一定的结构。

淀粉的糊化性质不仅和淀粉的种类、体系的温度有关,还受以下因素的影响:

①淀粉晶体结构。淀粉分子间的结合程度、分子排列紧密程度、淀粉分子形成微晶区的大小等,影响淀粉分子的糊化难易程度。淀粉分子间的结合程度大、分子排列紧密,破坏这些作用和拆开微晶区所需要的能量就多,淀粉粒就不容易糊化;

②直链淀粉/支链淀粉的比例。直链淀粉在冷水中不易溶解、分散,直链淀粉分子间存在的作用相对较大,直链淀粉含量越高,淀粉难以糊化,糊化温度越高;

③水分活度(水分含量)。在水分活度较低时,糊化就不能发生或者糊化程度非常有限。事实上,能与水强烈结合的成分由于竞相与水结合,甚至可以推迟淀粉的糊化。干淀粉(水含量低于 3%)加热至 180℃ 也不会导致淀粉糊化,而对水分含量为 60% 的悬浮液,70℃ 的加热温度通常能够产生完全的糊化;

④pH 值。在碱性条件下(pH > 7),由于淀粉的羟基可部分解离质子而变为阴离子,所以彼此排斥并更易水和,因此,淀粉在碱性条件下易于糊化。当 pH 在 5 以下时,由于淀粉受酸降解,糊化温度降低,淀粉糊的黏度也将急剧下降。

(五) 淀粉的老化

经过糊化的 α-淀粉在室温或低于室温下放置后,会变得不透明甚至凝结而沉淀,这种现象称为老化(retrogradation)。这是由于糊化后的淀粉分子在低温下又自动排列成序,相邻分子间的氢键又逐步恢复而形成致密、高度晶化的淀粉分子微晶束的缘故。所以,从某种意义上看,老化过程可看成是糊化的逆过程,但是老化不能使淀粉彻底复原到生淀粉(β-淀粉)的结构状态,它比生淀粉的晶化程度低。老化后的淀粉与水失去亲和力,不易与淀粉酶作用,因此不易被人体消化吸收,严重地影响了食品的质地,如面包的陈化(staling)失去新鲜感,米汤的黏度下降或产生沉淀,就是淀粉老化的结果。因此,淀粉老化作用的控制在食品工业中有重要意义。但是,淀粉的老化过程是一个非常复杂的过程,淀粉完全糊化水合后,当体系的温度降低至一定水平时,由于淀粉分子的运动能较低,体系处于热力学非平衡状态,淀粉分子通过分子间形成氢键进行排列,使体系的能量下降,最终形成结晶。所以淀粉的老化是淀粉分子链间有序排列的结果,这个过程包括了直链淀粉分子螺旋结构的形成以及堆积、支链淀粉分子外支链间双螺旋的形成和双螺旋的有序堆积。

不同来源的淀粉,老化难易程度并不相同。这是由于淀粉的老化与所含直链淀粉及支链淀粉的比例有关,一般是直链淀粉较支链淀粉易于老化。直链淀粉越多,老化越快。支链淀粉几乎不发生老化,其原因是它的分支结构妨碍了微晶束氢键的形成,这个特性被实际应用于淀粉的化学改性中。温度也影响淀粉的老化,在较低温度(特别在0℃附近)、中性 pH,高浓度淀粉和无表面活性剂存在情况下,淀粉的老化趋势增强;不过在冷却过程中,由于淀粉分子来不及取向,可以减少淀粉老化速度。淀粉的老化程度还取决于淀粉分子的相对分子质量(链长或聚合度)和淀粉的来源(直链/支链比例不同)。对于常见的淀粉,它们的老化趋势按马铃薯淀粉 < 玉米淀粉 < 小麦淀粉的顺序变化。

淀粉含水量为30%~60%时较易老化,含水量小于10%或在大量水中则不易老化。老化作用最适宜温度为2~4℃左右,大于60℃或小于 −20℃都不发生老化。在偏酸(pH = 4 以下)或偏碱的条件下也不易老化。

在食品加工中防止淀粉老化的一种有效方法就是将淀粉(或含淀粉的食品)糊化后,在80%以下的高温迅速除去水分(水分含量最好达10%以下),或冷至0℃以下迅速脱水,这样,淀粉分子已不可能移动和相互靠近。α-淀粉加水后,因无胶束结构,水易于浸入而将淀粉分子包蔽,不需加热就糊化,这就是制备一些富含淀粉的方便食品的原理,如方便米饭、方便面条、饼干、膨化食品等。除脱水可以延缓淀粉的老化外,脂类(极性脂类如磷脂、硬脂酰乳酸钠、单甘酯等)对抗老化有较大的贡献,它们进入淀粉的螺旋结构,所形成的包合物可阻止直链淀粉分子间的平行定向、相互靠近及结合,对淀粉的抗老化很有效。在一些谷物食品,例如面包中,这些极性脂类已经得到应用,有效地增加了食品的货架寿命。

此外,一些大分子物质如蛋白质、半纤维素、植物胶等对淀粉的老化也有减缓的作用,作用机制与它们对水的保留以及干扰淀粉分子之间的结合有关。

糊化淀粉在有单糖、二糖和糖醇存在时,不易老化,这是因为它们能妨碍淀粉分子间缔合,并且本身吸水性强能夺取淀粉凝胶中的水,使欲胀的淀粉成为稳定状态。表面活性剂或具有表面活性的极性脂,由于直链淀粉与之形成包合物,推迟了淀粉的老化。此外,一些大分子物质如蛋白质、半纤维素、植物胶等对淀粉的老化也有减缓的作用。

老化后的淀粉与水失去亲和力,并且难以被淀粉酶水解,因而也不易被人体消化吸收。淀粉老化作用的控制在食品工业中有重要意义。以面包为例,在焙烤结束后,糊化的淀粉就开始老化,导致面包变硬,新鲜程度下降,若将表面活性物质,如甘油单酯或它的衍生物,如硬酯酰乳酸钠(SSL)添加到面包中,即可延缓面包变硬,从而延长货架寿命,这是因为直链淀粉,具有疏水性的螺旋结构,能与乳化剂的疏水性基团相互作用形成络合物,抑制了淀粉的再结晶,最终延迟了淀粉的老化。

(六)淀粉的改性

天然淀粉已广泛应用于各个工业领域,不同领域对淀粉性质的要求不尽相同。随着工业生产技术的发展,对淀粉性质的要求越来越苛刻,原淀粉的性质已不适应于很多应用领域。因此有必要根据淀粉的结构和理化性质进行变性处理。

改性淀粉的制造方法有物理、酶和化学方法,化学方法是最主要的,应用最广泛。淀粉的分子链中,每个 D - 吡喃葡萄糖单元上含有三个醇羟基,羟基的存在使淀粉分子有可能发生各种衍生反应,淀粉通过改性,比原淀粉的适用性更强,应用范围更广。

1. 物理变性

通过膨化、加热滚筒处理和焙烧等方法解聚天然淀粉所得的淀粉具有以下特点:

①在低温下有较强的水溶性;

②颗粒结构分散;

③在低温下有较强的吸水性。

溶解速度快是这类淀粉的主要性质之一,例如可溶性淀粉,α - 淀粉就是由物理处理方法生成的可溶性淀粉。可用于改良糕点配合原料的质置,稳定冷冻食品的内部组织结构,也可用于制作软布丁、酱、脱水配料、糖果等。

2. 化学变性

（1）氧化变化

工业上应用 NaClO 处理淀粉，即得到氧化淀粉。由于直链淀粉被氧化后，链成为扭曲状，因而不易引起老化。氧化淀粉的糊，黏度较低，但稳定性高，较透明，成膜性能好，在食品加工中可形成稳定溶液，适用作分散剂或乳化剂。高碘酸或其钠盐也能氧化相邻的羟基成醛基，在研究糖类的结构中非常有用。

（2）交联反应

大多数交联淀粉仅需少量交联，即每 1000 个 $\alpha-D-$ 吡喃葡萄糖基只交联一个或不到一个，就能产生非常显著的作用。当淀粉用多官能团的化学试剂处理后，会发生交联反应，交联淀粉的平均分子质量将显著增加。颗粒淀粉交联后能加强氢键作用，而将淀粉紧密连结在一起，通常只需淀粉质量的 0.005% ~ 0.1% 的试剂就可以明显地改变淀粉的糊化和膨胀性质。例如：淀粉经 0.0025% 三偏磷酸钠处理后，大大降低了颗粒吸水膨胀的程度与速率，增加了淀粉糊的稳定性，改变了淀粉糊的黏度与质构。随交联度增加，淀粉的酸稳定性也增加，虽然在加热酸性溶液时糖苷键产生水解，但是分子链间通过磷酸盐交联，而使分子变大，因而黏度上升。这种重新组合分子构成的交联淀粉具有热稳定性和抗机械加工的能力，目前使用的交联淀粉，在食品中添加量一般不超过 5%，它用作色拉调味汁的增稠剂时，能显示在低 pH 值和高速搅拌下，不降低黏度的特性，同时在低 pH 值储藏时具有良好的稳定性。在罐头高温快速消毒时能显示低初始黏度、高热传递和快速升温的效果，随后增加稠度而提供必要的悬浮状态和组织形态。它还广泛用于汤料、罐头、肉汁、酱汁、调味料、婴儿食品和玉米酱以及油炸食品的面团混合料的制作等。

（3）取代反应

淀粉葡萄糖单元上羟基被取代基团取代的程度，经常用取代度（DS）描述。DS 表示每个葡萄糖单元上被取代基取代的平均羟基数。因为淀粉的每个葡萄糖单元上有三个可被取代的羟基，所以 DS 的最大值是 DS = 3。若用取代基的摩尔数表示式，则称为摩尔取代度（MS）。因为取代基不仅和葡萄糖上的羟基反应，而且还可以进一步和已取代上的基团反应，形成多元取代物，因此，在每个葡萄糖单位上取代的取代基就有可能大于 3，所以，MS ≥ DS。天然淀粉通过改性可以增强其功能性质，例如改善烧煮性质，提高溶解度，提高或降低淀粉糊黏度，提高冷冻—解冻稳定性，提高透明度，抑制或有利于凝胶的形成，增加凝胶强度，减少凝胶脱水收缩，提高凝胶稳定性，增强与其他物质相互作用，提高成膜能力与膜的阻湿性以及耐酸、耐热,耐剪切等。

淀粉分子含有大量羟基,在改性过程中,只有极少量羟基被改性,一般接很少量酯基与醚基,取代度 DS 为 0.002~0.2。虽然只有很少量羟基被改性,但是淀粉性质却产生了很大的变化,大大扩展了它们的用途。可采用醋酐,三聚磷酸钠、磷酸以及三偏磷酸钠等对淀粉进行酯化;采用氧化丙烯对淀粉进行醚化(图4-48)。淀粉经酯化或醚化后引入了功能基团如羟丙基、磷酸酯基和乙酰基,阻止了链间缔合。由于减少了分子间缔合,因此淀粉糊形成凝胶的能力降低,也使沉淀不易产生。这种改性方法称为稳定化,所得产品称为稳定化淀粉。改性淀粉中乙酰化度最大的允许值 DS 为 0.09,它能降低糊化温度,提高淀粉糊的透明度,提高抗老化以及冷冻—解冻的稳定性。磷酸一酯淀粉也能提高淀粉糊的透明度和稳定性,并具有乳化性和冷冻—解冻稳定性。磷酸酯化淀粉还降低了淀粉的糊化温度,酯化度 DS 的最大允许值为 0.002。羟丙基淀粉的最大允许醚化度 DS 为 0.02~0.2,羟丙基化可降低淀粉糊化温度,羟丙基淀粉形成的淀粉糊不会老化,耐受冷冻与解冻,并广泛应用于增稠。

图 4-48　几种淀粉的改性方法

3. 酶变性

各种淀粉的酶变性的第一阶段都是水解。以前解聚作用是通过加酸来实现的,由于这种反应程度难以控制,现在采用各种各样的酶,可以获得各种特定的产品,如前所述,根据水解程度不同,可获得麦芽糊精和玉米糖浆等产品。

天然淀粉与改性淀粉都可以制成预糊化淀粉,它是由淀粉浆料糊化后及尚未老化前,立即进行滚筒干燥,最终产品即为冷水溶的预糊化淀粉。预糊化淀粉在使用时不需要进行烧煮,能同糖和其他食品配料干混,例如制成布丁粉。预糊化淀粉的性质类似于亲水胶休,易于溶解,化学改性的预糊化淀粉具有改性淀粉的所有性质。

目前最通常使用的变性淀粉是羟丙基淀粉、磷酸单酯淀粉、乙酸酯淀粉和交联淀粉。变性淀粉中乙酸酯淀粉乙酰化度最大的允许值 DS 为 0.09,它能降低糊化温度,提高淀粉糊的透明度,提高抗老化及冻融稳定性。磷酸单酯淀粉也能提高淀粉糊的透明度和稳定性,并具有乳化性和冻融稳定性,磷酸酯化淀粉还降低了淀粉的糊化温度,酯化度 DS 的最大允许值为 0.002。羟丙基淀粉的最大允许醚化度 MS 为 0.02 ~ 0.2。羟丙基化可降低淀粉糊化温度,羟丙基淀粉形成的淀粉糊不会老化,具有冻融稳定性和增稠的功能。交联淀粉仅需少量的交联,即每 1000 个 α – D – 吡喃葡萄糖基只交联一个或不到一个,就能产生非常显著的作用,如大大降低淀粉颗粒吸水膨胀的程度与速率,增加淀粉糊的稳定性,改变淀粉糊的黏度与质构等。由于交联淀粉降低了淀粉颗粒吸水膨胀和糊化的速率,因而在罐头食品杀菌时,能较长时间保灸持初始的低黏度,这有利于快速热传递与升温,在淀粉颗粒吸水膨胀前达到均匀的杀菌。

变性淀粉具有各种各样的特殊用途,淀粉经醚化、酯化、交联、接枝等变性后可具有各能性质,如胶黏力、稳定乳状液能力、成膜能力、风味释放、持水力、耐酸、耐碱、耐冷、耐剪切、好的口感及质构等。

二、果胶

(一)果胶的结构及形态

果胶分子的主链是由 150 ~ 500 个 α – D – 吡喃半乳糖醛酸基通过 α – 1,4 糖苷键连接而成的聚合物,其中半乳糖醛酸残基中部分羧基与甲醇形成酯,剩余的羧基部分与钠、钾或铵离子形成盐(图 4 – 49)。

图 4 – 49　果胶结构

天然果胶物质的甲酯化程度变化较大,酯化的半乳糖醛酸基与总半乳糖醛酸基的比值称为酯化度(the degree of esterifacation,DE),也有用甲氧基含量来表示酯化度的。通常将酯化度大于50%的果胶称为高甲氧基果胶(high - methoxyl pectin,HM),酯化度低于50%的是低甲氧基果胶(1ow - methoxyl pectin,LM)。天然原料提取的果胶最高酯化度为75%,果胶产品的酯化度一般为20% ~70%。当果胶的 DE >50%时,形成凝胶的条件是可溶性固形物含量(一般是糖)超过55%,pH 为2.0~3.5。当 DE <50%时,通过加入 Ca^{2+} 形成凝胶,可溶性固形物为10% ~20%,pH 为2.5~6.5。

根据果蔬的成熟过程,果胶物质一般有3种形态。

①原果胶:与纤维素和半纤维素结合在一起的甲酯化半乳糖醛酸链,只存在于细胞壁中,不溶于水,水解后生成果胶。在未成熟果蔬组织中与纤维素和半纤维素黏结在一起形成较牢固的细胞壁,使整个组织比较坚固。

②果胶:果胶是羧基不同程度甲酯化和阳离子中和的聚半乳糖醛酸链,存在于植物细胞汁液中,成熟果蔬的细胞液内含量较多。

③果胶酸:果胶酸是完全未甲酯化的聚半乳糖醛酸链,在细胞汁液中与 Ca^{2+}、Mg^{2+}、K^+、Na^+ 等矿物质形成不溶于水或稍溶于水的果胶酸盐。当果蔬变成软状态时,果胶酸的含量较多。

(二)果胶物质凝胶的形成

1. 果胶物质形成凝胶的条件和机理

果胶能形成具有弹性的凝胶,不同酯化度类型的果胶形成凝胶的机制是有差异的。高甲氧基果胶,必须在低 pH 值和高浓度糖中才能形成凝胶,当果胶水溶液含糖量60% ~65%,pH 为2.0~3.5,果胶含量为0.3% ~0.7%(依果胶性能而异)时,在室温,甚至接近沸腾的温度下,果胶能形成凝胶。在 pH 为2.0~3.5 时可阻止羧基离解,使高度水合作用和带电的羧基转变为不带电荷的分子,从而使其分子间的斥力减小,分子的水合作用降低,结果有利于分子间的结合和三维网络结构的形成。蔗糖浓度达到60% ~65%,由于糖争夺水分子,致使中性果胶分子溶剂化程度大大降低,有利于形成分子间氢键和凝胶。果胶凝胶加热至温度接近100℃时仍保持其特性。

商业上生产果胶是以橘子皮和压榨后的苹果渣为原料,在 pH 值为1.5~3 和温度为60℃~100℃时提取,然后通过离子(Al^{3+})沉淀纯化,使果胶形成不溶于水的果胶盐,沉淀用酸性乙醇洗涤以除去添加的离子。果胶常用于制作果酱和果冻的胶凝剂,生产酸奶的水果基质,以及饮料和冰淇淋的稳定剂和增稠剂。

HM 与 LM 果胶形成凝胶机理是不同的。HM 果胶溶液必须在具有足够的糖和酸存在的条件下才能胶凝,又称为糖—酸—果胶凝胶。当果胶溶液 pH 值足够低时,羧酸盐基团转化成羧酸基团,分子不再带电,分子间斥力下降,水合程度降低,分子间缔合形成接合区和凝胶。糖的浓度越高,越有助于形成接合区,这是因为糖与分子链竞争水合水,致使分子链的溶剂化程度大大下降,有利于分子链间相互作用,一般糖的浓度至少在 55%,最好在 65%。凝胶是由果胶分子形成的三维网状结构,同时水和溶质固定在网孔中。此外,凝胶形成的 pH 值也与酯化度相关,快速胶凝的果胶(高酯化度)在 pH = 3.3 也可以胶凝,而慢速胶凝的果胶(低酯化度)在 pH = 2.8 可以胶凝。凝胶形成的条件同样还受可溶性固形物(糖)的含量与 pH 值的影响,固形物含量越高及 pH 值越低,则可在较高温度下胶凝,因此制造果酱与糖果时必须选择 Brix(固形物含量)、pH 值以及合适类型的果胶以达到所希望的胶凝温度。

LM 果胶(DE < 50)必须在二价阳离子(Ca^{2+})存在情况下形成凝胶。胶凝的机理是由不同分子链的均匀区(均一的半乳糖醛酸)间形成分子间接合区。胶凝能力随 DE 的减少而增加。正如其他高聚物一样,相对分子质量越小,形成的凝胶越弱。胶凝过程也和外部因素如温度、pH 值、离子强度以及 Ca^{2+} 的浓度有关。凝胶的形成对 pH 值非常敏感,pH 值为 3.5,LM 果胶胶凝所需的 Ca^{2+} 量超过中性条件。在一价盐 NaCl 存在条件下,果胶胶凝所需 Ca^{2+} 量可以少一些。在相同的高聚物与 Ca^{2+} 浓度下,弹性模量随离子强度增加而增加,这是因为一价离子大大地屏蔽了高聚物的电荷,因此需要较多的 Ca^{2+} 建立接合区。LM 果胶在糖存在的情况下胶凝,由于 pH 与糖双重因素可以促进分子链间相互作用,因此可以在 Ca^{2+} 浓度较低的情况下进行胶凝。

果胶的主要用途是作为果酱与果冻的胶凝剂。果胶的类型很多,不同酯化度的果胶能满足不同的要求。慢胶凝的 HM 果胶与 LM 果胶用于制造凝胶软糖。果胶另一用途是在生产酸奶时用作水果基质,LM 果胶特别适合。果胶还可作为增稠剂与稳定剂;HM 果胶可应用于乳制品,它们在 pH 值为 3.5 ~ 4.2 范围内能阻止加热时酪蛋白聚集,这适用于经巴氏杀菌或高温杀菌的酸奶、酸豆奶以及牛奶与果汁的混合物。HM 与 LM 果胶也能应用于蛋黄酱、番茄酱,混浊型果汁、饮料以及冰淇淋等,一般添加量 < 1%;但是凝胶软糖除外,它的添加量为 2% ~ 5%。

2. 影响果胶凝胶强度的因素

(1)果胶相对分子质量与凝胶强度

形成的凝胶具有一定的凝胶强度,有许多因素影响凝胶形成条件与凝胶强度,最主要的因素是果胶分子的链长与连接区的化学性质。在相同条件下,相对分子质量越大,形成的凝胶越强,如果果胶分子链降解,则形成的凝胶强度就比较弱。凝胶破裂强度与平均相对分子质量具有非常好的相关性,凝胶破裂强度还与每个分子参与连接的点的数目有关,这是因为在果胶溶液转变成凝胶时,每6~8个半乳糖醛酸基形成一个结晶中心。

(2)果胶酯化度与凝胶强度

果胶的凝胶强度随着其酯化度增加而增大,因为凝胶网络结构形成时的结晶中心位于酯基团之间,同时果胶的酯化度也直接影响凝胶速度,果胶的凝胶速度随酯化度增加而增大(表4-8)。

表4-8 果胶酯化度与胶凝条件

果胶类型	酯化度	胶凝条件	胶凝速度
高甲氧基	71~74	Brix > 55,pH < 3.5	快速
高甲氧基	66~69	Brix > 55,pH < 3.5	中速
低甲氧基	40	Ca^{2+}	慢速
低甲氧基	30	Ca^{2+}	慢速

当甲酯化度为100%时,称为全甲酯化聚半乳糖醛酸,只要有脱水剂存在就能形成凝胶。

当甲酯化度大于70%时,称为速凝果胶,加糖、加酸(pH值3.0~3.4)后,可在较高温度下形成凝胶(稍冷即凝)。在"蜜饯型"果酱中,可防止果肉块的浮起或下沉。

当甲酯化度为50%~70%时,称为慢凝果胶,加糖、加酸(pH值2.8~3.2)后,可在较低温度下形成凝胶(凝胶较慢),所需酸量也因果胶分子中游离羧基增多而增大。慢凝果胶用于果冻、果酱、点心等生产中,在汁液类食品中可用作增稠剂、乳化剂。

当甲酯化度小于50%时,称为低甲氧基果胶,即使加糖、加酸的比例恰当,也难形成凝胶,但其羧基能与多价离子(常用 Ca^{2+})产生作用而形成凝胶,多价离子的作用是加强果胶分子间的交联作用(形成"盐桥")。同时, Ca^{2+} 的存在对果胶凝胶的质地有硬化的作用,这就是果蔬加工中首先用钙盐前处理的原因。这类果胶的凝胶能力受酯化度的影响大于相对分子质量的影响。

(3)pH

一定的 pH 有助于果胶—糖凝胶体系的形成,不同类型的果胶胶凝时 pH 值不同,如低甲氧基果胶对 pH 变化的敏感性差,能在 pH 值为 2.5～6.5 范围内形成凝胶,而正常的果胶则仅在 pH 值为 2.7～3.5 范围内形成凝胶。不适当的 pH,不但无助于果胶形成凝胶,反而会导致果胶水解,尤其是高甲氧基果胶和在碱性条件下。

（4）糖浓度

低甲氧基果胶在形成凝胶时,可以不需要糖的加入但加入 10%～20% 的蔗糖,凝胶的质地更好。

（5）温度

当脱水剂(糖)的含量和 pH 适当时,在 0～50℃ 范围内,温度对果胶凝胶影响不大。但温度过高或加热时间过长,果胶将发生降解,蔗糖也发生转化,从而影响果胶的强度。

三、纤维素及纤维素衍生物

（一）纤维素

纤维素是由 β - D - 吡喃葡萄糖基单位通过 β - 1,4 糖苷键连接而成的均一直链高分子高聚物(图 4 - 50)。其聚合度的大小取决于纤维素的来源,一般可以达到 1000～14000。一般认为纤维素分子由 8000 个左右的葡萄糖单位构成的。纤维素(cellulose)是高等植物细胞壁的主要结构组分,通常与半纤维素、果胶和木质素结合在一起,其结合方式和程度在很大程度上影响植物性食品的质地。纤维素是组成植物的最普遍的骨架多糖,植物的细胞壁和木材中有一半是纤维素,棉花、亚麻等原料中主要的成分也是纤维素。

图 4 - 50　纤维素的结构示意图

由于纤维素分子是线性分子,因而易于缔合,形成多晶的纤维束。结晶区是由大量氢键连接而成,结晶区之间由无定形区隔开。纤维素不溶于水,如果部分羟基被取代形成衍生物,则纤维素就转换成水溶性胶。纤维素胶凝性同聚合度大小($DP > 100000$)和取代程度(DS)有关。当所有羟基被取代,则达到最大理论取代度3。一般情况下,取代并不是均匀分布的。随DP增加,溶液黏度增加,取代程度既可增加也可减少,这取决于取代基的性质。

天然纤维素由于链内和链间高度的氢键结合,形成高度结晶化的微纤丝。尽管还存在着微纤丝间的无定形区,但天然纤维素的结构高度稳定,在食品加工中纤维素的结构变化很少。若纤维素和木质素比例高,组织在加工中不易软化;若半纤维素和果胶含量高,在加工或储藏中,随着它们的变化,食品的质地会发生变化。

用X-射线衍射法研究纤维素的微观结构,发现纤维素是由60多条纤维素分子平行排列,并相互以氢键连接起来的束状物质。虽然氢键的键能较一般化学键的键能小得多,但由于纤维素微晶之间氢键很多,所以微晶束结合得很牢固,导致纤维素的化学性质非常稳定,如纤维素不溶于水,对稀酸和稀碱特别稳定,不与费林试剂反应,在一般食品加工条件下不能破坏。但是在高温、高压和酸性(60% ~70% 硫酸或41% 盐酸)条件下,能分解为β - 葡萄糖。这个反应被用于从木材直接生产葡萄糖,用针叶树糖化产生的是己糖,落叶树糖化产生的是戊糖。菌类、软体动物含有纤维素分解酶,可将其分解成低聚糖和葡萄糖并利用它们,哺乳动物则没有纤维素分解酶,对纤维素的利用率一般很低。

人体没有分解纤维素的消化酶,当它们通过人的消化系统时不提供营养与热量,但却具有重要的生理功能。

纤维素可用于食品包装、发酵(酒精)、饲料生产(酵母蛋白和脂肪)、吸附剂和澄清剂等。它的长链中常含有许多游离的醇羟基,具有羟基的各种特征反应,如成酯和成醚反应等。

在天然纤维素中约有60%为结晶部分,它们被无定形区所分隔,无定形区在纤维素的水分脱除时,转化为结晶区。无定形区中存在对酸、碱敏感的化学键,当纤维素进行酸碱处理时,酸进入了低密度的无定形区,破坏了相应的化学键并产生小片段(大小一般在几十个 μm),就得到了微晶纤维素,这是一种相对分子质量为$3 \times 10^4 \sim 5 \times 10^4$,在水中溶解的低分子纤维素产物,但已经不具备纤维结构。微晶纤维素是极易流动的干燥白末,带有许多空隙,在较低的压力下就可成型,成型物快速吸水崩解,因此该产品被广泛用作片剂的赋形剂。此外它具有吸附性,易于保持水、油、香料等成分,因此也可用于油脂、香料等的粉末化及抑制由于固体吸潮造成的结块现象。

(二)半纤维素

半纤维素(hemicellulose)是组成植物细胞壁的主要成分之一,常与纤维素共存,是一种混合多糖,或称杂多糖(hetempolysacchride),水解后将生成阿拉伯糖、木糖、葡萄糖、甘露糖和半乳糖等,有时还有糖醛酸。半纤维素的组成成分因植物种类而异,一般来说以木聚糖(xylan)及木聚糖的葡萄糖醛酸居多。例如,玉米穗中的半纤维素水解后将生成95%的木糖和5%的葡萄糖醛酸。

食品中最主要的半纤维素是由(1→4)-β-D-吡喃木糖基单位组成的木聚糖骨架,也是膳食纤维的一个来源。粗制的半纤维素可分为一个中性组分(半纤维素 A)和一个酸性组分(半纤维素 B),半纤维素 B 在硬质木材中特别多。两种半纤维素都有 β-D-(1→4)键结合成的木聚糖链。在半纤维素 A 中,主链上有许多由阿拉伯糖组成的短支链,还存在 D-葡萄糖、D-半乳糖和 D-甘露糖,从小麦、大麦和燕麦粉得到的阿拉伯木聚糖就是其典型例子。半纤维素 B 不含阿拉伯糖,它主要含有 4-甲氧基-D-葡萄糖醛酸,因此它具有酸性。

粮粒皮壳、玉米穗、禾谷秸秆等富含半纤维素,它们的水解产物中的木糖可以用来制造糠醛,还可以制成结晶木糖或木糖浆。木糖的甜味接近于蔗糖,故可应用于糖果和其他食品工业。

半纤维素在焙烤食品中的作用很大,它能提高面粉结合水能力,改进面包面团混合物的质量,降低混合物能量,有助于蛋白质的进入和增加面包的体积,并能延缓面包的老化。

半纤维素是膳食纤维的一个重要来源,对肠蠕动、粪便量和粪便通过的时间产生有益生理效应,对促使胆汁酸的消除和降低血液中的胆固醇方面也会产生有益的影响。事实表明它可以减轻心血管疾病、结肠紊乱,特别是防止结肠癌。食用高纤维膳食的糖尿病人可以减少对胰岛素的需求量,但是,多糖胶和纤维素在小肠内会减少某些维生素和必需微量元素的吸收。

(三)甲基纤维素

在强碱性(氢氧化钠)条件下,经一氯甲烷处理纤维素引入甲基,即得到甲基纤维素(methylcellulose,MC),这种改性属于醚化(图4-51)。商品级 MC 取代度一般为1.1~2.2,取代度为1.69~1.92 的 MC 在水中有最高的溶解度,而黏度主要取决于其分子的链长。由于纤维素分子中存在醚基,因而使分子具有一些表面活性,能在界面上吸附,有助于稳定乳状液与泡沫。

图4-51 纤维素醚化生产甲基纤维素

甲基纤维素除具有一般亲水性多糖胶的性质外,比较突出和特异之处有以下3点。

①甲基纤维素的溶液在被加热时,最初黏度下降,与一般多糖胶相同,然后黏度很快上升并形成凝胶,凝胶冷却时又转变为溶液,即是热凝胶。这是由于加热破坏了各个甲基纤维素分子外面的水合层而造成聚合物之间疏水键增加的缘故。电解质(例如氯化钠)和非电解度(例如蔗糖或山梨醇)均可降低形成凝胶的温度,这是因为它们争夺水分子的缘故。

②MC本身是一种优良的乳化剂,而大多数多糖胶仅仅是乳化助剂或稳定剂。

③MC在一般食用多糖中有最优良的成膜性。

因此,甲基纤维素可增强食品对水的吸收和保持,使油炸食品减少油脂的吸收;在某些食品中可起脱水收缩抑制剂和填充剂的作用;在不含面筋的加工食品中作为质地和结构物质;在冷冻食品中用于抑制脱水收缩,特别是沙司、肉、水果、蔬菜以及在色拉调味汁中可作为增稠剂和稳定剂;还可用于各种食品的可食涂布料和代脂肪;不能被人体消化吸收,是无热量多糖。

(四)羧甲基纤维素

羧甲基纤维素(carboxyl methyl cellulose,CMC)是采用18%氢氧化钠处理纯木浆得到的碱性纤维素,碱性纤维素与氯乙酸钠盐反应,生成了纤维素的羧甲基醚钠盐(CMC-Na),一般产品的取代度DS为0.3~0.9,聚合度为500~2000。作为食品配料用和市场上销售量最大的CMC的DS为0.7。

由于CMC是由带负电荷的、长的刚性分子链组成,在溶液中因静电斥力作用而具有高黏性和稳定性,并与取代度和聚合度有关。取代度为0.7~1.0的羧甲基纤维素易溶于水,形成非牛顿流体,其黏度随温度升高而降低,溶液在pH 5~10时稳定,在pH 7~9时有最高的稳定性,并且当pH为7时,黏度最大,而

pH 在 3 以下时,则易生成游离酸沉淀;当有二价金属离子存在的情况下,其溶解度降低,并形成不透明的液体分散系;三价阳离子存在下能产生凝胶或沉淀,其耐盐性较差。例如,Ca^{2+} 浓度高时,可使 CMC 从溶液中沉淀出来,镁离子和亚铁离子对 CMC 的分散也有相似的影响;重金属如银,钡,铬,铅的离子可使 CMC 从溶液中沉淀出来;多价阳离子 Al^{3+}、Cr^{3+} 或 Fe^{3+} 可以使 CMC 从溶液中沉淀出来。

羧甲基纤维素有助于增溶一般食品的蛋白质,例如明胶、酪蛋白和大豆蛋白质,通过形成 CMC—蛋白质复合物而增溶。CMC - Na 能稳定蛋白质分散体系,特别是在接近蛋白质等电点的 pH 下,如鸡蛋清可用 CMC - Na 一起干燥或冷冻而得到稳定,CMC - Na 也能提高乳制品稳定性以防止酪蛋白沉淀。在果酱、番茄酱中添加 CMC - Na,不仅增加黏度,而且可增加固形物的含量,还可使其组织柔软细腻。在面包和蛋糕中添加 CMC - Na,可增加其保水作用,防止淀粉的老化。在方便面中加入 CMC - Na,较易控制水分,减少面饼的吸油量,并且还可增加面条的光泽,一般用量为 0.36%。在酱油中添加 CMC - Na 以调节酱油的黏度,使酱油具有滑润口感。

思考题

1. 什么是糖类？糖类是怎么分类的？
2. 食品中单糖有哪些化学性质？
3. 简述美拉德反应和焦糖化反应。
4. 说明淀粉糊化和回生的现象以及与淀粉质食品品质的关系。
5. 改性淀粉的性质及在食品工业中的用途。
6. 果胶凝胶的形成条件有哪些？果胶凝胶的强度和什么因素有关？
7. 纤维素及纤维素衍生物在食品工业有哪些用途？

第五章 脂质

本章重点：油脂的同质多晶现象，油脂中常见乳化剂的乳化原理；油脂自动氧化的自由基反应历程的机理，酚类及类胡萝卜素的抗氧化机理；油脂加工的化学原理和方法；食品中脂肪含量的测定，脂肪过氧化值、酸价的测定。

难点：油脂自动氧化的自由基反应历程。

第一节 概述

一、脂质的定义及作用

脂质是生物体内一大类能溶于有机溶剂而不溶于水的疏水性物质，是脂肪组织的主要成分。其中约99%的是脂肪酸甘油酯（亦称三酰基甘油），即我们俗称的脂肪。习惯上将室温下呈固态的脂肪称为脂，呈液态的称为油。

脂肪是食品中重要的组成成分和营养成分，其主要功能之一就是提供热量，每克脂肪提供39.58 kJ热能，与同质量的蛋白质和碳水化合物相比，脂肪所含的热量是蛋白质和碳水化合物的两倍。此外，脂肪能提供亚油酸、亚麻酸等人体必需脂肪酸，并能运输脂溶性维生素，缺乏这些物质，人体会产生多种疾病甚至危及生命。脂肪是重要的热媒介质，能增进食品风味，如用于煎炸食品等。塑性脂肪具有造型功能，如制作人造奶油、蛋糕或其他食品上的造型图案等。塑性脂肪制作的起酥油还可使糕点产生酥性，专用油脂对糕点具有很多重要功能。油脂还赋予食品良好的口感和风味，增加消费者食欲。脂肪也是组成生物细胞不可缺少的物质，是体内能量储存最适宜的形式。

二、脂质的分类

脂质按其结构和组成可分为简单脂质、复合脂质和衍生脂质（图5-1）。

图 5 – 1　脂质的分类

第二节　油脂的结构及组成

一、脂肪酸的结构和命名

（一）脂肪酸的结构

脂肪酸是天然油脂加水分解生成的脂肪族羧酸化合物的总称,属于脂肪族的一元羧酸。

1. 天然脂肪酸的分类

按天然脂肪酸的结构类型,脂肪酸分为:饱和脂肪酸和不饱和脂肪酸,如脂肪酸碳链上的氢原子被其他原子或原子团取代,则称为取代酸(图 5 – 2 为蓖麻酸的结构)。

$$\underset{\displaystyle CH_3(CH_2)_5CHCH_2CH\!=\!\!=\!\!\overset{c}{=}\!CH(CH_2)_7COOH}{\overset{\displaystyle \overset{\textstyle OH}{|}}{}}$$

图 5 – 2　蓖麻酸的结构

2. 天然脂肪酸的结构特点

①绝大多数为天然脂肪酸具有偶数碳原子,而且是直链的,极少数为奇数碳链和具有支链的脂肪酸;

②不饱和脂肪酸多为顺式结构;

③多烯不饱和脂肪酸,大部分是非共轭、五碳双烯结构。

—CH═CHCH₂CH═CH—　　　—CH═CHCH═CH—

非共轭酸(1,4 – 不饱和系统)　　共轭酸(1,3 – 不饱和系统)

（二）脂肪酸的命名

1. 饱和脂肪酸

① 系统命名法：选含羧基最长的碳链为主链，从羧基开始编号，如 CH_3（CH_2）$_{16}$COOH 称为十八碳酸。

②脂肪酸可以用简单的数字表示，如十四烷酸记为 $C_{14:0}$ 或 14:0。

③脂肪酸可用俗名来命名，如月桂酸、棕榈酸、硬脂酸等。

④脂肪酸可用英文缩写表示，如月桂酸 La、棕榈酸 P、硬脂酸 St。

2. 不饱和脂肪酸

① 系统命名法：选含羧基和双键最长的碳链为主，从羧基端开始编号，并标出不饱和键的位置，如：

$$\begin{array}{ccc} H & & H \\ | & c & | \\ {}^{10}C & = & C^{9} \\ | & & | \\ H_3C(H_2C)_7 & & (CH_2)_7COOH \end{array}$$

顺 － 9 － 十八碳一烯酸

② 脂肪酸可以用简单的数字表示，如 $9c－18:1$，其中，9 是从羧基端开始的，c 表示顺式，t 表示反式。

③ n 或 ω 法，从甲基开始编号至第一个双键，标记为 $n－$ 或 ω，如亚油酸可表示为 $18:2(n－6)$ 或 $18:2\omega 6$，油酸则表示为 $18:1(n－9)$ 或 $18:1\omega 9$。n 或 ω 法仅限于：双键为顺式、若有多个双键应为五碳双烯型（—CH＝CHCH$_2$CH＝CH—）、直链的不饱和脂肪酸。

$$CH_3(CH_2)_4CH \overset{c}{=\!=\!=} CHCH_2CH \overset{c}{=\!=\!=} CH(CH_2)_7COOH$$

顺 － 9，顺 － 12 － 十八碳二烯酸或 $9c,12c－18:2$

$$18:2(n－6) \text{ 或 } 18:2\omega 6$$

④ 脂肪酸可用俗名来命名，如油酸、亚油酸等。

⑤可用英文缩写表示，如油酸 O、亚油酸 L，见表 5－1。

表 5 －1　一些常见脂肪酸的命名

系统命名	俗名	速记表示	分子式	英文缩写
十二烷酸 dodecanoic	月桂酸 lauric acid	$C_{12:0}$	$C_{12}H_{24}O_2$	La

续表

系统命名	俗名	速记表示	分子式	英文缩写
十四烷酸 tetradecanoic	豆蔻酸 myristic acid	$C_{14:0}$	$C_{14}H_{28}O_2$	M
十六烷酸 hexadecanoic	棕榈酸 palmitic acid	$C_{16:0}$	$C_{16}H_{32}O_2$	P
顺-9-十六碳一烯酸 cis-4-hexadecenoic	棕榈油酸 palmtoleic acid	$9c-16:1$	$C_{16}H_{30}O_2$	Po
十八烷酸 octadecanoic	硬脂酸 stearic acid	$C_{18:0}$	$C_{18}H_{36}O_2$	St
顺-9-十八碳一烯酸 cis-9-octadecenoic	油酸 oleic acid	$9c-18:1$	$C_{18}H_{34}O_2$	O
顺-9,顺-12-十八碳二烯酸 cis-9,cis-12-octadecadienoic	亚油酸 linoleic acid	$9c,12c-18:2$	$C_{18}H_{32}O_2$	L
顺-9,顺-12,顺-15-十八碳三烯酸 cis-9,cis-12,cis-15-octadecatrienoic	α-亚麻酸 α-linolenic acid	$9c,12c,15c-18:3$ $18:3(n-3)$	$C_{18}H_{30}O_2$	α-Ln
顺-6,顺-9,顺-12-十八碳三烯酸 cis-6,cis-9,cis-12-octadecatrienoic	γ-亚麻酸 γ-linolenic acid	$6c,9c,12c-18:3$ $18:3(n-6)$	$C_{18}H_{30}O_2$	γ-Ln
二十烷酸 eicosonoic	花生酸 arachidic acid	$C_{20:0}$	$C_{20}H_{40}O_2$	Ad
顺-5,顺-8,顺-11,顺-14-二十碳四烯酸	花生四烯酸 arachidonic acid	$20:4(n-6)$	$C_{20}H_{32}O_2$	An
顺-5,顺-8,顺-11,顺-14,顺-17-二十碳五烯酸	eicosapentanoic acid	$20:5(n-3)$	$C_{20}H_{30}O_2$	EPA
顺-13-二十二碳烯酸 cis-13-docosenoic	芥酸 erucic acid	$13c-22:1$	$C_{22}H_{42}O_2$	E
顺-4,顺-7,顺-10,顺-13,顺-16,顺-19-二十二碳六烯酸	docosahexanoic acid	$22:6(n-3)$	$C_{22}H_{32}O_2$	DHA
12-羟基,顺-9-十八碳一烯酸	蓖麻酸 ricinoleic acid	$12-OH,9c-18:1$	$C_{18}H_{34}O_3$	Ro

二、脂肪的结构和命名

(一) 脂肪的结构

脂肪是甘油与脂肪酸结合而成的三酯,即三酰基甘油(图5-3)。

$$H_2C—OH$$
$$HO——CH + 3R_iCOOH \longrightarrow R_2OCO——CH$$
$$H_2C—OH \qquad\qquad\qquad H_2C—OCOR_3$$

（图中右侧）$H_2C—OCOR_1$

i = 1,2,3

R_1,R_2,R_3 分别为不同碳链的烷烃

图5-3 甘油与脂肪酸的反应

如果构成甘油三酯的三个脂肪酸相同,则生成物为同酸甘三酯;如不相同,

生成的则是异酸甘三酯。如图 5-4 中,甘三酯是由硬脂酸、油酸、软脂酸构成,因此,为异酸甘三酯。

$$H_2C\text{——}OOC(CH_2)_{16}CH_3$$
$$H_3C(H_2C)_7HC \text{===} HC(H_2C)_7COO\text{——}C^*11$$
$$H_2C\text{——}OOC(CH_2)_{14}CH_3$$

图 5-4　异酸甘三酯 Sn-甘油-1-硬脂酰酯-2-油酰酯-3-软脂酰酯

(二) 三酰基甘油的命名

三酰基甘油的命名有赫尔斯曼(Hischmann)提出的立体有择位次编排命名法 (Stereospecific numbering,简写 Sn) 和堪恩(Cahn)提出的 R/S 系统命名法,由于后者应用有限(不适用于甘油 C_1、C_3 上脂肪酸相同的情况),故此处仅介绍 Sn 命名法。此法规定采用甘油的 Fisher 投影式,中间的羟基位于中心碳的左边,另外两个位于中心碳原子的右边,习惯上将碳原子从顶部到底部的次序编号为 1~3,如下式:

$$H_2C\text{——}OH \qquad Sn-1$$
$$HO\blacktriangleright C \blacktriangleleft H \qquad Sn-2$$
$$H_2C\text{——}OH \qquad Sn-3$$

当硬脂酸在 Sn-1 位酯化,油酸在 Sn-2 位酯化,豆蔻酸在 Sn-3 酯化时,形成的甘油三酯(图 5-5)可表示为:

$$H_2C\text{—}OOC(CH_2)_{16}CH_3$$
$$H_3C(H_2C)_7HC \text{===} HC(H_2C)_7H_2COO\text{——}C\text{—}H$$
$$H_2C\text{—}OOC(CH_2)_{12}CH_3$$

$$St$$
$$O\text{——}$$
$$M$$

图 5-5　甘油三酯的结构式

①中文系统命名:1-硬脂酰-2-油酰-3-豆蔻酰-Sn-甘油,或 Sn-甘油-1-硬脂酰酯-2-油酰酯-3-豆蔻酰酯。

②脂肪酸可以用简单的数字表示,Sn-18:0-18:1-14:0。

③英文缩写表示,Sn-StOM。

④有时也采用传统的 α、β 命名法来表示甘油酯的立体结构。α 是指 Sn-1 位和 Sn-3 位,β 指 Sn-2 位。

Sn 命名法虽然准确但十分繁琐,为方便起见,甘油三酯也以简单的形式表示,如 SSS、SSU、SUU 及 UUU 分别表示三饱和脂肪酸甘油酯、一不饱和二饱和脂肪酸甘油酯、一饱和二不饱和脂肪酸甘油酯及三不饱和脂肪酸甘油酯。

第三节　油脂的物理性质

一、气味和色泽

纯净的脂肪是无色无味的,天然油脂略带黄绿色,是由于含有一些脂溶性色素(如类胡萝卜素、叶绿素等)所致,油脂精炼脱色后,色泽变浅。

多数油脂无挥发性,少数油脂含有短链脂肪酸,会产生臭味。油脂的气味大多是由非脂成分引起的,如芝麻油的香味是由乙酰吡嗪引起的,椰子油的香味是由壬基甲酮引起的,而菜籽油受热时,黑芥子苷受热分解产生刺激性气味。

乙酰吡嗪　　　　　壬基甲酮　　　　　　黑芥子苷
（芝麻香味）　　　（椰子油香味）　　　（菜油）

二、烟点、闪点和着火点

油脂的烟点、闪点、着火点是油脂接触空气加热时的热稳定性指标。

烟点是指在不通风情况下,观察到油样发烟时的温度。闪点是油样挥发的物质能被点燃,但不能维持燃烧时的温度。着火点是指油样挥发的物质能被点燃,并能维持燃烧超过 5s 时的温度。

各类油脂的烟点差异不大,精炼后的油脂烟点一般在 240℃ 左右,但未精炼的油脂,特别是游离脂肪酸含量较高的油脂,其烟点、闪点和着火点大大降低。

三、结晶特性

1. 同质多晶现象

经 X - 射线衍射测定表明:固体脂的微观结构是高度有序的晶体结构,其结构可用一个基本的结构单元(晶胞)在三维空间作周期性排列而得到。

固体脂的结晶方式有多种,即存在同质多晶现象。所谓同质多晶是指化学组成相同的物质,结晶时可以得到多种晶体型态(晶型),熔融时生成相同的液相,这种现象称为同质多晶现象,具有同质多晶现象的物质称为同质多晶物。

不同的晶型具有不同的稳定性,在多数情况下,多种晶型可以同时存在,而且各种晶型之间可以相互转化。一般是亚稳态的同质多晶体在未熔化时会自发地转变成稳定态,这种转变具有单向性。天然脂肪多为单向转变。

2. 脂肪酸的同质多晶

长碳链化合物的同质多晶与烃链的不同堆积排列方式或不同的倾斜角有关,可以用晶胞内沿链轴方向重复的最小单元——亚晶胞来表示堆积方式。脂肪酸烃链中最小重复单元是亚乙基（—CH_2—CH_2—）,甲基和羧基并不是亚晶胞的组成部分,如图 5 – 6。

图 5 – 6　脂肪酸烃链的亚晶胞晶格

已发现烃类亚晶胞有 7 种堆积类型,其中,最常见的类型有三种,见图 5 – 7。

① 三斜堆积(T∥):也称 β 型,其中,两个亚甲基单位连在一起组成乙烯的重复单位,每个亚晶胞中有一个乙烯,所有的曲折平面都是平行的。β 型最稳定,在正烷烃、脂肪酸及甘油三酯中均存在 β 型。

三斜系,T∥　　　　　正交系(垂直),O⊥　　　　六方晶系,HS1

图 5 – 7　烃亚晶胞的常见堆积类型

② 正交(O⊥)堆积:也称 β' 型,每个亚晶胞中有两个乙烯单位,交替平面与它们相邻平面互相垂直。β' 型具有中等程度稳定性。石蜡、脂肪酸及脂肪酸酯都呈现正交堆积。

③六方形堆积(H):一般称为 α 型,当烃类快速冷却到刚刚低于熔点以下时,往往会形成六方形堆积。分子链随机定向,并围绕着它们的长垂直轴而旋转,最不稳定。在烃类、醇类和乙酯类中观察到六方形堆积。

3. 三酰基甘油的同质多晶

一般三酰基甘油的分子链相当长,具有许多烃类的特点,具有三种主要的同质多晶形物:α、β'、β,如图 5-8,三种晶型的特征见表 5-2。

β   β′   α

图 5-8 三酰基甘油的主要晶型

表 5-2 同酸($R_1 = R_2 = R_3$)三酰基甘油同质多晶体的特征

特征	α		β'		β
堆积方式	正六方		正交		三斜
熔点	α	<	β'	<	β
密度	α	<	β'	<	β
有序程度	α	<	β'	<	β

一般来说,甘油三酯的同质多晶现象比较复杂,与三个酰基有关。

在具有相同脂肪酸的三酰基甘油的晶格中,分子排列呈 2 倍链长(DCL)的椅式结构,形成最稳定的 β 晶型,熔点也最高,记作 $\beta-2$。如图 5-9,1,3 位上的链与 2 位上的链的方向是相反的。

而混合型三酰基甘油晶体中的分子排列更为复杂,这是由于三酰基甘油中含有不同链长的脂肪酸,不同的链排列产生不同的结构。此时形成的长间隔结构是由 3 倍链长(TCL)决定的。混酸甘三酯很难获得 β 晶型,所以其最稳定的晶型为 β' 型。图 5-10 给出了三酰基甘油的分子排列方式。

图 5-9　三月桂酸酰基甘油的分子排列

图 5-10　DCL 和 TCL 的结构

　　脂肪的同质多晶性质,很大程度上受到酰基甘油中脂肪酸组成及其位置分布的影响。一般三酰基甘油品种比较接近的脂类倾向于快速转变成稳定的 β 型;而三酰基甘油品种不均匀的脂类倾向于较慢的转变成稳定构型。

　　如大豆油、花生油、玉米油、橄榄油、椰子油及红花油还有可可脂和猪油倾向于形成 β 型;而棉籽油、棕榈油、菜籽油、牛乳脂肪、牛脂及改性猪油倾向于形成 β' 型晶体,该晶体可以持续很长时间。在制备起塑油、人造奶油及焙烤产品时,期

望得到 β' 型晶体,因为它们有助于大量的气体以小的空气泡形式搅入,形成具有良好塑性和奶油化性质的产品。

在实际应用中,若期望得到某种晶型的产品,可通过"调温"即控制结晶温度、时间和速度来达到目的。

生产巧克力的原料可可脂中,含有三种主要甘油酯 Sn - POSt(40%),Sn - StOSt(30%),Sn - POP(15%),能形成六种同质多晶型(I ~ VI)。其中,I 型最不稳定,熔点最低;V 型最稳定,是所期望的结构,使巧克力涂层具有光泽的外观;VI 型比 V 型的熔点高,储藏过程中会从 V 型转变为 VI 型,导致巧克力的表面形成一层非常薄的"白霜"。低浓度表面活性剂能改变脂肪熔化温度范围以及同质多晶型物的数量与类型,表面活性剂将稳定介稳态的同质多晶型,推斥向最稳定型转变。山梨醇硬脂酸一酯和三酯可以抑制巧克力起霜,山梨醇硬脂酸三酯可加速介稳态同质多晶型转变成 V 型。

四、熔融特性

(一) 熔点和沸点

由于天然油脂是各种三酰基甘油的混合物,所以没有确定的熔点和沸点,但是有一定的熔化或沸腾的温度范围。

游离脂肪酸、一酰基甘油、二酰基甘油、三酰基甘油的熔点依次降低,主要是由于它们的极性依次降低,分子间的作用力依次减小的缘故。油脂的熔点一般最高在 $40 \sim 55^{\circ}C$ 之间,而且随着脂肪酸碳链的增长,饱和度提高,三酰基甘油的熔点越高;脂肪酸反式结构熔点高于顺式结构;共轭双键结构的熔点比非共轭双键结构的熔点高。可可脂和陆产动物油脂相对于植物油而言,饱和脂肪酸含量较高,在室温下常呈固态;植物油在室温下呈液态。

油脂的沸点与其组成的脂肪酸有关,一般在 $180 \sim 200^{\circ}C$ 之间,沸点随脂肪酸碳链增长,而升高;但碳链长度相同,饱和度不同的脂肪酸沸点相差不大。

(二) 熔化

晶体物理状态发生改变时,存在一个热焓剧变而温度不变的温度点,对于熔化过程来讲,这个温度称为熔点。由于脂肪是混脂肪酸甘油三酯的混合物,熔化时不是一特定温度,而是存在一温度范围,称为熔程。

脂肪的熔化过程实际上是一系列稳定性不同的晶体相继熔化的总和。

由单一脂肪酸组成的同酸甘油三酯的热焓熔化曲线如图 5 - 11 所示。曲线 ABC 代表了 β 型的热焓随温度的升高而增加。在熔点时吸收热量(熔化热),但温度保持不变,直到固体全部转变成液体为止(B 点为最终点)。另一方面,从不稳定的同质多晶型 α 型晶体转变到稳定的同质多晶型时(从 E 点开始,并与 ABC 曲线相交),伴随有热的放出。

图 5 – 11　稳定的 β 型和不稳定的 α 型同质多晶体热焓熔化曲线

脂肪熔化时,除热焓变化外,体积也会膨胀,但当固体脂从不太稳定的同质多晶体转变为更加稳定的同质多晶体时,体积会收缩,因此,可以用膨胀计测定液体油与固体脂的比容(即比体积)随温度的变化,得到如图 5 – 12 的膨胀熔化曲线,此图与热焓—温度图是完全相似的。由于膨胀测量的仪器简单,比量热法更实用,于是采用膨胀计测定脂肪的熔化性质。

图 5 – 12　甘油酯混合物的热焓或膨胀熔化曲线

曲线 XY 代表体系中固体组分逐步熔化的过程,固体在 X 点处开始熔化,Y 点处全部变为液体。在曲线 b 点处是固液混合物,混合物中固体脂所占的比例为 ab/ac,液体油所占的比例为 bc/ac。而在一定温度下固液比则为 ab/bc,称之为固体脂肪指数(Solid fat index,SFI)。如果脂肪熔化温度范围很窄,熔化曲线的斜率是陡的;相反,如果熔化开始与终了的温度相差很大,则该脂肪具有"大的塑性范围"。

(三)油脂的塑性

在室温下表现为固体的脂肪,实际上是固体脂和液体油的混合物,两者交织在一起,用一般的方法无法将两者分开。这种脂具有可塑造性,可保持一定的外形。所谓油脂的塑性是指固体脂肪在外力的作用下,当外力超过分子间作用力时,开始流动,但当外力撤去后,脂肪重新恢复原有稠度,表现出固体脂肪具有的抗变形的能力。

1. 脂肪的塑性取决于以下条件

①脂肪中的固液比一般用固体脂肪指数(SFI))表示,固液比适当时,塑性最好;固体脂过多,则过硬,塑性不好;液体油过多,则过软,易变形,塑性也不好。固体脂肪指数与食品中脂肪的功能性密切相关。如固体含量少,脂肪非常容易熔化;固体含量高,脂肪变脆,一般来说,脂肪固体含量在 10% ~30% 。

含有大量简单甘三酯的脂肪塑性范围很窄,椰子油与奶油含有大量简单的饱和甘油酯,熔化速率很快。

② 脂肪的晶型。当脂肪为 β' 晶型时,可塑性最强。因为,β' 型在结晶时将大量小气泡引入产品,赋予产品较好的塑性和奶油凝聚性质,而 β 型结晶所包含的气泡少且大,塑性较差。

③熔化温度范围。从熔化开始到熔化结束之间温差越大,则脂肪的塑性越好。

2. 塑性脂肪的用途

塑性脂肪具有良好的涂抹性(涂抹黄油)和可塑性(用于蛋糕的裱花),在焙烤食品中,具有起酥作用。在面团调制过程中加入塑性脂肪,可形成较大面积的薄膜和细条,增强面团的延展性,油膜的隔离作用使面筋粒彼此不能黏结成大块面筋,降低了面团的弹性和韧性,同时降低了面团的吸水率,使制品起酥;塑性脂肪的另一个作用是在调制时能包含和保持一定数量的气泡,使面团体积增大。在饼干、糕点、面包生产中,专用的油脂称为起酥油,是结构稳定的塑性固形脂,具有在 40℃ 时不变软,在低温下较硬,不易氧化的特性。

五、油脂的液晶态

油脂中除固态、液态外,还有一种物理特性介于固态和液态之间的相态,被称为液晶态或介晶态。

油脂的液晶态结构中存在非极性的烃链,烃链之间仅存在较弱的范德瓦耳斯。加热时,未到熔点,烃区便熔化;而油脂中的极性基团(如酯基、羧基),靠范德瓦耳斯、诱导力、取向力、氢键等作用,加热未到熔点时,极性区不熔化,形成液晶相。乳化剂是典型的两亲性物质,易形成液晶相。

在脂类—水体系中,液晶结构主要有三种(图5-13),即层状结构、六方结构及立方结构。层状结构类似生物双层膜,排列有序的两层脂中间夹一层水。当层状液晶加热时,可转变成立方型或六方Ⅱ型液晶。在六方Ⅰ型结构中,非极性集团在六方柱内部,极性基团在六方柱外部,水处在六方柱之间;六方Ⅱ型结构中,水被包裹在六方柱内部,油的极性端包围着水,非极性的烃区朝六方柱外部。立方型结构中也是如此。在生物体内,液晶态影响细胞膜的可渗透性。

层状结构　　　　六方Ⅰ型结构　　　　六方Ⅱ型结构　　　　立方型结构

图5-13　脂类的液晶结构

六、油脂的乳化及乳化剂

(一) 乳状液的稳定性

油、水是互不相溶的两相,但在一定条件下,两者可形成介稳态的乳浊液。其中,一相以直径0.1~50 μm的小液滴分散到另一相中,前者称为内相或分散相,后者称为外相或连续相。乳浊液分为水包油型(O/W),水为连续相,如牛奶是典型的O/W型;油包水型(W/O),油为连续相,奶油是典型的W/O型,如图5-14。

图5-14　水包油和油包水型的乳浊液

乳浊液这种热力学上的不稳定体系,在一定条件下会失去稳定性,出现分层、絮凝,甚至聚结现象,主要是因为:

①重力作用导致分层或沉降:由于重力作用,密度不相同的相产生分层或沉降,油珠半径越大,两相密度差越小,且沉降速度越快。

② 分散相液滴表面静电荷不足导致絮凝:乳状液保持稳定主要取决于乳状液小液滴的表面电荷互相推斥作用,分散的颗粒受到两种作用力,即范德华吸引力和颗粒表面双电层所产生的静电斥力,如果分散相的表面静电荷不足,则液滴与液滴之间的排斥作用不足,导致液滴与液滴相互接近,但液滴的界面膜尚未破裂。

③两相间界面膜破裂导致聚结:这是乳状液失去稳定性的最重要的途径,两相间界面膜破裂,液滴与液滴相互结合,小液滴变成大液滴,界面面积减小,严重时会完全分相。

(二) 乳化剂

1. 乳化剂的乳化作用

① 增大分散相之间的静电斥力。有些离子型表面活性剂可在含有的水相中建立起双电层,导致小液滴之间的斥力增大,使小液滴保持稳定不絮凝,这类乳化剂适用于 O/W 型体系。

②增大连续相的黏度或生成有弹性的厚膜。任何一种能使乳状液连续相黏度增大的因素都可以明显地推迟絮凝和聚结作用的发生。明胶和树胶能增加水相的黏度,抑制分散相絮凝和聚结,对于 O/W 型乳状液保持稳定性是极为有利的。

③减小两相间的界面张力。大多数乳化剂是具有两亲性的化合物,浓集在油—水界面,明显地降低界面张力和减少形成乳状液所需要的能量,因此添加表面活性剂可提高乳状液的稳定性。

④ 微小固体粉末的稳定作用。与分散的油滴大小相比,是非常小的固体颗粒,其界面吸附可以在液滴的周围形成物理垒,阻止液滴絮凝和聚结,使乳状液保持稳定。具有这种作用的物质有粉末状硅胶、各种黏土、碱金属盐和植物细胞碎片。

⑤形成液晶相。液晶对乳状液稳定性具有重要作用,在乳状液(O/W 或 W/O)中,乳化剂、油和水之间的微弱相互作用,均可导致油滴周围形成液晶多分子层,这种界面能垒使得范德瓦耳斯减弱,抑制液滴的絮凝和聚结,当液晶黏度比水相黏度大得多时,这种结构对于乳状液稳定性起着更加明显的作用。

2. 乳化剂的选择

对于 O/W 型和 W/O 型体系所需的乳化剂是不同的,可根据亲水—亲脂平衡(Hydrophilic – lipophilic balance, HLB)性质选择。HLB 值表示乳化剂的亲水亲脂能力,可用实验或计算得到。表 5 – 3 列出了一些常用乳化剂的 HLB 值及日允许摄入量(allowance daily intake, ADI)。

表 5 – 3　某些乳化剂的 HLB 和 ADI

乳化剂	HLB 值	ADI(mg/kg 体重)
一硬脂酸甘油酯	3.8	不限制
一硬脂酸一缩二甘油酯	5.5	0 ~ 25
一硬脂酸三水缩四甘油酯	9.1	0 ~ 25
琥珀酸一甘油酯	5.3	
二乙酰酒石酸一甘油酯	9.2	0 ~ 50
硬脂酰乳酸钠	21.0	0 ~ 20
三硬脂酸山梨糖醇酐酯(司盘 15)	2.1	0 ~ 25
一硬脂酸山梨糖醇酐酯(司盘 60)	4.7	0 ~ 25
一油酸山梨糖醇酐酯(司盘 80)	4.3	0 ~ 25
聚氧乙烯山梨糖醇酐一硬脂酸酯(吐温 60)	14.9	0 ~ 25
丙二醇一硬脂酸酯	3.4	0 ~ 25
聚氧乙烯山梨糖醇酐一油酸酯(吐温 80)	15.0	0 ~ 25

乳化剂在水中的溶解度取决于其 HLB 值的大小。通常,HLB 值范围在 3 ~ 6 之间的乳化剂形成 W/O 型乳状液,数值在 8 ~ 18 之间则有利于形成 O/W 型乳状液,见表 5 – 4。

表 5 – 4　HLB 值与适用性

HLB 值	适用性
1.5 ~ 3	消泡剂
3.5 ~ 6	W/O 型乳化剂
7 ~ 9	湿润剂
8 ~ 18	O/W 型乳化剂
13 ~ 15	洗涤剂
15 ~ 18	溶化剂

HLB 值具有代数加和性,即混合乳化剂的 HLB 值可通过计算得到,通常混

合乳化剂比具有相同 HLB 值的单一乳化剂的乳化效果好。

3.食品中常见的乳化剂

（1）甘油酯及其衍生物

甘油酯是一类广泛用于食品工业的非离子型乳化剂。具有乳化能力的主要是甘油一酯（HLB 2～3），二酯乳化能力差，甘油三酯完全没有乳化能力；目前用的有单双混合酯和甘油一酯，为了改善甘油一酯的性能，还可将其制成衍生物，增加亲水性。甘油一酯通常用于加工人造黄油、快餐食品、低热量涂布料、松软的冷冻甜食和食用面糊等产品。

$$
\begin{array}{ll}
H_2C-O-\overset{\overset{\displaystyle O}{\|}}{C}-R & H_2C-OH \\
HC-OH & HC-O-\overset{\overset{\displaystyle O}{\|}}{C}-R \\
H_2C-OH & H_2C-OH
\end{array}
$$

单甘酯

（2）蔗糖脂肪酸酯

蔗糖脂肪酸酯 HLB 值为 1～16，单酯和双酯产品用的最多，亲水性强，适用于 O/W 型体系，如可用作速溶可可、巧克力的分散剂，防止面包老化等。

蔗糖脂肪酸酯

（3）山梨醇酐脂肪酸酯及其衍生物

山梨醇酐脂肪酸酯是一类被称为司盘的产品，HLB 4～8，山梨醇酐脂肪酸酯与环氧乙烷加成得到亲水性好的吐温，HLB 16～18，但有不愉快的气味，用量过多时，口感苦。

（4）丙二醇脂肪酸酯

丙二醇单酯主要用在蛋糕等西点中，作为发泡剂的主要成分与其他乳化剂配用。

（5）大豆磷脂

大豆磷脂是一种天然的食品乳化剂,是磷脂的混合物,包含有磷脂酰胆碱(卵磷脂,PC)和磷脂酰乙醇胺(脑磷脂,PE),以及部分磷脂酰肌醇及磷脂酰丝氨酸。其中,卵磷脂主要形成 O/W 型乳状液,可用作蛋黄酱、色拉调味汁和蛋糕乳状液的稳定剂。

磷脂酰胆碱 (PC)
卵磷脂

磷脂酰乙醇胺 (PE)
脑磷脂

磷脂酰丝氨酸 (PS)

磷脂酰肌醇 (PI)

(6) 其他乳化剂

硬脂酰乳酸钠(或钙),亲水性强,适用于 O/W 型,可与淀粉分子络合,防止面包老化;木糖醇酐单硬脂酸酯,常用于糖果、人造奶油、糕点等食品中。

第四节　油脂在储藏加工过程中的化学变化

一、油脂的氧化

油脂的氧化同营养、风味、安全、储存及经济有着密切的关系,油脂氧化是油脂及含油食品变质的主要原因之一,油脂在储藏期间,因空气中的氧气、光照、微生物和酶的作用,而导致油脂变哈喇,即产生令人不愉快的气味和苦涩味,同时产生一些有毒的化合物,这些统称为油脂的酸败。食品在储藏和加工中产生的酸败是我们不希望的,但有时油脂的适度氧化,对于油炸食品香气的形成却又是必需的,因此,油脂氧化对食品工业是至关重要的。

(一) 空气氧

1. 空气氧的存在状态——三线态氧($^3O_2$)和单线态氧($^1O_2$)

氧分子含有两个氧原子,有 12 个价电子,根据泡利不相容原理和洪特规则,分别填充在 10 个分子轨道(即 5 个成键轨道,5 个反键轨道)中。其中有两个未成对的电子,分别填充在 $\pi_{2p_y}^{*}$ 和 $\pi_{2p_z}^{*}$ 的分子轨道中,就组成了两个自旋平行,不成对的单电子轨道(图 5-15),所以氧分子具有顺磁性。

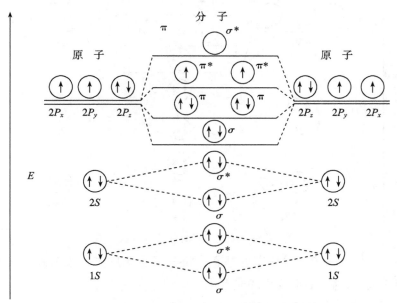

图 5-15 三线态氧的分子轨道示意图

根据光谱线命名规定:没有未成对电子的分子称为单线态(Singlet,S);有一个未成对电子的分子称为双线态(Doublet,D);有两个未成对电子的分子称为三线态(Triplet,T),所以,基态的空气氧分子为三线态(T),激发态氧分子为单线态(S)(图 5-16),游离基氧为双线态(D)。

2. 不同线态氧分子与脂类分子可能发生的反应

把自旋守恒定律应用于油脂氧化反应,其反应过程如下:

单线态 + 单线态→单线态(S)[生成低能量的基态产物,反应容易进行]

单线态 + 三线态→三线态(T)[生成高能量的激发态产物,反应无法直接进行]

单线态 + 双线态→双线态(D)[生成低能量产物,反应容易进行]

三线态 + 双线态→双线态(D)[生成低能量产物,反应容易进行]

根据上述规则,三线态的基态氧分子与单线态的基态有机物分子反应产生一个三线态产物,由于三线态的生成物一般是含能量高的激发态而使反应无法直接进行,只有通过游离基的产生来克服能量障碍才能使基态氧与有机分子顺利地发生反应(T+D→D),这与后面要讲的油脂自动氧化和酶促氧化机理相符

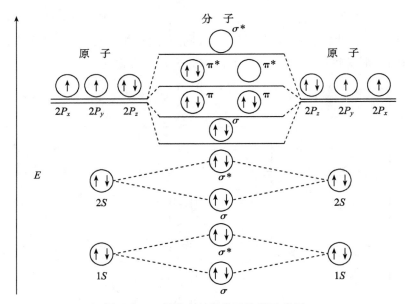

图 5-16 单线态氧的分子轨道示意图

合。单线态的氧分子与单线态的基态有机分子直接反应生成单线态产物,此过程很容易进行,这与后面要讲的光氧化机理相符合。

3. 油脂空气氧化的一般过程

油脂空气氧化包括自动氧化、酶促氧化和光氧化。油脂空气氧化过程是一个

图 5-17 油脂氧化的一般过程

动态平衡过程,油脂氧化的初级产物是氢过氧化物。在油脂氧化生成氢过氧化物的同时,还存在着氢过氧化物分解和聚合,氢过氧化物的含量增加到一定值,分解和聚合速度都会增加(图5-17)。反应底物和反应条件的不同导致反应的动态平衡结果也不同。

(二)自动氧化(Autoxidation)

1. 自动氧化的机理

自动氧化是一个自催化过程,是一个游离基链反应,是活化的不饱和脂肪与基态氧发生的自由基链反应。反应过程分3个阶段,即链引发、链传播和链终止,基本模型如下:

引发(initiation): 产生游离基 R· 或 RO₂·

$$RH + X \cdot \longrightarrow R \cdot + XH(R_i) \tag{5-1}$$

链传播(propagation):
$$R \cdot + O_2 \xrightarrow{K_o} RO_2 \cdot \tag{5-2}$$

$$RO_2 \cdot + RH \xrightarrow{K_p} ROOH + R \cdot \tag{5-3}$$

终止(termination):
$$RO_2 \cdot + RO_2 \cdot \xrightarrow{K_t} ROOR + O_2 \tag{5-4}$$

$$RO_2 \cdot + R \cdot \xrightarrow{K_t'} ROOR \tag{5-5}$$

$$R \cdot + R \cdot \xrightarrow{K_t''} R—R \tag{5-6}$$

(RH 表示参加反应的不饱和底物;H 表示双键旁亚甲基上最活泼的氢原子)

在链引发阶段,不饱和脂肪酸及其甘油酯(RH)在自由基引发剂的存在下脱氢,产生烷基自由基(R·);随后,在链传播阶段,R· 与空气中的氧结合,形成过氧化自由基 ROO·,ROO· 又夺取另一分子 RH 的亚甲基氢,生成氢过氧化物 ROOH,同时产生新的 R·,如此循环下去;在链终止阶段,自由基之间反应,形成非自由基化合物,结束链反应。

这一过程是公认的自动氧化反应机制,反应中产生的各种自由基以及其他产物均已被现代仪器手段所证实,但自动氧化的引发仍然不很清楚。通过能量和机理分析以及实验研究认为,主要的引发机理有以下三个:

$$RH + M^{+++} \longrightarrow R \cdot + H^+ + M^{++} \tag{5-7}$$

$$ROOH + M^{++} \longrightarrow RO \cdot + OH^- + M^{+++} \tag{5-8}$$

$$ROOH + M^{+++} \longrightarrow ROO \cdot + H^+ + M^{++} \tag{5-9}$$

上述过程均有过渡金属参与。当 ROOH 不存在时主要以式(5-7)进行,而 ROOH 存在时式(5-8)反应最快,式(5-9)次之。科学家们认为对于油脂的氧化过程式(5-8)和式(5-9)起主要作用。反应中 ROOH 来源于光氧化产物,油脂在加工储存过程中无法避免光照,而油脂中一般均有微量叶绿素,光氧化速度很快,ROOH 很容易产生。如此看来式(5-1)中的 X 可能是过渡金属离子,亦可能是 ROOH 分解产生的各种游离基。在特殊情况下如高能辐射或直接加入引发剂均可以产生游离基。

2. 单氢过氧化物的形成

含有不饱和双键的油脂在室温条件下即可发生自动氧化反应;饱和酸或酯在室温条件下不易发生氧化,但不是不发生反应。由于氧化反应过程非常复杂,研究油脂氧化反应历程一般以单一的脂肪酸酯为对象,比较清楚易懂。

（1）油酸酯

1942 年 E. H. Farmer 首次分离出油酸酯氢过氧化物,奠定了现代油脂氧化反应的基础。采用各种色谱手段可以从油酸酯的氧化产物中分出四种位置异构体,即 8 - OOH Δ^9（26% ~27%）、9 - OOHΔ^{10}（22% ~24%）、10 - OOHΔ^8（22% ~23%）、11 - OOHΔ^9（26% ~28%）。反应过程如图 5-18。

图 5-18　油酸酯的自动氧化产生氢过氧化物

油酸酯在过渡金属离子的作用下,双键两边 C_8、C_{11} 位上的—CH_2—被活化脱去一个 H 质子,产生不对称电子,不对称电子与双键的 π 键进行杂化,形成了不定域的共平面丙烯基,不定域的共平面丙烯基经 1,3 - 双键电子迁移,产生共振体的丙烯基,共振体与共平面的丙烯基被基态氧氧化,生成过氧化游离基

ROO·,过氧化游离基与另一分子油酸酯反应,则生成各种位置不同的氢过氧化物和游离基。

经气—质联用分析,四种氢过氧化物油酸酯的含量相差不大,只是 C_8、C_{11} 位上的—CH_2—直接脱氢生成的氢过氧化物异构体比经 1,3 - 电子迁移产生的共振体 C_9、C_{10} 的氢过氧化物异构体稍多一些。

（2）亚油酸酯

亚油酸酯的自动氧化比油酸酯快 10~40 倍,因为亚油酸酯双键中间 C_{11} 位上含一个—CH_2—,—CH_2—非常活泼,很容易和过渡态金属离子作用脱氢,生成 C_{11} 位上的游离基,C_{11} 位上的游离基经 1,3 - 电子迁移产生 2 个不定域的 1,4 - 戊二烯游离基,1,4 - 戊二烯游离基则被基态氧分子氧化,生成 2 个过氧化游离基,过氧化游离基再与另一分子亚油酸酯反应,则生成 2 个含量相当的氢过氧化亚油酸酯和亚油酸酯游离基。反应如图 5 - 19 所示。

图 5 - 19 亚油酸酯的自动氧化产生氢过氧化物

低温时氧化,顺反异构均有存在。但在较高温度下氧化以反式异构体为主,这是由于温度高时 $13-OOH\Delta^{9,11}$ 与 $9-OOH\Delta^{10,12}$ 可以相互转化,在互变的同时发生构型转变。同时由于反反构型比较稳定,与 O_2 接触所受空间障碍的阻力小,因此,在一般情况下,亚油酸酯的氧化产物以反式异构体占多数。

（3）亚麻酸酯

亚麻酸酯比亚油酸酯的自动氧化速度快 2~4 倍,原因是亚麻酸酯在 C_{11}、C_{14} 有两个活泼的亚甲基。其氧化生成四种氢过氧化合物。反应如图 5 - 20 所示。

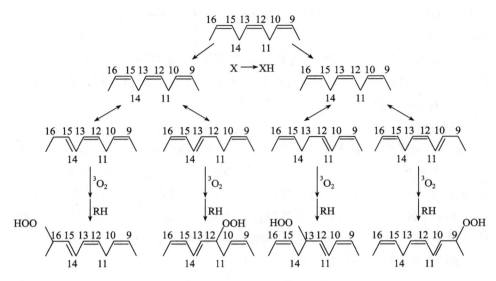

图 5 - 20 亚麻酸酯的自动氧化产生氢过氧化物

亚麻酸酯的氧化和亚油酸酯类似,首先与过渡金属离子作用,在 C_{11}、C_{14} 位上的亚甲基脱氢,生成 C_{11}、C_{14} 位上的游离基,C_{11}、C_{14} 位上的游离基经 1,3 - 迁移,形成 4 个不定域的 1,4 - 戊二烯游离基,4 个不定域的 1,4 - 戊二烯游离基与氧分子作用,则生成 4 种过氧化游离基,再与另一分子亚麻酸酯反应,生成 4 种位置不同的氢过氧化物异构体。

9 - OOH 和 16 - OOH 含量相当,占总量的 80% 左右;

12 - OOH 和 13 - OOH 含量相当,占总量的 20% 左右。

亚麻酸酯的氧化产物中各有 3 个双键,未共轭的一个双键为顺式,而共轭的两个双键均为顺反结构。生成的这种具有共轭双键的三烯结构的氢过氧化物极不稳定,很容易继续氧化生成二级氧化产物或氧化聚合及干燥成膜。

在一般温度下,油酸酯、亚油酸酯和亚麻酸酯的自动氧化速度之比为 1:12:25,也就是说纯油酸酯最不易氧化,亚油酸酯次之,亚麻酸酯易氧化。

(三) 光敏氧化

1. 光敏氧化的机理

单线态氧的电子自旋状态使它本身具有亲电性,所以,它与电子密集中心的反应活性很高,这就导致单线态氧和双键上电子云密度高的不饱和脂肪酸很容易发生反应。不饱和双键与单线态氧反应时,形成六元环过渡态。以亚油酸酯的第 9、10 位双键上的碳原子为例(图 5 - 21),单线态氧进攻双键上的第 9、10 位的碳原子,得到烯丙位上的一个质子,双键向邻位转移,形成反式的烯丙型氢过氧化物。

图 5 – 21　油脂的光敏氧化机理

过渡态的电子发生离域后,形成共轭和非共轭的二烯化合物,这是单线态氧氧化的特点。亚油酸酯的氧化机理见图 5 – 22。

图 5 – 22　单线态氧与亚油酸酯的第 9、10 位双键上的碳原子反应过程

与自动氧化一样,空间障碍是单线态氧氧化中反式双键形成的原因。但是,与自动氧化不同的是,油脂的单线态氧氧化生成的产物包含有非共轭二烯键的氢过氧化物(指所有的双键均为非共轭状态)。

光氧化速度很快,一旦发生,其反应速度千倍于自动氧化,因此光氧化对油脂劣变同样会产生很大的影响。但是对于双键数目不同的底物,光氧化速度区别不大;另外,油脂中的光敏色素大部分已经在加工过程中被去除,并且油脂的储存与加工多在避光条件下进行,所以,油脂的光氧化一般不容易发生。

当然,光氧化所产生的氢过氧化物(ROOH)在过渡金属离子的存在下分解出游离基(R·及 ROO·)目前认为是引发自动氧化的关键。

2. 单线态氧的形成

光敏氧化是在光敏剂和三线态氧存在的条件下发生的。光敏剂可以是染料(曙光红、赤藓红钠盐、亚甲蓝、红铁丹)、色素(叶绿素、核黄素、卟啉)和稠环芳香化合物(蒽、红荧烯)。光敏剂吸收可见光和近紫外光后活化成单线态

(^{1}Sen*),这种单线态光敏剂的寿命极短,它通过释放荧光快速转化为基态,或者通过内部重排转变为激发态的三线态光敏剂(^{3}Sen*)。^{3}Sen*比^{1}Sen*的寿命长很多,^{3}Sen*通过释放磷光慢慢地转化为基态(Sen)。因此,产生单线态氧的有效光敏剂是量子产率高、生命期长的激发态的三线态光敏剂(^{3}Sen*)。

基态氧分子(三线态氧分子)受紫外光或油脂中光敏剂(叶绿素、脱镁叶绿素)的影响,由基态氧分子(三线态氧分子)变成单线态激发态氧分子。具体形成过程为:

$$光敏剂 + 光照 \longrightarrow {}^1光敏剂^* \longrightarrow {}^3光敏剂^*$$

$$^3光敏剂^* + {}^3O_2 \longrightarrow {}^1光敏剂 + {}^1O_2^*$$

其中:光敏剂——单线态光敏剂分子(油脂中存在的光敏物质有叶绿素、脱镁叶绿素和赤藓红等色素);

^{1}光敏剂*——激发单线态光敏剂分子;

^{3}光敏剂*——激发三线态光敏剂分子;

$^3O_2$——三线态氧分子;

$^1O_2^*$——激发单线态氧分子。

(四)酶促氧化

有酶参与的氧化反应称为酶促氧化。氧化油脂的酶有两种:一种是脂肪氧化酶,简称脂氧酶;另一种是加速分解已氧化成氢过氧化物的脂肪氢过氧化酶。

脂氧酶主要存在于植物体内,有无色酶、黄色酶和紫色酶三种类型,均含有一个铁原子。由于脂氧酶具有特异性——只能对含有顺顺五碳双烯结构的多不饱和脂肪酸进行氧化,对一烯酸(如油酸)和共轭酸不起氧化作用,所以脂氧酶具有选择性。酶促氧化油脂所生成的产物常表现出旋光性(一般为外消旋体),这与自动氧化和光氧化不同。例如,从大豆中提取的脂氧酶–I氧化亚油酸生成13S–顺9,反11–十八碳二烯酸氢过氧化物(13S–OOH$\Delta^{9c,11t}$18:2);从土豆或蕃茄中提取的脂氧酶–I可氧化亚油酸生成9R–反10,顺12–十八碳二烯酸氢过氧化物(9R–OOH$\Delta^{10t,12c}$18:2);有时是这两种光学物质的混合物。脂氧酶氧化亚麻酸与自动氧化一样可生成环过氧基氢过氧化物。

脂氧酶的氧化能力很强,无论是有氧或缺氧情况下均有氧化作用。在有氧存在的情况下,其氧化历程为游离基型的氧化,与自动氧化的反应机制相似(图5–23),亚油酸酯的酶促氧化见图5–24;在缺氧条件下的酶促氧化反应十分复杂。由于脂氧酶只存在某些植物体内,另外,脂氧酶的氧化仅发生在亚油酸、亚麻酸等个别脂肪酸,所以脂氧酶的氧化具体情况在此不再详细探讨。

E:表示脂氧酶;—CH₂:表示与双键相邻的活泼亚甲基

图 5-23 脂氧酶的有氧氧化机理

图 5-24 亚油酸酯的酶促氧化

此外,某些微生物产生的酶,如脱氢酶、脱羧酶、水合酶等,会使饱和脂肪酸的 $\alpha-$ 和 $\beta-$ 碳位之间发生氧化反应,最终产生酮酸和甲基酮,具有令人不愉快的气味,称为酮型酸败,也称 $\beta-$ 氧化(图 5-25)。

图 5-25 酮型酸败

(五) 氢过氧化物的分解及聚合

氢过氧化物是脂肪氧化的中间产物,本身无味,但不稳定,裂解产生许多分解产物。

① 氢过氧化物在氧—氧键处均裂,产生烷氧游离基和羟基游离基;

②烷氧游离基在与氧相连的碳原子两侧发生碳—碳键断裂,生成醛、酸、烃等化合物;

③生成酮、醇;

④油脂氧化产生的小分子化合物可进一步发生聚合反应,生成二聚体或多聚体,如亚油酸的氧化产物聚合生成具有强烈臭味的环状三戊基三噁烷。

$$3\ C_5H_{11}CHO \longrightarrow$$

(六)影响油脂氧化速率的因素

食用油脂含有各种化学性质与物理性质不同的脂肪酸,而且不同的脂肪酸对氧化的敏感性不同。此外,还含有大量非脂成分,可与氧化脂类及其氧化产物共氧化,或产生相互作用,另外受外界储藏、加工、运输等条件的影响,使脂类氧化是一个动态的多向系列氧化,因而,正确描述氧化反应动力学几乎是不可能的,下面简单地讨论影响脂类氧化的一些因素。

1. 脂肪酸及甘油酯的组成

油脂氧化速度与脂肪酸的不饱和度、双键位置、顺反构型有关。室温下,饱和脂肪酸的链引发较难发生,当不饱和脂肪酸已开始酸败时,饱和脂肪酸仍可保持原状。而在不饱和脂肪酸中,双键增多,氧化速度加快,花生四烯酸、亚麻酸、亚油酸、油酸的相对氧化速率大约是 40∶20∶10∶1(表 5－5);顺式双键比反式双键容易氧化;共轭双键比非共轭双键容易氧化。

　　游离脂肪酸的空间位阻小于甘三酯,因此氧化速率比其酯要稍快一些,天然油脂中脂肪酸的有规律的随机分布降低了其氧化速率。食用油脂中少量游离脂肪酸对油脂的储存稳定性并不产生影响。然而,在一些商业油脂及其制品中,相当多的游离脂肪酸对加工设备和贮罐等会产生腐蚀作用,导致金属离子增加,从而加速油脂氧化。当油脂中游离脂肪酸的含量大于 0.5% 时,自动氧化速率会明显加快。

表 5－5　脂肪在 25°C 是的相对氧化速率

脂肪酸	双键数	相对氧化速率（25°C）
18∶0	0	1
18∶1 $n-9$	1	100
18∶2 $n-6$	2	1200
18∶3 $n-3$	3	2500

2. 氧

　　单线态氧的氧化速度约为三线态氧的 1500 倍;当氧浓度较低时,氧化速率与氧浓度成正比;当大量氧存在时,氧化速率与氧浓度无关。故可采用真空或充氮包装及使用低透气性材料包装,可防止油脂氧化。

3. 温度

　　温度与油脂的氧化有密切的关系。温度升高,油脂的氧化速度加快。例如,对于纯油酸甲酯而言,在高于 60℃ 的条件下储存,每升高 11℃,其氧化速度增加一倍;纯大豆油脂肪酸甲酯在 15～75℃ 之间,每升高 12℃,其氧化速度也提高一倍。因此,低温储存油脂是降低油脂氧化速度的一种方法。

　　饱和脂肪酸在室温下稳定,但在高温下也会发生氧化。如猪油的货架期比植物油短,主要因为猪油一般经高温熬炼,同时含有光敏剂血红蛋白和金属离子,高温过程中引发了游离基的缘故。

4. 水分

　　在对油脂及含油食品的研究过程中发现:氧化速率在很大程度上取决于水分活度,在含水量很低的干燥食品中($a_w<0.1$),氧化过程进行得相当快;随着含水量的增加(a_w 达到 0.3),氧化反应的速度随着水分增加而降低,因为在非常干燥的样品中加入水,水与氢过氧化合物通过氢键结合,降低了氢过氧化合物分解;此外,水能与金属离子发生水合作用,降低了催化效率;a_w 在 0.33～0.73 时,

随水分活度的增大,催化剂的流动性提高,水中溶解的氧增多;此外还使脂肪分子溶胀,暴露更多催化位点,因而,氧化速度加快;$a_w > 0.73$ 时,水量增多降低了反应物和催化剂的浓度,氧化速度降低。

5. 油脂与空气的接触面积

研究发现,氧气在油脂中的溶解速率符合下列公式:$W = K \times A \times \triangle P$

式中,W 为单位时间内油脂所能吸收氧气的重量;K 为传质系数;A 为油脂与空气相接触的表面积;$\triangle P$ 为在空气中的氧与在油脂中的氧的压力差值。

这也就是说,油脂与空气的接触面积越大,油脂的氧化速度越快。一种阈值为几个 meg/kg 的油脂(如猪油)仅吸收 0.016% 倍油脂重量的氧气,其过氧化值便可达到或超过 20 meq/kg,并且此时会明显闻到油脂的酸败气味。因此,在储存与加工油脂过程中,要尽可能减小油脂与空气的接触面积,或者充惰性气体(如氮气)来避免油脂与空气的接触。

6. 光和射线

可见、不可见光及 γ – 射线能有效加速油脂氧化,因为,射线不仅能使氢过氧化物分解,还能引发游离基。光的波长越短,油脂吸收光的程度越强,其促油脂氧化的速度越快。因此,避光储存会延缓油脂的氧化过程。

7. 助氧剂

一些具有适合氧化还原电位的二价或多价金属,如铅、铜、铁、铝等是有效的助氧剂,使氧化速度加快。其催化机理可能如下:

①促进氢过氧化物分解:$ROOH + M^{++} \rightarrow RO\cdot + OH^- + M^{+++}$

$$ROOH + M^{+++} \longrightarrow ROO\cdot + H^+ + M^{++}$$

②直接与未氧化物质作用:$RH + M^{+++} \longrightarrow R\cdot + H^+ + M^{++}$

③使氧分子活化,产生单线态氧和过氧化氢游离基:

$$^3O_2 + M^{++} \longrightarrow O^{-2} + M^{+++} \begin{cases} \nearrow & ^1O_2 \\ \searrow & HO_2^\cdot \end{cases} \quad \substack{-e \\ H^+}$$

如果在油脂或油脂食品中含有金属助氧剂,即使其浓度低于 0.1 mg/kg,它们也能够缩短油脂自动氧化的诱导期。食用油脂中一般都含有微量的重金属,它们来源于油料所生长的土壤、动物体或加工、运输及储存设备中。

8. 酶

有些油脂如豆油中存在着脂肪氧化酶,它们起着加速油脂氧化的作用。钝化或去除这些酶会有效地延长油脂保存期。

9. 抗氧化剂

无论天然的或合成的抗氧化剂均可以有效地延缓游离基氧化反应历程。

10. 其他

其他因素,如色素、灰尘及光敏剂等同样对油脂氧化有一定的影响。

由此可见,为了防止油脂的氧化酸败,可采取的措施有:避免光照,避免高温,去除叶绿素等光敏性物质,尽量减少或避免与金属离子的接触程度,降低自由水分含量,去除磷脂等亲水杂质,防止微生物的侵入,加入抗氧化剂和增效剂等,均可提高油脂稳定度。

（七）过氧化脂质的危害

油脂自动氧化是自由基链反应,而自由基的高反应活性,可导致机体损伤、细胞破坏、人体衰老等,油脂氧化过程中产生的过氧化脂质,能导致食品的外观、质地和营养劣变,甚至产生致突变的物质。

①过氧化脂质几乎能和食品中的任何成分反应,使食品品质降低。例如,氢过氧化物的氧—氧键断裂产生的烷氧基可与蛋白质反应,会导致食品质地改变,蛋白质溶解度降低(蛋白质交联);由不饱和脂肪酸自动氧化的过氧化物降解生成的醛可与蛋白质发生美拉德反应,导致食品颜色变化,营养价值降低。

$$RO \cdot + Pr \longrightarrow Pr \cdot + ROH$$

$$2Pr \cdot \longrightarrow Pr - Pr$$

②氢过氧化物几乎可与人体内所有分子或细胞反应,破坏 DNA 和细胞结构。酶分子中的氨基与过氧化物降解产物醛交联,使酶失活。蛋白质交联后失去生理功能,而且蛋白质交联后不能被水解酶消化,在体内沉积,产生老年斑(脂褐素)。

③脂质在常温及高温下氧化均会产生有害物质。经动物试验表明,喂食常温下高度氧化的脂肪,将引起大鼠食欲下降、生长抑制、肝肾肿大,过氧化物聚集在脂肪组织内(表 5 – 6)。而喂食因加热而高度氧化的脂肪,在动物中会产生各种有害效应。据报道,氧化聚合物产生的极性二聚物是有毒的,无氧热聚生成的环状酯也是有毒的。在炸薯条和鱼片中用长时间高温油炸过的油,或反复使用的油炸油,含有一定的致癌物质。

表 5 – 6　聚合豆油及其乙酯、氧化豆油及其乙酯对老鼠的影响

样　品	死亡率	增重/g	消化率/%	肝重/体重/%
新鲜豆油	0/4	54.3 ± 0.7	95.3	2.87 ± 0.18

样　品	死亡率	增重/g	消化率/%	肝重/体重/%
热聚合豆油	0/4	20.5 ± 1.0	84.7	4.22 ± 0.22
热聚合豆油乙酯	0/4	24.8 ± 1.3	85.1	3.82 ± 0.20
氧化豆油	1/4	14.2 ± 1.74	82.8	5.14 ± 0.40
氧化豆油乙酯	1/4	−4.0 ± 2.70	83.5	4.80 ± 0.31

注:40～49 天的 Wister 种老鼠 （食品工业 Vol 6. No. 2 蔡维钟 pp13～19）。

（八）抗氧化剂

1. 抗氧化剂的抗氧化机理

在少量(一般小于 0.02%)存在下就可以延缓油脂氧化过程的物质称为抗氧化剂。

抗氧化剂按抗氧化作用机理可分为游离基清除剂、单线态氧淬灭剂、氢过氧化物分解剂、金属螯合剂、酶抑制剂、氧清除剂、酶抗氧化剂和紫外线吸收剂。

（1）游离基清除剂(氢供体、电子供体)

氢供体抗氧化剂抗氧化过程如下:

$$ROO \cdot + RH \longrightarrow R \cdot + ROOH \quad (K_1 = 1\sim2.0\times10^2\ m^{-1}s^{-1}) \quad (5-10)$$

$$R \cdot + AH \longrightarrow A \cdot + RH \quad (K_2 = 1.0\times10^6\ m^{-1}s^{-1}) \quad (5-11)$$

式中:RH 为脂肪酸酯,AH 为抗氧化剂,A· 为抗氧化剂游离基。

式(5-11)的反应速度常数($1.0\times10^6\ m^{-1}s^{-1}$)远远大于式(5-10)的反应速度常数($1\sim2.0\times10^2\ m^{-1}s^{-1}$),反应速度相差 10^4 倍以上,因此抗氧化剂可以有效地抑制油脂自动氧化。

酚类抗氧化剂是优良的氢供体,可清除原有的游离基,同时自身生成比较稳定的游离基中间产物。这是由于酚类游离基氧原子上的单电子可与苯环上的 π 电子共轭,形成稳定的共振体。

此外,还有供电子的抗氧化剂,如:

四甲基对苯二胺

其中,油脂的过氧化自由基ROO·从N-四甲基对苯二胺的N原子的未成对电子中夺取1个电子,称为稳定的阳离子,再与ROO:$^{\ominus}$形成稳定的复合物,属于这一类的抗氧化剂一般抗氧化作用较弱。

（2）单线态氧的淬灭剂

能够使单线态氧($^1O_2$)淬灭生成三线态氧($^3O_2$)并使光敏剂回复到基态,从而对光氧化起抑制作用的物质称为单线态氧($^1O_2$)淬灭剂。

一般抗氧化剂与游离基的反应速度常数与光氧化反应速度常数相当,因此,一般抗氧化剂只能抑制油脂的游离基氧化反应,不能抑制光氧化反应,而淬灭剂对单线态氧($^1O_2$)的淬灭速度远远大于光氧化速度,因此,可以很好的抑制光敏氧化的发生。

$$R \cdot + AH\ (1.0 \times 10^6\ m^{-1}s^{-1}) \approx {}^1O_2 + RH\ (1 \times 10^5 m^{-1}s^{-1})$$

$${}^1类胡萝卜素 + {}^1O_2(1.3 \times 10^{10} m^{-1}s^{-1}) > {}^1O_2 + RH\ (1 \times 10^5 m^{-1}s^{-1})$$

$$生育酚 + {}^1O_2(1.0 \times 10^{6\sim8} m^{-1}s^{-1}) > {}^1O_2 + RH\ (1 \times 10^5 m^{-1}s^{-1})$$

^{1}类胡萝卜素是很好的单线态氧($^1O_2$)的淬灭剂,其淬灭效能远大于生育酚,淬灭机理为激发态的单线态氧将能量转移到类胡萝卜素上,使类胡萝卜素由基态(^{1}类胡萝卜素)变为激发态(^{3}类胡萝卜素),而后者可直接回复到基态。

$${}^1类胡萝卜素 + {}^1O_2 \longrightarrow {}^3类胡萝卜素 + {}^3O_2$$

$${}^3胡萝卜素 \longrightarrow {}^1类胡萝卜素$$

此外,淬灭剂^{1}类胡萝卜素还可使光敏剂回复到基态:

$${}^1类胡萝卜素 + {}^3Sen* \longrightarrow {}^3类胡萝卜素 + {}^1Sen$$

（3）氢过氧化物分解剂

氢过氧化物是油脂氧化的初级产物,有些化合物如硫代二丙酸或其月桂酸及硬脂酸酯(R_2S),可将氢过氧化物转变成非活性物质,从而起到抑制油脂氧化的作用,这类物质被称为氢过氧化物分解剂。

$$R_2S + R^1OOH \longrightarrow R_2S = O + R^1OH$$

$$R_2S = O + R^{'}OOH \longrightarrow R_2SO_2 + R^{'}OH$$

（4）金属螯合剂

柠檬酸、酒石酸、抗坏血酸等能与作为油脂助氧化剂的过渡金属离子螯合而使之钝化,从而起到抑制油脂氧化的作用。

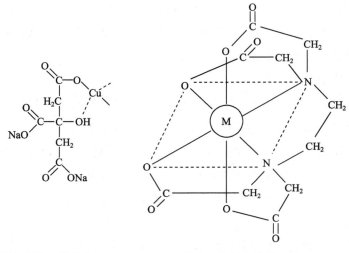

柠檬酸钠－铜络合物　　　　　　EDTA－金属离子螯合物

（5）氧清除剂

抗坏血酸除具有螯合金属离子作用外，还是有效的氧清除剂，通过除去食品中的氧而起到抗氧化作用。

$$
\begin{array}{c}
H_2C—OH \\
| \\
HC—OH \\
\end{array}
$$

抗坏血酸

（6）酶类抗氧化剂

超氧化物歧化酶（SOD），可将超氧化物自由基 $O_2^-\cdot$ 转变成稳定的三线态氧和过氧化氢，在过氧化氢酶的作用下，转变成水和三线态氧，起到抗氧化的作用。

SOD、谷胱甘肽过氧化物酶、过氧化氢酶、葡萄糖氧化酶等均属于酶类抗氧化剂。

$$O_2^-\cdot + 2H^+ \xrightarrow{\text{SOD}} {}^3O_2 + H_2O_2$$

$$H_2O_2 \xrightarrow{\text{过氧化氢酶}} H_2O + {}^3O_2$$

（7）油脂抗氧化剂的增效剂

增效剂是指自身没有抗氧化作用或抗氧化作用很弱，但和抗氧化剂一起使

用,可以使抗氧化剂效能加强的物质。增效剂的增效机制主要有两种:

①使抗氧化剂再生。增效剂分子与抗氧化剂游离基反应,使抗氧化剂游离基还原为分子,自身生成活性很低的增效剂游离基(I·),使抗氧化剂再生,从而延长其使用寿命,减慢了抗氧化剂的损耗。

$$A · + HI \longrightarrow AH + I·$$

HI 表示增效剂,I·表示增效剂游离基,A·抗氧化游离基

例如同属酚类的抗氧化剂 BHA 和 BHT,前者为主抗氧化剂,它将首先成为氢供体,而 BHT 由于空间阻碍,只能与 ROO·缓慢地反应,因此,BHT 的作用是使 BHA 再生,BHT 对 BHA 有增效作用,如图 5 – 26 所示。

图 5 – 26　BHT 对 BHA 的增效作用

②金属螯合剂。增效剂(如抗坏血酸)和金属离子发生络合作用形成螯合物使其失活或活性降低,从而使抗氧化剂的性能大为提高。例如,酚类与抗坏血酸,其中,酚类是主抗氧化剂,抗坏血酸可螯合金属离子,此外,抗坏血酸还是氧清除剂,两者联合作用,抗氧化能力大为提高。

2. 食品中常用的抗氧化剂

抗氧化剂按来源可分为天然抗氧化剂和人工合成抗氧化剂两类。我国食品添加剂使用卫生标准允许使用的抗氧化剂主要有生育酚、茶多酚、没食子酸丙酯(PG)、抗坏血酸、丁基羟基茴香醚(BTA)和二丁基羟甲基甲苯(BHT)等 14 种。

(1)天然抗氧化剂

许多天然动植物材料中,存在一些具有抗氧化作用的成分。由于人们对

合成抗氧化剂安全性的疑虑和渴望回归大自然,天然抗氧化剂越来越受到青睐。在天然抗氧化剂中,酚类仍然是最重要的一类,如生育酚、茶多酚、芝麻酚等。

① 生育酚(VE)。生育酚是一种自然界分布最广的天然抗氧化剂,是植物油中主要的抗氧化剂,动物脂肪中只有少量存在。生育酚共有七种结构,它们是母育酚的甲基取代物(图5-27),其中 α、γ 和 δ 三种异构体在植物油中含量最多,在植物油中生育酚的抗氧化活性排序为 $\delta > \gamma > \beta > \alpha$。生育酚具有耐热、耐光和安全性高等特点,可用在油炸油中。

	R_1	R_2	R_3
α	CH_3	CH_3	CH_3
β	CH_3	H	CH_3
γ	H	CH_3	CH_3
δ	H	H	CH_3

图5-27 几种生育酚异构体的结构

② 茶多酚。茶多酚是茶叶中的一类多酚类化合物,包括表没食子儿茶素没食子酸酯(EGCG)、表没食子儿茶素(EGC)、表儿茶素没食子酸酯(ECG)和表儿茶素(EC)(图5-28),其中 EGCG 在含水和含油体系中都是最有效的。茶多酚可用在油炸油、奶酪、猪肉、土豆片等食品中。

表儿茶素   表没食子儿茶素

表儿茶素没食子酸酯　　　　　表没食子儿茶素没食子酸酯

图 5 - 28　几种茶多酚的结构

③L - 抗坏血酸：L - 抗坏血酸广泛存在于自然界,是水溶性抗氧化剂,可用在加工过的水果、蔬菜、肉、鱼、饮料等食品中。

L - 抗坏血酸作为抗氧化剂,其作用是多方面的,如可清除氧(图 5 - 29),用于果蔬中抑制酶促褐变;有螯合剂的作用,与酚类合用作增效剂;还原某些氧化产物,用在肉制品中起发色助剂的作用,将褐色的高铁肌红蛋白还原成红色的亚铁肌红蛋白;保护巯基不被氧化。

图 5 - 29　L - 抗坏血酸的氧化

④β - 胡萝卜素：β - 胡萝卜素是一种有效的单线态氧淬灭剂,在氧气压力较低以及单线态氧未形成的情况下,它与维生素 A 一样也有较好的抗氧化作用(图 5 - 30)。

图 5 - 30　β - 胡萝卜素与油脂自由基的反应式

（2）合成抗氧化剂

人工合成的抗氧化剂，由于其良好的抗氧化性能以及价格优势，目前仍被广泛使用，几种最常用的人工合成抗氧化剂也属于酚类，如棓酸酯、BHA、BHT、TBHQ 等。

①棓酸酯。棓酸酯从 1940 年起就作为潜在的抗氧化剂被认知。辛基和十二烷基棓酸酯在油脂中的溶解度高于丙基和丁基棓酸酯；丙基和丁基棓酸酯则显示出更好的水溶性。所有的棓酸酯对热非常敏感，尤其在碱性条件下，经煮、烘、煎炸均有大量的损失。十二烷基酯是最稳定的，而丙基酯最不稳定。对所有的棓酸酯来说，最为不利的是当有水存在时，易与痕量铁反应生成蓝黑色。另外丙基棓酸酯在大宗油脂储罐中，易进入油罐底部，与铁极易形成这种黑色物质（而在那由于腐蚀作用使铁的含量相对较高），进而影响到油。当棓酸酯与抗氧化剂 BHA 同时使用，抗氧化效果比这两种物质单独使用时的效果还要明显（增效作用）。

$$R: ——(CH_2)_2CH_3 \quad PG;$$
$$——(CH_2)_3CH_3 \quad BG;$$
$$——(CH_2)_7CH_3 \quad OG;$$
$$——(CH_2)_{11}CH_3 \quad LG;$$

②BHA。商业应用的 BHA 有 2 – BHA（85%）和 3 – BHA（15%）两种异构体。从 1940 年末期开始，作为抗氧化剂被世界各国广泛接受。在某些情况下，叔丁基基团对酚羟基（—OH）具有保护作用，由此可解释 BHA 对煎、炸、烘焙食品长久的抗氧化效果。同时，叔丁基基团引起的空间排阻也削弱了—OH 对油脂的保护，从而使油脂依靠自身存在的生育酚保护植物油不被氧化，因此被称为"阻碍酚"。BHA 易溶解于动、植物油脂中，对动物油的抗氧化效果明显优于植物油。BHA 是一种白色蜡状固体，熔点 50℃。通常，BHA 与其他抗氧化剂（如棓酸酯和 BHT）一起使用，增效作用加强。

2 – 叔丁基 – 4 – 甲氧基苯酚　　　3 – 叔丁基 – 4 – 甲氧基苯酚

3 – 叔丁基 – 4 – 羟基 – 茴香醚　　　2 – 叔丁基 – 4 – 羟基 – 茴香醚

③BHT。十九世纪五十年代 BHT 一直广泛应用于石油和橡胶产品,1954 年开始作为食品抗氧化剂使用。BHT 为白色晶体,熔点为 70℃,在油脂中的溶解度类似于 BHA。对动物油的抗氧化作用高于植物油。BHT 所具有的抗氧化活性并不是很高,它可与 BHA 一同使用产生增效作用,但与棓酸酯不能产生增效作用。

3,5 - 二叔丁基 - 4 - 羟基甲苯

2,6 - 二叔丁基对甲酚(DPBC)

2,6 - 二叔丁基 - 4 - 甲基苯酚

④TBHQ。TBHQ 为白色晶体,熔点 127℃,在油脂中具有一定的溶解度,与丙二醇互溶,在水中溶解度较低,与铁不发生反应,比 BHT 和 BHA 的挥发性小,耐高温。在毛棕榈油中加入 110 mg/kg TBHQ 与 365 mg/kg 柠檬酸,不仅能确保获得极佳的精制油,而且由于被氧化油脂的数量大大减少,所需白土的费用也极大降低。工厂和实验室规模的实验均证明:TBHQ 对油脂氧化过程中的链引发和终止阶段速率有十分显著的阻碍作用。目前,TBHQ 被广泛地应用于油脂及其制品中。

2 - 叔丁基氢醌

TBHQ 在抗氧化过程中所起的作用如图 5 - 31 所示。

图 5 - 31　TBHQ 的抗氧化过程

3. 抗氧化剂使用的注意事项

①抗氧化剂应尽早加入,因为油脂氧化反应是不可逆的,抗氧化剂只能起阻碍油脂氧化的作用,延缓食品酸败的时间,但不能改变已经变坏的结果。

②抗氧化剂的使用要注意剂量问题：一是不能超出安全剂量，二是有些抗氧化剂如过量则会起到助氧化的作用。

③选择抗氧化剂应注意溶解性，只有在体系中有良好的溶解性，才能充分发挥抗氧化功效。

④通常使用两种或两种以上的抗氧化剂，利用其增效作用。

⑤作为抗氧化剂，必须有较好的抗氧化性能，而且用量较低就能达到抗氧化的目的。

二、油脂的水解

油脂在有水存在下，在加热、酸、碱及脂水解酶的作用下，发生水解反应，产生游离脂肪酸，称为油脂水解，水解过程如下：

$$
\begin{array}{l}
H_2C\!-\!OOCR_1 \\
HC\!-\!OOCR_2 \\
H_2C\!-\!OOCR_3
\end{array}
+ H_2O \longrightarrow
\begin{array}{l}
H_2C\!-\!OH \\
HC\!-\!OH \\
H_2C\!-\!OH
\end{array}
+
\begin{array}{l}
R_1\!-\!COOH \\
R_2\!-\!COOH \\
R_3\!-\!COOH
\end{array}
$$

油脂在碱性条件下水解称为皂化反应，水解生成的脂肪酸盐即为皂，工业上就利用此反应制肥皂。

$$
\begin{array}{l}
H_2C\!-\!OOCR_1 \\
HC\!-\!OOCR_2 \\
H_2C\!-\!OOCR_3
\end{array}
+ H_2O \xrightarrow{\ NaOH\ }
\begin{array}{l}
H_2C\!-\!OH \\
HC\!-\!OH \\
H_2C\!-\!OH
\end{array}
+
\begin{array}{l}
R_1\!-\!COONa \\
R_2\!-\!COONa \\
R_3\!-\!COONa
\end{array}
$$

在有生命的动物组织的脂肪中，实际上不存在游离脂肪酸，然而，在动物宰杀后，通过体内脂水解酶的作用生成游离脂肪酸。因此，需要对宰后的得到的食用脂肪进行高温熬炼，使水解脂肪的酶失活。

植物油料种子在收获时，成熟的油料种子中也存在脂水解酶，在制油前也已有相当数量的水解，产生了大量的游离脂肪酸，因此，植物油在提取后需要碱炼，中和游离脂肪酸。

食品在油炸过程中，食物中的水进入油中，油脂水解释放出游离脂肪酸，导致油的发烟点降低，并且随脂肪酸含量增高，烟点降低（表5-7），油品质下降，风味变差。

然而，在有些食品加工中，如巧克力、干酪、酸奶的生产中，轻度的水解是有利的，产生特有的风味。

表5-7 油脂中游离脂肪酸含量与发烟点的关系

游离脂肪酸/%	0.05	0.10	0.50	0.60
发烟点/℃	226.6	218.6	176.6	148.8~160.4

二、油脂在高温下的化学反应

油脂在高温下烹调时,会发生各种化学反应,如:热分解、热聚合、热氧化聚合、缩合、水解、氧化等反应,导致油品质下降、黏度增大、碘值降低、酸价升高、发烟点降低、泡沫量增多等。

(一)热分解

食品加热时产生各种化学变化,其中有一些对风味、外观、营养价值以及毒性是重要的。在高温下,油脂的化学反应是极其复杂的,饱和油脂和不饱和油脂在高温下都会发生热分解反应。此外,根据反应中有无氧参与,又可分为非氧化热分解和氧化热分解。

1. 饱和油脂的非氧化热分解反应

饱和油脂在常温下较稳定,但在高温下加热(一般在200~700℃),饱和油脂会发生显著的非氧化热分解反应。甘三酯通过六原子环闭合生成游离脂肪酸和丙烯二醇二酯,脂肪酸进一步加热脱羧,生成烃。或在加热条件下,从三酰基甘油分子减去酸酐,生成1-或2-氧代丙酯和酸酐,1-氧代丙酯分解产生丙烯醛和脂肪酸,酸酐中间产物脱酸生成酮(图5-32)。

图5-32 饱和脂肪的非氧化热分解

2. 饱和油脂的氧化热分解反应

饱和油脂比相应的不饱和脂肪稳定,然而,在空气中,加热到 150℃ 以上,饱和脂肪也会发生氧化热分解反应,形成一种复杂的分解模式。首先,在羧基或酯基的 a 或 β 或 γ 碳上形成氢过氧化物,氢过氧化物再进一步分解,生成 n – 烷烃、2 – 烷酮、n – 烷醛、内酯等化合物,如图 5 – 33 所示。

图 5 – 33 饱和脂肪的氧化热分解

3. 不饱和脂肪酸酯的非氧化热分解

不饱和脂肪酸在无氧条件下加热(280℃)主要生成无环和环状二聚物,此外,还生成一些其他的相对分子质量低的物质,如图 5 – 34 所示。

图 5 - 34　不饱和脂肪的非氧化热分解

4. 不饱和脂肪酸酯的氧化热分解反应

不饱和脂肪酸对氧化的敏感性远超过饱和脂肪酸。高温下,它们迅速发生自动氧化,生成氢过氧化物,进一步生成二级氧化产物及聚合物。如亚麻酸酯自动氧化产生下述结构二级氧化产物,如图 5 - 35 所示。

图 5 - 35　亚麻酸酯的二级氧化产物

(二) 热聚合

油脂在高温下,可发生非氧化热聚合和氧化热聚合,聚合反应导致油脂黏度增大,泡沫增多。隔氧条件下的非氧化热聚合是多烯化合物之间的 Diels - Alder 反应,生成环烯烃。该反应可以发生在不同甘油酯分子之间(图 5 - 36),也可在同一分子内部(图 5 - 37)。

图5 - 36　分子间的 Diels - Alder 反应

图 5 – 37　分子内的 Diels – Alder 反应

热氧化聚合反应是在 $200 \sim 300^{\circ}C$ 下,甘油分子在双键 α – 碳上均裂产生游离基,游离基之间结合而聚合成二聚体(图 5 – 38),有些二聚体有毒性,与酶结合,引起生理异常。

图 5 – 38　油脂的热氧化聚合产物

(三) 缩合

高温特别是在油炸条件下,食品中的水进入到油中,相当于水蒸气蒸馏,将油中的挥发性氧化物赶走,同时使油脂发生部分水解,水解产物再缩合成分子量较大的环状化合物,如图 5 – 39 所示。

图 5 – 39　油脂的缩合反应生成环氧化合物

油脂在高温下发生的反应,不全是负面的,油炸食品中香气的形成与油脂在高温下的某些反应产物有关,通常油炸食品香气的主要成分是羰基化合物(烯醛类）。如将三亚油酸甘油酯加热到185℃，每30 min 通2 min 水蒸气，加热72 h，从其挥发性成分中发现有5种直链2,4 - 二烯醛和内酯，呈现油炸食品特有的香气（图5 - 40）。然而，油脂在高温下的过度反应，对于油的品质、营养价值均是十分不利的。在食品加工工艺中，一般宜将油脂的加热温度控制在150℃以下。

图5 - 40　三亚油酸甘油酯的热分解反应

三、辐照油脂的辐解

辐照导致油脂的降解称为辐解。辐照作为一种灭菌手段，可延长食品的货架期，但辐照亦可诱导油脂的化学变化，辐照剂量越大，影响越严重。

在辐照油脂的过程中，油脂分子吸收辐射能，形成离子和激化分子，由于激化分子和离子的分解，或者它们与邻近的分子发生反应，引起化学降解，激化分子不仅可解离成自由基，还能继续解离成更小的分子或自由基，而离子之间主要是中和反应。以饱和脂肪酸酯为例，辐照后，首先在羰基附近的5个位置(a,b,c,d,e)优先发生裂解（图5 - 41），而脂肪酸其余碳 - 碳键裂解是完全随机的。裂解形成烷基、酰基、酰氧基和酰氧亚甲基自由基，另外，还有能代表对应甘油残基的自由基。这些自由基进一步降解或聚合，则生成烃、醛、酸、酮、酯等非自由基化合物。

图5 - 41　油脂的辐解反应

在有氧存在时，辐照还可加速油脂的自动氧化，同时抗氧化剂遭到破坏，因此，最好是在隔绝空气的环境中进行辐射和在辐射后向食品中添加抗氧化剂。

第五节　油脂的特征值及质量评价

一、油脂的特征值

油脂的特征值主要是用来衡量油脂样品中脂肪酸及其酯类的性质。主要包括酸值、皂化值、中和值、碘值等。

（一）酸值

酸值是指中和 1 g 油脂中游离脂肪酸所需的 KOH 的毫克数。酸值主要衡量油脂中游离脂肪酸的含量，也反映了油脂品质的好坏，新鲜油脂酸值低，食用植物油酸值小于 3 mg/g KOH。

（二）碘值

碘值是指 100 g 油脂中所能加成 I_2 的克数，是测定脂肪中不饱和键的一种方法，该值的测定利用了双键的加成反应（图 5 - 42）。碘值越高，说明油脂中双键越多；碘值降低，说明油脂发生了氧化。

$$I_2 + Br_2 \longrightarrow 2\ IBr_2$$

$$\begin{array}{c} \text{—C}=\text{C—} \\ \ \ \ \ | \ \ \ \ | \\ \text{H}\ \ \ \text{H} \end{array} + IBr \longrightarrow \begin{array}{c} \text{H}\ \ \ \text{H} \\ \ \ | \ \ \ \ | \\ \text{—C—C—} \\ \ \ | \ \ \ \ | \\ \text{I}\ \ \ \text{Br} \end{array}$$

$$IBr + KI \longrightarrow I_2 + KBr$$

$$I_2 + 2Na_2S_2O_3 \longrightarrow 2NaI + Na_2S_4O_6$$

图 5 - 42　油脂的碘值测定原理

（三）皂化值

皂化值是指 1 g 油脂完全皂化时所需的 KOH 的毫克数。测定皂化值可以计算脂肪酸或甘三酯平均分子量（图 5 - 43），皂化值的大小与油脂的平均分子量成反比，一般油脂皂化值在 200 左右。

$$\overline{M_T} = \frac{3 \times 56100}{SV} \quad (\overline{M_T}: 甘三酯平均分子量)$$

$$\overline{M_F} = \frac{56100}{SV} \quad (\overline{M_F}: 甘三酯中脂肪酸的平均分子量)$$

图 5 - 43　油脂的皂化值与平均分子量的关系

（四）石油醚不溶物

对于使用后的油炸油品质检查，可通过石油醚不溶物及发烟点来确定油脂是否变质。当石油醚不溶物≥0.7%，发烟点<170℃；或石油醚不溶物≥1.0%，则认为油炸油已经变质。

二、油脂的氧化程度的评价

油脂在加工和储藏过程中，其品质会因各种化学反应逐渐降低，其中，脂肪的氧化反应是引起油脂酸败的重要因素，测定油脂氧化程度的方法有很多，它们大多建立在油脂氧化后所表现出来的化学、物理或者感官特性基础上的。但是，没有一种统一的标准方法用于测定所有食品体系中的油脂氧化变化。一般需要测定几种指标，方可正确评价油脂的氧化程度。

（一）过氧化值（POV）

过氧化值是指 1 kg 油脂所含氢过氧化物（ROOH）的毫摩尔数。

氢过氧化物是油脂氧化的主要初级产物，在油脂氧化初期，ROOH 的形成速度远远大于其分解速度，因此，可以通过测定 ROOH 的多少即过氧化值（POV）来评价油脂的氧化程度。其测定原理为：

$$2ROOH + 2H^+ + 2KI \longrightarrow I_2 + 2ROH + H_2O + K_2O$$

生成的碘再用 $Na_2S_2O_3$ 溶液滴定，即可确定氢过氧化物的含量。

$$I_2 + 2Na_2S_2O_3 \longrightarrow Na_2S_4O_6 + 2NaI$$

这种方法适用于所有的常见油脂，但是当油脂 POV 很小时，其测定的灵敏度很差，因此，也有人研究利用电化学技术来判定滴定终点。测定 POV 的方法虽然很简单，但是只适用于油脂氧化的初期。

（二）2 - 硫代巴比妥酸值（TBA）

TBA 值是指每千克样品相当于丙二醛的毫克数或者是每克样品相当于丙二醛的毫摩尔数。

不饱和脂肪酸的氧化产物醛类（如丙二醛 malondialdehyde，MDA），可与 2 - 硫代巴比妥酸（thiobarbituric acid，TBA）生成有色化合物，在可见光区 530～532 nm 处有最大吸收。可利用此方法测定氧化产物醛类的含量，以此来衡量油脂的氧化程度。

但是，并非所有的脂类氧化体系都有丙二醛产生，且有些非氧化产物也可与 TBA 显色，TBA 还可与食品中共存的蛋白质反应，故此法不便于评价不同体系的氧化情况，仅适合于单一物质在不同氧化阶段的氧化程度。

TBA   MDA   TBA - MA 的化合物

2 - 硫代巴比妥酸(TBA)与丙二醛(MA)的反应式

（三）活性氧法

活性氧法（AOM）是指在 97.8℃下连续通入速度为 2.33 mL/s 的空气于 20 mL 油样中,测定油样 POV 值达到 100 meq/kg（植物油脂）或 20 meq/kg（动物油脂）时所需要的时间。

该方法可用于比较不同抗氧化剂的抗氧化性能。

（四）史卡尔法（Schall 法）

Schall 法是定期测定处于 60℃ 的油脂的 POV 值的变化,确定油脂出现氧化性酸败的时间,或用感观评定确定油脂出现酸败的时间。

原理:取一定量油样于一密封容器中,在 100℃ 下连续振荡容器,利用压力计测定油样液面以上空间的空气压力的变化来描述油脂氧化所吸收氧气的多少。该法特别适用于研究抗氧化活性。

（五）仪器分析

使用现代分析技术,如紫外光谱、荧光光谱、液相色谱、气相色谱、薄层色谱等测定含油食品的氧化产物,评价油脂的氧化程度。

第六节　油脂加工

一、油脂的精炼

从油料作物和动物脂肪组织中,通过有机溶剂浸出、压榨、熬炼等方法得到的油脂称为原油,粗油中含有磷脂、色素、蛋白质、纤维素、游离脂肪酸及有异味的杂质,甚至含有有毒的成分（黄曲霉素、棉酚等）。无论是风味、外观,还是油的品质、稳定性,粗油都是不理想的,对粗油进行精炼,可以提高油的品质,改善风味,延长油的货架寿命。

（一）脱胶

应用物理、物理化学或化学方法将粗油中的胶溶性杂质（主要指磷脂）脱除的工艺过程称为脱胶。食用油中若磷脂含量高,加热时易起泡、冒烟、有臭味,且磷脂在高温下因氧化而使油脂呈焦褐色,影响煎炸食品的风味。脱胶是利用磷脂及部分蛋白质在无水状态下可溶于油,但与水形成水合物后则不溶于油的原理。向粗油中加入热水或通水蒸气,加热脂肪并在50℃下搅拌,静置分层,分去水层即可脱除磷脂和部分蛋白质,粗油的脱胶过程如图5-44所示。

图5-44　粗油的脱胶过程

（二）脱酸

粗油中含有约0.5%以上的游离脂肪酸,米糠油中游离脂肪酸的含量更高达10%。游离脂肪酸的存在影响油脂的稳定性和风味,可采用加碱中和的方法除去游离脂肪酸,这一过程称为脱酸,或碱炼。加入的碱量可通过测定油脂的酸价来确定,该反应生成的脂肪酸盐(皂脚)进入水相,分离水相后,用热水洗涤中性油脂,静置离心,即可脱除游离脂肪酸。

$$RCOOH \; + \; NaOH \; \Longleftrightarrow \; RCOONa \; + \; H_2O$$

（三）脱色

粗油中含有叶绿素、类胡萝卜素等色素,影响油脂的稳定性和外观,通过使用活性炭、白土等吸附剂脱除油脂中的色素的过程称为脱色。

（四）脱臭

油脂中存在一些异味物质,主要源于油脂氧化产物。采用减压蒸馏的方法,并添加柠檬酸螯合金属离子,抑制油脂氧化。此法不仅可以除去挥发性的异味物质,还可使非挥发性的异味物质热分解转化为挥发物,蒸馏除去。

油脂精炼后,油的品质及稳定性提高,但是也有一些负面的影响,如损失一些脂溶性维生素。

二、油脂的改性

（一）油脂分提

油脂由各种熔点不同的甘三酯组成,导致油脂的熔点范围有所差异。

在一定的温度下,利用构成油脂的各种甘三酯的熔点差异及在不同溶剂中溶解度的不同,通过分步结晶,使不同的三酰基甘油分成固、液两相,进而达到分离甘三酯的目的,这种加工方法称为油脂分提。分提方法包括干法分提、溶剂分提和表面活性剂分提。

干法分提是指在无有机溶剂存在的情况下,将熔化的油脂缓慢冷却,直至较高熔点的三酰基甘油选择性析出,过滤分离结晶。在5.5℃下使油脂中高熔点的三酰基甘油结晶析出,称为"冬化",分离出的硬脂可用于生产人造黄油。在10℃下使油脂中的蜡结晶析出,称为脱蜡。菜籽油、棉籽油、葵花籽油经冬化、脱蜡后,冷藏时不会出现浑浊现象。干法分提适用于产品不需溶解度相近的甘三酯有效分离的工序,并且待分离结晶大,借助压滤或离心易分离。

溶剂分提是指在油脂中加入有机溶剂,然后进行冷却结晶的分提。有机溶剂的作用是有利于形成容易过滤的稳定结晶,提高分离效果,增加分离产率,减少分离时间,提高分离产品的纯度,尤其适用于黏度大的含长碳链脂肪酸的油脂的分提。常用的有机溶剂有正己烷、丙酮、2 - 硝基丙烷等,然而由于结晶温度低及溶剂回收时能量消耗高,故投资很大,工业上不常用。

表面活性剂分提是在上述两种方法得到的油脂进行冷却结晶后,加入表面活性剂(如十二烷基磺酸钠)的水溶液,并搅拌,水溶液润湿固体结晶的表面,使结晶分散,悬浮于水相中,利用比重差,将油水混合物离心分离,分为油层和包含结晶的水层。加热水层,结晶熔化并与水分层,再离心分离,就得到液态的三酰基甘油。此法分提效率高,所得产品质量高,适合于大规模连续生产。

(二) 油脂氢化

由于天然来源的固体脂很有限,可采用改性的方法将液体油转变为固体或半固体脂。酰基甘油上不饱和脂肪酸的双键在 Ni、Pt 等催化下,在高温下,与氢气发生加成反应,油脂的不饱和度降低,从而把室温下的液态油变成固态脂,这种过程称为油脂的氢化。

氢化后油脂的熔点提高,改变塑性,增强抗氧化能力,颜色变浅,稳定性提高,并能防止回味,具有很高的经济价值。

1. 油脂氢化的机理

氢化中最常用的催化剂是金属镍,虽然有些贵金属(如铂)的催化效率比镍高,但由于价格因素,并不适用。金属铜催化剂对于豆油中亚麻酸有很高的选择性,但铜易中毒,反应完毕后,不易除去。

氢化反应的机理如图5 - 45所示,液态油脂和气态氢均被固态催化剂吸附。

首先是油脂中双键两端的任意一端与金属形成碳—金属复合物,复合物再与被催化剂吸附的氢原子相互作用,形成一个不稳定的半氢化中间体,由于此时只有一个双键碳原子被接到催化剂上,故可自由旋转。半氢化中间体如果再接受一个氢原子,就可生成饱和产品;如果半氢化中间体失去一个氢原子重新生成双键,重新生成的双键既可处在原位,生成双键恢复的产品,也可发生位移,分别生成顺式和反式两种异构体。

图 5-45 油脂氢化示意图

2. 油脂氢化的选择性

氢化反应的产物十分复杂,反应物的双键越多,产物也越多,三烯可以转变为二烯,二烯转变为一烯,直至达到饱和。但是,不饱和度不同的脂肪酸酯与催化剂吸附的强弱、先后次序有很大的差别,氢化速度不同,即不饱和度不同的脂肪酸酯的氢化有选择性。

假设油脂的氢化不可逆,异构体间的反应速度无差别,并且不考虑催化剂中毒,其反应模式如下:

$$亚麻酸酯(Ln) \xrightarrow{K_1} 亚油酸酯(Lo) \xrightarrow{K_2} 油酸酯(O) \xrightarrow{K_3} 硬脂酸酯(St)$$

亚油酸的选择性(S_1 或 S_{Lo})指亚油酸氢化为油酸的速度常数与油酸氢化为硬脂酸的速度常数之比,即 K_2/K_3。

亚麻酸的选择性(S_{II} 或 S_{Ln})即 K_1/K_2,三烯酸含有两个活性亚甲基,易氧化,产生异味。若三烯酸（亚麻酸）被还原成较稳定的亚油酸、油酸,油脂的氧化稳定性、风味稳定性增强。

如豆油氢化（图 5 – 46）,$K_2/K_3 = 0.159/0.013 = 12.2$,表明亚油酸酯的氢化速度为油酸酯的 12.2 倍;$K_1/K_2 = 0.367/0.159 = 2.3$,其意为亚麻酸酯的氢化速度为亚油酸酯的 2.3 倍。

图 5 – 46　部分氢化豆油的脂肪酸与反应时间的关系

（三）油脂酯交换

1. 酯交换定义

天然油脂中脂肪酸的分布模式,赋予了油脂特定的物理性质如结晶特性、熔点等,有时,这种性质限制了它们在工业上的应用,但可以采用改性的方法（如酯交换）来改变脂肪酸的分布模式,改变油脂的物理性质,以便适应特定的需要。

通过改变甘三酯中脂肪酸的分布使油脂的性质尤其油脂的结晶及熔化特征发生变化,这种方法就是酯—酯交换。酯—酯交换可以发生于甘三酯分子内或分子间。

（1）分子内酯—酯交换

（2）分子间酯—酯交换

酯交换按照催化剂不同分为化学酯交换和酶促酯交换。

2. 化学酯交换

（1）化学酯交换的反应机理

化学酯交换是在催化剂,如醇钠、碱金属及其合金等存在下发生的反应,然而,在酯—酯交换反应中真正起催化作用的应是二酰甘油阴离子。所以,所加催化剂又称"前体"或"活化剂"。

①活化或诱导期。甲醇钠与三酰基甘油反应,生成二酰基甘油钠盐,产生二酰基甘油阴离子。

② 交换期。

分子间酯交换：二酰基甘油阴离子与另一分子三酰基甘油发生酯交换，转移其脂肪酸生成新的甘三酯和再生的二酰甘油阴离子。

分子内酯交换：二酰基甘油阴离子与自身 2 位或 3 位上的脂肪酸发生亲核加成再消除反应，发生分子内的脂肪转换。

这一过程通过一系列的链反应不断重复、持续，直到所有脂肪酸酰基改变其位置，并使随机化趋于完全为止。

化学酯交换按产物可分为随机酯—酯交换和定向酯—酯交换。

（2）随机酯交换

当酯化反应在高于油脂熔点的温度反应时，脂肪酸的重排是随机的，最终按概率规则达到一个平衡状态，产物很多，然而，总脂肪酸组成未发生变化。这种酯交换称为随机酯交换。酯—酯交换反应的随机性使甘三酯分子酰基改组、混合而构成各种可能的甘三酯类型。

SSS + UUU ——→Sn－SSU + Sn－SUS + Sn－USS + Sn－UUS + Sn－USU + Sn－SUU + Sn－SSS + Sn－UUU

油脂的随机酯交换可用来改变油脂的结晶性和稠度，如天然猪油结晶颗粒大,口感粗糙,不利于产品的稠度,但经随机酯交换后,改性猪油可结晶成细小颗粒,稠度改善,熔点和黏度降低,适于作为人造奶油和糖果用油。

（3）定向酯交换

当酯交换反应在油脂熔点温度以下进行时,反应形成的三饱和脂肪酸酯将会结晶析出,若不断移去三饱和脂肪酸酯,则反应平衡状态发生变化,趋于再产生更多的三饱和脂肪酸酯,直至饱和脂肪酸全部转化为三饱和脂肪酸酯,这种酯交换方法称为定向酯—酯交换。

混合甘油酯经定向酯交换后,生成高熔点的 S_3 产物和低熔点的 U_3 产物。

$$OStO \longrightarrow StStSt + OOO$$
$$33.3\% \quad 66.7\%$$

（4）酶促酯交换

酶作为生物催化剂,在油脂研究领域及工业中颇受重视。脂肪酶,又称甘油酯水解酶,不仅可以促进油脂的水解,而且在一定的系统中,控制一定的条件,同样可以加速油脂的合成,促进酯交换反应（醇解、酸解、酯—酯交换）。酶催化酯交换反应用来生产类可可脂、人乳脂替代品、结构脂、人造奶油基料油等。

酶促酯交换不仅克服了化学酯交换所要求的原料低水分、低杂质、低酸价、低过氧化值的苛刻条件的缺点,更重要的是作为一种生物催化剂,与化学催化剂相比,脂肪酶具有许多优点,如催化活性高、催化作用具有专一性、反应的副产物少、能在温和的条件下（常温、常压）起催化作用、耗能少。酶法酯交换还可以简化工艺、降低能源消耗、节省设备投资和减少环境污染。

以无选择性的脂水解酶进行的酯交换反应是随机反应,但是以选择性脂水解酶作催化剂,则反应是有方向性的。如以 Sn – 1,3 位的脂肪酶催化的酯交换,只能在 Sn – 1,3 位交换,Sn – 2 位保持不变。

如棕榈油中存在大量的 Sn – POP 组分,加入硬脂酸或其三酰基甘油,利用 Sn – 1,3 专一性脂肪酶催化酯交换反应,可制备可可脂的主要成分 Sn – POSt 和 Sn – StOSt,这是人工合成可可脂的最新方法。

通过酶法定向酯交换还可提高液态油的熔点,稠度得到改善。

尽管酶促酯交换很有意义,但是现在完全用酶促酯交换取代化学酯交换是不可能的,因为酶促酯交换成本较高,而得到的产品如起酥油、人造奶油等相对较低值。

可可脂主要组分

第七节　复合脂质及衍生脂质

一、磷脂

1. 磷脂的来源

磷脂是磷酸甘油酯的简称,普遍存在于动植物细胞的原生质和生物膜中,对生物膜的生物活性和机体的正常代谢有重要的调节功能。磷脂在动物的脑(30%)、心脏(10%)、肝脏、肾脏(9%)、血液以及细胞的膜中含量均较高,鸡蛋蛋黄中的磷脂含量最为丰富,占干物质的 8% ~ 10%。

油料种子中的磷脂大部分存在于油料的胶体相中,大都与蛋白质、酶、苷、生物素或糖以结合状态存在,构成复杂的复合物,以游离状态存在的很少。如棉籽中结合态磷脂达 90%,向日葵中达 66%。植物油料种子中磷脂含量最高的是大豆。

2. 磷脂的组分

磷酸甘油酯是磷脂酸(Phosphatidic acid,简称 PA)的衍生物,常见的有卵磷脂(磷脂酰胆碱,phosphatidyl cholines,简称 PC)、脑磷脂(磷脂酰乙醇胺,phosphatidyl ethanolamines, 简称 PE)、肌醇磷脂(磷脂酰肌醇, phosphatidyl inositols,简称 PI)、丝氨酸磷脂(磷脂酰丝氨酸 phosphatidyl serines,简称 PS)等。

一般植物油料种子中的磷脂主要由磷脂酰胆碱(PC)、磷脂酰乙醇胺(PE)、磷脂酰肌醇(PI)和磷脂酸(PA)等组成,不同原料、品种中各种磷脂的含量不同。

(1)磷脂酰胆碱

磷脂酰胆碱(结构式如图 5 - 47 所示)广泛存在于动植物体内,在动物的脑、肾上腺及细胞中含量较多。卵黄磷脂中磷脂酰胆碱的含量最为丰富,达 70%。

图 5 - 47　卵磷脂的结构式

　　纯净 PC 是一种白色蜡状固体,极易吸湿,吸湿后又软又黏,遇空气氧化成棕色,并且有难闻气味,没有清晰的熔点,随温度升高(100℃左右)而软化,其软化点取决于脂肪酸组成。卵磷脂具有旋光性;可溶于脂肪溶剂如甲醇、乙醇、苯及其他芳香烃、醚、氯仿、四氯化碳、甘油等,不溶于丙酮及乙酸甲酯。

　　(2)磷脂酰乙醇胺

　　磷脂酰乙醇胺(结构式如图 5 - 48 所示)主要存在于动物的脑组织中,心脏、肝脏及其他组织中也含有,常与卵磷脂共同存在于动植物组织中。脑磷脂的分子结构与卵磷脂相似,只是以胆氨(氨基乙醇)代替了胆碱。

图 5 - 48　脑磷脂的结构式

　　纯脑磷脂为白色固体,易吸湿,氧化后颜色加深。不溶于冷的石油醚、乙酸、苯及氯仿,不溶于丙酮;但能溶于有一定温度的石油醚、苯、乙醚及氯仿。由于脑磷脂不溶于乙醇,也称为醇不溶性物质。实际上,醇不溶的脑磷脂除含有 PE 组分外,还有 PS、PI 及其他物质。

　　(3)磷脂酰丝氨酸

　　丝氨酸磷脂(PS)是动物脑组织和红血球中的重要类脂物之一,是磷脂酸与丝氨酸形成的磷脂,略带酸性,常以钾盐形式被分离出来。在花生、大豆等植物种子中都有少量的存在。磷脂酰丝氨酸的结构如图 5 - 49 所示。

图 5 - 49　磷脂酰丝氨酸的结构式

（4）磷脂酸（PA）

磷脂酸（结构式如图 5 – 50 所示）在动、植物组织中含量极少，但在生物合成中极其重要，是生物合成磷酸甘油酯与脂肪酸甘三酯的中间体。未成熟的大豆较成熟大豆的含量高，并且大豆中 PA 含量随温度的升高、湿度的增加而增加，大部分 PA 作为不可水化磷脂存在于水化油中。

图 5 – 50　磷脂酸的结构式

纯净的 PA 是棕色具有黏性的物质，无吸湿性，在光及空气中不稳定，微溶于水，易溶于有机溶剂如丙酮及乙醚中。PA 的钠盐溶于水，微溶于乙醇，不溶于乙醚。

（5）磷脂酰肌醇（PI）

磷脂酰肌醇（结构式如图 5 – 51 所示）是动物、植物及微生物脂质中的主要成分之一，是无旋光性肌醇衍生物，显酸性，易与 Ca^{2+}、Mg^{2+} 等复合。来源于动物的磷脂酰肌醇，其 1 – 位脂肪酸大多是（饱和酸）硬脂酸，2 – 位主要是花生四烯酸。

图 5 – 51　磷脂酰肌醇的结构式

二、甾醇

甾醇又名类固醇，是天然有机物中的一大类，动植物组织都有。动物普遍含胆甾醇，通常称为胆固醇；植物中很少含胆固醇，而含 β – 谷甾醇、豆甾醇、菜油甾醇等，通常称为植物甾醇。

1. 甾醇的结构

以环戊多氢菲为骨架的化合物，称为甾族化合物（图 5 – 52），环上带有羟基的即为甾醇，其特点是羟基在 3 位，C_{10}、C_{13} 位有甲基（角甲基），C_{17} 位上带有一个支链。不同甾醇结构类似,相互间区别在于支链的大小及双键的多少不同。自然界甾醇种类有近千种,存在于菌类中的麦角甾醇也是很重要的一种甾醇,动植物油脂则主要含有下列几种,结构如图5－53所示。

环戊多氢菲　　　　　　　　甾醇通式

图5－52　甾醇结构通式

麦角甾醇(ergosterol)　　　　　　胆固醇(cholesterol)

β-谷甾醇(β-sitosterol)　　　　菜油甾醇(campesterol)

豆甾醇(stigmasterol)　　　　菜籽甾醇(brassicasterol)

图5－53　动植物油脂中主要甾醇的结构

2. 胆固醇

动物油脂的特征性甾醇是胆固醇,胆固醇是人们最熟悉而且数量最多的甾醇。胆甾醇毛地黄皂苷沉淀转化为醋酸酯后,其熔点为114℃。胆固醇是维持生命和正常生理功能所必需的一种营养成分,是构成细胞膜的组分之一,也是体内合成性激素和肾上腺素的原料。广泛存在于动物组织中,在脑及神经组织中特别丰富,可在胆道内沉积为胆结石,在血管壁上沉积引起动脉硬化。因此在膳食中有必要限制高胆固醇食物的摄入量。

胆固醇及胆固醇酯广泛存在于血浆、肝、肾上腺及细胞膜的脂质混合物中,具有重要的生理功能。胆甾醇在化妆品中具有健肤作用。

3. 植物甾醇

植物油中含有多种植物甾醇,其中以 β – 谷甾醇分布最广,其次是豆甾醇和菜油甾醇。甾醇是油脂中不皂化物的主要成分,一部分甾醇也以脂肪酸酯的形态存在蜡中,碱炼时,大部分甾醇可被皂粒吸附因而可从皂脚提取甾醇。

β – 甾醇和毛地黄皂苷生成的络合物在乙醇中的溶解度很小,成沉淀析出;而植物甾醇的醋酸酯熔点为 125 ~ 137℃,这是区别动、植物甾醇的化学方法之一。

甾醇在非极性溶剂中溶解度大于在极性溶剂中溶解度,但在极性溶剂中溶解度随温度升高而增大,以此可用来提纯甾醇。

甾醇为无色结晶,具有旋光性,不溶于水,易溶于乙醇、氯仿等溶剂。甾醇可发生 Tschugaeff 颜色反应,将甾醇溶于乙酸酐中,加入乙酰氯及 $ZnCl_2$ 稍加煮沸即呈红色,此反应极灵敏。

麦角甾醇或 7 – 脱氢甾醇在紫外光照射下可产生 V_{D2} 和 V_{D3},反应过程如图 5 – 54 所示。

麦角甾醇   原维生素 D_2 维生素 D_3

图 5 – 54　麦角甾醇在紫外光下的反应

其中三共轭双键为维生素 D 的必要结构,一旦氢化或氧化即失去效能。

植物甾醇可用做调节水、蛋白质、糖和盐的甾醇激素,并作为治疗心血管疾病、抗哮喘及顽固性溃疡的药物应用。它最主要的用途则是合成许多医疗药品,如合成类固醇激素、性激素等。

第八节　脂肪代用品

脂肪是人体必需营养素,但摄入过多会导致肥胖和心血管疾病,因此开发低热量和无热量的脂肪替代物越来越受到食品企业的重视。

1. 脂肪替代品

脂肪替代品是大分子化合物,其物理及化学性质与油脂类似,可部分或完全替代食品中的脂肪,以脂质、合成脂肪酸酯为基质,在冷却及高温条件下稳定。

①蔗糖脂肪酸聚酯:是蔗糖与 6~8 个脂肪酸通过酯基团转移或酯交换形成的蔗糖酯的混合物,热量为 0 kJ/g。

蔗糖脂肪酸酯

②山梨醇聚酯是山梨醇与脂肪酸形成的三、四及五酯,可用于色拉调味料及焙烤食品,热量为 4.2 kJ/g。

D-葡萄糖醇
（山梨醇）

③构造脂质:甘油 $\beta-$ 位上接长链脂肪酸,$\alpha-$ 位上接短链或中链脂肪酸的三酰基甘油。如 Sn $-8:0-22:0-10:0$,热量为 21 kJ/g。

这几种脂肪替代品热量均比脂肪的热量(39.58 kJ/g)低。

M、S、L分别代表中(C8~10)、短(C<8)、长(C>10)链脂肪酸。

2. 脂肪模拟品

在感官和物理特性上模拟油脂,但不能完全替代油脂,常以蛋白质和碳水化合物为基质,高温时易引起变性和焦糖化,不宜在高温下使用。

(1)以蛋白质为基质的脂肪模拟品

以鸡蛋、牛乳、乳清、大豆、明胶及小麦谷蛋白等天然蛋白质为原料,通过微粒化、高剪切处理,可制得具有似脂肪口感和组织特性的脂肪模拟品,能改善持水性和乳化性,但在高温下不稳定,可替代某些水包油型乳化体系食品配方中的油脂,多用于乳制品、色拉调味料、冷冻甜食等食品中。

（2）以碳水化合物为基质的脂肪模拟品

植物胶、改性淀粉、某些纤维素、麦芽糊精、葡萄糖聚合物等可提供类似脂肪的口感、组织特性。植物胶如瓜尔胶、黄原胶、卡拉胶、阿拉伯胶等,多用于色拉调味料、甜食品、冰淇淋、乳制品、焙烤食品中;淀粉经酸或酶法水解、氧化、糊化、交联或取代后,可提供油脂的滑爽口感,用于色拉调味料中。

思考题

1. 食品中的脂质如何分类？

2. 脂肪酸及其甘油酯如何命名？

3. 简述油脂的用途。

4. 脂肪的同质多晶现象是什么原因,在食品中有何意义？

5. 试述油脂的自动氧化、光敏氧化和酶促氧化的机理反应。

6. 影响油脂氧化的因素主要有哪些？ 如何控制脂肪的氧化？

7. 油脂氧化与水分活度的关系如何？

8. 根据油脂抗氧化剂的抗氧化机理,抗氧化剂可分为哪几种？

9. 什么是油脂的过氧化值？ 如何测定？ 是否过氧化值越高,油脂氧化程度越深？

10. 脂肪精炼的原理是什么？

11. 脂肪的氢化有什么意义？ 氢化后脂肪酸的结构有哪些变化？

第六章　维生素

本章重点:常见维生素的理化性质、稳定性,在食品加工、储藏中所发生的变化对食品品质的影响;食品中常见维生素的测定方法。

难点:维生素 C 的降解机理

第一节　概述

一、维生素的定义

维生素(vitamin)是人体为维持正常生理功能所必需的,但需要量极微的一类有机化合物的总称。"vitamin"一词最早由波兰化学家 Funk 提出,他将拉丁语 vita(生命)和 -amine(胺)缩写得"vitamine"(即与生命有关的胺类),后来发现并非所有维生素都是胺,故去掉词尾字母"e"改为"vitamin"。

目前已发现的维生素有 30 多种,其中对人体营养和健康至关重要的有十余种,它们化学结构复杂,无法采用化学系统命名,一般按照其发现的历史顺序采用大写拉丁字母并辅以阿拉伯数字下标来命名,如维生素 A、维生素 B_1、维生素 B_2、维生素 C 等;或是按照其特有的生理功能来命名,如抗干眼病维生素(维生素 A)、抗神经炎维生素(维生素 B_1)、抗坏血酸(维生素 C)等;或是按照其化学结构来命名,如视黄醇(维生素 A)、硫胺素(维生素 B_1)、核黄素(维生素 B_2)等。

大多数维生素在人体内不能合成,或即使能合成但合成的量也不能满足人体的需要,必须从食物中摄取。维生素不是人体内各种组织器官的组成成分,也不是能量物质,主要以辅酶形式参与细胞的物质代谢和能量代谢过程,一旦缺乏就会引起人体代谢紊乱,导致发生相应的维生素缺乏症,对人体健康造成损害,严重不足时可以致命。但是维生素摄入过多也会有害健康,引起中毒反应。有些维生素还可作为自由基的清除剂,如维生素 C、类胡萝卜素和维生素 E 等。有些维生素是遗传调节因子,如维生素 A、维生素 D 等。而有的维生素则具有某些特殊功能。表 6 - 1 列出了主要维生素的命名、生理功能、缺乏症及来源。

表6-1　主要维生素的命名、生理功能、缺乏症及来源

命名		生理功能	缺乏症	主要来源
名称	俗名			
维生素A	抗干眼病维生素、抗干眼病醇、视黄醇	维持正常视觉;调节细胞生长和分化;提高免疫功能;促进细胞膜表面糖蛋白合成;抗氧化,清除自由基;抑制肿瘤生长等	夜盲症、干眼病、毛囊角化过度症	动物肝脏、鱼肝油、胡萝卜、辣椒、菠菜、南瓜
维生素B₁	抗神经炎维生素、硫胺素	作为辅酶参与机体糖代谢、能量代谢;维持神经、肌肉(特别是心肌)的正常功能;维持正常食欲、胃肠道的蠕动和消化液的分泌	脚气病、多发性神经炎	酵母、动物内脏(肝、肾、心)、肉类、禽蛋、谷类、豆类、坚果
维生素B₂	核黄素	参与体内生物氧化与能量代谢;维持碳水化合物、蛋白质和脂肪的正常代谢;维护皮肤和黏膜的完整性;参与维生素B₆和尼克酸的代谢	眼、口腔和皮肤的炎症	酵母、动物内脏(肝、肾、心)、禽蛋、乳类、绿叶蔬菜、豆类
维生素B₃(维生素PP)	抗癞皮病维生素、烟酸、尼克酸	作为辅酶Ⅰ和辅酶Ⅱ的组成成分参与糖酵解、脂肪合成和呼吸作用;降低血清胆固醇水平	癞皮病	酵母、动物肝脏、肉类、乳类、花生、谷类、豆类
维生素B₅	泛酸、遍多酸	作为辅酶A的组成部分参与体内碳水化合物、脂肪和蛋白质的代谢	罕见	酵母、肉类、动物内脏(肝、肾、心)、禽蛋、蘑菇、坚果、豆类、谷类
维生素B₆	抗皮炎维生素、吡哆素	作为辅酶参与体内的氨基酸、碳水化合物、脂类和神经递质的代谢	眼鼻与口腔周围皮肤脂溢性皮炎、高半胱氨酸血症、黄尿酸血症	酵母、肉类、动物肝脏、蛋黄、豆类、坚果、水果、蔬菜
维生素B₇(维生素H)	生物素、辅酶R	在脱羧—羧化反应和脱氨反应中起辅酶作用,参与碳水化合物、脂类、蛋白质和核酸的代谢;参与胰淀粉酶和其他消化酶的合成	罕见	酵母、动物肝脏、肉类、乳类、蛋黄、蔬菜、蘑菇
维生素B₁₁	抗贫血维生素、叶酸	作为一碳单位的载体参加代谢,为各种细胞生长所必需;促进胎儿形成及正常发育;预防心脏病、中风及某些癌症	巨幼红细胞性贫血、高同型半胱氨酸血症、胎儿神经管畸形	动物肝脏、绿色蔬菜、豆类
维生素B₁₂	钴铵素、氰钴胺素	作为蛋氨酸合成酶的辅酶参与同型半胱氨酸甲基化转变为蛋氨酸;促进红细胞的发育与成熟	巨幼红细胞性贫血、高同型半胱氨酸血症	菌类食品、发酵食品、动物肝脏、肉类、乳类、蛋黄
维生素C	抗坏血酸	促进胶原的生物合成,有利于组织创伤的愈合;改善铁、钙和叶酸的利用;抗氧化,清除自由基;促进抗体形成,增加人体抵抗力;缓解汞、铅、砷、苯及细菌毒素的毒性	坏血病	水果、蔬菜
维生素D	抗佝偻病维生素、骨化醇	调节人体钙、磷的代谢;促进骨骼和牙齿的生长发育;参与细胞代谢或分化的调节	佝偻病、骨质软化症、骨质疏松症	鱼肝油、动物肝脏、蛋黄、奶油

续表

命名		生理功能	缺乏症	主要来源
名称	俗名			
维生素 E	生育维生素、生育酚	抗氧化,清除自由基;抗衰老美容作用;预防不育症和慢性流产;调节血小板的粘附力和聚集作用	溶血性贫血、神经退行性病变	谷物胚芽及其油
维生素 K	止血维生素	加速血液凝固	血液凝固延迟、新生儿出血	动物肝脏、鱼肝油、蛋黄、乳酪、菠菜、洋白菜

二、维生素的分类

维生素是一类化学结构各不相同、性质特点差别很大、生理功能各异的小分子有机化合物,根据维生素在极性、非极性溶剂中的溶解性特征,可将其分为脂溶性维生素和水溶性维生素两大类。

脂溶性维生素(fat – soluble vitamins)是不溶于水而溶于脂肪及非极性有机溶剂(如苯、乙醚及氯仿等)的一类维生素,包括维生素 A、维生素 D、维生素 E、维生素 K 等。这类维生素一般只含有碳、氢、氧三种元素;在食物中多与脂质共存,其在机体内的吸收通常与肠道中的脂质密切相关,可随脂质吸收进入人体并在体内储存(主要在肝脏),排泄率不高;摄入量过多易引起中毒现象,若摄入量过少则缓慢出现缺乏症状。另外,脂溶性维生素大多稳定性较强。

水溶性维生素(Water – soluble vitamins)是可溶于水而不溶于非极性有机溶剂的一类维生素,包括维生素 B 族和维生素 C。这类维生素除碳、氢、氧元素外,有的还含有氮、硫等元素。与脂溶性维生素不同,水溶性维生素在人体内储存较少,从肠道吸收后进入人体的多余的水溶性维生素大多从尿中排出。水溶性维生素几乎无毒性,摄入量偏高一般不会引起中毒现象,若摄入量过少则较快出现缺乏症状。水溶性维生素大多数稳定性较差,在食品加工过程中较容易损失。

第二节 脂溶性维生素

一、维生素 A

维生素 A 是一类由 β – 紫罗宁(ionine)环与不饱和一元醇所组成的具有活性的二十碳不饱和碳氢化合物,其羟基可被酯化或转化为醛或酸,也能以游离醇的状态存在。维生素 A 包括维生素 A_1(视黄醇,retinol)和维生素 A_2(脱氢视黄醇,

dehydroretinol)两种。二者的区别在于维生素 A_2 的紫罗宁环内的 C_3 和 C_4 之间多了一个双键(图6-1);维生素 A_1 分子式为 $C_{20}H_{30}O$,维生素 A_2 分子式为 $C_{20}H_{28}O$。

维生素 A_1 　　　　　　　　　　　　　　维生素 A_2

图6-1　维生素 A 的化学结构

维生素 A 不溶于水,而溶于脂肪及有机溶剂。维生素 A_1 是淡黄色的片状结晶,熔点64℃。维生素 A_2 熔点17~19℃,通常为金黄色油状物。维生素 A_1 结构中存在共轭双键,属于异戊二烯类,有多种顺、反立体异构体。食物中的维生素 A_1 主要是全反式结构,生物价效最高,维生素 A_2 的生物效价只有维生素 A_1 的40%。

维生素 A 主要存在于动物的肝脏中,视黄醇及其酯是主要存在形式。植物和真菌中没有维生素 A,但其中含有的类胡萝卜素进入人体后可代谢为维生素 A,并具有维生素 A 活性,通常称之为维生素 A 原(天然食物中那些在人体内经过转化可以成为维生素的化合物称为维生素原)。维生素 A 原中以 β-胡萝卜素转化效率最高,1 分子的 β-胡萝卜素经水解可转化为 2 分子的维生素 A。

维生素 A 在无氧条件下对热相当稳定,一般的热加工方法不会使其破坏,即使加热到120~130℃也不会分解。维生素 A 在碱性和冷冻环境中比较稳定,但对酸不稳定。热处理(如烹调、罐藏加工)、光照、酸化、次氯酸或稀碘溶液都能使全反式构象的类胡萝卜素转化为顺式异构体,引起维生素 A 活性的损失。由于分子中不饱和双键较多,维生素 A 及类胡萝卜素对氧、氧化剂和脂肪氧合酶敏感,高温、光照(特别是紫外线)和金属离子可加速其氧化分解。食品中的维生素 A 及类胡萝卜素的氧化降解类似于不饱和脂肪酸的氧化降解,由直接的过氧化作用或在脂肪氧化过程中产生的自由基间接作用引起的。图6-2总结了 β-胡萝卜素的降解反应。

图 6 - 2　β-胡萝卜素的降解

二、维生素 D

维生素 D 是一类含有环戊烷多氢菲结构的固醇类物质。现已鉴定出的维生素 D 有 6 种,即维生素 D_2、维生素 D_3、维生素 D_4、维生素 D_5、维生素 D_6 和维生素 D_7,其中最为重要的是维生素 D_2(麦角钙化醇,gerocalciferol)和维生素 D_3(胆钙化醇,cholecalciferol),两者结构十分相似,维生素 D_2 比维生素 D_3 在支链上多一个双键和甲基(图 6 - 3)。维生素 D_2 分子式为 $C_{28}H_{44}O$,维生素 D_3 分子式为 $C_{27}H_{44}O$。

图 6 - 3　维生素 D 的化学结构

维生素 D 为白色晶体,不溶于水,能溶于脂肪及有机溶剂,无臭,无味,对食品的色泽及风味影响不大。维生素 D 仅存在于动物体内,以酯的形式存在。植物体及酵母中不含维生素 D,但其中的麦角固醇经紫外线照射后转化为维生素 D_2。人和动物皮肤中的 7 - 脱氢胆固醇经紫外线照射后可转化为维生素 D_3。

维生素 D 十分稳定,一般的加工操作和储藏条件不会引起损失。维生素 D 耐热性强,消毒、煮沸及高压灭菌对其活性无影响。冷冻储存对牛乳和黄油中维生素 D 的影响也不大。但是维生素 D 遇光照、氧和酸会迅速遭到破坏,需保存于不透光的密封容器中。维生素 D 光解机制可能是直接光化学反应或由光引发的脂肪自动氧化间接涉及反应。维生素 D 易发生氧化主要因为分子中含有不饱和双键。油脂氧化酸败时也会使其中的维生素 D 破坏。维生素 D 过量射线照射可形成少量具有毒性的化合物。

据报道,维生素 D 对肌肉中钙水平的刺激性效应可激活钙蛋白酶活性,使牛肉嫩化,改善牛肉的嫩度及肉质。

三、维生素 E

维生素 E 是具有 α – 生育酚类似活性的母生育酚（tocols）和生育三烯酚（tocotrienols）的总称。母生育酚与生育三烯酚都是 6 – 羟基苯并二氢吡喃的衍生物，生育三烯酚在侧链的 3′、7′和 11′处存在双键，其他部分与母生育酚的结构完全相同（图 6 – 4）。现已确知的维生素 E 有 8 种，它们的差异在于环状结构上的甲基数目和位置不同，其中最为重要的是 4 种母生育酚的衍生物，即 α – 生育酚、β – 生育酚、γ – 生育酚、δ – 生育酚（图 6 – 5）。食品中天然存在的 α – 生育酚生物活性最大，一般所谓的维生素 E 即指 α – 生育酚。

图 6 – 4　母生育酚的化学结构（左）和生育三烯酚的化学结构（右）

母生育酚			
	R_1	R_2	R_3
α	CH_3	CH_3	CH_3
β	CH_3	H	CH_3
γ	H	CH_3	CH_3
δ	H	H	CH_3

图 6 – 5　生育酚异构体的结构

维生素 E 为淡黄色至黄褐色黏稠液体，无臭，无味，不溶于水，溶于脂肪及有机溶剂。维生素 E 不易被酸、碱及热破坏，在无氧条件下即使加热至 200℃也很稳定；对白光相当稳定，但对紫外线较敏感，色泽逐渐变深；对氧敏感，易被氧化成醌式结构而呈现暗红色，金属离子（Fe^{2+}、Cu^{2+}等）可促使氧化反应加速。

维生素 E 是一种优良的天然抗氧化剂，通过提供酚羟基氢质子和电子来捕捉自由基，未酯化的 α – 生育酚与过氧化自由基反应，生成氢过氧化物和相对稳定的 α – 生育酚自由基，生育酚自由基通过自身聚合生成二聚体或三聚体，使自由基链反应终止，阻止了不饱和脂肪酸自动氧化（图 6 – 6）。在肉类腌制中，亚硝酸盐与含氨基物质合成亚硝胺是通过自由基机制进行的，维生素 E 可清除自由基，从而阻止亚硝胺的生成。动物饲料中维生素 E 的含量会影响屠宰后动物肉的抗氧化能力，从而影响其食用品质。研究表明，维生素 E 和维生素 D_3 共同作用可获得牛肉最佳的"色泽—嫩度"。

图6-6　α-生育酚的氧化降解途径

维生素 E 也是一种单线态氧抑制剂,通过淬灭单线态氧而间接地提高食品中其他化合物的氧化稳定性(图6-7),如防止维生素 A 和维生素 C 的氧化。在生育酚的几种异构体中,与单线态氧反应的活性大小依次为 α-生育酚、β-生育酚、γ-生育酚、δ-生育酚,而抗氧化能力大小的顺序正好相反。

图6-7　α-生育酚与单线态氧的反应历程

四、维生素 K

维生素 K 是一系列 2 - 甲基 - 1,4 萘醌衍生物的统称。天然的维生素 K 有维生素 K_1（叶绿醌,phylloquinone）和维生素 K_2（聚异戊烯基甲基萘醌,menaquinone）,维生素 K_3（2 - 甲基萘醌,menadione）由人工合成。这些衍生物的区别在于 3 位上带或不带萜类支链（图 6 - 8）。维生素 K_1 分子式为 $C_{31}H_{46}O_2$,维生素 K_2 分子式为 $C_{41}H_{56}O_2$,维生素 K_3 分子式为 $C_{11}H_8O_2$。

维生素 K_1 主要存在于植物组织中,维生素 K_2 是许多细菌的代谢产物。维生素 K_1 和维生素 K_2 都不溶于水,溶于脂肪及有机溶剂,无臭或几乎无臭。维生素 K_1 是黄色黏稠油状液体,其醇溶液冷却时可呈结晶状析出,熔点为 - 20℃。维生素 K_2 为黄色结晶,熔点 53.5 ~ 54.5℃。维生素 K_3 易溶于水,为黄色结晶,其活性比维生素 K_1 和维生素 K_2 高。

维生素 K 对热相当稳定,且又不溶于水,故在正常的食品加工和烹调过程中损失很少。某些还原剂可将维生素 K 的萘醌结构还原成氢醌结构,但仍具有生物活性。维生素 K 易受碱、氧化剂和光（特别是紫外线）的降解破坏。维生素 K 具有还原性,在食品体系中可淬灭自由基（与 β - 胡萝卜素、维生素 E 相同）,可以保护食品中其他成分（如脂类）不被氧化,并减少肉品腌制过程中亚硝胺的生成。

图 6 - 8　维生素 K 的化学结构式

第三节　水溶性维生素

一、维生素 C

维生素 C,又名抗坏血酸（ascorbic acid,AA）,是一个多羟基羧酸的内酯,具有烯二醇结构(图6-9)。维生素 C 的 C_4 和 C_5 是手性碳原子, C_4 位上的羟基排列差异产生 D-型和 L-型两种立体异构体, C_5 位上的羟基排列差异产生抗坏血酸和异抗坏血酸两种立体异构体。抗坏血酸的双电子氧化和氢离子的解离反应使之转变为脱氢抗坏血酸(DHAA)。

　　自然界存在的维生素 C 主要是 L-异构体, D-异构体的含量很少。其中以 L-抗坏血酸生物活性最高。D-异构体的生物活性只有 L-异构体的 10%, 但抗氧化性能相同。在食品工业中一般作为抗氧化剂添加到食品中。L-异抗坏血酸具有与 L-抗坏血酸相似的化学性质, 但不具有维生素 C 的生物活性, 在食品工业中也是广泛作为抗氧化剂使用, 用来抑制水果和蔬菜的酶促褐变。L-脱氢抗坏血酸在体内可以完全还原为 L-抗坏血酸, 因此具有与 L-抗坏血酸相同的生物活性。

图 6-9　L-抗坏血酸和 L-脱氢抗坏血酸及其异构体的化学结构

　　维生素 C 为白色或微黄色片状晶体或粉末, 熔点 190~192℃, 极易溶于水, 微溶于乙醇, 不溶于有机溶剂, 无臭, 味酸。维生素 C 分子中 C_2 和 C_3 位上有 2 个烯醇式羟基, 极易解离出氢离子, 故维生素 C 具有酸性和较强的还原性。相对来说, C_3 位上的羟基易电离($pKa_1 = 4.04, 25℃$), C_2 位上的羟基较难电离($pKa_2 = 11.4, 25℃$)。

　　维生素 C 化学性质较活泼, 是最不稳定的维生素。维生素 C 固体在干燥条件下比较稳定,但在受潮或加热时容易发生分解,在酸性溶液中(pH < 4)较稳定,在中性以上的溶液中(pH > 7.6)非常不稳定。因此,维生素 C 在加碱处理或加水蒸煮时损失较多,而在酸性溶液、冷藏及密闭条件下损失较少。

维生素 C 极易发生氧化降解(图 6 - 10),这也是其损失的最主要原因。在有氧存在下,维生素 C(AH_2)首先降解形成单价阴离子(AH^-),并很快通过单电子氧化途径转变为脱氢抗坏血酸(A),温和的还原反应可将脱氢抗坏血酸转化回抗坏血酸(维生素 C),但在碱性环境中,脱氢抗坏血酸的转化是不可逆的,其内酯环被水解打开形成 2,3 - 二酮基古洛糖酸(DKG),2,3 - 二酮基古洛糖酸进一步降解引起维生素 C 活性的损失。维生素 C 降解最终阶段中的许多产物可以与氨基酸反应引起食品发生非酶褐变,且参与风味物质的形成。光、射线、Cu^{2+} 和 Fe^{2+} 等金属离子均会加速维生素 C 氧化降解。植物组织中存在的氧化酶(如抗坏血酸氧化酶、多酚氧化酶、过氧化物酶、细胞色素氧化酶)也可以破坏维生素 C。某些金属离子螯合物对维生素 C 有稳定作用,二氧化硫或亚硫酸盐处理也可减少维生素 C 的损失。此外,糖和糖醇也能保护抗维生素 C 免受氧化降解,这可能是它们结合了金属离子从而降低了后者的催化活性。

图 6 - 10 维生素 C 的降解反应

维生素 C 具有的还原性和抗氧化性使其被广泛应用于食品加工中。维生素

C 可以保护食品中叶酸、类黄酮等其他易被氧化的成分不被氧化;可以使邻醌类化合物还原而有效抑制酶促褐变和脱色;在腌制肉品中促进发色并抑制亚硝胺的形成;在真空或充氮包装中作为除氧剂;在焙烤工业中作为面团改良剂,因为其氧化态可将面团中的巯基氧化成二硫基,从而使得面筋强化;作为维生素 E 或其他酚类抗氧化剂的增效剂;淬灭单线态氧和自由基,抑制脂类自动氧化;使其他抗氧化剂再生。

二、维生素 B_1（硫胺素）

维生素 B_1,又称硫胺素(thiamin),由一个含氨基的嘧啶环和一个含硫的噻唑环通过亚甲基桥连接而成(图 6－11)。

图 6－11　维生素 B_1 的化学结构

维生素 B_1 为白色至黄白色细小结晶,熔点 249℃,具有潮解性,溶于水,微溶于乙醇,不溶于有机溶剂,气味似酵母,味苦。维生素 B_1 分子中有两个碱基氮原子,一个在氨基基团中,另一个在具有强碱性质的季铵基团中,因此维生素 B_1 能与酸反应形成相应的盐。同时由于季铵盐氮的存在,维生素 B_1 具有强碱性,在食品的整个正常 pH 范围内完全离子化,其电离程度取决于 pH 值。

维生素 B_1 是 B 族维生素中最不稳定的一种,温度和 pH 值是影响其稳定性的重要因素。在低水分活度和室温条件下,维生素 B_1 稳定性相当高。随食品加工和储藏温度的升高和水分活度的增加,维生素 B_1 的损失也逐渐增多。在酸性条件下维生素 B_1 是稳定的,pH 值 3.5 以下加热至 120℃仍不分解,而在中性或碱性条件下煮沸或是室温储藏维生素 B_1 也会被破坏。

维生素 B_1 的热降解通常由两环之间的亚甲基桥的断裂引起,其降解速率和机制受 pH 值和反应介质的影响较大。当 pH 值小于 6 时,维生素 B_1 的热降解速度缓慢,亚甲基桥断裂释放出较完整的嘧啶和噻唑组分;pH 值在 6~7 之间,维生素 B_1 的降解速度加快,同时噻唑环碎裂程度增加;在 pH 值为 8 时,降解产物中几乎没有完整的噻唑环,而是许多种含硫化合物。维生素 B_1 热解过程中噻唑环开环分解形成硫、硫化氢、呋喃、噻吩和二氢噻吩等物质,使烹调食品产生"肉香味"。食品组分中的单宁能与维生素 B_1 形成加成物而使其失活;类黄酮使其分子反生变化;二氧化硫或亚硫酸盐使亚甲基碳上发生亲核反应而导致其降解;胆碱使其分子开裂而加速其降解;亚硫酸盐与嘧啶环上的氨基反应使得其发生损失。但蛋白质与维生素 B_1 的硫醇形式形成二硫化物可阻止其热降解。维生素 B_1 的降解过程见图 6 - 12。

图 6 - 12　维生素 B_1 的降解过程

三、维生素 B_2(核黄素)

维生素 B_2,又称核黄素(riboflavin),是含有核糖醇侧链的异咯嗪衍生物,其母体结构为 7,8 - 二甲基 - 10 - (1′ - 核糖醇)异咯嗪(图 6 - 13)。

图 6 - 13　维生素 B_2 的化学结构

维生素 B_2 为黄至黄橙色针状结晶,熔点 282℃,微溶于水(27.5℃时 100 mL 水可溶 12 mg),极易溶于碱液,水溶液呈现黄绿色荧光,不溶于有机溶剂,微臭,味微苦。

维生素 B_2 在酸性环境中最稳定,在中性环境中稳定性降低,在碱性环境中迅速分解。维生素 B_2 具有较强的热稳定性,不受空气中氧的影响,即使在 120℃下加热 6 h 也仅有少量被破坏,而此时维生素 B_1 全部丧失。在食品热加工、脱水和烹调中维生素 B_2 损失较少,一般能保存 90% 以上。但是维生素 B_2 对光(特别是紫外线)非常敏感,光降解反应是引起其破坏的主要因素,如牛奶在日光下存放

2 h后维生素 B$_2$损失50%以上,放在透明玻璃器皿中也会产生"日光臭味",导致营养价值降低。维生素 B$_2$的光降解反应分为两个阶段;第一阶段是在光辐照表面的迅速破坏阶段;第二阶段为一级反应,系慢速阶段。光强度是整个反应速度的决定因素。维生素 B$_2$在酸性或中性条件下光解为光色素(lumichrome),在碱性条件下光解生成光黄素(lumiflavin)(图 6 – 14)。光黄素是一种强氧化剂,其氧化性强于维生素 B$_2$,可以破坏许多其他的维生素,尤其是维生素 C。

图 6 – 14 维生素 B$_2$的光降解反应

四、维生素 B$_3$(尼克酸)

维生素 B$_3$,又称尼克酸(niacin)、维生素 PP、烟酸,是吡啶 – 3 – 甲酸和具有类似生物活性的吡啶衍生物的总称,包括尼克酸(niacin)和尼克酰胺(nicotinamide)(图 6 – 15)。

图 6 – 15 尼克酸和尼克酰胺的化学结构

尼克酸和尼克酰胺都是白色针状结晶,前者熔点235.5~236℃,后者熔点129~131℃,溶于水和乙醇,而尼克酰胺更易溶解,不溶于有机溶剂,无臭或微臭,味微酸。尼克酸是最稳定的维生素,对热、酸、碱、光、氧等均不敏感,高压下120℃加热 20 min 也不会被破坏,一般食品加工、烹调热损失极小。在酸性或碱性条件下加热可使尼克酰胺转变为尼克酸,其生物活性不受影响。尼克酸的损失主要与食品加工原料的清洗、热烫和修整等有关。

五、维生素 B$_6$

维生素 B$_6$，又称吡哆素，是吡啶的衍生物，其基本结构是 2 - 甲基 - 3 - 羟基 - 5 - 羟基甲基吡啶（图 6 - 16）。维生素 B$_6$ 包括吡哆醇（pyridoxine，PN）、吡哆醛（pyridoxal，PL）和吡哆胺（pyrodoxamine，PM）三种形式，它们的差别在于 4 位上一碳取代基的不同，分别为醇、醛和胺。

$$\text{HO} \quad \overset{\displaystyle R}{\diagdown} \quad \text{CH}_2\text{OH}$$

$$\text{H}_3\text{C} \diagup \text{N}$$

吡哆醇：R = CH$_2$OH

吡哆醛：R = CHO

吡哆胺：R = CH$_2$NH$_2$

图 6 - 16　维生素 B$_6$ 的化学结构

维生素 B$_6$ 的三种形式均为白色晶体，易溶于水和乙醇，微溶于有机溶剂，无臭。维生素 B$_6$ 在食品加工中可发生热降解和光化学降解，也可能与蛋白质发生不可逆结合，从而降低其生物活性。维生素 B$_6$ 的三种形式都具有热稳定性，其热降解与 pH 值有关，在酸性溶液中所有维生素 B$_6$ 都是稳定的，在碱性溶液中容易发生分解，其中吡哆胺损失最大。维生素 B$_6$ 对光敏感，尤其是紫外线，光降解的最终产物是无生物活性的 4 - 吡哆酸。维生素 B$_6$ 可与蛋白质中的含硫氨基酸（如半胱氨酸）发生加成反应生成无生物活性的含硫衍生物，或与其他氨基酸作用生成 Schiff 碱，在酸性条件下这些 Schiff 碱会进一步解离或是发生重排生成环状化合物。此外，维生素 B$_6$ 也可与自由基反应而生成无活性产物，如维生素 C 降解产生的羟自由基可以直接进攻吡啶环的 C$_6$ 位，生成无生物活性的 6 - 羟基衍生物。

六、叶酸（B$_{11}$）

叶酸（folate），又称维生素 B$_{11}$，是一系列与蝶酰谷氨酸（pteroylgglutamic）化学结构相似、生物活性相同的化合物的总称，其分子由蝶啶（pteridine nucleus）、对氨基苯甲酸（p - aminobenzoic acid）和谷氨酸（glutamic acid）三部分组成（图 6 - 17）。天然存在的叶酸是含有 3~7 个谷氨酸残基的聚谷氨酰叶酸，其活性形式是蝶啶环中 5、6、7、8 位加上 4 个氢原子的四氢叶酸（THFA）。

图 6-17 叶酸的化学结构

叶酸为黄色或橙色薄片状或针状结晶,微溶于水,但其钠盐溶解度较大,不溶于有机溶剂,无臭,无味。叶酸在维生素中是较不稳定的一种,在水溶液中易被光解破坏,在酸性溶液中对热不稳定,超过 100℃即被破坏,但在中性和碱性溶液中即使加热到 100℃维持 1 h 也不被破坏。各种叶酸的衍生物以蝶酰谷氨酸最稳定,四氢叶酸最不稳定,易遭受氧化降解而失去活性(图 6-18)。硫醇、维生素 C 等还原剂能清除氧自由基,防止四氢叶酸的氧化作用,可以从多方面保护叶酸。环境中的亚硫酸盐与叶酸作用,导致叶酸侧链解离,生成还原型蝶啶-6-羧醛和氨基苯甲酰谷氨酸。亚硝酸盐与叶酸作用,生成 N-10-硝基衍生物,对小白鼠有致癌作用。

图 6-18 5-甲基四氢叶酸的氧化降解

七、维生素 B_{12}(钴胺素)

维生素 B_{12},又称钴胺素(cobalamin),是一类含金属钴的咕啉衍生物。维生素 B$_{12}$是化学结构最为复杂的一种维生素(图 6 – 19),也是唯一一种含有金属元素的维生素。它包括两个特征组分,一是类似核苷酸的部分,由 5,6 – 二甲苯并咪唑通过 α – 糖苷键与 D – 核糖连接,核糖 3' 位置上有一个磷酸酯基团;二是中心环的部分,是一个类似铁卟啉的咕啉环系统,由 1 个钴原子与咕啉环中 4 个内氮原子配位键合,钴原子的第 5 个配位共价键与二甲苯嘧啶环上的氮原子结合,第 6 个配位位置可被氰基、甲基、水、羟基、亚硝基或其他配体所占据;咕啉环上的含酰胺侧链通过酯键与类核苷酸部分相连。

R=CN,CH$_3$,H$_2$O,OH,NO$_2$,
或其他的配基

图 6 – 19   维生素 B$_{12}$的化学结构

维生素 B$_{12}$是一种红色针状结晶,熔点很高,在 320℃ 时不熔,无臭,无味,溶于水和乙醇,不溶于有机溶剂。维生素 B$_{12}$的水溶液在室温并且不暴露在可见光或紫外光下是稳定的,最适宜 pH 值范围是 4 ~ 6,在此范围内,即使高压加热,也仅有少量损失。在碱性溶液中加热,酰胺键发生水解生成无活性的羧酸衍生物,从而导致维生素 B$_{12}$的定量破坏。pH 值低于 4 时,维生素 B$_{12}$核苷酸组分发生水解,强酸下发生降解。维生素 C 或亚硫酸盐会破坏维生素 B$_{12}$。维生素 B$_1$ 与维生素 B$_3$ 的联合作用可缓慢地破坏维生素 B$_{12}$。三价铁离子对维生素 B$_{12}$有保护作用,而二价铁离子则加速维生素 B$_{12}$的破坏。

八、泛酸(维生素 B$_5$)

泛酸(pantothenic acid),又称维生素 B$_5$、遍多酸,由 β – 丙氨酸与泛解酸(2,4 – 二羟基 – 3,3 – 二甲基丁酸)以酰胺键相连而成(图 6 – 20),是辅酶 A 的重要组成部分。

泛酸为黄色黏稠油状物,呈酸性,易溶于水和乙醇,不溶于有机溶剂,在空气

图 6-20 泛酸的化学结构

中稳定,对氧化剂和还原剂极为稳定,但对酸、碱、热不稳定。泛酸在碱性溶液中水解为 β - 丙氨酸与泛解酸,在酸性溶液中水解为泛解酸的 γ - 内酯,在 pH 值为 5~7 的水溶液中最为稳定。在食品加工和储藏过程中,尤其在低水分活度条件下,泛酸具有相当好的稳定性。在烹调和热加工过程中,泛酸损失率随着处理温度的升高和溶水流失程度的增大而增大,通常在 30%~80% 之间。

九、生物素(维生素 H)

生物素(biotin),又称维生素 B_7 或维生素 H,与维生素 B_1 一样,是一种含硫维生素,由脲和噻吩组成五元骈环,并带有戊酸侧链(图 6-21)。生物素分子中有 3 个不对称碳原子,存在 8 种可能的立体异构体,但只有 D - 生物素才具有相应的生物活性。

图 6-21 生物素的化学结构

生物素为无色的细长针状结晶,熔点为 232~233℃,能溶于热水和乙醇,但不溶于有机溶剂,无色,无味。生物素对光、氧和热非常稳定,在弱酸、弱碱环境(pH 值为 5~8)中也相当稳定,但强酸、强碱会使得生物素环上的酰胺键水解而导致其降解失活。某些氧化剂(如过氧化氢、高锰酸钾)可使生物素分子中的硫氧化,生成无生物活性的生物素亚砜或砜。总体而言,生物素在食品加工和储藏过程中保存率较高,特别是在低水分活度的食品(如谷物制品)中的损失很小,其损失的主要原因是溶水流失,也有部分是由于酸碱处理或氧化造成的破坏。

第四节 维生素在食品加工和储藏过程中的变化

食品中的维生素含量较低,许多维生素稳定性差,食品经过加工和储藏常常发生一定程度的损失。因此,食品加工和储藏过程中需要考虑到各种因素对维生素的影响,尽可能最大限度地保存食品中的维生素,避免其损失或与食品中其他组分间发生反应。

一、食品原料自身的影响

(一)成熟度的影响

果蔬食品原料中维生素的含量随着成熟度的变化而变化,然而不同种类的水果和蔬菜变化情况差异较大,主要由其合成与降解速率决定。研究表明,番茄在未完全成熟时维生素 C 含量最高(表 6-2),而辣椒在完全成熟前后维生素 C 含量最高;类胡萝卜素的含量随品种差异急剧变化,而成熟度对其含量无显著影响。因此,选择适当的原料品种和成熟度是果蔬食品加工中十分重要的问题。

表 6-2 不同成熟期蕃茄中维生素 C 含量的变化

开花期后周数/周	平均重量/g	颜色	维生素 C 含量/（mg/100g）
2	33.4	绿	10.7
3	57.2	绿	7.6
4	102	黄—绿	10.9
5	146	红—绿	20.7
6	160	红	14.6
7	168	红	10.1

(二)采后及储藏过程中的影响

动植物食品原料从采收或屠宰到加工的这段时间内,由于细胞内源性酶的释放,生物体内的维生素以分解代谢为主,其含量会发生明显的变化。相对来说,脂肪氧合酶的氧化作用可以降低多数维生素的浓度,而维生素 C 氧化酶则专一性的引起维生素 C 含量损失。由于酶活性与温度和时间密切相关,采后及储藏过程中维生素含量的变化程度与其间温度高低和时间长短等因素有关。例如,苹果储存 2~3 个月,维生素含量可下降到采收时的 1/3 左右;绿色蔬菜在高温条件下储存 1~2 d,维生素 C 含量减少到原先的 30%~40%,而低温条件下储存时则损失较少。因此,食品加工时应尽可能选用新鲜原料或将原料及时冷藏处理以减少维生素的损失。

二、加工和储藏过程中的影响

（一）研磨

研磨是谷物制粉所特有的一种加工方式,需要分离谷物糠麸(种皮)和胚芽后进行磨碎。由于谷物中大多数维生素都浓缩于糠麸和胚芽中,因而谷物研磨后其中的维生素含量水平与完整的谷粒相比有所降低。加之研磨产生的热作用,研磨程度对维生素损失有很大影响,谷物加工精度越高,维生素损失越严重(图 6 - 22)。

图 6 - 22　小麦出粉率与面粉中维生素保留率之间的关系

（二）切割、去皮

维生素在植物性食品原料的不同组织部位含量不同,一般叶片中维生素含量最高,果实和茎次之,根部含量最低。对于水果则表皮中维生素含量最高,从表层到核芯,维生素含量逐步降低。据研究,苹果皮中维生素 C 的含量比果肉高;柑橘皮中的维生素 C 比汁液高;胡萝卜表皮层的烟酸含量比其本身高;莴苣和菠菜外层叶中维生素 B 族和维生素 C 比内层叶中高。因此,水果和蔬菜经过去皮、修整或切割处理会导致浓集于表皮、茎或老叶中的维生素大量损失。此外,为增强果蔬原料去皮效果,工厂往往采用碱液处理方法,使得一些处于果蔬表层的不稳定维生素(如叶酸、维生素 C 及维生素 B_1)遭受额外损失。动植物食品原料经切割后再进行清洗,损伤的组织在遇到水或水溶液时会由于浸出造成大量水溶性维生素的流失,因此应尽量避免先切后洗的操作。

（三）漂洗、热烫

食品原料在漂洗过程中会损失部分水溶性维生素,这是化学性质较稳定的水溶性维生素（如泛酸、烟酸、叶酸、维生素 B_2 等）最主要的损失途径。如大米经漂洗后 B 族维生素的损失率为 60% ,总维生素的损失率为 47% 。

热烫是果蔬加工中不可缺少的一种处理方法,其主要目的是钝化影响产品品质的酶类、减少微生物污染、排除组织中的气体等。由于热降解破坏和溶入水中流失的双重原因,热烫处理往往造成水溶性维生素大量损失（图 6-23）。一般来说,热烫温度越高、时间越长,维生素损失越大;而高温短时热烫处理则可减少维生素损失。食品原料切分越细,单位质量表面积越大,维生素损失越多。果蔬成熟度越高,维生素 C 和维生素 B_1 损失越少。热烫通常采用热水热烫和蒸汽热烫两种方式,其中热水处理造成的维生素损失要比蒸汽处理大的多。

图 6-23　热烫温度对豌豆维生素 C 含量的影响（处理 10 min）

（四）冷冻保藏

冷冻被认为是保持食品的感官性状、营养及长期保藏的最好方法,一般包括预冻结处理、冻结、冷冻保藏、解冻 4 个阶段。预冻结处理期间维生素的损失很小,主要发生在果蔬热烫过程中的水溶性维生素的损失。冻结过程中对维生素的影响因食品原料和冷冻速率方式而异,低温下的快速冻结可很好地保持维生素水平。冷冻保藏期间由于化学降解作用维生素损失较大（表 6-3）,损失量取决于原料、预冻结处理、包装类型、包装材料及储藏条件等。解冻过程对维生素的损失影响也较小,一般是水溶性维生素随解冻渗出液流失,动物性食品损失的主要是 B 族维生素,其损失量与渗出的汁液量成正比。

表6-3　蔬菜冻藏期间维生素C的损失

食品	鲜样中含量/(mg/100g)	-18℃储存6~12个月的损失率(平均与范围)/%
芦笋	33	12(12~13)
青豆	19	45(30~68)
青豌豆	27	43(32~67)
菜豆	29	51(39~64)
嫩茎花椰菜	113	49(35~68)
花椰菜	78	50(40~60)
菠菜	51	65(54~80)

（五）射线辐照

辐照主要用于肉类食品的灭菌防腐和果蔬的保鲜储藏。辐照技术的最主要的优势就在于基本不改变食物的组成成分。研究发现,食物中的蛋白质、碳水化合物和脂肪等成分即使在辐射剂量上升到 10 kGy 时仍然表现出相当高的稳定性。但是,辐照对维生素有一定的破坏作用。维生素 C 是对辐照最敏感的维生素之一,其损失随辐照剂量的增大而增加(表6-4),这主要是因为水辐照后产生自由基的破坏结果。此外,脂溶性维生素也特别容易被辐照处理破坏,其敏感程度大小依次为维生素 E、胡萝卜素、维生素 A、维生素 D、维生素 K。B 族维生素中维生素 B_1 最易受到辐照的破坏,其破坏程度与热加工相当,大约为63%。而对于其他 B 族维生素来说,与传统的热灭菌方法相比,辐照可以减少其损失,特别是对维生素 B_2 和烟酸的破坏最小。

表6-4　不同辐照剂量对维生素C的影响

辐照剂量/(kGy)	维生素浓度/(μg/mL)	保存率/%
0.1	100	98
0.25	100	85.6
0.5	100	68.7
1.5	100	19.8
2.0	100	3.5

三、食品添加剂的影响

食品加工过程中,为了改善食品感官品质、防腐及加工工艺的需要,通常会向食品中加入一些化学物质(即食品添加剂),其中有些物质对维生素有一定的破坏作用。例如,面粉中使用的过氧化苯甲酰、溴酸钾等漂白剂会氧化分解维生素 A、维生素 C 和维生素 E,降低它们在面制品中的含量或使其失去活性。用来抑制果蔬制品发生酶促或非酶褐变以及在葡萄酒中抑制杂菌的二氧化硫及亚硫酸盐等,作为还原剂虽对维生素 C 有保护作用,但因其亲核性会导致维生素 B_1 和维生素 B_6 的失活。常用在肉制品中作为发色剂和防腐剂的亚硝酸盐会因其氧化性质引起维生素 C、类胡萝卜素、维生素 B_1 和叶酸的损失。果蔬加工中添加的有机酸可减少维生素 C 和维生素 B_1 的损失,但会破坏泛酸、维生素 B_{12}、叶酸;碱性物质则会增加维生素 C、维生素 B_1 等的损失。

思考题

1.维生素类化合物有哪些共同特点?

2.维生素如何分类? 它们有何区别?

3.简述维生素 E 的稳定性及其在食品工业中的作用。

4.分析维生素 C 的降解途径及其影响因素。

5.试从化学结构上说明维生素 B_1 为什么不稳定。

6.食品中维生素在食品加工和储藏过程中损失的途径有哪些? 如何降低维生素的损失?

第七章 矿物质

本章重点：了解食品中矿物质的分类及其存在形式；矿物质在生物体内的功能，食品中重要的矿物质的营养功能；矿物质对食品性状的影响；酸性食品和碱性食品。

掌握几种重要的矿物质对食品性状的影响；矿物质的生物有效性记忆影响生物的有效性因素。

第一节 概述

矿物质（mineral），又称无机盐，是构成人体组织和维持正常生理功能所必需的各种无机物的总称，为人体必需的七大营养素之一。尽管矿物质在人体内的总量不及体重的 5% ，也不能为机体提供能量，但是它和维生素一样是人体必需的元素，人体是无法自身产生和合成的，因此，矿物质的获得必须通过食物和水的摄取来完成。

矿物质是构成机体组织的十分重要的原料，如钙、镁、磷是构成骨骼、牙齿的主要原料；矿物质也是维持机体正常渗透压和酸碱平衡的必要条件；人体的血红蛋白、甲状腺素等特殊的物质需要铁、碘的参与才能合成；矿物质也是构成具有生理活性的酶的重要辅助因子。

各种矿物质在机体组织器官内的分布不均匀，矿物质元素之间存在着协同或拮抗效应。在人体新陈代谢的过程中，每天都有一定量的矿物质随各种途径，如尿、粪、汗、头发、指甲、皮肤及黏膜的脱落而排出体外。而部分矿物质在机体内的需要量极少，生理需要量与中毒剂量的范围较窄，过量摄入易引起中毒。根据矿物质在食物中的分布以及人体吸收的特点，钙、铁、锌等矿物质元素在我国膳食人群中属于比较容易缺乏的种类。当然，在特殊地理环境或其他特殊条件下，也可能有碘、硒及其他元素的缺乏问题。

食物中矿物质的种类和含量都非常丰富，它们是食品营养价值的重要评价指标之一。食品中矿物质含量的变化主要取决于环境因素，如植物赖以生长的土壤成分或动物饲料成分的特点。物理手段或是化学反应都会导致食品中矿物质的损失。如矿物质会随着食物非食用部分被剔除和水溶性物质浸出等过程而损失;一些食品中存在的草酸和植酸等多价阴离子,能与二价金属离子形成极难溶解的盐,而使得矿物质不能在肠中被吸收利用。因此,测定矿物质利用率也是十分必要的。

一、矿物质的分类

矿物质中有 21 种是人体营养所必需的。根据矿物质在人体中的含量和人体对它们的需要量,可将其分为常量元素和微量元素两大类。其中,钾、钙、钠、镁、磷、硫、氯 7 种元素含量较多,其含量占人体 0.01% 以上或膳食摄入量大于 100 mg/d,被称为常量元素,又叫作宏量元素。其他元素如铁、铜、碘、锌、硒、锰、钼、钴、铬、锡、钒、硅、镍、氟共 14 种,存在数量极少,含量占人体 0.01% 以下或膳食摄入量小于 100 mg/d,被称为微量元素。

二、矿物质的作用及存在状态

1. 矿物质的作用

(1)机体的重要组成成分

机体中的矿物质主要存在骨骼中,维持骨骼的刚性,99% 的钙和大量的磷、镁就存在于骨髓和牙齿中。此外,硫、磷还是蛋白质的组成元素。钾、钠普遍存在于细胞中。

(2)维持细胞的渗透压及机体的酸碱平衡

矿物质与蛋白质一起维持细胞内外渗透压的平衡,对体液的储留与移动起着非常重要的作用。此外,机体中存在着碳酸盐、磷酸盐等组成的缓冲体系与蛋白质一起构成机体的酸碱缓冲体系,它们共同维持着机体的酸碱平衡。

(3)保持神经、肌肉的兴奋度

钾、钠、钙、镁在机体中以一定比例存在时,对维持神经、肌肉组织的兴奋度、细胞膜的通透性具有十分重要的作用。

(4)对机体具有特殊的生理作用

矿物质在机体中除了以上的生理作用,还有其他一些特殊的作用。例如,铁对血红蛋白、细胞色素酶的重要性,碘对甲状腺素的合成作用。

(5)对食品感官质量的作用

矿物质不仅对生命具有重要的意义,对于食品感官质量、保存性能也具有十分重要的作用。例如磷酸盐类对维持肉制品的保水性的作用,钙离子对一些凝胶形成和食品的硬化的作用,铜离子对食品成分的催化氧化作用等。

2. 矿物质的存在状态

食品中有些常量元素一般以可溶性状态存在,而且大多数为游离态,如钠离子、钾离子、氯离子、硫酸根离子等。而一些多价离子常处于一种游离的、溶解而非离子化的胶态形式的平稳状态之中,如在牛乳中就存在这种平稳;除此之外,金属元素还常常以螯合状态存在,如维生素 B_{12} 中的钴元素。

第二节　矿物质的物理和化学性质

一、溶解性

所有的生物体系都含有水,大多数矿物质元素的传递和代谢都是以水作为媒介,在水溶液中进行的。因此,矿物质的生物利用率和活性在很大程度上与它们在水中的溶解性有关。在生物机体中,矿物质往往是与一些有机物质,如蛋白质、氨基酸、肽、糖类化合物、核酸和有机酸等结合形成配合物或螯合物,这样有利于矿物质的吸收和利用。而钙、镁、钡是同族元素,仅以 +2 价氧化态存在。虽然这一族的卤化物都是可溶的,但是其重要的盐,包括氢氧化物、碳酸盐、磷酸盐、草酸盐、硫酸盐和植酸盐都是极难溶解的。

二、酸碱性

任何矿物质都可以以其离子的形式存在。但从营养学的角度看,氟化物、碘化物和磷酸盐的阴离子是十分重要的。水中的氟化物成分比食物中更常见,其摄入量的多少主要因地理位置的不同而各异。碘以碘化物(I^-)或碘酸盐(IO_3^-)的形式存在。磷酸盐以多种不同的形式存在,如磷酸盐(PO_4^{3-})、磷酸氢盐(HPO_4^{2-})、磷酸二氢盐($H_2PO_4^-$)或磷酸(H_3PO_4)。各种微量元素参与的复杂生物过程,可以利用 Lewis 的酸碱理论解释,由于不同价态的同一元素,可以通过形成多种复合物来参与不同的生化过程,因而具有不同的营养价值。

三、氧化还原性

碘化物和碘酸盐与食品中其他重要的无机阴离子(如磷酸盐、硫酸盐和碘酸盐)相比,是较强的氧化剂。阳离子比阴离子种类多,结构也更复杂,它们的一般化学性质可以通过其所在的元素周期表中的位置来考虑。有些金属离子从营养学的观点来说是重要的,而有些则是非常有害的毒性污染物,甚至产生致癌作用。碳酸盐和磷酸盐则比较难溶解。其他一些金属元素具有多种氧化态,如锡(+2价和+4价)、汞(+1价和+2价)、铁(+2价和+3价)、铬(+3价和+6价),锰(+2,+3,+4,+6和+7价),因为这些金属元素中有许多能形成两性离子,既可作为氧化剂,又可作为还原剂。如钼和铁最重要的性质是能催化抗坏血酸和不饱和脂质的氧化。微量元素的这些价态变化和相互转换的平衡反应,都将影响组织和器官中的环境特性,例如 pH 值、配位体组成、电效应等,从而影响其生理功能。

四、微量元素的浓度

微量元素的浓度和存在状态将会影响各种生化反应。许多原因不明的疾病(如癌症和地方病)都与微量元素的摄入有关。但实际上对必需微量元素的确认绝非易事,因为矿物元素的价态和浓度不同,导致排列的有序性和状态不同,因而对生物体的生命活动产生的作用也不同。

五、螯合效应

许多金属离子可作为有机分子的配位体或螯合剂,如血红素中的铁,细胞红色素中的铜,叶绿素中的镁以及维生素 B_{12} 中的钴。具有生物活性结构的铬称为葡萄糖耐量因子(GTF),它是三价络合物。在葡萄糖耐量生物检测中,具有生物活性结构的铬比无机 Cr^{3+} 的效能高出 50 倍。葡萄糖耐量因子中含有约 65% 的铬,此外还含有烟酸、半胱氨酸、甘氨酸和谷氨酸等,而 Cr^{6+} 却没有生物活性。

金属离子的螯合效应与螯合物的稳定性受其本身的结构和环境因素的影响。一般五元环和六元环螯合物比其他更大或更小的环境稳定。金属离子的Lewis 碱性也会影响其稳定性,一般碱性越强螯合物就越稳定。此外,带电荷的配位体有利于形成稳定的螯合物。不同的电子供给体所形成的配位键强度不同,对氧来说,$H_2O > ROH > R_2H$;氮应为 $H_3N > RNH_2 > H_2S$。另外,分子中的共轭结构和立体位阻有利于螯合物的稳定。

第三节 矿物质的利用率和安全性

1. 矿物质的利用率

不同来源的食品中矿物质的含量水平变化较大。植物性食品可食部分的矿物质水平与土壤组成、植物特性、生长环境、地域等条件有关;动物性食品中,由于机体本身存在平衡机制,能够自动调节组织中的必需营养元素的水平,因此,其中矿物质含量水平的变化相对较小。

单一测定特定食品中一种矿物质元素的总量而得到的食品中的矿物质含量,仅能提供有限的营养价值,它不是营养评价的可靠指标。因此,测定为人体所利用的食品中这种矿物质元素的含量具有更大的实用意义。这就是我们所说的"生物利用率(bioavailability)",它指的是一个被消化的食品中某种营养素在代谢过程中被利用的比例。

食品中铁和铁盐的利用率不仅取决于它们的存在形式,而且还取决于影响它们吸收和利用的各种条件。测定矿物质生物利用率的方法有化学平衡法、生物测定法、体外检验和同位素示踪法。这些方法已广泛用于测定饲料中矿物质的消化率。

放射性同位素示踪法是一种理想的检测人体对矿物质利用情况的方法。这种方法是在生长的植物介质中加入放射性铁,或在动物屠宰以前注射放射性示踪物质;放射性示踪物质通过生物合成制成标记食品,标记食品被食用后,再测定放射性物质的吸收,这称为内标法。也可用外标法研究食品中铁和锌的吸收,即将放射性元素加入到食品中。

矿物质的生物利用率主要由它在消化系统中的吸收率决定,同时也与营养素的化学形态有关。影响矿物质的利用率的因素主要有:

①矿物质在水中的溶解性和存在状态。矿物质的水溶性越好,越有利于机体对它的吸收利用。另外,矿物质的存在形式也同样影响它在机体中的利用率。

②矿物质之间的相互作用。机体对矿物质的吸收有时会发生拮抗作用,这可能与它们的竞争载体有关,如过多铁的吸收将会影响锌、镁等矿物质元素的吸收。

③螯合效应。金属离子可以与不同的配位体作用,形成相应的配合物或螯合物。食品体系中的螯合物,不仅可以提高或降低矿物质的生物利用率,而且还可以发挥其他的作用,如防止铁、铜离子的助氧化作用。矿物质形成螯合物的能力与其自身的特性有关。一般过渡元素极易形成螯合物。矿物质形成配位化合物或螯合物后,产生的影响作用有以下几种情况:一是矿物质与可溶性配位体作用后一般能够提高它们的生物利用率,如 EDTA 可以提高铁的利用率;二是矿物质螯合后形成一些很难消化吸收的高分子化合物,从而降低其生物利用率,如矿物质与纤维素的结合;三是矿物质与不溶性的配位体结合后,严重影响其生物利用率,如植酸盐抑制铁、钙、锌的吸收,还有草酸盐影响钙的吸收。

④其他营养素摄入量的影响。蛋白质、脂肪、维生素等的摄入量会影响机体对矿物质的吸收利用,如维生素 C 的摄入水平与铁的吸收有关,维生素 D 的摄入水平对钙的吸收的影响更加明显,蛋白质的摄入不足会造成钙的吸收下降,而脂肪过度吸收会影响钙质的吸收。食物中含有过多的植酸盐、草酸盐、磷酸盐等也会降低人体对矿物质的利用率。

⑤人体的生理状态。人体对矿物质的吸收具有自我调节的能力,以达到维持机体环境各种元素的相对稳定。如在食品中缺乏某种矿物质时,这种矿物质在机体中的吸收率会显著提高;相反,当食品中该种矿物质的供应充足时,机体对其的吸收率会明显降低。另外,机体本身的状态,如年龄、健康状态、个体差异等都会影响机体对矿物质的利用率的变化。例如,儿童随着年龄的增大,铁的生物利用率会明显减小;在缺铁者或缺铁性贫血病人群中,机体对铁的生物利用率高于普通人群;妇女对铁的生物利用率明显高于男性。

⑥食物的营养组成。食物的营养组成也会影响人体对矿物质的吸收,如机体对肉类食品中矿物质的吸收率就较高,而机体对谷物中矿物质的吸收率与之相比就低一点。

因此,制定合理的,有效的食品强效计划,需要有关食物来源和膳食中矿物质的利用率的完整资料,这些资料在评价替代食品和类似食品的营养性质时也是重要的。

2. 矿物质的安全性

从营养的角度讲,有些矿物质不但没有营养价值,而且对人体健康还会产生危害,汞和镉就属于这样的矿物质。同时,所有的矿物质,即便是人体必需的微量元素,一旦超量摄入,也会对人体产生毒性。

第四节　矿物质在食品加工和储藏过程中的变化

在食品原料中,矿物质的含量在很大程度上受到各种环境的影响,如受土壤中矿物质的含量、地区分布、季节、水源、施用肥料、杀虫剂、农药和杀菌剂以及膳食的性质等因素的影响。而食品中矿物质含量会随着食品加工和储藏的过程而发生一定程度的损失和变化。

造成食品中矿物质损失的因素包括:有目的的加工处理方法,如谷物的碾磨,蔬菜的修整和去皮;不可避免的加工处理,如食品的漂烫、灭菌、烹饪和干燥;不完善的加工或储藏条件。

在食品加工过程中,食品中存在的矿物质,无论是本身存在的还是由生产需要添加的,都或多或少会对食品中的营养成分和感官品质产生影响。肉、果蔬制品的变色大都是由于多酚类物质(花青素)与金属元素形成复合物而造成的。抗坏血酸的抗氧化损失是由含金属的酶类引起的,而含铁的脂肪氧化酶能使食品产生不良的风味。螯合剂的应用可以消除或减轻上述金属对食品的不良影响。

在加工过程中,食品矿物质的损失与维生素不同,因为它们在大多数情况下不是因为化学反应引起的,而是通过矿物质的流失或与其他物质形成一种不适于人体吸收利用的化学形态而损失的。食品在加工和烹饪过程中对矿物质的影响是食品中矿物质损失的常见原因,如罐藏、沥滤、汽蒸、水煮、碾磨等加工工序都可能对矿物质造成影响。

食品中矿物质损失的另一个途径是矿物质与食品中其他成分的相互作用,导致其生物利用率下降。一些多价阴离子,如广泛存在于植物性食品中的草酸、植酸等,能与二价的金属阳离子如铁、钙等形成盐,而这些盐是极不易溶解的,可经消化道但不被人体吸收。因此,它们对矿物质的生物价效有很大的影响。

总之,对矿物质的利用要根据实际的需要,矿物质在人体中的缺乏或过量都会对机体造成不同程度的危害,所以在食品中适度强化矿物质是非常必要的。

思考题

1. 食品中矿物质的吸收利用率与哪些因素有关?
2. 阐述常见的矿物质的基本理化性质。
3. 阐述镁在食物中吸收率的影响因素。
4. 食品中矿物质的功效有哪些?
5. 矿物质在食品加工过程中有哪些变化?

第八章　酶

本章重点：了解酶的化学本质、酶的分类方法、酶活力和酶催化反应动力学；掌握酶促褐变的机理、影响因素及控制措施；掌握食品工业生产中常用酶类的特点及其具体应用。

第一节　概述

一、酶的化学本质

20世纪80年代之前，人们认为酶是具有催化性质的蛋白质，此种催化性质源自于它特有的激活能力。

最近研究表明，并非所有具有催化能力的生物分子都是蛋白质，已经证实一些核糖核酸分子也具有催化能力。然而，用"酶"这个术语来描述生物催化剂具有蛋白质的本质还是恰当的。事实上，目前在食品工业应用的酶大多都是蛋白质。

二、酶催化作用的特点

酶是生物体活细胞产生的一类生物催化剂，具有一般催化剂所具有的共性，如需用量少，能显著提高化学反应的速率，在反应的前后自身没有质和量的改变；能加快反应速度，使之提前到达平衡，但不能改变反应的平衡点等。但酶作为细胞产生的生物催化剂，与一般非生物催化剂相比较又有其显著特点，即酶促反应具有温和性、专一性、高效性和可调性。

（一）酶的温和性

酶催化作用与非酶催化作用的一个显著差别在于酶催化作用的条件温和。酶催化作用一般都在常温、常压、pH值近中性的条件下进行。与之相反，一般非酶催化作用往往需要高温、高压和极端的pH值条件。究其原因，一是由于酶催化作用所需的活性能较低，二是由于酶是具有生物催化功能的生物大分子，在极端的条件下会引起酶的变性而失去其催化功能。

酶的反应条件温和，能在接近中性pH值和生物体温以及在常压下催化反应。酶促反应的这一特点使得酶制剂在工业上的应用展现了良好的前景,使一些产品的生产可免除高温高压耐腐蚀的设备,因而可提高产品的质量,降低原材料和能源的消耗,改善劳动条件和劳动强度,降低成本。

(二)酶的专一性

酶对底物及催化的反应有严格的选择性,一种酶仅能作用于一种物质或一类结构相似的物质,发生一定的化学反应,而对其他物质不具有活性,这种对底物的选择性称为酶的专一性。被作用的反应物,通常称为底物。一般催化剂没有这样严格的选择性。如氢离子可以催化淀粉、脂肪和蛋白质等多种物质的水解,而淀粉酶只能催化淀粉糖苷键的水解,蛋白酶只能催化蛋白质肽键的水解,脂肪酶只能催化脂肪中酯键的水解,对其他类物质则没有催化作用。酶作用的专一性,是酶最重要的特点之一,也是和一般催化剂最主要的区别。

酶的专一性主要取决于酶的活性中心的构象和性质,各种酶的专一性程度是不同的。有的酶可作用于结构相似的一类物质,有的酶则仅作用于一种物质。根据酶对底物要求的严格程度不同,其专一性可分为结构专一性和立体异构专一性。

1. 结构专一性

在结构专一性中,有的酶只作用于一定的键,对键两端的基团没有一定的要求,例如二肽酶只催化二肽肽键,而与肽键连接的氨基酸没有关系;酯酶既能催化甘油酯,也能催化丙酰胆碱、丁酰胆碱中的酯键,这种专一性称为"键专一性"。有的酶对底物要求较高,不但要求一定的化学键,而且对键的一端的基团也有一定的要求,如胰蛋白酶等某些蛋白质水解酶表现出的水解专一性,这种专一性称为"基团专一性"。

2. 立体异构专一性

立体异构专一性是从酶和底物的立体化学性质来划分的,包括旋光异构专一性和几何异构专一性等不同类型。前者指对于底物的旋光性质要求严格,如乳酸脱氢酶(EC 1.1.1.27)催化丙酮酸生成 L - 乳酸,而 D - 乳酸脱氢酶(EC1.1.1.28)催化丙酮酸却只能生成 D - 乳酸;后者则对底物的顺反异构具有高度的选择性。

(三)酶的高效性

生物体内进行的各种化学反应几乎都是酶促反应,可以说,没有酶就不会有生命。酶的催化效率比无催化剂要高 $10^8 \sim 10^{20}$ 倍,比一般催化剂要高 $10^6 \sim 10^{13}$ 倍。在 0℃时,1 g 铁离子每秒钟只能催化 10^{-5} mol 过氧化氢分解,而在同样的条件下, 1 mol 过氧化氢酶却能催化 10^5 mol 过氧化氢分解, 两者相比, 酶的催化效率比铁离子高 10^{10} 倍。又如存在于血液中催化 $H_2CO_3 = CO_2 + H_2O$ 的碳酸酐酶, 每分钟每分子的碳酸酐酶可催化 9.6×10^8 个 H_2CO_3 进行分解, 以保证细胞组织中的 CO_2 迅速通过肺泡及时排出, 维持血液的正常 pH 值。再如刀豆脲酶催化尿素水解的反应。

$$H_2N—CO—NH_2 + H_2O \xrightarrow{\text{脲酶}} 2NH_3 + CO_2$$

在 20℃时, 尿素非酶催化水解的速率常数为 $3 \times 10^{-10} s^{-1}$, 而酶催化反应的速率常数是 $3 \times 10^4 s^{-1}$, 因此, 20℃下脲酶水解脲的速率比微酸水溶液中的反应速率增大 10^{14} 倍, 再如将唾液淀粉酶稀释 100 万倍后, 仍具有催化能力。由此可见, 酶作为一种生物催化剂其催化效率极高。

（四）酶的可调性

酶作为细胞蛋白质的组成成分, 随生长发育不断地进行自我更新和组分变化, 其催化活性又极易受到环境条件的影响而发生变化, 细胞内的物质代谢过程既相互联系, 又错综复杂, 但生物体却能有条不紊地协调进行, 这是由于机体内存在着精细的调控系统。参与这种调控的因素很多, 但从分子水平上讲, 仍是以酶为中心的调节控制。酶作用的调节和控制也是区别于一般催化剂的重要特征。如果调节失控就会导致代谢紊乱。酶作用调节的方式主要是通过调节酶的含量和酶的活性来实现的。

1. 酶含量的调节

酶含量的调节主要有两种方式: 一种是诱导或抑制酶的合成, 另外一种是调节酶的降解。

（1）酶生物合成的调节

对原核生物而言, 其细胞结构比较简单, 基因结构的特点是除了少数基因是独立存在以外, 大多数基因都按照功能的相关性组成基因群连在一起, 组成一个个转录单元, 协调地控制其转录。结果表明, 原核生物中酶生物合成的调节是在转录水平上的调节, 即通过诱导或反馈阻遏酶的合成。

真核生物比原核生物结构复杂得多, 其基因表达和调控也复杂得多。所以到目前为止, 还没有系统的理论和模型阐述真核生物中酶生物合成的调节规律。但可以从细胞分化改变酶的生物合成、基因扩增加速酶的合成、增强子促进酶的合成和半抗原等诱导抗体酶的生物合成等方面解释真核生物细胞中酶合成的调节控制。

（2）酶分子的降解

对如何控制酶分子降解的机制目前还不甚清楚。但在生理条件下,细胞内酶含量受降解速率的调节是无疑的。许多能诱导某些限速酶合成的特异调节因素,常同时降低该酶的降解。

2. 酶活性的调节

酶活性调节的方式主要有酶的共价调节和别构调节等,这些调节作用主要通过酶促反应过程中的前馈和反馈作用以及激素的调节作用等得以实现。在体外还可通过酶的分子修饰来提高酶的活性。

（1）酶的可逆共价调节

可逆共价调节是指酶蛋白分子上的某些残基在另一种酶的催化下进行可逆的共价修饰,从而使酶在活性形式与非活性形式之间互相转变的过程。在一种酶分子上共价地引入一个基团从而改变它的活性。引入的基团又可以被第三种酶催化除去。

（2）酶的别构调节

别构调节是指某些化合物（称为配基或效应物）与酶的活性中心以外的位点结合后,引起酶蛋白构象的变化,从而改变酶活性的方式。能发生别构效应的酶称为别构酶。别构酶一般是由多个亚基组成的寡聚酶,其中一组亚基称为催化亚基,另一组亚基称为调节亚基。别构酶可具有不止一个配基的结合部位,在活性部位以外的配基结合部位,可以和底物结构完全不同的物质结合,结合后通过构象的变化影响底物和活性部位的相互作用,从而对酶的催化作用产生正或负的影响。

别构调节是建立在别构酶四级结构基础上的,通过酶分子本身构象的变化来改变酶的活性。别构酶分子中的别构中心,可能存在于同一个亚基的不同部位上,也可能存在于不同的亚基（多为调节亚基）上。别构酶的活性中心负责对底物的结合与催化,别构中心可结合效应物,负责调节酶促反应的速率。

协同效应是指蛋白质和一个配体（包括底物和效应物）结合以后,可以影响蛋白质和另一个配体之间的结合能力。当一分子配体与蛋白质结合后,影响另一个相同配体分子与蛋白质的结合称为同种协同效应。当一分子配体与蛋白质结合后,影响另一个不同的配体分子与蛋白质的结合称为异种协同效应。当一分子配体与酶蛋白的一个部位结合后,可使另一部位对配体的亲和力增高的效应称为正协同效应,反之为负协同效应。

多数别构酶既具有正协同效应又具有负协同效应。它们既受底物分子的调节,又受底物以外的其他小分子(如终产物)的调节。

(3)前馈和反馈作用调节酶活性

酶的活性常常受到其底物和产物的影响。把底物对酶作用的影响称之为前馈,而把代谢途径终产物对酶作用的影响称之为反馈。前馈和反馈都有正作用和负作用。在代谢途径中,底物通常对其后某一催化反应的调节起激活作用,即正前馈作用;反之为负前馈作用。而代谢反应产物使代谢过程加快的调节就称为正反馈;反之为负反馈。

(4)激素对酶活性的调节

激素的一个主要生理作用就是通过直接和间接作用影响酶的活性从而调节生物体物质代谢。如乳糖合成酶有两个亚基:催化亚基和修饰亚基。催化亚基本身不能合成乳糖,但可以催化半乳糖以共价键的方式连接到蛋白质上形成糖蛋白。修饰亚基和催化亚基结合后,改变了催化亚基的专一性,可以催化半乳糖和葡萄糖反应生成乳糖。修饰亚基的水平是由激素控制的,妊娠时修饰亚基在乳腺中生成,分娩时,由于激素水平急剧变化,修饰亚基大量合成,它和催化亚基结合,大量合成乳糖。

大多数激素发挥作用都是通过直接和间接激活细胞内的蛋白激酶或其他酶的活性来实现;含氮类激素和固醇类激素是通过激活基因,形成诱导酶来发挥调节作用的。故激素对酶活性的调节也是酶调控的一个重要机制。

(5)同工酶的调节作用

同工酶是指能催化相同的化学反应,但蛋白质分子结构不同的一组酶。由于蛋白质分子结构不同,各同工酶的理化性质、免疫学性质都存在很多差异。同工酶是寡聚酶,一般由两种或两种以上的亚基组成。同工酶不仅存在于同一机体的不同组织中,也存在于同一细胞的不同亚细胞中。近年来随着酶分离技术的进步,已陆续发现的同工酶达数百种,其中研究得最多的是乳酸脱氢酶(LDH)。哺乳动物中有5种乳酸脱氢酶同工酶。

乳酸脱氢酶是第一个被发现的同工酶。存在于哺乳类动物中的该酶有 H(心肌型)和 M(骨骼肌型)两种亚基,用电泳法分离 LDH 可得到 5 种同工酶区带,分别是 $LDH_1(H_4)$、$LDH_2(H_3M)$、$LDH_3(H_2M_2)$、$LDH_4(HM_3)$、$LDH_5(M_4)$。它们在机体各组织器官的分布和含量各不相同,如心肌富含 $LDH_1(H_4)$,它对底物 NAD^+ 有一个较低的 K_m 值,而对丙酮酸的 K_m 较大;故其作用主要是催化乳酸脱氢,以便于心肌利用乳酸氧化供能。而骨骼肌中富含 $LDH_5(M_4)$,它对 NAD^+ 的 K_m 值较大,而对丙酮酸的 K_m 值较小,故其作用主要是催化丙酮酸还原为乳酸。这就是为什么骨骼肌在剧烈运动后感到疼痛的原因。因此,同工酶在代谢调节中,各自发挥着不同的作用,指导着不同的代谢方向,以适应生理的需求。

(6)金属离子和其他小分子化合物的调节

有一些酶需要 K^+ 活化,NH_4^+ 往往可以代替 K^+,但不能活化这些酶,有时还有抑制作用,这一类酶有 L - 高丝氨酸脱氢酶、丙酮酸激酶、天冬氨酸激酶和酵母丙酮酸羧化酶。另一些酶需要 Na^+ 活化,K^+ 起抑制作用。

(7)酶分子修饰对酶活性的影响

在体外通过酶分子修饰,如酶中金属离子的置换修饰、大分子结合修饰、肽链的有限水解修饰、酶蛋白的侧链基团修饰、氨基酸的置换修饰以及一些物理的修饰方法,均可使酶蛋白的构象发生不同程度的改变,使酶的活性显著提高。例如,将锌型蛋白酶的 Zn^{2+} 置换成 Ca^{2+},其活力提高了 $20\% \sim 30\%$;将 1 分子胰凝乳蛋白酶与 11 分子右旋糖酐结合后,酶的活力达到原有的 5.1 倍等。因此,酶的分子修饰在酶的应用研究方面具有重要的意义。

(8)抑制剂的调节

酶的活性受到大分子抑制剂或小分子抑制剂抑制,从而影响活力。前者如胰脏的胰蛋白酶抑制剂(抑肽酶),后者如 2,3 - 二磷酸甘油酸,是磷酸变位酶的抑制剂。

(9)酶之间的相互作用

在酶促反应中,有时还出现酶与酶之间作用的相互影响,当在某一特定反应体系中,一种酶的加入可使得另一酶促反应速度加快或减慢。这种作用的机制尚不完全清楚,但在实践中的确常常存在着这种相互作用,应加以注意。

三、酶的命名与分类

在酶学和酶工程领域,要求对每一种酶都有准确的名称和明确的分类。国际酶学委员会成立于 1956 年,受国际生物化学与分子生物学联合会以及国际理论化学和应用化学联合会领导。该委员会一成立,第一件事就是着手研究当时混乱的酶的名称问题。在当时,酶的命名没有一个普遍遵循的准则,而是由酶的发现者或其他研究者根据个人的意见给酶命名,这就不可避免地产生了混乱。为了避免这种混乱,国际酶学委员会于 1961 年提出了酶的系统命名法和系统分类法,获得了"国际生物化学与分子生物学联合会"的批准,此后经过了多次修订,不断得到补充和完善。

(一)国际系统分类法

1. 蛋白类酶的分类

国际系统分类法是国际生物化学联合会酶学委员会提出的,其分类原则是:将所有已知的酶按其催化的反应类型分为 6 大类,分别用 1、2、3、4、5、6 的编号来表示,依次为氧化还原酶类、转移酶类、水解酶类、裂合酶类、异构酶类和合成酶类。再根据底物分子中被作用的基团或键的特点,将每一大类分为若干个亚类,每一亚类又按顺序编为若干亚亚类。均用 1、2、3、4、5、6 编号,见表 8 – 1。因此,每一种酶的编号由 4 个数字组成,数字间由"."隔开。例如,葡萄糖氧化酶的系统编号为 EC 1. 1. 3. 4,其中,EC 表示国际酶学委员会;第 1 位数字"1"表示该酶属于氧化还原酶(第 1 大类);第 2 位数字"1"表示属于氧化还原酶的第 1 亚类,该亚类所催化的反应系在供体的 CH—OH 基团上进行;第 3 位数字"3"表示该酶属于第 1 亚类的第 3 小类,该小类的酶所催化的反应以氧为氢受体;第 4 位数字"4"表示该酶在小类中的特定序号。

表 8 – 1　酶的国际系统分类原则

第一位数字(大类)	反应的本质	第二位数字(亚类)	第三位数字(亚亚类)	占有比例
1. 氧化还原酶类	电子、氢转移	供体中被氧化的基团	被还原的受体	27%
2. 转移酶类	基团转移	被转移的基团	被转移的基团的描述	24%
3. 水解酶类	水解	被水解的键:酯键、肽键等	底物类型:糖苷、肽等	26%
4. 裂合酶类	键裂开*	被裂开的键:C—S、C—N 等	被消去的基团	12%
5. 异构酶类	异构化	反应的类型	底物的类别,反应的类型和手性的位置	5%
6. 连接酶类	键形成并使 ATP 裂解	被合成的键:C—C、C—O 等	底物类型	

* 键裂开,此处指的是非水解地转移底物上的一个基团而形成双键及其逆反应。

2. 核酸类酶的分类

自 1982 年以来,被发现的核酸类酶(ribozyme,R – 酶)越来越多,对它的研究也越来越深入和广泛。但是由于历史不长,对于其分类和命名还没有统一的原则和规定。现已形成以下几种分类方式:

根据酶催化反应的类型,可以将 R – 酶分为 3 类:剪切酶、剪接酶和多功能酶。

根据酶催化的底物是其本身 RNA 分子还是其他分子,可以将 R – 酶分为分子内催化(或称为自我催化)和分子间催化两类。

根据 R - 酶的结构特点不同,可分为锤头型 R - 酶、发夹型 R - 酶、含 I 型 IVS R - 酶、含 II 型 IVS R - 酶等。

(二)国际系统命名法

根据国际系统命名法原则,每一种酶都有一个系统名称。系统名称应明确表明酶的底物及所催化的反应性质两个部分。如果有两个底物则都应写出,中间用冒号隔开。此外,底物的构型也应写出。如谷丙转氨酶,其系统名称为 L - 丙氨酸:α - 酮戊二酸氨基转移酶。如 ATP 酶,其系统名称为己糖磷酸基转移酶。如果底物之一是水,可省去水不写,后面为所催化的反应名称。如 D - 葡萄糖 - δ - 内酯水解酶,不必写成 D - 葡萄糖 - δ - 内酯:水解酶。

系统命名的原则是相当严格的,一种酶只可能有一个名称,不管其催化的反应是正反应还是逆反应。如催化 L - 丙氨酸和 α - 酮戊二酸生成 L - 谷氨酸及丙酮酸的反应的酶只是称为 L - 丙氨酸即 α - 酮戊二酸氨基转移酶,而不称 L - 谷氨酸即丙酮酸氨基转移酶。

当只有一个方向的反应能够被证实,或只有一个方向的反应有生化重要性时,就以此方向来命名。

(三)习惯名或常用名

采用国际系统命名法所得酶的名称往往很长,使用起来十分不便。时至今日,日常使用最多的还是酶的习惯名称。因此,每一种酶有一个系统名称外,还有一个常用的习惯名称。1961 年以前使用的酶的名称都是习惯沿用的,称为习惯名。其命名原则是:

①根据酶作用的底物命名,如催化淀粉水解的酶称淀粉酶,催化蛋白质水解的酶称蛋白酶。有时还加上酶的来源,如胃蛋白酶、胰蛋白酶。

②根据酶催化的反应类型来命名,如水解酶催化底物水解,转氨酶催化一种化合物的氨基转移至另一化合物上。

③有的酶将上述两个原则结合起来命名,如琥珀酸脱氢酶是催化琥珀酸氧化脱氢的酶,丙酮酸脱羧酶是催化丙酮酸脱去羧基的酶等。

④在上述命名基础上有时还加上酶的来源或酶的其他特点,如碱性磷酸酯酶等。

四、酶的催化理论

酶作为生物催化剂,具有催化作用专一及催化效率高的特点,酶的作用机制包括酶作用的专一性机制和酶作用的高效性机制。酶作用的专一性机制有许多学说,获得较多支持的有锁钥学说、诱导契合学说及过渡态学说。这些学说的共同特点是酶的作用专一性必须通过它的活性中心和底物结合后才表现出来。酶的活性中心又称活性部位,是它结合底物和将底物转化为产物的区域,通常是整个酶分子相当小的一部分,它是由在线性多肽链中可能相隔很远的氨基酸残基形成的三维实体。活性部位通常在酶的表面空隙或裂缝处,形成促进底物结合的优越的非极性环境。在活性部位,底物被多重的、弱的作用力结合(静电相互作用、氢键、范德华力、疏水相互作用),在某些情况下被可逆的共价键结合。酶结合底物分子,形成酶—底物复合物。酶活性部位的活性残基与底物分子结合,首先将它转变为过渡态,然后生成产物,释放到溶液中。这时游离的酶与另一分子底物结合,开始它的又一次循环。

关于酶作用的高效性机制的理论有:邻近效应及定位效应、底物分子形变、酸碱催化、共价催化、金属离子催化和活性部位微环境理论。这些理论从不同角度阐述了酶催化作用的高效性。

如邻近效应及定位效应。底物分子进入酶的活性中心时,除浓度增高使反应速度增快外,还有特殊的邻近效应及定位效应。所谓邻近效应,就是底物的反应基团与酶的催化基团越靠近,其反应速度越快。在酶促反应中,除了底物向酶的活性中心"邻近",形成局部的高浓度区外,还需要使底物分子的反应基团和酶分子上的催化基团,严格地排列与"定向"。酶与底物的定向效应在酶催化作用中非常重要,普通有机化学反应中分子间常常是随机碰撞方式,难于产生高效率和专一性作用。而酶促反应中由于活性中心的特定空间构象和相关基团的诱导,使底物分子结合在酶的活性中心部位,使作用基团互相靠近和定向,大大提高了酶的催化效率。

五、酶活力

(一)酶活力单位

酶活力单位是衡量酶活力大小的计量单位。在实际工作中,酶活力单位往往与所用的测定方法、反应条件等因素有关。因此,所谓的酶活力是指在特定的系统和条件下测到的反应速度。对于同一种酶由于测定方法的不同,酶的活力单位常常有不同的规定。例如,蛋白酶的活力单位,规定为:1 min 内,将酪蛋白水解,产生 1 μg 酪氨酸所需要的酶量,定为一个单位(1 U = 1 μg 酪氨酸/min);淀粉酶的活力单位,规定为:每小时催化 1 g 可溶性淀粉液所需要的酶量,定为一个单位(1 U = 1 g 淀粉/h);或者,每小时催化 1 mL 2% 可溶性淀粉液所需要的酶量,定为一个单位($1U = 1 \times 2\%$ 淀粉/$1h$)。

但这些表示方法不够严格,每一种酶都有好几种不同的单位,也不便于对酶活力进行比较。为了统一酶活力单位的计算标准。1961 年,国际生物化学协会酶学委员会对酶活力单位做了下列规定:在特定的反应条件下,1 min 内转化 1 μmol 底物所需的酶量,定为一个国际单位(1 IU = 1 μmol/min)。如果底物分子有一个以上可被作用的化学键,则一个酶活力单位便是 1 min 使 1 μmol 有关基团转化所需要的酶量。同时规定的特定条件为:反应必须在 25℃,在具有最适底物浓度、最适缓冲液离子强度和 pH 值的系统内进行。这是一个统一的标准,但使用起来不如习惯用法方便。目前,在许多场合下,仍然采用上述习惯用法。

为了使酶活力单位与国际单位制中的反应速度(mol/s)相一致,1972 年,国际酶学委员会正式推荐用 Kat(Katal)作为酶活力单位。规定为:在最适条件下,每秒钟内,能使 1mol 底物转化成产物所需要的酶量,定为一个 Kat 单位(1 Kat = 1 mol/s)。以此类推有 μKat、nKat、pKat 等。Kat 与国际单位(u)的互算关系如下:

$$1Kat = 1mol/s = 60mol/min = 60 \times 10^6 \mu mol/min = 6 \times 10^7 IU \qquad (8-1)$$

虽然酶活力单位有上述国际统一定义,但实际上在文献及商品酶制剂中,酶活力单位的定义一直处于相当混乱的状态。即使同样的酶,用同样的测定方法和同样的单位定义,但由于条件稍有不同,也会使测到的酶活力难以相互比较。因此,在比较某种酶活力时,必须注意它们的单位定义和测定方法及条件。

(二)酶的比活力

酶的比活力又称比活性,是指每毫克酶蛋白所含的酶活力单位数。

$$比活力 = \frac{活力单位数}{每毫克酶蛋白} \qquad (8-2)$$

有时也用每克酶制剂或每毫升酶制剂所含的活力单位数来表示。比活力是表示酶制剂纯度的一个重要指标,在酶学研究和提纯酶时常常用到。对同一种酶来说,酶的比活力越高,纯度越高。对于不纯的酶,特别是含有大量的盐或其他非蛋白物质的商品酶制剂,单位质量酶制剂中酶活力只能表示单位质量制剂的酶含量,不宜称为比活力,比活力必须测定酶制剂中的蛋白质含量才能确定。

在酶分离提纯过程中,每完成一个关键的实验步骤,都需要测定酶的总活力和比活力,以监视酶的去向。判断分离提纯方法的优劣和提纯效果,一要看纯化倍数高不高,二要看总活力的回收率大不大。利用比活力,可以计算分离提纯过程中每一步骤所得到的酶的纯化倍数:

$$纯化倍数 = 每次比活力/第一次比活力 \qquad (8-3)$$

利用总活力可以计算分离提纯过程中每一步骤所得到的酶的回收率：

$$回收率 = (每次总活力/第一次总活力) \times 100\% \qquad (8-4)$$

(三) 常用酶活力测定方法及原理

在酶学和酶工程的研究和生产中，经常需要进行酶的活力测定，以确定酶量的多少以及变化情况。根据酶催化反应的不同，酶活力测定方法很多，其原理都是用单位时间内、单位体积中底物的减少量或产物的增加量来表示酶催化反应速度。在外界条件相同的情况下，反应速度越大，意味着酶活力越高。

1. 酶活力测定步骤

酶活力测定包括两个阶段。首先在一定条件下，酶与底物反应一段时间，然后再测定反应液中底物或产物的变化量。一般包括以下几个步骤：

①根据酶催化的专一性，选择适宜的底物，并配制成一定浓度的底物溶液。所使用的底物必须均匀一致，达到酶催化反应所要求的纯度。一般来说，任何一种酶促反应，如果底物或产物具有光吸收、旋光、电位差改变或荧光变化等性质，只要方法足够灵敏，就可以直接检测。另外，为了便于观察，还可偶联一些能直接或间接产生有色化合物的反应。在测定酶活力时，所使用的底物溶液一般要求新鲜配制，有些反应所需的底物溶液也可预先配制后置于冰箱中保存备用。

②根据酶的动力学性质，确定酶催化反应的温度、pH 值、底物浓度、激活剂浓度等反应条件。温度可以选择室温(25℃)、体温(37℃)、酶催化反应最适温度或其他选用的温度。最适温度随反应的时间而定，若待测酶的活性低，含量少，必须延长保温时间使其有足够量的可被检测出的产物，则温度应适当低些；反之，则可适当增高其温度。pH 值应是酶催化反应的最适 pH 值。最适 pH 值可随底物的种类和所用缓冲液的种类不同而有所不同。底物浓度的选择上一般用高底物浓度测定法(即零级反应近似法)。这是一种理论上正确且简单易行的方法。通常采用的底物浓度相当于 $20 \sim 100$ 倍的 K_m 值。但过高也不可取。有时过高浓度的底物反而对酶有抑制作用，这是因为同一酶分子上同时结合几个底物分子后，使酶分子中的诸多必需基团不能针对一个底物分子进行催化攻击。反应条件一旦确定，在整个反应过程中应尽量保持恒定不变。故此，反应应该在恒温槽中进行。要保持 pH 值的恒定必须采用一定浓度和一定 pH 值的缓冲溶液。缓冲液的种类和浓度均可对酶活性有所影响，因为缓冲液中的正负离子可影响活性中心的解离状态，有的缓冲盐类或对酶活性有一定的抑制作用，或能结合产物而加速反应的进行。有些酶催化反应，要求一定浓度的激活剂等条件，需在反应体系中加入激活剂增强酶的活性。如加入 Cl^- 能增强唾液淀粉酶的活性。

③在一定的条件下,将一定量的酶液和底物溶液混合均匀,适时记下反应开始的时间。

④当反应体系保温一定时间后,取出适量的反应液,运用各种生化检测技术,测定产物的生成量或底物的消耗量,以求得酶的反应速度。为了准确地反映酶催化反应的结果,应尽量采用快速、简便的方法,立即测出结果。若不能即时测出结果的,则要及时终止反应,然后再测定。终止酶催化反应的方法很多,一般常用的有:a.反应时间一到,立即取出适量反应液,置于沸水浴中,加热使酶失活;b.加入适宜的酶变性剂,如三氯醋酸等,使酶变性失活;c.加入酸或碱溶液,使反应液的pH值迅速远离催化反应的最适pH值,而使反应终止;d.将取出的反应液立即置于低温冰箱、冰粒堆或冰盐溶液中,使反应液的温度迅速降低至10℃以下而终止反应。在实际使用时,要根据酶的特性、反应底物和产物的性质以及酶活力测定的方法等加以选择。若有连续监测装置追踪反应过程,则可以不必终止反应,即可求得酶的反应速度。

2. 酶活力测定的方法

酶活力测定,可用物理方法、化学方法及酶分析等方法,即可在适当的条件下把酶和底物混合,测定反应的初速度。根据测定原理,可以将酶活力的测定方法分为4种:终点法、动力学法、酶偶联分析法、电化学法。

(1)终点法

也称为消色点法。它是指在确定条件下,让酶作用一定量的底物,然后检测反应系统达到某一指标所需要的时间,并根据时间长短来分析酶活力的一种方法。或者将酶和底物混合后,让其反应一定时间,然后停止反应,通过定量测定底物的减少或产物生成的量,来计算酶活力。在简单的酶催化反应中,底物减少与产物增加的速度是相等的,但一般以测定产物为宜,因为测定反应速度时,实验设计规定的底物浓度往往是过量的,反应时底物减少的量只占其总量的一小部分,测定时不易准确;而产物则是从无到有,只要方法足够灵敏,就可以准确地测定酶活力。

该方法几乎适用于所有酶的活力测定,设备简单易行,但工作量较大,由于取样和终止作用的时间不易准确控制,因此,对于反应速度很快的酶,测定结果往往不够准确。但目前终点法的一个发展是采用检测器对反应进行连续跟踪,并在反应达到某一程度时,精确地自动记录所需要的时间,这就是酶分析自动化中所谓的固定浓度法。

终点法的另一发展是做成简便的"酶检测纸片"。以"血清胆碱酯酶检定纸片"为例,在这种纸片上浸有氯化乙酰胆碱和溴麝香草酚,测定时只要将待检血清和纸片在37℃一起保温,如有活性的胆碱酯酶,氯化乙酰胆碱就会被水解,生成醋酸,使 pH 值指示剂由深蓝转变为黄绿。根据这种转变所需要的时间可对血清中胆碱酯酶的水平作出估计。

（2）动力学法

动力学法是酶活力测定最常用的方法。该方法不需要取样终止反应,将酶和底物混合后间隔一定时间,间断或连续测定酶催化反应过程中产物、底物或辅酶的变化量,如光密度的增加或减少,可以直接测定出酶催化反应的初速度。

这类方法的优点是方便、迅速、准确,一个样品可多次测定,有利于动力学研究。但很多酶催化反应尚不能用该法测定,且需要有较贵重的仪器。动力学方法中应用最广泛的是分光光度法和荧光法。分别介绍如下:

①分光光度法:这是根据反应产物与底物在某一波长或某一波段上,有明显的特征吸收差别而建立起来的连续观测方法。

分光光度法应用的范围很广,几乎所有的氧化还原酶都可用此法测定。例如,脱氢酶的辅酶 NAD(P)H 在 340 nm 波长处有吸收高峰,而氧化型则没有;细胞色素氧化酶的底物为细胞色素 C,该物质还原型与氧化型在 550 nm 的消光系数分别为 $\varepsilon_{550(R)} = 2.81 \times 10^4 cm^2/mol$,$\varepsilon_{550(0)} = 0.80 \times 10^4 cm^2/mol$,这些光吸收差别都可用来进行测定。

可以利用分光光度法测定的还有那些催化双键饱和化或双键形成的酶催化反应和那些催化环状结构变化的酶催化反应。例如,延胡索酸酶催化的反应,延胡索酸在 300 nm 有强的光吸收,而苹果酸没有;尿酸氧化酶催化尿酸氧化为尿囊素,尿酸在 290 nm 有吸收,而尿囊素则没有。

在应用分光光度法测定酶催化反应速度时,如果只需要了解酶活性的相对大小,那么可直接以单位时间内相应波长的光吸收值的改变（$\triangle A/\triangle t$）表示;但如果要表达成更确切的单位（如国际单位）,则应先通过消光系数算出底物浓度或者产物浓度的变化量 $\triangle C$（$\triangle A/\varepsilon$）,然后再以 $\triangle C/\triangle t$ 表示。光吸收测定法灵敏度高（可检测到 nmol/L 水平的变化）,简便易行,而且一般可在较短时间内完成检测。测量时,一般记录光吸收增量比光吸收减量准确。

②荧光测定法:其测定原理为,如果酶催化反应的底物与产物之一具有荧光,那么荧光变化的速度可代表酶催化反应速度。可用此法测定的酶催化反应有两类:一是脱氢酶催化的反应,它们的底物在酶催化反应过程中本身就有荧光变化,例如 NAD(P)H 的中性溶液能发射强的蓝白色荧光（460 nm）,而 NAD

(P)⁺则没有。另一类是利用荧光原底物的酶催化反应,例如,用二丁酰荧光素测定脂肪酶,二丁酰荧光素不发荧光,但水解后释放荧光素,能产生强的荧光。

荧光测定法灵敏度很高,可以检出 10^{-12}mol/L 的样品分子,比分光光度法高出 6 个数量级,因而样品用量极微;选择性比分光光度法更强,可以在复杂的混合物中检测样品分子的含量;但荧光测定法易受其他物质干扰,必须严格控制实验条件,排除荧光干扰物质。有些物质如重铬酸钾常会抢夺能量,降低荧光强度,有些物质如蛋白质能吸收和发射荧光,这种干扰在紫外光区尤为显著,故测定的荧光最好是可见光。特别是以红荧光为好。

荧光法测得的酶活性大小通常只能以单位时间内荧光强度的变化($\triangle F/\triangle t$)表示,用荧光分光光度计选择适当的激发光波长和荧光波长,并记录不同反应时间(t)内荧光强度(F)的变化,用 $F-t$ 作图,可以求出 $v=\triangle F/\triangle t$。荧光测定法的主要缺点是,荧光读数与浓度间没有直接的比例关系,而且常因测定条件如温度、散射、仪器等而不同,所以如果要将酶活性以确定的单位表示时,首先要制备校正曲线,然后再根据这曲线确切定量。

（3）酶偶联分析法

酶偶联分析法是指在被测酶的反应体系中加入过量的、高度专一的"偶联工具酶",使反应延续进行到某一可以直接、连续、简便、准确测定的阶段,同时用光学法或电学方法进行检测或跟踪。

$$S \xrightarrow{E_1} P_1 \xrightarrow{E_2} P_2$$

此反应要有以下条件:

a. S(底物)→P₁(产物1)反应很慢,P₁→P₂(产物2)反应很快;

b. 偶联工具酶 E₂ 必须纯度很高,加入酶量应过量;

c. P₂ 有光吸收变化或有荧光变化,可以用分光光度法或荧光法测定。

该方法操作简便,节省样品和时间,可连续测定酶催化反应过程中光吸收的变化;其缺点是:应用局限于有光吸收的反应,反应条件要求较高,必须有恒温的紫外—可见分光光度计。

（4）电化学法

电化学分析法也是一类连续分析法,灵敏度和准确度都很高,可与光学方法媲美,而且即使测定系统中有某些物质污染,也不会影响结果。该方法可以分为离子选择性电极法、微电子电位法、电流法、电量法、极谱法等数种。在此仅介绍离子选择性电极法。

使用离子选择性电极法要具备以下条件：

a. 在酶促反应中，必须伴有离子浓度或气体的变化（如 O_2、CO_2、NH_3 等）；

b. 必须有离子选择性电极。

最普通的离子选择性电极是玻璃电极，用它测定酸度（pH 值）的变化，可用于有酸碱变化的反应的测定。此法操作简单，但有两个缺点：一是随着反应的进行，pH 值不断改变，酶活力也将发生变化；二是测定系统的 pH 值依赖于介质的缓冲能力，蛋白质是高缓冲性物质，粗的待测样品中往往包含大量惰性蛋白，因而难以保证恒定的缓冲强度，测定结果不易精确。连续滴定或恒酸滴定可以克服这些困难。所谓恒酸滴定就是在反应过程中，不断向反应系统加酸或碱使 pH 值维持恒定，同时以加酸或加碱的速度代表反应速度。恒酸滴定仪就是适应这种需要而设计的一种精密测定仪，它可自动加酸、加碱控制 pH 值，并同时记录加入的酸碱量与时间的关系。

第二节 酶催化反应动力学

酶催化反应动力学和化学反应动力学一样，是研究酶催化反应速度规律以及各种因素对酶催化反应速度影响的科学。研究酶催化反应动力学规律对于生产实践、基础理论都有着十分重要的意义。如在研究酶的结构与功能的关系以及酶的作用机制时，需要提供动力学试验依据；为了充分发挥酶催化反应的高效率，寻找最有利的反应条件；为了了解酶在代谢中的作用和某些药物的作用机制等，都需要掌握酶促反应的规律。

酶催化的反应体系复杂，因为在酶催化反应系统中除了反应物外，还有酶这样一种决定性的因素，以及影响酶的其他各种因素。主要包括底物浓度、酶浓度、产物的浓度、pH 值、温度、抑制剂和激活剂等。因此酶促反应动力学是个很复杂的问题。

一、酶催化反应速率

酶催化反应速率通常称为酶速度。反应速率是以单位时间内反应物的减少量或产物的生成量来表示。随着反应的进行，反应物逐渐消耗，分子碰撞的机会也逐渐减小，因此反应速率也随着减慢（图 8 - 1）。

故反应速率是指酶催化反应的初速率，通常是指在酶促反应过程中，底物浓度消耗不超过 5% 时的速率。因为，在过量的底物存在下，这时的反应速率与酶

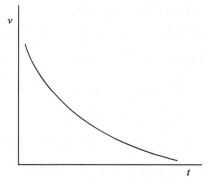

图 8-1 反应速率与时间的关系

浓度成正比,而且还可以避免一些其他因素,如产物的形成、反应体系中 pH 值的变化、逆反应速率加快、酶活性稳定性下降等对反应速率的影响。

二、影响酶催化反应速率的因素

（一）底物浓度的影响

1. 单底物酶促反应动力学

（1）米氏方程

1902 年,Brown 在研究转化酶催化蔗糖酶解的反应时发现,随着底物浓度增加,反应速度的上升呈双曲线。1903 年,Henri 在用蔗糖酶水解蔗糖的实验中观察到,在蔗糖酶作用的最适条件下,向反应体系中加入一定量的蔗糖酶,在底物浓度[S]低时,反应速率与底物浓度的增加呈正比关系,表现为一级反应;但随着底物浓度的继续增加,反应速率的上升不再成正比,表现为混合级的反应;当底物浓度增加到某种程度时,反应速率达到最大,此时即便仍在增加底物浓度,反应速率不再增加,表现为零级反应（图 8-2）。这就是单底物酶促反应或多底物酶促反应中只有一个底物浓度变化的情形。

图 8-2 底物浓度对酶促反应速率的影响

Henri 提出酶催化底物转化成产物之前，底物（S）与酶首先形成一个中间复合物（ES），然后再转变成产物（P）并释放出酶。因此反应的速率不完全与底物浓度成正比，而是取决于中间复合物的浓度，即：

$$E + S \underset{k_2}{\overset{k_1}{\rightleftharpoons}} ES \underset{k_4}{\overset{k_3}{\rightleftharpoons}} E + P \qquad (8-5)$$

式中：k_1、k_2、k_3 和 k_4 分别代表速率常数。

1913 年，Michaelis 和 Menten 在前人工作的基础上，根据酶催化反应的中间产物学说，提出了酶促反应的快速平衡法，这是基于以下三个假设条件：

① 在初速率范围内，产物生成量极少，可以忽略 E + P = ES 这一逆反应的存在；

② 相对于底物的浓度[S]，酶浓度[E]是很小的，ES 的形成不会明显地降低底物浓度，即可忽略生成中间产物而消耗的底物，底物浓度以起始浓度计算；

③ 中间复合物 ES 分解为 E + S 的速率远远大于 ES 分解为 E + P 的速率；在初速率范围内，E + S ⇌ ES 的正、逆向反应迅速达到平衡，ES 复合物分解生成产物的速率不足以破坏这一平衡。

利用快速平衡法，推导出一个数学方程式来表示底物浓度和反应速率之间的定量关系：

$$v = \frac{V_{max}[S]}{K_s + [S]} \qquad (8-6)$$

式中：v 为反应速率；V_{max} 为酶完全被底物饱和时的最大反应速率；[S]为底物浓度；K_s 为 ES 的解离常数。

实际的酶促反应是这样进行的：ES 复合物形成后，ES 可分解为 E 和 S，也可解离为 E 和 P，同样 E 和 P 也可以重新形成 ES；当中间复合物的生成速率和分解速率相等，其浓度变化很小时，反应即处于"稳态平衡"状态。针对 Michaelis - Menton 方程的不足，1925 年 Briggs 和 Haldane 对米氏方程的推导假设做了以下修正。与 Michaelis 和 Menton 的快速平衡假设相比，稳态假说的最大的不同就是用稳态的概念代替了快速平衡态的概念。所谓稳态就是指这样一种状态：反应进行一段时间，系统的中间产物浓度由零逐渐增加到一定数值，在一定时间内，尽管底物浓度不断地变化，中间产物也在不断地生成和分解，但是当中间产物生成和分解的速度接近相等时，它的浓度改变很小，这种状态叫作稳态。对于稳定状态，要满足以下的假设：

①在初速率阶段产物浓度极低，那么：E + P ⟶ ES 的反应速率极小，可以忽

略不计;

②在反应体系中,酶和底物结合形成 ES 复合物,因底物浓度远远大于酶的浓度,所以[S]－[ES]约等于底物浓度[S];

③在稳态平衡条件下,ES 复合物分解为产物的速率不能忽略,即 ES 保持动态的平衡时,ES 生成的速率等于 ES 分解的速率:

$$k_1[E][S] = k_2[ES] + k_3[ES]$$

该方程可转变为:

$$\frac{k_2 + k_3}{k_1} = \frac{[E][S]}{[ES]}$$

令:

$$\frac{k_2 + k_3}{k_1} = K_m$$

则:

$$K_m = \frac{[E][S]}{[ES]}$$

在反应体系中,总酶浓度$[E]_t$＝游离酶浓度$[E]$＋结合酶浓度$[ES]$。则有:

$$[E] = [E]_t - [ES]$$

代入上述公式得:

$$K_m = \frac{([E]_t - [ES])[S]}{[ES]}$$

将上式整理得:

$$[ES] = \frac{[E]_t[S]}{K_m + [S]}$$

由于酶促反应的速率v与$[ES]$复合物的浓度成正比,即:

$$v = k_3[ES]$$

因此得:

$$v/K_3 = \frac{[E]_t[S]}{K_m + [S]}$$

整理得:

$$v = \frac{k_3[E]_t[S]}{K_m + [S]}$$

由于反应系统中$[S] \gg [E]_t$,当所有的酶都被底物所饱和形成 ES 复合物时,即$[E]_t = [ES]$,酶促反应达到最大速率V_{max},则:

$$V_{max} = k_3[ES] = k_3[E]t$$

可得：

$$v = \frac{V_{max}[S]}{K_m + [S]} \qquad (8-7)$$

这就是 Briggs – Haldane 根据稳态理论推导出的动力学方程,与 Michaelis – Menten 推导出的方程从形式上看是一样的,其中的常数定义发生了变化,比前者更合理,更具普遍性。但是为了纪念 Michaelis 和 Menten 所做的开创性工作,故把这个方程式仍称为米氏方程,或修正的米氏方程,K_m 称为米氏常数。

米氏常数的物理意义：

当酶促反应处于 $v = 1/2\ V_{max}$ 的特殊情况时,即：

$$\frac{1}{2}V_{max} = \frac{V_{max}[S]}{K_m + [S]} \qquad (8-8)$$

$$K_m = [S]$$

由此可以看出 K_m 值的物理意义,即 K_m 值是当酶促反应速度达到最大反应速度一半时的底物浓度,它的单位是摩尔/升(mol/L),与底物浓度单位一致。

根据米氏方程式还可作如下讨论：

① 当 $[S] \ll K_m$ 时,表示 $[S]$ 对 K_m 影响很小,$[S]$ 可以忽略,米氏方程可转变为：

$$v = \frac{V_{max}[S]}{K_m} \qquad (8-9)$$

说明酶促反应的速率与底物浓度成线性关系,表现为一级反应。这时由于底物浓度低,酶没有全部被底物所饱和,因此在底物浓度低的条件下是不能正确测得酶活力的。然而在酶法分析中经常被使用,通过使用足够量的酶测定底物,以便在较短的时间内使酶促反应达到完全,这样使测定形成的产物总量就和待测反应物的量相等或相关。

② 当 $[S] \gg K_m$ 时,即当底物浓度很大的时候,酶促反应初速度值达到最大值,并与底物浓度无关,K_m 可忽略,米氏方程转变为：

$$v = \frac{V_{max}[S]}{[S]}$$

则得方程： $$v = V_{max} \qquad (8-10)$$

说明反应速率已达最大值。此时,酶活性部位全部被底物占据,反应速率与底物浓度无关,表现为零级反应。酶活力只有在此条件下才能正确测得。

③ 当[S] = K_m时,米氏方程可写为:

$$v = \frac{V_{max}[S]}{[S] + [S]}$$

得方程: $$v = \frac{1}{2}V_{max}$$ (8 – 11)

也就是说,当底物浓度等于K_m值时,反应速率为最大反应速率的一半。这进一步说明了K_m值就是代表反应速率为最大反应速率一半时的底物浓度。

(2)米氏常数的意义

① K_m是酶的一个极重要的动力学特征常数之一,给出一个酶能够应答底物浓度变化范围的有用指标,一般只与酶的性质有关,与酶的浓度无关;不同的酶K_m值一般不同。当反应体系中各种因素如 pH 值、离子强度、溶液性质等因素保持不变时,即对于特定的反应和特定的反应条件来说,K_m是一个特征常数。大多数酶的K_m在$10^{-1} \sim 10^{-6}$ mol/L。例如脲酶的K_m为 25 mmol/L。个别酶的K_m值在$1 \times 10^{-8} \sim 1$ mmol/L 或者更高一些的区间。

② 判定酶的最适底物。同一种相对专一性的酶,一般有多个底物,则对于每一种底物来说各有一个特定的K_m值,K_m最小的那个底物为该酶的最适底物或天然底物。

③ K_m值可帮助判断某一代谢的方向及生理功能。催化可逆反应的酶,对正逆两个方向反应的K_m常常是不同的。测定这些K_m的大小及细胞内正逆两向的底物浓度,可以大致推测该酶催化正逆两向反应的效率;这对了解酶在细胞内的主要催化方向及生理功能具有重要的意义。

④ 作为酶和底物亲和力的量度。K_m可以近似地说明酶与底物结合的难易程度;K_m大,表示酶与底物的亲和力小;K_m小,表示酶与底物的亲和力大。K_m是 ES 分解速度和形成速度的比值;而$1/K_m$表示形成 ES 趋势的大小。

⑤ K_m在特殊的情况下 $v = V_{max}$时,反应速率与底物浓度无关,只与[E]成正比,表明酶的全部活性部位均被底物所占据。当K_m已知时,任何[S]时酶活性中心被底物饱和的分数f_{ES}可求出,即:

$$f_{ES} = \frac{v}{V_{max}} = \frac{[S]}{K_m + [S]}$$ (8 – 12)

⑥ 测定不同抑制剂对某个酶的K_m及V_{max}的影响,可区别抑制剂是竞争性的还是非竞争性的。在没有抑制剂(或者只有非竞争性抑制剂)存在的情况下,ES 分解速度和形成速度的比值符合米氏方程,此时称为K_m。而在另外一些情况下,

它发生变化,不符合米氏方程,此时的比值称为表观米氏常数 K_m'。

2. 双底物酶促反应动力学

六大类酶中,真正单底物的酶促反应只有异构酶和裂解酶类,如果将水看作过量,水解酶也包括在内,它们可以用米氏方程处理动力学数据。大多数酶催化的反应是两个或多个底物间的反应,其动力学反应机理十分复杂,在此以双底物反应为例加以讨论。双底物酶促反应的动力学,研究较多的是 BiBi 类型。前一个 Bi 表示两个底物有序参加反应,后一个表示有两个产物的有序生成。双底物反应按反应的历程和方式不同分为顺序机制和乒乓机制。

(1)顺序机制

顺序机制的主要特征是酶结合底物和释放产物按一定的顺序进行。酶必须与两个底物结合形成三元复合物后才能释放产物。顺序反应又分为两类,一类是指酶与各底物的结合是严格按顺序进行的,这种反应机理称为有序顺序反应;另一类是指各底物与酶的结合顺序是可以随意变化的,这类反应称为随机顺序反应。

① 有序顺序机制:在这类机制中,底物与酶的结合以及产物的释放有严格的顺序,即底物 A 与酶结合后,生成 EA,引起酶构象的改变,使底物 B 与酶结合,生成 EAB 三元复合物,EAB 再进一步作用,生成产物;产物的释放同样有严格的顺序,即先释放产物 P,再释放产物 Q。

需要 NAD^+ 或者 $NADP^+$ 的脱氢酶催化反应就属于这种类型;一般 NAD^+ 或者 $NADP^+$ 往往为第一个被结合的底物,而 NADH 或者 NADPH 则常是最后被释放的产物。

② 随机顺序机制:随机顺序机制的主要特征是两个底物与酶的结合顺序是随机的,可以先结合 A 再结合 B,也可以先与 B 结合再与 A 结合;产物的释放也是随机的,可以先释放 P,再释放 Q,也可先释放 Q,再释放 P。

属于这类反应机制的是一些转移磷酸基团的激酶。例如己糖激酶、丙酮酸激酶和肌酸激酶等,酶可以先与底物结合,也可以是 ATP 先和酶结合;在形成产物以后,可以先释放出磷酸化底物,也可以先释放出 ADP。

在顺序反应机制中,虽然有两种顺序机制,但推导出的速率方程式是一样的,均为:

$$v = \frac{V_{max} \cdot [A][B]}{[A][B] + [B]K_m^A + [A]K_m^B + K_s^A K_m^B}$$

式中:[A]、[B]分别为底物 A 和 B 的浓度;K_s^A 为底物 A 与酶 E 结合的解离常数;K_m^A 是在 B 饱和浓度时底物 A 的 K_m 值;K_m^B 是在 A 饱和浓度时底物 B 的 K_m 值;V_{max} 是[A]和[B]都达到饱和时的最大反应速率。

（2）乒乓反应机制

在两底物乒乓反应机制中,底物与酶的结合和产物的释放是交替进行的,两种底物不能同时连接在酶的活性中心,因此不存在酶—底物1—底物2的三聚物,即酶结合底物 A 释放产物 P 后,才能结合另一底物 B。反应过程中底物与产物是交替地与酶结合的,犹如打乒乓球,故称为乒乓机制。属于乒乓机制的酶大多是具有辅酶的,如抗坏血酸氧化酶和葡萄糖氧化酶等。

乒乓机制的底物动力学方程根据稳态法推导得:

$$v = \frac{V_{max} \cdot [A][B]}{K_m^A[B] + K_m^B[A] + [A][B]}$$

（二）酶浓度的影响

在一种酶作用的最适条件下,如果底物浓度足够大,足以使酶饱和的情况下,酶促反应的速率与酶浓度成正比,$v = k[E]$,k 为反应速率常数。这种性质是测定酶活力的依据。在测定酶活力时,要求[E]远小于[S],从而保证酶促反应速率与酶浓度成正比。当酶的浓度增加到一定程度,以致底物浓度已不足以使酶饱和时,再继续增加酶的浓度反应速度也不再成正比例的增加。这里要注意的是:使用的酶应是纯酶制剂。

（三）水分活度的影响

在体外,酶通常在含水的体系中发挥作用。在生物体内,酶催化反应不仅发生在细胞质中,也发生在细胞膜、脂肪组织和电子输送体系中,电子转移体系存在于脂肪载体中。

可以采用3种方法研究水分活度对酶活力的影响。

① 仔细地干燥（不采用加热的方法）一种含酶活力的生物材料（或模型体

系),然后将干燥的样品平衡至各个不同的水分活度并测定样品中酶的活力。例如,A_w 低于 0.35(<1% 水分含量)时,磷脂酶没有水解卵磷脂的活力;当 A_w 超过 0.35 时,酶活力非线性增加;在 A_w 为 0.9 时,仍没有达到最高活力。A_w 在高于 0.8(2% 水分含量)时,β – 淀粉酶才显示出水解淀粉的活力,A_w 在 0.95 时,酶活力提高了 15 倍。从这些例子可以得出结论:食品原料中的水分含量必须低于 2% 时,才能抑制酶的活力。

② 采用有机溶剂取代水分的方法来确定酶作用所需的水的浓度。例如,采用能与水相混溶的甘油取代水分,当水分含量减少至 75% 时,脂肪氧合酶和过氧化物酶的活力开始降低;当水分含量分别减少至 20% 和 10% 时,脂肪氧合酶和过氧化物酶的活力降至 0;黏度和甘油的特殊效应可能会影响到这些结果。

③ 在研究脂酶催化甘油三丁酸酯在各种醇中的酯交换反应时,大部分的水可被有机溶剂取代。"干"的脂酶颗粒(0.48% 水分含量)悬浮在水分含量分别为 0.3%、0.6%、0.9% 和 1.1%(质量分数)的干 n – 丁醇中,最初的反应速度分别为 0.8,3.5,5 和 4 μmol 酯交换/(h · 100 mg 脂)。因此,猪胰脂酶在 0.9% 水分含量时,具有最高的催化酯交换的初速度。

有机溶剂对酶催化反应的影响主要有两个方面:影响酶的稳定性和反应(如该反应是可逆的)进行的方向。这些影响作用在与水不能互溶和能互溶的有机溶剂中是不同的。在与水不能互溶的有机溶剂中,酶的专一性从催化水解反应移向催化合成反应。例如,当"干"(1% 水分含量)酶颗粒在与水不能互溶的有机溶剂中悬浮时,脂酶催化脂的交换速度提高 6 倍以上,而酯水解速度下降 16 倍。酶在水和与水能互溶的溶剂体系中的稳定性和催化活力是不同于在水和与水不能互溶的溶剂体系中的情况,如蛋白酶催化酪蛋白水解的反应,在 5% 乙醇—95% 缓冲液或 5% 丙腈—95% 缓冲液中进行时与在缓冲体系中进行时相比,K_m 提高,V_{max} 降低和酶稳定性下降。众所周知,在水解酶催化的反应中醇和胺与水存在着竞争作用。

(四) pH 值的影响

对于某一特定的底物,酶在一定的 pH 值下表现出最大的酶催化活力,高于或低于此 pH 值时酶的催化活力均降低。酶表现其最大活力时的 pH 值通常称为酶的最适 pH 值。在一系列不同 pH 值的缓冲液中,测定酶促反应速度,可以得到酶促反应速度对 pH 值的关系曲线,pH 值关系曲线近似于钟罩形(图 8 – 3)。

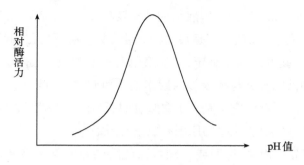

图 8 - 3　pH 值对酶活力的影响

　　最适 pH 值发生微小偏离时,由于使酶活性部位的基团离子化发生变化而降低酶的活力。pH 值发生较大偏离时,维护酶三维结构的许多非共价键受到干扰,导致酶蛋白自身的变性。偏离酶的最适 pH 值越远,酶的活性越小,过酸或过碱则可使酶完全失去活性。各种酶在一定条件下都有一个最适 pH 值。但是各种酶的最适 pH 值是多种多样的,因为它们要适应不同环境。一般说来大多数酶的最适 pH 值在 5~8 之间,植物和微生物的最适 pH 值大多在 4.5~6.5,动物体内的酶其最适 pH 值在 6.5~8.0。人体内大多数酶的最适 pH 值在 7.35~7.45之间。但也有不少例外,如消化酶胃蛋白酶要适应在胃的酸性 pH 值下工作(大约 pH = 2.0),胃蛋白酶最适 pH 值是 1.5,胰蛋白酶的最适 pH 值为 8.1,肝中精氨酸酶的最适 pH 值是 9.8。pH 值对不同酶的活性影响不同,有的酶只有钟罩形的一半,如胃蛋白酶和胆碱酯酶;也有的酶,如木瓜蛋白酶的活力在较大的 pH 范围内几乎没有变化(图 8 - 4)。

图 8 - 4　三种酶的 pH - 酶活力曲线

同一种酶的最适 pH 值可因底物的种类及浓度不同,或所用的缓冲液不同而稍有改变,所以最适 pH 值也不是酶的特征性常数。必须指出的是,酶的最适 pH 值目前只能用实验方法加以确定,它受底物种类与浓度、反应温度与时间、酶制剂的纯度、缓冲液的种类与浓度等因素影响。因此,酶的最适 pH 值只有在一定条件下才有意义。因此,它不是一个常数,而只能作为一种实验参数。

pH 值影响酶促反应速率的原因有以下几方面。

① 影响酶分子构象:过酸或过碱可以使酶的空间结构破坏,引起酶构象改变,特别是酶活性中心构象的改变,使酶活性丧失。这种失活包括可逆以及不可逆两种方式。

② 影响酶和底物的解离:pH 值影响酶的催化活性的机理,主要是因为 pH 值能影响酶分子,特别是酶活性中心内某些氨基酸残基的电离状态。若底物也是电解质,pH 值也可影响底物的电离状态。在最适 pH 值时,恰能使酶分子和底物分子处于最合适电离状态,有利于二者结合和催化反应的进行。pH 值的改变影响了酶蛋白中活性部位的解离状态。催化基团的解离状态受到影响,将使得底物不能被酶催化成产物;结合基团的解离状态受到影响,则底物将不能与酶蛋白结合,从而改变了酶促反应速度。

(五)温度的影响

温度对酶促反应速度影响较大。低温时酶的活性非常微弱,随着温度逐步升高,酶的活性也逐步增加,但超过一定温度范围后,酶的活性反而下降。如果以温度为横坐标,反应速率为纵坐标,可得到如图 8 - 5 所示的曲线。对每一种酶来说,在一定的条件下,都有一个显示其最大反应速率的温度,这一温度称为该酶催化反应的最适温度。

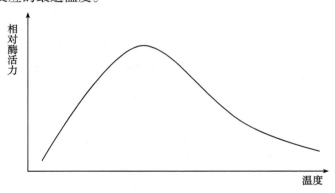

图 8 - 5　温度对酶活力的影响

最适温度并非酶的特征常数,因为一种酶具有的最高催化能力的温度不是一成不变的,它往往受到酶的纯度、底物、激活剂、抑制剂以及酶促反应时间等因素的影响。因此对同一种酶而言,必须说明是在什么条件下的最适温度。温度的影响与时间有紧密关系,这是由于温度促使酶蛋白变性是随时间累加的。不同来源的酶,最适温度不同。一般植物来源的酶,最适温度在 40~50℃ 之间;动物来源的酶最适温度较低,为 35~40℃;微生物酶的最适温度差别较大,细菌高温淀粉酶的最适温度达 80~90℃。但大多数酶当温度升到 60℃ 以上时,活性迅速下降,甚至丧失活性,此时即使再降温也不能恢复其活性。可见只是在某一温度范围内酶促反应速度最大。

温度对酶促反应有两方面影响。一方面,与一般化学反应相似,当温度升高时,反应速率加快。可以用温度系数 Q_{10} 表示,即每升高 10℃,其反应速率与原反应速率之比。对大多数酶来讲 Q_{10} 多为 1~2,即温度每升高 10℃,酶催化反应速率为原反应速率的 1~2 倍。另一方面,由于酶是蛋白质,温度过高会使酶蛋白逐渐变性而失活。升高温度对酶促反应的这两种相反的影响是同时存在的,在较低温度(0~40℃)时前一种影响大,所以酶促反应速度随温度上升而加快;随着温度不断上升,酶的变性逐渐成为主要矛盾,酶促反应速度随之下降。

掌握温度对酶促反应的影响规律,具有一定的实践意义。如临床上的低温麻醉就是利用低温降低酶活性的特性,以减慢细胞的代谢速率,有利于手术治疗。低温保藏菌种和作物种子,也同样是利用低温降低酶的活性,以减慢新陈代谢的特性。相反,高温杀菌则是利用高温使酶蛋白变性失活,导致细菌死亡的特性。

(六)抑制剂的影响

抑制剂是指能降低酶的活性,使酶促反应速率减慢的物质。抑制作用是指抑制剂与酶分子上的有关活性部位相结合,使这些基团的结构和性质发生改变,从而引起酶活力下降或丧失的一种效应。抑制作用与酶的变性作用是不同的,抑制作用并未导致酶的变性。酶蛋白水解或变性引起的酶活力下降不属于抑制作用的范畴。另外,抑制剂对酶的作用具有一定的选择性,而变性剂对酶的作用没有选择性。一种抑制剂只能引起某一种酶或某一类酶的活性丧失或降低,变性剂却均可使酶蛋白变性而使酶丧失活性。

根据抑制剂与酶作用方式的不同,将抑制作用分为可逆的抑制作用和不可逆的抑制作用两种。

1. 不可逆的抑制作用

抑制剂与酶分子上的某些基团形成稳定的共价键结合,导致酶的活性下降或丧失,且不能用透析等方法除去抑制剂而使酶的活性恢复,这种作用称为不可逆的抑制作用。这种抑制的动力学特征是抑制程度正比于共价键形成的速度,并随抑制剂浓度及抑制剂与酶接触时间而增大。在测酶活系统中加入不同浓度的抑制剂,每一抑制剂浓度都作一条初速率和酶浓度的关系曲线,可以得到一组不通过原点的平行线(图8-6),每条直线都依赖于抑制剂浓度的增加而向右平行移动。这是因为抑制剂使一定量的酶失活,只有加入的酶量大于不可逆抑制剂的量时才表现出酶活力,故不可逆抑制剂的作用相当于把原点向右移动了。

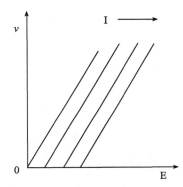

图8-6　不同浓度不可逆抑制剂存在时初速率和酶浓度关系曲线

2. 可逆的抑制作用

抑制剂与酶以非共价键方式结合而引起酶的活性降低或丧失,在用透析、超滤等物理方法除去抑制剂后,酶的活性又能恢复,即抑制剂与酶的结合是可逆的,此种抑制作用称为可逆的抑制作用。对于不同浓度的抑制剂,每一抑制剂浓度都作一条初速率和酶浓度的关系曲线,结果表明可逆抑制都可得到一组通过原点的直线(图8-7),随抑制剂浓度升高,斜率下降。

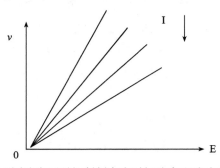

图8-7　不同浓度可逆抑制剂存在时初速率和酶浓度关系曲线

根据抑制剂、底物与酶分子三者结合的关系,将可逆抑制作用分为下列4种。

(1)竞争性抑制作用

在这种类型中,抑制剂(I)通常与底物的结构有某种程度的类似,可与底物(S)竞争酶的结合部位结合,并与酶形成可逆的 EI 复合物,但酶不能同时与底物及抑制剂结合,既不能形成 EIS 三元复合物,EI 也不能分解成产物(P),使酶催化反应速率下降,反应式如下:

$$
\begin{array}{c}
E+S \xrightleftharpoons{K_s} ES \longrightarrow E+P \\
+ \\
I \\
K_i \big\Updownarrow \\
EI \longleftrightarrow P
\end{array}
$$

抑制剂与底物竞争酶的活性中心结合,从而阻止底物与酶的结合,使反应速度下降。当它与酶的活性中心结合后,底物就不能与酶结合;若底物先与酶结合,则抑制剂就不能与酶结合。所以竞争性抑制的抑制程度取决于底物和抑制剂的相对浓度,且这种抑制作用可通过提高底物浓度的方法来解除。

许多研究证实:

①竞争性抑制作用的反应是可逆的。

②竞争性抑制的强度与抑制剂和底物的浓度有关,当$[I] \geqslant [S]$($[I]$为抑制剂浓度,$[S]$为底物浓度)时,抑制作用强;当$[S] \geqslant [I]$时,S 可以把 I 从酶的活性中心置换出来,从而使酶抑制作用被解除,表现为抑制作用弱。竞争性抑制的例子很多,例如丙二酸与琥珀酸的结构相似,是琥珀酸脱氢酶的竞争性抑制剂。

可逆抑制作用中最重要和最常见的是竞争性抑制。许多药物就是利用竞争性抑制作用的原理来设计的,如磺胺类药物、某些抗癌药物(如阿糖胞苷)、氨基叶酸等。

对磺胺敏感的细菌生长繁殖时不能直接利用叶酸,而是在菌体内二氢叶酸合成酶的催化下,由对氨基苯甲酸、2 - 氨基 - 4 - 羟基 - 6 - 甲基蝶呤啶及谷氨酸合成二氢叶酸(FH_2),FH_2再进一步还原成四氢叶酸(FH_4)。FH_4是细菌合成核苷酸不可缺少的辅酶。

磺胺类药物作用的基本原理是:由于某些细菌的生长繁殖必须用对氨基苯甲酸合成叶酸;磺胺类药物的基本结构是对氨基苯磺酰胺,与对氨基苯甲酸的结构相似,可与对氨基苯甲酸竞争与叶酸合成酶结合,导致叶酸合成受阻,进而影响核苷酸和核酸的合成。由于人体能直接利用食物中的叶酸,而细菌则不能,故磺胺类药物可抗菌消炎。磺胺增效剂(TMP)可增强磺胺的药效,是因为其结构与二氢叶酸类似,可抑制细菌二氢叶酸还原酶,但很少抑制人体二氢叶酸还原酶。它与磺胺配合使用,可使细菌的四氢叶酸合成受到双重阻碍,从而严重影响细菌的核酸及蛋白质合成。

（2）非竞争性抑制作用

非竞争性抑制作用的特点是 S 和 I 可同时独立地与 E 结合,形成酶—底物—抑制剂(ESI)三元复合物,两者没有竞争作用。但 ESI 不能转变为产物。

$$
\begin{array}{ccc}
E+S & \xrightarrow{K_s} ES & \longrightarrow E+P \\
+ & & + \\
I & & I \\
K_i \updownarrow & & \updownarrow K'_i \\
EI+S & \xrightleftharpoons{K'_s} ESI & \longrightarrow\!\!\!\times\ P
\end{array}
$$

（3）反竞争性抑制作用

反竞争性抑制作用的特点是 I 必须在酶与底物结合后才能与之结合,即 I 不单独与酶结合,只与 ES 复合物结合形成 ESI,但 ESI 不能转变成产物。当反应体系中存在反竞争性抑制剂时,不仅不排斥酶和底物的结合,反而增加了二者的亲和力,这与竞争性抑制作用恰好相反,所以称为反竞争性抑制作用。产生这种现象的原因可能是 S 和 E 的结合改变了 E 的构象,有利于抑制剂同酶的结合。

$$
\begin{array}{ccc}
E+S & \rightleftharpoons ES & \longrightarrow E+P \\
& + & \\
& I & \\
& \updownarrow & \\
& ESI & \longrightarrow\!\!\!\times\ P
\end{array}
$$

增加底物浓度,不但不能减轻或消除抑制,反而会增加抑制程度。这恰好与竞争性抑制作用相反。

反竞争性抑制作用在双底物酶促反应中比较常见。在双底物有序反应中,第二底物的竞争性抑制剂就是第一底物的反竞争性抑制剂。在双底物乒乓机制中,任何一个底物的竞争性抑制剂都是另一底物的反竞争性抑制剂。有人证明,L-苯丙氨酸,L-同型精氨酸等多种氨基酸对碱性磷酸酶的作用是反竞争性抑制,肼类化合物抑制胃蛋白酶等也属于反竞争性抑制。

（4）线性混合型抑制作用

线性混合型抑制作用与非竞争性抑制作用基本相似。其特点是 S 和 I 可同时与 E 结合,两者没有竞争作用。S 和 E 结合后还可与 I 结合,同样 I 与 E 结合后还能与 S 结合,但由于 I 和 E 的结合改变了底物的解离常数 K_s,S 和 E 的结合改变了抑制剂从复合物上解离的解离常数。

$$E+S \underset{}{\overset{K_s}{\rightleftharpoons}} ES \longrightarrow E+P$$

$$EI+S \underset{}{\overset{K'_s}{\rightleftharpoons}} ESI \dashrightarrow P$$

（七）激活剂的影响

凡能提高酶活性,加速酶促反应进行的物质都称为该酶的激活剂。激活剂按其相对分子质量大小可分为以下 3 种。

1. 无机离子激活剂

①阳离子:包括 H^+ 和各种金属离子,如 K^+、Na^+、Mg^{2+}、Mn^{3+}、Ca^{2+}、Zn^{2+}、Cu^{2+}（Cu^+）、Fe^{2+}（Fe^{3+}）、Co^{2+} 等。如 Zn^{2+} 是羧肽酶的激活剂,而 Mg^{2+} 则是多种激酶以及合成酶的激活剂等。

②阴离子:包括 Cl^-、Br^-、I^-、CN^-、NO^{2-} 等。例如,经透析过的唾液淀粉酶活力不高,若加入少量的 NaCl,则酶的活力大大增加,因此 NaCl(更准确地说是 Cl^-)就是唾液淀粉酶的激活剂。

一般认为金属离子的激活作用,主要是由于金属离子在酶和底物之间起了桥梁的作用,形成酶—金属离子—底物三元复合物,从而更有利于底物和酶的活性中心部位的结合。有的酶只需要一种金属离子作为激活剂,如乙醇脱氢酶;有的酶则需要一个以上的金属离子作为激活剂,如 α - 淀粉酶以 Na^+、K^+、Ca^{2+} 为激活剂。在作为激活剂的金属离子中,Mg^{2+} 最为突出,它几乎参与体内所有的代谢反应。无机离子对酶活性的影响与其浓度有关,一般低浓度提高酶活性,高浓度降低酶活性。有时在一起的两种离子对酶活性的作用恰好相反,出现拮抗作用。例如,Mg^{2+} 提高 ATP 酶活性,而 Ca^{2+} 则降低 ATP 酶活性。有时,对酶活性的作用,金属离子之间可以相互替代,如 Mn^{2+} 可以替代 Mg^{2+} 激活酶。

2. 一些小分子的有机化合物

有一些以巯基为活性基团的酶,在分离提纯过程中,其分子中的巯基常被氧化而降低活力。因此需要加入抗坏血酸、半胱氨酸、谷胱甘肽或氰化物等还原剂,使氧化了的巯基还原以恢复活力。如 3 - 磷酸甘油醛脱氢酶就属于巯基酶,在其分离纯化过程中,往往要加上述还原剂,以保护其巯基不被氧化。另外,乙二胺四乙酸(EDTA)是金属离子的螯合剂,能解除重金属离子对酶的抑制作用,也可视为酶的激活剂。

3. 生物大分子激活剂

某种蛋白酶能使无活性的酶原变成有活性的酶。例如胰蛋白酶可以将无活性的胰凝乳蛋白酶原变成有活性的 α - 胰凝乳蛋白酶。如磷酸化酶 b 激酶可激活磷酸化酶 b,而磷酸化酶 b 激酶又受到 cAMP 依赖性蛋白激酶的激活。霍乱毒素由相对分子质量为 29×10^3 的 A 亚基和相对分子质量为 10×10^3 的 B 亚基组成,它可激活小肠黏膜上皮细胞上的腺苷酸环化酶。

激活剂对酶的作用具有一定的选择性:一种激活剂对某种酶可能是激活,但对另一种酶则可能是抑制。如脱羧酶、烯醇化酶、DNA 聚合酶等的激活剂,对肌球蛋白腺三磷酸酶的活性有抑制作用。激活剂的浓度不同其作用也不一样,有时对同一种酶是低浓度起激活作用,而高浓度则起抑制作用。

激活无活性的酶原转变为有活性的酶的物质也称为激活剂,又称为酶的激动剂。这类激活剂往往都是蛋白质性质的大分子物质,如前所述的胰蛋白酶原的激活。但酶的激活与酶原的激活有所不同,酶原激活是指无活性的酶原变成有活性的酶,且伴有抑制肽的水解;酶的激活是使已具活性的酶的活性增高,使活性由小变大,不伴有一级结构的改变。

第三节　酶促褐变

一、酶促褐变的定义

褐变作用可按其发生机制分为酶促褐变(生化褐变)及非酶褐变两大类。酶促褐变是在有氧的条件下,酚酶催化酚类物质形成醌及其聚合物的反应过程。

酶促褐变发生在水果、蔬菜等新鲜植物性食物中。水果和蔬菜在采摘后,组织中仍在进行活跃的代谢活动。在正常情况下,完整的果蔬组织中氧化还原反应是偶联进行的,但当发生机械性的损伤(如削皮、切开、压伤、虫咬、磨浆等)及处于异常的环境条件下(如受冻、受热等)时,便会影响氧化还原作用的平衡,发生氧化产物的积累,造成变色。这类变色作用非常迅速,并需要和氧接触和由酶所催化。

在大多数情况下,酶促褐变是一种不希望出现于食物中的变化,例如,香蕉、苹果、梨、茄子、马铃薯等都很容易在削皮切开后褐变,应尽可能避免。由于酚酶的作用,酶促褐变不仅有损于果蔬的感观品质,影响产品运销,还会导致风味和品质下降,特别是在热带鲜果中,其导致的直接经济损失达 50%。但像茶叶、可可豆等食品,适当的褐变则是形成良好的风味与色泽所必需的。

二、食品中酶促褐变的机理

植物组织中含有酚类物质,在完整的细胞中作为呼吸传递物质,在酚—醌之间保持着动态平衡,当细胞组织破坏以后,氧就大量侵入,造成醌的形成和其还原反应之间的不平衡,于是发生了醌的积累,醌再进一步氧化聚合,就形成了褐色色素,称为黑色素或类黑精。

酚酶的系统名称是邻二酚:氧—氧化还原酶(EC 1.10.3.1)。它以 Cu 为辅基,须以氧为受氢体,为一种末端氧化酶。酚酶可以用一元酚或二元酚作为底物。有些人认为该酚酶是兼能作用于一元酚及二元酚的一种酶;但有的人则认为该酚酶是两种酚酶的复合体,一种是酚羟化酶,又称甲酚酶,另一种是多元酚氧化酶,又叫儿茶酚酶。酚酶的最适 pH 值接近 7,比较耐热,依来源不同,在100℃下钝化此酶需 2~8 min。

现以马铃薯切开后的褐变为例来说明酚酶的作用(图 8-8)。酚酶作用的底物是马铃薯中最丰富的酚类化合物酪氨酸。

图 8-8 酶促褐变的机理

这也是动物皮肤、毛发中黑色素形成的机制。

在水果中,儿茶酚是分布非常广泛的酚类,在儿茶酚酶的作用下,较容易氧化成醌(图 8-9)。

图 8 - 9　儿茶酚转变成醌的过程

醌的形成是需要氧气和酶催化的,但醌一旦形成以后,进一步形成羟醌的反应则是非酶促的自动反应;羟醌进行聚合,依聚合程度增大而由红色变褐色,最后成褐黑色的黑色素物质。

水果蔬菜中的酚酶底物以邻二酚类及一元酚类最丰富。一般说来,酚酶对邻羟基酚型结构的作用快于一元酚;对位二酚也可被利用,但间位二酚则不能作为底物,甚至还对酚酶有抑制作用。但邻二酚的取代衍生物也不能为酚酶所催化,例如愈疮木酚及阿魏酸。绿原酸是许多水果特别是桃、苹果等褐变的关键物质。马铃薯褐变的主要底物是酪氨酸。在香蕉中,主要的褐变底物也是一种含氮的酚类衍生物,即 3,4 - 二羟基苯乙胺。

氨基酸及类似的含氮化合物与邻二酚作用可产生颜色很深的复合物,其机理大概是酚先经酶促氧化成为相应的醌,然后醌和氨基发生非酶的缩合反应。白洋葱、大蒜、韭葱的加工中常有粉红色泽的物质形成,其原因就如上述。

可作为酚酶底物的还有其他一些结构比较复杂的酚类衍生物,例如,花青素、黄酮类、鞣质等,它们都具有邻二酚型或一元酚型的结构。

在红茶发酵时,新鲜茶叶中多酚氧化酶的活性增大,催化儿茶素形成茶黄素和茶红素等有色物质,它们是构成红茶色泽的主要成分。红茶加工是多酚氧化酶在食品加工中发生酶促褐变的有利应用。

三、食品中酶促褐变的控制

食品加工过程中发生的酶促褐变,少数是我们期望的,如红茶加工、可可加工、某些果干(葡萄干、梅干)的加工等。但是大多数酶促褐变会对食品特别是新鲜果蔬的色泽造成不良影响,必须加以控制。

酶促褐变的发生需要 3 个条件,即适当的酚类底物、酚氧化酶和氧,缺一不可。在控制酶促褐变的实践中,除去底物的途径可能性极小,曾经有人设想过使酚类底物改变结构,例如将邻二酚改变为其取代衍生物,但迄今未取得实用上的成功。因此,实践中控制酶促褐变的方法主要从控制酚酶和氧两方面入手,主要途径有:钝化酚酶的活性(热烫、抑制剂等);改变酚酶作用的条件(pH 值、水分活度等);隔绝氧气的接触;使用抗氧化剂(抗坏血酸、SO_2 等)。

常用的控制酶促褐变的方法主要有以下几种。

1. 热处理法

在适当的温度和时间条件下加热新鲜果蔬,使酚酶及其他相关的酶都失活,是最广泛使用的控制酶促褐变的方法。加热处理的关键是在最短时间内达到钝化酶的要求,否则,过度加热会影响食品原有质量;相反,如果热处理不彻底,热烫虽破坏了细胞结构,但未钝化酶,反而会加强酶和底物的接触而促进褐变。像白洋葱、韭葱如果热烫不足,变粉红色的程度比未热烫的还要厉害。

虽然不同来源的多酚氧化酶对热的敏感程度不同,但研究发现在 70~95℃加热 7 s 左右可使大部分多酚氧化酶失去活性。

水煮和蒸汽处理仍是目前使用最广泛的热烫方法。微波能的应用为热力钝化酶活性提供了新的有力手段,可使组织内外一致迅速受热,对质地和风味的保持极为有利,是热处理法抑制酶促褐变的较理想方法。

2. 调节 pH 值

利用酸的作用控制酶促褐变也是广泛使用的方法,常用的酸有柠檬酸、苹果酸、磷酸以及抗坏血酸等。一般来说,它们的作用是降低 pH 值以控制酚酶的活力,因为酚酶的最适 pH 值在 6~7 之间,pH 值低于 3.0 时酚酶已无活性。

柠檬酸是使用最广泛的食用酸,对酚酶有降低 pH 值和螯合酚酶的 Cu 辅基的作用,但作为褐变抑制剂来说,单独使用柠檬酸的效果不大,常需与抗坏血酸或亚硫酸联用。对于碱法去皮的水果,这类酸还有中和残碱的作用。

苹果酸是苹果汁中的主要有机酸,在苹果汁中对酚酶的抑制作用要比柠檬酸强得多。

抗坏血酸是更加有效的酚酶抑制剂,即使浓度极大也无异味,对金属无腐蚀作用,而且作为一种维生素,其营养价值也是尽人皆知的。有人认为抗坏血酸能使酚酶本身失活。抗坏血酸在果汁中的抗褐变作用还可能是作为抗坏血酸氧化酶的底物,在酶的催化下把溶解在果汁中的氧消耗掉了。据报道,在每千克水果制品中,加入 660 mg 抗坏血酸,即可有效控制褐变并减少苹果罐头顶隙中的含氧量。

3. 二氧化硫及亚硫酸盐处理

二氧化硫及常用的亚硫酸盐如亚硫酸钠、亚硫酸氢钠、焦亚硫酸钠、连二亚硫酸钠即低亚硫酸钠等都是广泛使用于食品工业中的酚酶抑制剂,在蘑菇、马铃薯、桃、苹果等加工中已应用。

用直接燃烧硫磺的方法产生 SO_2 气体处理水果蔬菜,SO_2 渗入组织较快,但应用亚硫酸盐溶液的优点是使用方便。不管采取什么形式,只有游离的 SO_2 才能起作用。SO_2 及亚硫酸盐溶液在微偏酸性(pH=6)的条件下对酚酶抑制的效果最好。

在实验条件下,10 mg/kg 的 SO_2 就几乎可完全抑制酚酶,但在实践中因有挥发损失和与其他物质(如醛类)反应等原因,实际使用量要大一些,常达 300～600 mg/kg。SO_2 对酶促褐变的控制机制现在尚无定论,有的学者认为是抑制了酶活性,有人则认为是由于 SO_2 把醌还原为了酚,还有人认为是 SO_2 和醌加合而防止了醌的聚合作用。很可能这 3 种机制都是存在的。

二氧化硫法的优点是使用方便、效力可靠、成本低、有利于维生素 C 的保存,残存的 SO_2 可用抽真空、炊煮或使用 H_2O_2 等方法除去。缺点是使食品失去原有色泽而被漂白(花青素被破坏),腐蚀铁罐的内壁,有不愉快的嗅感与味感,残留浓度超过 0.064% 即可感觉出来,并且破坏维生素 B_1,还存在安全问题。

4. 驱除或隔绝氧气

具体措施有:

①将去皮切开的水果蔬菜浸没在清水、糖水或盐水中;

②浸涂抗坏血酸液,使在表面上生成一层氧化态抗坏血酸隔离层;

③用真空渗入法把糖水或盐水渗入组织内部,驱出空气,果肉组织间隙中具有较多气体的苹果、梨等水果最适宜用此法。

一般在 1.028×10^5 Pa 真空度下保持 5～15 min,突然破除真空,即可将汤汁强行渗入组织内部,从而驱出细胞间隙中的气体。

氯化钠也有一定的防酶促褐变的效果,一般多与柠檬酸和抗坏血酸混合使用。单独使用时,浓度高达 20% 时才能抑制多酚氧化酶的活性。此外,采取真空或充氮包装等措施也可以有效防止或减缓多酚氧化酶引起的酶促褐变。

5. 加酚酶底物的类似物

用酚酶底物的类似物如肉桂酸、对位香豆酸及阿魏酸等酚酸,可以有效地控制苹果汁的酶促褐变。在这 3 种同系物中,以肉桂酸的效率最高,溶解性好,售价也便宜。当其浓度大于 0.5 mmol/L 时即可有效控制处于大气中的苹果汁的褐变达 7 h 之久。由于这 3 种酸都是水果蔬菜中天然存在的芳香族有机酸,在安全上无多大问题。

6. 底物改性

利用甲基转移酶,将邻二羟基化合物进行甲基化,生成甲基取代衍生物,可有效防止褐变。如以 S – 腺苷蛋氨酸为甲基供体,在甲基转移酶作用下,可将儿茶酚、咖啡酸、绿原酸分别甲基化为愈创木酚、阿魏酸和 3 – 阿魏酰金鸡纳酸。

第四节 酶在食品加工和储藏中的应用

酶在食品工业中主要应用于淀粉加工,乳品加工,水果加工,酒类酿造,肉、蛋、鱼类加工,面包与焙烤食品的制造,食品保藏以及甜味剂制作等工业。

一、酶在淀粉加工中的应用

用于淀粉加工的酶有 α – 淀粉酶、β – 淀粉酶、葡萄糖淀粉酶(糖化酶)、葡萄糖异构酶、脱支酶以及环糊精葡萄糖基转移酶等。淀粉加工的第一步是用 α – 淀粉酶将淀粉水解成糊精,即液化;第二步是通过上述各种酶的作用,制成各种淀粉糖浆,如高麦芽糖浆、饴糖、葡萄糖、果糖、果葡糖浆、偶联糖以及环糊精等。各种淀粉糖浆,由于 DE 值不同,糖成分不同,其性质各不相同,风味各异。

此外,酶在淀粉类食品生产中还有其他的应用,如 α – 淀粉酶用于酿造工业中淀粉的水解;在面包制造中为酵母提供发酵糖,改进面包的质构;用于啤酒生产中除去淀粉混浊,提高澄清度等。

二、酶在乳品加工中的应用

用于乳品工业的酶有凝乳酶、乳糖酶、过氧化氢酶、溶菌酶及脂肪酶等。凝乳酶用于制造干酪;乳糖酶用于分解牛奶中的乳糖;过氧化氢酶用于消毒牛奶;溶菌酶添加到奶粉中,可以防止婴儿肠道感染;脂肪酶可增加干酪和黄油的香味。

干酪生产的第一步是用乳酸菌将牛奶发酵成酸奶,第二步是用凝乳酶将可溶性 κ – 酪蛋白水解成不溶性 Para – κ – 酪蛋白和糖肽,在酸性条件下,Ca^{2+} 使酪蛋白凝固,再经过切块、加热、压榨、熟化,便制成干酪。另外,在干酪加工中添加适量脂肪酶可增强奶酪的香味。

过去凝乳酶取自小牛的皱胃，来源不足，价格昂贵；现在85%的动物凝乳酶已由微生物酶所代替。微生物凝乳酶实为酸性蛋白酶，只是凝乳作用强，而水解酪蛋白弱而已，但多少还会使酪蛋白水解，形成苦味肽。现在，已用基因工程将牛的凝乳酶原基因转移给大肠杆菌，并成功表达。所以，现用发酵法已能生产真正的凝乳酶。

牛奶中含有一定数量的乳糖，有些人由于体内缺乏乳糖酶，因而饮牛奶后常发生腹痛、腹泻等症状（乳糖不耐症）；同时，由于乳糖难溶于水，常在炼乳、冰淇淋中呈砂样结晶而析出，影响品质，因此需要用乳糖酶除去牛奶中的乳糖，生产脱乳糖的牛奶。

干酪生产的副产物乳清中含有大量的乳糖，因为乳糖难消化，历来作为废水排放。现在，可用乳糖酶分解乳清中的乳糖，从而使乳清可以作为饲料和生产酵母的培养基。

三、酶在水果加工中的应用

用于水果加工的酶有果胶酶、柚苷酶、纤维素酶、半纤维素酶、橙皮苷酶、葡萄糖氧化酶和过氧化氢酶等。

果胶是水果中的一类物质，它在酸性和高浓度糖溶液中可以形成凝胶，这一特性是制造果冻、果酱等食品的物质基础。但是在果汁加工中，果胶可导致果汁难以过滤和澄清。果胶酶可以催化果胶分解，使其失去产生凝胶的能力。因此工业上可用黑曲霉、文氏曲霉或根霉所生产的果胶酶处理破碎的果实，可以加速果汁过滤，促进果汁澄清，提高果汁产率。

在制作橘子罐头时，用黑曲霉所生产的纤维素酶、半纤维素酶和果胶酶的混合酶处理橘瓣，可以从橘瓣上除去囊衣。

用柚苷酶处理橘汁，可以除去橘汁中具苦味的柚苷。在橘汁中加入黑曲霉橙皮苷酶，可以将不溶性的橙皮苷分解成水溶性橙皮素，防止白色沉淀的产生，从而使橘汁澄清，也脱去了苦味。用葡萄糖氧化酶和过氧化氢酶处理橘汁，可以除去橘汁中的氧，从而使橘汁在储藏期间保持原有的色香味。

四、酶在酒类酿造中的应用

啤酒是以大麦芽为原料，但在大麦发芽过程中，由于呼吸作用将使大麦中的淀粉有很大的损失，因此，啤酒厂常用大麦、大米、玉米等作为辅助原料来代替一部分大麦芽，但这又将引起淀粉酶、蛋白酶和 β - 葡聚糖酶的不足，使淀粉糖化不

充分及蛋白质和 β - 葡聚糖降解不足,从而影响啤酒的风味和产率。在工业生产中,添加微生物的淀粉酶、中性蛋白酶和 β - 葡聚糖酶等酶制剂,可以弥补原料中酶活力不足的缺陷,从而增加发酵度,缩短糖化时间。

在啤酒巴氏灭菌前,加入木瓜蛋白酶或菠萝蛋白酶或霉菌酸性蛋白酶处理啤酒,可以防止啤酒混浊,延长保存期。

糖化酶代替麸曲,用于制造白酒、黄酒、酒精,可以提高出酒率,节约粮食,简化设备。在果酒生产中通常使用复合酶制剂,包括果胶酶、蛋白酶、纤维素酶、半纤维素酶等,不仅可以提高果汁和果酒的得率,有利于过滤和澄清,而且还可以提高产品的质量。

五、酶在肉、蛋、鱼类加工中的应用

老牛、老母猪的肌肉,由于其结缔组织中胶原蛋白的机械强度很大,烹煮时不易软化,因而难以嚼碎。用木瓜蛋白酶或菠萝蛋白酶、米曲霉蛋白酶等酶制剂处理,可以水解其胶原蛋白,从而使肌肉嫩化。工业上肉嫩化的方法有两种:一种是宰杀前,肌注酶溶液于动物体;另一种是将酶制剂涂抹于肌肉片的表面,或者用酶溶液浸渍肌肉。

利用蛋白酶水解废弃的动物血、杂鱼以及碎肉中的蛋白质,然后抽提其中的可溶性蛋白质,以供食用或饲料,这是开发蛋白质资源的有效措施。其中,以杂鱼的利用最为瞩目。

用葡萄糖氧化酶与过氧化氢酶共同处理以除去禽蛋中的葡萄糖,可以消除禽蛋产品干制时"褐变"的发生。

六、酶在焙烤食品中的应用

由于陈面粉的酶活力低和发酵力低,因而用陈面粉制造的面包体积小、色泽差。向陈面粉的面团中添加霉菌的 α - 淀粉酶和蛋白酶制剂,则可以提高面包的质量。添加 β - 淀粉酶,可以防止糕点老化;添加蔗糖酶,可以防止糕点中的蔗糖从糖浆中析晶;添加蛋白酶,可以使通心面条风味佳,延伸性好。

七、酶在食品添加剂制造方面的应用

酶在食品添加剂的生产中应用也很广泛,主要有乳化剂、增稠剂、酸味剂(乳酸、苹果酸等)、鲜味剂(味精、呈味核苷酸)、甜味剂(天门冬酰苯丙氨酸甲酯)、低聚糖(帕拉金糖、麦芽低聚糖)、食品强化剂(赖氨酸、天门冬氨酸、苯丙氨酸和丙氨酸)等。

青橘柑中含有 10% ~20% 的橙皮苷,经过抽提分离后,用黑曲霉橙皮苷酶水解橙皮苷,除去分子中的鼠李糖,然后再在碱性溶液中水解、还原,便制得一种比蔗糖甜 70 ~ 100 倍的橙皮素 - β - 葡萄糖苷二氢查耳酮。它是一种安全、低热的甜味剂,但是溶解度很低(仅 0.1%),没有实用价值。如果将此物与淀粉溶液混合,利用环糊精葡萄糖基转移酶催化偶联反应,使其葡萄糖分子的 C_4 接上 2 个葡萄糖分子,生产出的橙皮素二氢查耳酮 - 7 - 麦芽糖苷,其甜度不变,但溶解度提高了 10 倍。

八、酶在食品保鲜中的应用

酶法食品保鲜技术是利用酶的催化作用,防止或消除外界因素对食品的不良影响,从而保持食品原有的优良品质和特性的技术。用于食品保鲜的酶主要有葡萄糖氧化酶和溶菌酶等。

1. 葡萄糖氧化酶

葡萄糖氧化酶是一种理想的除氧保鲜剂,其保鲜原理是:催化葡萄糖与氧反应,生成葡萄糖酸和双氧水,有效地降低或消除了密封容器中的氧气,从而防止食品氧化,起到保鲜作用。

具体做法是:将葡萄糖氧化酶制成"吸氧保鲜袋",即将葡萄糖氧化酶和其作用底物葡萄糖混合在一起,包装于不透水但可透气的薄膜袋中,置于装有需保鲜食品的密闭容器中,当密闭容器中的氧气透过薄膜进入袋中时,就在葡萄糖氧化酶的催化作用下与葡萄糖发生反应,从而除去密闭容器中的氧,达到防止氧化的目的。葡萄糖氧化酶也可直接加入到罐装果汁、果酒中,防止罐装食品的氧化。

此外,将适量葡萄糖氧化酶加入到蛋白液或全蛋液中,在有氧条件下,可以将蛋类制品中的少量葡萄糖除去,从而有效地防止蛋制品的褐变,提高产品的质量。

2. 溶菌酶

溶菌酶是一种催化细菌细胞壁中肽多糖水解的酶。其保鲜原理是:该酶专一作用于肽多糖分子中的 N - 乙酰胞壁酸与 N - 乙酰氨基葡萄糖之间的 β - 1,4 糖苷键,破坏细菌的细胞壁,使细胞溶解死亡,从而有效防止和消除细菌对食品的污染,达到防腐保鲜的目的。

溶菌酶可从鸡蛋清或微生物发酵制得。不同来源的溶菌酶特性不同,蛋清来源的溶菌酶对金黄色葡萄球菌以外的许多革兰氏阳性菌具有强烈的溶菌特性,对革兰氏阴性菌无作用或作用甚弱。

利用溶菌酶对食品进行保鲜,一般使用蛋清溶菌酶。溶菌酶现已广泛用于干酪、水产品、低度酿造酒、乳制品以及香肠、奶油、湿面条等食品的保鲜。

九、酶在食物解毒方面的应用

酶还可将食物中的有毒成分降解为无毒化合物,从而达到解毒的目的。如蚕豆中含有有毒成分,易导致溶血性贫血病,加入 β – 葡萄糖苷酶能将毒素降解,降解产生的酚类碱极不稳定,在加热时可迅速氧化分解。

通过酶的作用还能将食品中很多毒素和抗营养因子除去。

思考题

1. 酶是如何进行命名和分类的？遵守哪些原则？

2. 酶的催化作用有哪些特点？

3. 如何解释酶催化的高效性及高度专一性？

4. 酶促反应动力学研究哪些内容？

5. 什么是酶的抑制剂与激活剂？如何区分可逆抑制及不可逆抑制？

6. 如何定义酶的活力单位？什么是酶的比活力？

7. 食品中酶促褐变的机理是什么？食品加工中常用的控制酶促褐变的措施有哪些？

8. 试述酶在食品加工中的应用。

第九章 色素

本章重点:常见食品天然色素的化学结构以及基本的物理化学性质;常见食品天然色素可能在食品储藏加工中发生的重要变化及其条件。

难点:天然色素(如叶绿素、血红素等)的护色。

第一节 概述

一、色素的定义

食品的色泽是构成食品感官质量的一个重要因素。美丽而符合人们心理要求的食品颜色能诱导人的食欲,相反,不正常、不自然、不均匀的食品颜色常认为是劣质、变质或工艺不良的食品,因此,保持或赋予食品以良好的色泽是食品科学技术中的重要问题。

物质的颜色是因为其能够选择性地吸收和反射不同波长的可见光,然后被反射的光作用在人的视觉器官上而产生的感觉。食品的色泽是由食品色素决定的。把食品中能够吸收和反射可见光波进而使食品呈现各种颜色的物质统称为食品色素,包括食品原料中固有的天然色素,食品加工中由原料成分转化产生的有色物质和外加的食品着色剂。食品着色剂则是经严格的安全性评估试验并经准许可以用于食品着色的天然色素或人工合成的色素。

二、色素的呈色机理

不同的物质吸收不同波长的光,如果某物质所吸收的光的波长在可见光区(400~800 nm)以外,这种物质则呈现无色;如果它的吸收光的波长在可见光区,那么该物质就会呈现一定的颜色,其颜色与反射出的未被吸收的光的波长有关。人眼所能看见的颜色是由物体反射的不同波长的可见光所组成的综合色。如物体只吸收不可见光,而反射全部可见光,则呈现无色;如吸收全部可见光,则呈现黑色;当物体选择性吸收部分可见光,则其呈现的颜色是由未被吸收的可见光所组成的综合色,即吸收光的互补色,不同波长光的颜色及其互补色如表 9-1 所示。

表9-1 不同波长光的颜色及其互补色

波长/nm	物质吸收的光相应的颜色	透过光(互补色)
400	紫色	黄绿色
425	蓝青色	黄色
450	青色	橙黄色
490	青绿色	红色
510	绿色	紫色
530	黄绿色	紫色
550	黄色	青蓝色
590	橙黄色	青色
640	红色	青绿色
730	紫色	绿色

食品色素一般为有机化合物,分子结构中具有发色团和助色团。发色团是指在紫外或可见光区(200~800 nm)具有吸收峰的基团,又称为生色团,常见发色团是具有多个双键的共轭体系,如 $C=C$、$C=O$、$C=S$、—$N=N$—、—$N=O$ 等。

有些基团的吸收波段在紫外区(200~400 nm),本身并不产生颜色,但当它们与发色团相连时,可使整个分子对光的吸收向长波方向移动,产生颜色,这类基团被称为助色团,如—OH,—OR,—NH_2,—NHR,—NR_2,—SR,—Cl,—Br等。

色素正是由于具有较大共轭体系的发色团,及共轭体系上连接的助色团而显色的,不同色素的颜色差异和变化主要是由发色团和助色团的差异和变化引起的。助色团的孤对电子与发色团的 π 电子形成 p-π 共轭体系,使电子离域扩大,从而使其吸收光的波长向长波方向移动,电子离域程度越大,波长向长波方向移动越多。

三、色素的分类

食品色素按来源不同,可分为天然色素和人工合成色素两大类。天然色素根据其来源又可分为植物色素、动物色素和微生物色素。

天然色素根据其化学结构,可分为吡咯类(或卟啉类)、异戊二烯类、多酚类、酮类和醌类。常见的天然色素中,吡咯类色素有叶绿素和血红素;异戊二烯类色素有类胡萝卜素和辣椒红色素;多酚类有花青素和华黄素等;酮类有红曲色素和姜黄素等;醌类有虫胶色素和胭脂虫红素等。

人工合成色素根据其分子中是否含有—N＝N—发色团结构,分为偶氮类色素和非偶氮类色素。如胭脂红色素和柠檬黄色素属于偶氮类色素,而赤鲜红和亮蓝则属于非偶氮类色素。

色素按溶解性的不同,可分为水溶性色素和脂溶性色素。色素的分类见图9－1。

图9－1　色素的分类

第二节　食品中的天然色素

一、四吡咯色素

吡咯是含有1个氮原子的五元杂环化合物,它本身在自然界里不存在,但其衍生物却普遍存在,尤其是4个吡咯环相互之间通过次甲基桥(—CH＝)交替连接起来的卟啉类化合物,其母体是卟吩。

卟吩重要的衍生物如叶绿素、血红素、细胞色素及 VB_{12} 等,它们都很重要。由4个吡咯联成的环称为卟吩(图9－2),当卟吩环带有取代基时,称为卟啉类化合物。

图 9 - 2　吡咯及卟吩的结构

（一）叶绿素

1. 叶绿素的结构

叶绿素是绿色植物、藻类和光合细菌的主要色素,是深绿色光合色素的总称。叶绿素是中心络合有二价镁离子的四吡咯衍生物。由 4 个吡咯环经次甲基桥连接而成的完全共轭的闭合环——卟啉环,也称为叶绿素的"头部",带正电荷的镁离子位于卟啉环的中央,与其相连的氮原子带负电荷,因此,卟啉具有极性。卟啉环上还连有一个含羰基和羧基的副环,称为同素环,副环上的羧基以酯键与甲醇结合。此外,卟啉环侧链上的丙酸与叶绿醇形成酯,构成叶绿素的"尾部",尾部含有长的碳链,因此是亲脂的。

叶绿素一般存在于植物细胞的叶绿体中,与类胡萝卜素、类脂物质及蛋白质一起,分布在叶绿体内的碟形体的片层膜上。高等植物和藻类中存在 4 种结构类似的叶绿素,分别为叶绿素 a、叶绿素 b、叶绿素 c 和叶绿素 d。所有绿色植物中均含有叶绿素 a,高等植物和绿色藻类含叶绿素 a 和叶绿素 b,硅藻和褐藻含叶绿素 c,红藻含叶绿素 d。这些叶绿素的区别仅仅是卟吩结构共轭链上的个别取代基有所不同。叶绿素 a 和叶绿素 b 的结构如图 9-3 所示,两者的区别仅在于 3

叶绿素a:R＝CH₃
叶绿素b:R＝CHO

叶绿醇（植醇）

图 9 - 3　叶绿素 a 和叶绿素 b 的结构

位上的取代基不同,叶绿素 a 含有一个甲基,而叶绿素 b 则含有一个甲醛基。

2. 叶绿素的性质

叶绿素 a 是蓝黑色粉末,溶于乙醇溶液而呈蓝绿色,并有深红色荧光。叶绿素 b 为深绿色粉末,其乙醇溶液呈绿色或黄绿色,并有深红色荧光。两者均不溶于水,易溶于乙醚、丙酮、乙酸乙酯等有机溶剂。

叶绿素 a 与叶绿素 b 及衍生物的可见光谱在 600~700 nm(红区)及 400~500 nm(蓝区)有尖锐的吸收峰(图 9-4),因此,叶绿素衍生物可借助可见吸收光谱进行鉴定。

图 9-4　叶绿素 a 和叶绿素 b 的可见光谱

3. 叶绿素在食品加工和储藏中的变化

在食品加工储藏过程中,叶绿素发生化学变化后会产生几种重要的衍生物,主要为脱镁叶绿素、脱植叶绿素、焦脱镁叶绿素、脱镁脱植叶绿素和焦脱镁脱植叶绿素,这些衍生物的化学结构及色泽见图 9-5。

(1)酶促变化

引起食品中叶绿素破坏的酶促变化主要有两种:一种是直接作用,另一种是间接作用。叶绿素酶是直接作用于叶绿素酯键的酶,催化叶绿素和脱镁叶绿素的植醇酯键水解得到脱植叶绿素和脱镁脱植叶绿素(图 9-5)。叶绿素酶在 60~82.2 ℃ 催化活力最强,超过 80 ℃ 活性降低,达到 100 ℃ 时,活性完全丧失。

叶绿素（蓝绿色）

脱镁叶绿素（橄榄绿色）

焦脱镁叶绿素（褐色）

脱植叶绿素(绿色)

脱镁脱植叶绿素(橄榄绿色)　　　　焦脱镁脱植叶绿素(褐色)

图9-5　叶绿素及其主要衍生物的结构与颜色

　　起间接作用的酶主要有脂酶、蛋白酶、果胶酯酶、脂肪氧合酶和过氧化物酶等；其中,脂酶和蛋白酶主要通过破坏叶绿素-脂蛋白复合体,使叶绿素失去脂蛋白的保护而更易遭受破坏；果胶酯酶的作用是将果胶水解为果胶酸,从而提高质子浓度,使叶绿素更易脱镁；脂氧合酶和过氧化物酶催化其底物氧化,产生的过氧化物会引起叶绿素的氧化分解。

　　(2)热和酸引起的变化

　　在加热或热处理过程中,叶绿素-蛋白复合体中的蛋白质变性,导致叶绿素与蛋白质分离,生成游离的叶绿素,游离的叶绿素很不稳定,对光、热和酶都很敏感。同时,在受热过程中组织细胞被破坏,细胞成分有机酸不再区域化,因而加强了与叶绿素的接触；此外,加热过程中,植物中又有新的有机酸(如草酸、苹果酸、柠檬酸等)生成；脂肪水解,蛋白质分解产生硫化氢和二氧化碳导致体系的pH值降低。

　　叶绿素受pH值影响较大,在碱性条件下(pH=9.0),叶绿素对热非常稳定；

在 pH = 3.0 的酸性条件下,叶绿素稳定性很差,在加热时可发生脱镁反应,进一步生成焦脱镁叶绿素使颜色向褐色转变。

加入 NaCl、MgCl₂ 或 CaCl₂ 能降低叶绿素脱镁反应的速度,是由于盐有静电屏蔽作用,阳离子中和了叶绿体膜上脂肪酸和蛋白质具有的负电荷,降低了氢离子透过膜的速度。阳离子表面活性剂也有类似的作用,它吸附到叶绿体或细胞膜上,限制了质子扩散进入叶绿体,减缓了脱镁作用。

脱植叶绿素由于空间位阻较小,且水溶性较大,使其更易与质子接触而发生脱镁反应。

腌制蔬菜时,由于发酵产生大量酸,使 pH 值降低,导致发生脱镁作用,颜色发生由翠绿色向橄榄绿色到褐色的转变。

当食品加工中既有酶促作用,又有酸和热的作用时,叶绿素的变化顺序如图 9 - 6 所示。

图 9 - 6 叶绿素在酶、热和酸作用下的变化

(3) 金属离子

Cu²⁺ 和 Zn²⁺ 很容易与叶绿素脱镁发生螯合反应,形成非常稳定的叶绿素衍生物(图 9 - 7)。衍生物的吸收波长与叶绿素相近,且绿色比叶绿素稳定。

(4) 光降解

在正常的生物组织中,叶绿素和蛋白质结合,以复合体的形式存在于叶绿体中,因此受到良好的保护,不会发生光降解。但当植物衰老、色素从植物中萃取出来或在储藏加工中细胞受到破坏时,可使其保护作用丧失,就会发生光降解。叶绿素在光照时发生光敏氧化,卟吩环在次甲基处断裂,导致四吡咯大环打开,裂解成小分子化合物。在有氧时,叶绿素或卟啉遇光可产生单线态氧和羟基自由基,它们可与四吡咯进一步反应生成过氧化物及更多的自由基,最终导致卟啉

图 9 - 7　Cu^{2+}、Zn^{2+}与叶绿素产生的衍生物

的破坏而褪色。

4．护绿技术

（1）中和酸护绿

果蔬加工过程中，适量加入碱性物质可提高叶绿素的保留率。适量加入氧化钙和磷酸二氢钠保持热烫液 pH 值接近 7.0;或用碳酸镁与磷酸钠调节 pH 值，这些都有一定的护绿效果。

将氢氧化钙或氢氧化镁用于热烫液，即可提高 pH 值，又有一定的保脆作用，但组织内部的酸不能长期有效中和，两个月内绿色仍会失去，因此也限制了其应用。

采用含 5% 氢氧化镁的乙基纤维素在罐内壁涂膜的办法，可使氢氧化镁慢慢释放到食品中，保持 pH 值 8.0 很长一段时间，可长时间保持绿色，但该方法会引起谷氨酰胺和天冬酰胺的部分水解而产生氨味，引起脂肪水解产生酸败气味。

（2）高温瞬时杀菌

在绿色果汁、果茶和罐藏食品加工中，酶与微生物的作用引起果汁和罐装蔬菜褐变。高温可使酶失活，因其灭酶时间短，而具有较好的维生素、风味和颜色

保留率,但保藏时间不超过 2 个月。同时,高温瞬时灭菌会导致叶绿素脱氧反应,而低温处理酶不彻底。因此,高温瞬时灭菌是常用的灭菌方法。

（3）绿色再生

将锌离子或铜离子加入蔬菜的热烫液中,是一种有效的护绿方法。因为,在有足够的锌或铜离子时,脱镁的叶绿素衍生物可与锌或铜形成绿色络合物。铜代叶绿素的色泽最鲜亮,对光和热较稳定,是理想的食品着色剂。

（4）其他护绿方法

气调保鲜技术使绿色得以保护,属于生理护色。当水分活度较低时,H^+ 转移受到限制,难以置换叶绿素中的 Mg^{2+},同时微生物的生长和酶的活性也被抑制,因此,脱水蔬菜能长期保持绿色。此外,避光、除氧可防止叶绿素的光氧化褪色。因此,正确选择包装材料和护绿方法以及与适当使用抗氧化剂相结合,就能长期保持食品的绿色。

（二）血红素

1. 血红素的结构

血红素是一种卟啉类化合物,卟啉环中心的 Fe^{2+} 有 6 个配位部位,其中 4 个分别与 4 个吡咯环上的氮原子配位结合,第 5 个和第 6 个配位键可与各种配基的电负性原子如 O_2、CO 等小分子配位（图 9 - 8）。

血红素是动物肌肉和血液中的主要红色色素,在肌肉中主要以肌红蛋白的形式存在,而在血液中主要以血红蛋白的形式存在。

图 9 - 8　血红素的结构

肌红蛋白是由单条 153 个氨基酸残基的多肽链组成的一个球状蛋白质。血红素中的铁原子在卟啉环平面的上下方再与配体（如组氨酸残基、电负性原子）进行配位,达到配位数为 6 的化合物（图 9 - 9）。肌红蛋白在肌细胞中接受和储存血红蛋白运送的氧,并分配给组织,以供代谢。

图 9 - 9　肌红蛋白的结构

血红蛋白是由 2 条 α 肽链（141 个残基）及 2 条 β 肽链（146 个残基）组成的四聚体。血红蛋白作为红血细胞的一个组分在肺中与氧可逆的结合形成络合物（图 9 - 10）。该络合物经血液输送至动物全身各个组织，起到输送氧的作用。

图 9 - 10　血红蛋白结构简图

2. 肉类食品在加工和储藏中的变化

动物被宰杀放血后,由于对肌肉组织的供氧停止,肌肉色泽90%是肌红蛋白的色泽,因此,动物的肌肉呈紫红色。鲜肉置于空气中时,表面的肌红蛋白与氧气结合,形成氧合肌红蛋白,动物肌肉呈鲜红色。在有氧或氧化剂存在时,且氧气分压较低时,肌红蛋白和氧合肌红蛋白被氧化为棕褐色的高铁肌红蛋白。机体内的还原剂又可将高铁肌红蛋白还原为肌红蛋白,使肌肉呈现肌红蛋白和氧合肌红蛋白的红色,当还原性物质耗尽时,高铁肌红蛋白的褐色就会成为主要色泽(图9-11)。

图9-11 分割肉肌红蛋白的变化

肌红蛋白、氧合肌红蛋白和氧化肌红蛋白之间的转化是动态的,其平衡受氧气分压的强烈影响。高氧分压,有利于氧合,形成鲜红色的氧合肌红蛋白;低氧分压时,有利于氧化,形成高铁肌红蛋白。完全排除氧气,能将血红色素的氧化降低到最小程度(图9-12)。

图9-12 氧气分压对肌红蛋白、氧合肌红蛋白和高铁肌红蛋白相互转化的影响

肉在储存时,其中的肌红蛋白在一定条件下会转变成绿色物质,这是由于污染细菌的生长繁殖产生了过氧化氢或硫化氢,二者与肌红蛋白的血红素中的高铁或亚铁反应,生成了胆绿蛋白和硫代肌红蛋白,致使肉的颜色变为绿色。

鲜肉在热加工时,肌红蛋白和高铁肌红蛋白的球蛋白会变性,此时的肌红蛋白和高铁肌红蛋白分别被称为肌色原和高铁肌色原,使肉的颜色发生变化。

火腿、香肠等腌肉制品,由于在加工中使用了硝酸盐或亚硝酸盐作为发色剂,使腌肉制品的颜色更加鲜艳诱人,并且对加热和氧化表现出更大的耐性。腌肉颜色的变化是由于腌制过程中肌红蛋白发生一系列变化,生成亚硝基肌红蛋白、亚硝基高铁肌红蛋白和亚硝基肌色原的缘故,如图9-13所示。

$$NO_3^- \xrightarrow{\text{细菌还原作用}} NO_2^- + H_2O$$

$$NO_2^- + H^+ \xrightarrow{\text{PH 5.4~6.0 最适}} HNO_2$$

$$3HNO_2 \xrightarrow{\text{岐化反应}} HNO_3 + 2NO + H_2O$$

$$2HNO_2 \xrightarrow{\text{肉内固有的还原剂}} 2NO + H_2O$$

肌红蛋白 $\xrightarrow{NO}$ 氧化肌红蛋白 $\xrightarrow{\text{加热}}$ 氧化氮肌色原

高铁肌红蛋白 $\xrightarrow{NO}$ 氧化氮高铁肌红蛋白

图9-13 肌肉在腌制过程中的发色反应

硝酸盐、亚硝酸盐不仅可促进发色,同时还有防腐的作用,对肉制品的安全储藏具有重要意义。如乳酸可促进亚硝酸的生成,抗坏血酸可促进亚硝酸转化为NO。当发色剂过量时,不但产生绿色物质,还会产生致癌物。亚硝酸盐与高铁肌红蛋白直接作用,形成硝基肌红蛋白。在还原性条件下受热,转变为绿色的亚硝酰高铁血红素(图9-14)。

高铁肌红蛋白 $\xrightarrow{NO_2^-}$ 亚硝酰高铁肌红蛋白 $\xrightarrow{\text{过量 }HNO_2}$ 硝基高铁肌红蛋白 $\xrightarrow{\text{还原剂}}$

硝基肌红蛋白 $\xrightarrow[\text{还原环境}]{H^+,\text{加热}}$ 亚硝酰高铁血红素

$$RNH_2 + NaNO_2 \xrightarrow{H^+} RNHNO + Na^+ + H_2O$$
亚硝胺

图9-14 超标使用发色剂时绿色物质和致癌物质的生成反应

亚硝酰胺的一种

3. 肉及肉制品的护色

肉类色素的稳定性与光照、温度、相对湿度、水分活度、pH 值以及微生物的繁殖等因素都有关。

采用真空包装或高氧分压方法,即使用低透气性材料包装膜,先除去包装袋中的空气,再充入富氧或缺氧空气,密封后可使肉中的肌红蛋白处于还原状态或氧合肌红蛋白状态,保持肉的鲜红色长期不变。

采用气调或气控法,即使用 100% CO_2 气体条件,肉色能得到较好保护,如若配合使用除氧剂,护色效果会更好。

腌肉制品的护色一般采用避光、除氧方法。在选择包装方法时,必须考虑避免微生物的生长和产品失水,因为选择合适的包装方法不但可以保证此类产品的安全和减少损失,而且也是重要的护色措施之一。

二、类胡萝卜素

类胡萝卜素又称多烯色素,是自然界最丰富的天然色素,广泛分布于红色、黄色和橙色的水果及绿色的蔬菜中,卵黄、虾壳等动物材料中也富含类胡萝卜素。

类胡萝卜素为具有多个共轭双键的分子,现已发现了 500 多种,根据其结构中是否含有由非 C、H 元素组成的官能团而将类胡萝卜素分为 2 大类:一类为纯碳氢化物,被称为胡萝卜素类;另一类的结构中含有含氧基团,称为叶黄素类(图 9 – 15)。

图 9 – 15　β – 胡萝卜素和玉米黄素的结构

(一)胡萝卜素类

1. 结构和性质

胡萝卜素类有 4 种物质,即 α – 胡萝卜素、β – 胡萝卜素、γ – 胡萝卜素和番茄红素,都是含有 40 个碳的多烯四萜,由异戊二烯经头尾或尾尾相连构成,结构见图 9 - 16。

图 9 - 16　4 种胡萝卜素类化合物的结构

4 种类胡萝卜素类的化合物结构相近,化学性质也相近,但营养属性不同,如 α - 胡萝卜素、β - 胡萝卜素、γ - 胡萝卜素是维生素 A 原,而番茄红素不是。

所有类型的类胡萝卜素都是脂溶性化合物,易溶于石油醚、乙醚而难溶于乙醇和水。

胡萝卜素类化合物的显色范围为黄色至红色范围,其检测波长一般在 430 ~ 480 nm。

由于胡萝卜素类化合物具有高度共轭的双键,因此极易被氧化而变色。正是由于胡萝卜素类化合物极易被氧化,因此它具有较好的抗氧化性能,清除单线态氧和自由基。在植物或动物组织内的类胡萝卜素与氧气隔离,受到保护,一旦组织破损或被萃取出来直接与氧接触,就会被氧化。亚硫酸盐或金属离子的存在将加速 β - 胡萝卜素的氧化。脂肪氧合酶、多酚氧化酶、过氧化物酶可促进类胡萝卜素的氧化降解。

天然类胡萝卜素的共轭双键多为全反式结构,热、酸或光的作用很容易使其发生异构化,从而使生物活性大大降低。

2. 在食品加工与储藏中的变化

以胡萝卜素类作为主要色素的食品,多数条件下是稳定的,只发生轻微变化,如加热胡萝卜会使金黄色变为黄色,加热番茄使红色变为橘黄。

在有些加工条件下,由于胡萝卜素在植物受热时从有色体转出而溶于脂类中,从而在组织中改变存在形式和分布,而且在有氧、酸性和加热条件下,胡萝卜素可能降解,如图9-17所示。

作为维生素 A 原,胡萝卜素的变化,使维生素 A 原减少,活性降低。

图9-17　β-胡萝卜素的降解反应

（二）叶黄素类

1. 结构和性质

叶黄色素类广泛存在于生物材料中,含胡萝卜素的组织往往富含叶黄素类。叶黄素是胡萝卜素类的含氧衍生物(图9-18),随着含氧量的增加,脂溶性降低,易溶于甲醇或乙醇,难溶于乙醚和石油醚,个别甚至亲水。

叶黄素

玉米黄素

图 9 – 18　叶黄色素类化合物的结构

叶黄素的颜色常为黄色或橙黄色,也有少数红色(如辣椒红素)。叶黄素类如以脂肪酸酯的形式存在,则保持原色,如与蛋白质结合,颜色可能发生改变。

叶黄素在热、酸、光作用下易发生顺反异构化,但引起的颜色变化不明显。叶黄素类易受氧化和光氧化而降解,强热下分解为小分子,这些变化有时会明显改变食品的颜色。叶黄素类也有一部分为维生素 A 原,如隐黄素、柑橘黄素等。多数叶黄素类也具有抗氧化作用。

2. 在食品加工与储藏中的变化

在食品加工和储藏过程中,叶黄素类中的含氧基,如羟基、环氧基、醛基等可能成为引起变化的起始部位,含氧基也可能促进或抑制分子中众多烯结构发生变化,因此,变化种类繁多。但总体来讲,它们在加工和储藏中,遇到光、氧化、中性或碱性条件加热,会发生异构化、氧化分解等反应,缓慢使食品褪色或褐变,这些变化对于维生素 A 原来说是破坏性的。

三、多酚类色素

多酚类色素是自然界中存在非常广泛的一类化合物,最基本的母核为 α - 苯基苯并吡喃,即花色基元。由于苯环上连有 2 个或 2 个以上的羟基,统称为多酚类色素。多酚类色素是植物中存在的主要的水溶性色素,包括花青素、类黄酮色素、儿茶素和单宁等。它们的结构都是由 2 个苯环(A 和 B)通过 1 个三碳链连接而成,具有 C_6—C_3—C_6 骨架结构,如图 9 - 19 所示。

图 9 - 19　多酚类色素的基本结构

(一) 花色苷

1. 结构和性质

1835 年,Marquart 首先从矢车菊花中提取出一种蓝色色素,称为花青素。花青素是多酚类化合物中一个最富色彩的子类,多以糖苷(称为花色苷)的形式存在于植物细胞液中,是植物最主要的水溶性色素之一,构成花、果实、茎和叶的美丽色彩,包括如蓝、紫、紫罗兰、深红、红及橙色等。

花色苷是花青素的糖苷,由一个花青素(即花色苷元)与糖以糖苷键相连。花青素具有类黄酮典型的 C_6—C_3—C_6 的碳骨架结构,是 2 - 苯基苯并吡喃阳离子结构的衍生物(图 9 - 20),由于取代基的种类和数量的不同,形成了不同的花青素和花色苷。目前,已知的花青素有 20 种,食品中重要的仅有 6 种,即天竺葵色素、矢车菊色素、飞燕草色素、芍药色素、牵牛花色素和锦葵色素。

R_1,R_2 = —H,—OH 或—OCH_3

R_3 = —H 或—糖基,R_4 = —H 或—糖基

图 9 - 20　花青素的结构

花色苷在自然状态下以该盐的多羟基或多甲氧基衍生物的糖苷形式存在，大多在 C_3 和 C_5 上成苷，C_7 上也能成苷。目前，花色苷分子的糖基部分仅发现 5 种糖，分别为葡萄糖、鼠李糖、半乳糖、木糖和阿拉伯糖，和由这些单糖构成的双糖或三糖。

糖配基上的羟基可以与一个或几个分子有机酸形成酯，如阿魏酸、咖啡酸、丙二酸、对羟基苯甲酸、苹果酸、琥珀酸和乙酸等。

由于花青素是花色苷水解失去糖基后的配体（非糖部分），因此花青素的水溶性比相应花色苷的水溶性差。

各种花青素或花色苷的颜色出现差异主要是由盐上的取代基的种类和数量不同而引起的。花色苷分子上的取代基有羟基、甲氧基和糖基。作为助色团，取代基助色效应的强弱取决于它们的给电子能力，给电子能力越强，助色效应越强。甲氧基的给电子能力比羟基强，与糖基的给电子能力相当，但糖基由于分子较大，表现出一定的空间位阻效应。如图 9 – 21 所示，随着羟基数目的增加，光吸收波长向长波方向移动（即发生红移）；随着甲氧基数目的减少，光吸收波长向短波长方向移动（即发生蓝移）。

图 9 – 21　食品中常见的 6 种花青素及它们红色和蓝色色度增加的次序

2. 在食品加工与储藏中的变化

花色苷和花青素结构中的苯基苯并吡喃环上缺电子,因此两者的稳定性均不高,在食品加工和储藏过程中经常因化学反应而变色,影响其稳定性的因素包括 pH 值、氧浓度、氧化剂、亲核试剂、酶、金属离子、温度和光照等。

不同花色苷和花青素的结构和稳定性的关系存在一定的规律性,羟基化程度越高越不稳定,甲氧基化越多越稳定,食品中天竺葵色素、矢车菊色素或飞燕草色素羟基较多,食品颜色不稳定,而富含牵牛花色素或锦葵色素配基居多的食品的颜色较稳定,这是由于它们结构中反应活性较高的羟基被甲氧基保护的缘故。此外,花色苷糖基化程度增加,花色苷的稳定性提高。

（1）pH 值对花色素结构变化的影响

在水溶液中,花色苷在不同 pH 值时可能存在 4 种结构,即蓝色醌型碱（A）、红色 2 - 苯基 - 苯并吡喃阳离子（AH^+）、无色醇型假碱（B）和无色的查尔酮（C）,如图 9 - 22 所示。在酸性介质中（pH < 2）,红色的 2 - 苯基 - 苯并吡喃阳离子（AH^+）为主要存在形式,随着 pH 值逐渐升高,2 - 苯基 - 苯并吡喃阳离子（AH^+）的 2 位碳原子受到 OH^- 的亲核进攻,阳离子的浓度逐渐降低,平衡向着生成无色醇型假碱（B）的方向移动,醇型假碱还可开环,生成无色的查尔酮。同时,随着 pH 值升高,2 - 苯基 - 苯并吡喃阳离子（AH^+）的酚羟基可作为酸而解离失去 H^+,部分红色 2 - 苯基 - 苯并吡喃阳离子（AH^+）转化为蓝色的醌型碱（A）。图 9 - 23 给出了室温下,花色苷在不同 pH 值时 4 种构型的平衡分布曲线。

图 9 - 22　花色苷在水溶液中的 4 种存在形式

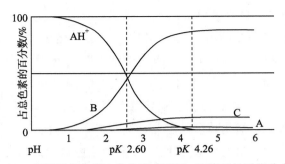

图 9 - 23　室温下花色苷 4 种构型在不同 pH 值时的平衡分布曲线

（2）温度

食品中花色苷的稳定性受温度的强烈影响，这种影响程度还受到环境氧含量、花色苷种类以及 pH 值等的影响。一般含羟基多的花青素和花色苷热稳定性不如含甲氧基或糖苷基多的花青素和花色苷。

花色苷在水溶液中的 4 种结构形式间的转化也受温度的影响。加热有利于生成查尔酮型结构，使颜色褪去。

花色素苷的热降解机制与花色素苷的种类和降解温度有关。温度越高，颜色变化越快，60℃ 以下，花色苷的分解速度较低，110℃ 是分解的最高温度。目前提出的 3 种降解机制如图 9 - 24 所示。途径（a）说明了这种产物的 2 - 苯基苯并

（a）

（b）

（c）

图 9 - 24　3,5 - 二葡萄糖苷花色苷的降解机制

吡喃阳离子先转化为醌式结构,然后经过中间体分解而产生香豆素衍生物和苯酚化合物。途径(b)中2-苯基苯并吡喃阳离子先转化为醇型假碱,然后经过查尔酮结构分解为棕色降解产物。途径(c)前几步与途径(b)相似,但查尔酮的降解产物是因水的插入形成的。

(3)氧气、水分活度与抗坏血酸的影响

花色苷的高度不饱和性使得它们对氧气比较敏感,易降解成无色或褐色的物质,可利用装满、充入惰性气体或真空包装的方法防止其氧化。

水分活度对花色苷稳定性的影响机理尚无多少研究,但已研究证实在水分活度为0.63~0.79范围内,花色苷的稳定性相对最高。

在含有抗坏血酸和花色苷的果汁中发现,这两种物质的含量会同步减少,这是由于抗坏血酸氧化时产生过氧化氢,过氧化氢可对2-苯基苯并吡喃阳离子的2位碳进行亲核进攻,使吡喃环被破坏,产生了无色的酯类和香豆素衍生物,这些分解产物进一步降解或聚合,最终导致果汁中产生棕褐色沉淀(图9-25)。因此,控制抗坏血酸氧化降解的条件,也是抑制花色苷降解的条件。

在一些果汁中,由于缺乏抗坏血酸氧化时产生的过氧化氢,因此,花色苷是稳定的。

图9-25 抗坏血酸与花色苷的作用

(4)光

光照对花色苷有两种作用,在生物体内,光照有利于花色苷的生物合成,而与生物体分离的花色苷受到光照后,会引起花色苷的降解。而且,酰化和甲基化的糖苷比非酰化的糖苷稳定。

其他辐射能也能引起花色苷的降解。如,用电离辐射保藏果蔬时,就存在花色苷的降解。

(5)二氧化硫的影响

二氧化硫是食品工业中常用的防腐剂和漂白剂,使用二氧化硫漂白时会造成水果或蔬菜的花色苷可逆或不可逆褪色或变色。

为防止细菌引起的腐败,用 500～2000 mg/kg 二氧化硫水溶液处理水果,水果储存时褪色,加工时用清水洗涤,颜色又能恢复,这是因为花色苷的 C_4 与 SO_2 形成无色络合物(图9－26),洗涤时络合物又解离的缘故。

也有一些花色苷不被 SO_2 漂白,可能是因为 C_4 已被其他取代基占据,或已通过 C_4 键合成二聚体。

图9－26　花色苷亚硫酸盐复合物的形成

(6)糖及其降解产物

果汁中高浓度的糖有利于花色苷的稳定,因为高浓度糖可降低水分活度,因此降低了花色苷生成醇型假碱的速度,所以稳定了花色苷的颜色。

低浓度糖会加速花色苷的降解。低浓度的果糖、阿拉伯糖、乳糖和山梨糖对花色苷的降解作用比葡萄糖、蔗糖和麦芽糖要强得多。主要是这些糖先自身降解成糠醛或羟甲基糠醛,然后再与花色苷类缩合生成褐色物质。升温和有氧气存在都将使反应速度加快。

花色苷的降解速率取决于糖转化为糠醛的速率。

(7)金属离子

花色苷的相邻羟基可以螯合多价金属离子,形成稳定的螯合物(图9－27)。一些研究表明金属络合物可以稳定含花色苷食品的颜色,如 Ca^{2+}、Fe^{2+}、Fe^{3+}、Al^{3+}、Sn^{2+} 对蔓越橘汁中的花色苷提供保护作用。

某些金属离子也会造成果汁变色。尤其是处理梨、桃、荔枝等水果时产生粉红色,螯合物的稳定性较高,一旦形成,很难恢复,因此可加入柠檬酸等螯合剂减少变色的发生。

图9－27　花色苷与 Al^{3+} 的相互作用

（8）花色苷与其他色素发生缩合

花色苷可以与自身、蛋白质、单宁、其他黄酮或多糖类物质发生缩合反应,形成的产物一般颜色会加深(红移),并能增加最大吸收峰波长处的吸光强度。

也有少数颜色消失。如某些亲核物质如氨基酸可与 2 - 苯基 - 苯并吡喃阳离子缩合,生成无色的产物,如图 9 - 28 所示。

（a）

（b）

（c）

（d）

图 9 - 28　2 - 苯基苯并吡喃阳离子与甘氨酸乙酯(a)、
根皮酚(b)、儿茶素(c)和抗坏血酸(d)形成的无色络合物

（9）酶的影响

能够导致花色苷分解的酶有葡萄糖苷酶及多酚氧化酶,它们被统称为花色苷酶。葡萄糖苷酶水解糖苷键,生成糖和糖苷配基,使花色苷水解为花青素,且花青素稳定性低于花色苷,因此加速了花色苷的降解。

当有邻二酚和氧存在时,多酚氧合酶可氧化花色苷,生成邻二醌,继续与花色苷反应,生成氧化态花色苷和降解产物,如图 9 - 29 所示。

图 9 - 29　酶对花色苷的影响

（二）类黄酮色素

1. 结构和性质

类黄酮是一大类具有 2 - 苯基 - 苯并吡喃酮结构的天然化合物，包括类黄酮苷和游离的类黄酮苷元，是广泛分布于植物组织细胞中的色素。在花、叶、果中，多以苷的形式存在，而在木质素组织中，多以游离苷元的形式存在。与花青素一样，类黄酮苷元的碳骨架结构也是 C_6—C_3—C_6 结构，区别在于类黄酮苷元的 C_4 骨架上是羰基。根据 C_3 环是否开环及取代基差异、分子中酚羟基的数目和位置以及取代基的模式等不同，类黄酮主要分为黄酮和黄酮醇类、二氢黄酮、黄烷醇类、异黄酮、双黄酮及其他黄酮类化合物。其中，最重要的类黄酮化合物是黄酮和黄酮醇的衍生物，如槲皮素、茨非醇。图 9 - 30 给出了主要类黄酮母核和一些食品中常见的类黄酮色素的结构。

图 9 - 30　主要类黄酮母核和一些食品中常见的类黄酮色素的结构

天然的黄酮类化合物具有丰富的色泽,其中一部分类黄酮类化合物呈黄色,另外一些无色。黄酮类化合物的色泽主要与不饱和性及羟基助色团相关,若只是3位上有羟基,则此类黄酮类化合物仅呈灰黄色;如3′或4′位上有羟基或甲氧基,黄酮多呈现深黄色。

天然类黄酮多以糖苷的形式存在,未糖苷化的类黄酮不易溶于水,形成糖苷后水溶性加大。且糖苷键的位置一般在母核的3、5、7位成键。

2. 在食品加工与储藏中的变化

有颜色的黄酮类化合物常可与金属离子发生配位而使颜色加深。黄酮类化合物与铁和铝的螯合物能增加黄色,芦丁与铝螯合产生诱人的黄色(390 nm)。

pH值变化会引起颜色的变化,如在碱性条件下,使无色的黄烷酮或黄烷酮醇转变为有色的查耳酮类(图9-31)。

图9-31　无色的黄烷酮与碱加热后转变为有色的查耳酮

黄酮也属于多酚类物质,酶促褐变的中间生成物——邻醌或其他氧化剂可氧化类黄酮而产生褐色物质。

(三) 儿茶素

儿茶素也叫茶多酚,是黄烷醇的总称,是一种多酚类化合物。常见的儿茶素有4种(图9-32),分别为表儿茶素、表没食子儿茶素、表儿茶素没食子酸酯和表没食子儿茶素没食子酸酯,另外还有一些聚合态及蛋白质结合态的儿茶素。

儿茶素在茶叶中含量很高,其含量为茶叶中多酚类总量的60%~80%。

儿茶素为白色结晶,易溶于水、乙醇、甲醇、丙酮等有机溶剂,部分溶于乙酸乙酯及醋酸中,难溶于三氯甲烷和无水乙醚。

儿茶素与金属离子结合产生白色或有色沉淀,如与三氯化铁反应,生成氯黑色沉淀,遇醋酸铅生成灰黄色沉淀,可用于儿茶素的定性分析。

儿茶素分子中酚羟基在空气中容易氧化生成褐色物质,尤其是在碱性溶液中更易氧化;在高温、潮湿条件下容易自动氧化成各种有色物质,同时亦可以被多酚氧化酶和过氧化酶氧化产生有色物质。绿茶茶汤放置时间长时,水色由绿

表儿茶素　　　　　　　　　表没食子儿茶素

表儿茶素没食子酸酯　　　　表没食子儿茶素没食子酸酯

图 9 - 32　常见 4 种儿茶素的结构

变黄,以致变红,这是儿茶素自动氧化的结果。茶叶在储藏过程中,滋味变淡,汤色变深变暗,与儿茶素自动氧化有密切的关系。

(四) 单宁

单宁也称鞣质,在植物中广泛存在,五倍子和柿子中含量较高。是具有沉淀生物碱、明胶和其他蛋白质的能力,且相对分子质量在 500～3000 之间的水溶性多酚化合物。

单宁分为可水解型和缩合型(原花色素)两大类。水解型单宁分子的碳骨架内部有酯键间隔,分子可因酸、碱等作用而发生酯键的水解;缩合型单宁分子具有完整的碳骨架,水解作用不能破坏其分子的碳骨架,它们的结构如图 9 - 33 所示。

五没食子酰葡萄糖(水解型单宁)　　　　原花色素(缩合型单宁)

图 9 - 33　单宁的结构

原花色素在酸性加热条件下会转为花青素,如天竺葵色素、牵牛花色素或飞燕草色素而呈色。如苹果、梨中的二聚原花色素在酸性条件下加热就可转化为花青素和其他多酚,反应机理见图9-34。

图9-34　原花色素酸水解的机理

原花色素在食品储藏加工中,还会生成氧化产物。如当果汁暴露在空气中或在光照条件下,会转变为稳定的红棕色物质,就是原花色素的氧化产物。

单宁的颜色为黄白色或轻微褐色,具有十分强的涩味。单宁与蛋白质作用可产生不溶于水的沉淀,与多种生物碱或多价金属离子结合生成有色的不溶性沉淀,因而可作为一种有价值的澄清剂。单宁会在一定条件下(如加热、氧化或遇到醛类)缩合,从而消除涩味。作为多酚,单宁易被氧化。

第三节　食品着色剂

食品着色剂是指本来存在于食物或添加剂中的发色物质。食品着色剂分为天然着色剂和合成着色剂。

天然着色剂是指天然食物中的色素物质,由于其对光、热、酸、碱等敏感,所以在加工、储存过程中很容易褪色和变色,影响了其感官性能。因此在食品中有时添加合成着色剂。

一、天然着色剂

天然着色剂直接来自动植物,除藤黄外,其余对人体无毒害。但安全起见,国家对每一种天然食用色素也都规定了最大使用量。

目前允许使用的天然着色剂有姜黄色素、红花黄色素、辣椒红色素、虫胶色素、红曲色素、焦糖色、甜菜红、叶绿素铜钠盐和β-胡萝卜素。

（一）焦糖色素

焦糖色素又称焦糖或酱色，是以糖质（如蔗糖、乳糖、麦芽糖浆、淀粉糖浆等）为原料，在加热过程中脱水缩合而成的复杂的红褐色或黑褐色胶状物或块状物，有特殊的甜香气和愉快的焦苦味，具有着色力强、性质稳定、水溶性好、安全无毒等优点，是我国食品中应用较广泛的半天然食品着色剂。

根据加工过程中使用催化剂的不同，焦糖色素可分为普通焦糖、苛性亚硫酸盐焦糖、氨法焦糖和亚硫酸铵焦糖 4 种，氨法焦糖是目前我国生产量最大的一类焦糖色素。

我国允许使用的焦糖色素为普通焦糖、氨法焦糖和亚硫酸铵焦糖，其中普通焦糖和氨法焦糖主要用于果汁饮料、酱油、调味罐头、糖果生产，亚硫酸盐焦糖主要用于碳酸饮料、黄酒生产中。

（二）红曲色素

红曲色素，来源于红曲米，是一组由红曲霉属的丝状真菌发酵制得的微生物色素，属酮类色素，是我国传统使用的天然色素之一。

红曲色素共 6 种成分，分别为橙色红曲色素（红斑红曲素、红曲玉红素）、黄色红曲色素（红曲素、黄红曲素）、紫色红曲色素（红斑红曲胺、红曲玉红胺），结构如图 9 - 35 所示。这些色素成分的物理化学性质互不相同，具有实际应用价值的是醇溶性的橙色红曲色素中的红斑红曲素和红曲玉红素。

橙色
红斑红曲素
红曲玉红素

黄色
红曲素
黄红曲素

紫色
红斑红曲胺 R=COC₅H₁₁
红曲玉红胺 R=COC₇H₁₅

图 9 - 35　红曲色素的结构

红曲色素是红色或暗红色粉末或液体或糊状物，熔点 60℃，可溶于乙醇水溶液、乙醇、乙醚和冰醋酸。色调不随 pH 值变化，热稳定性高，几乎不受金属离子（如 Ca^{2+}、Mg^{2+}、Fe^{2+}、Cu^{2+} 等）影响，也几乎不受氧化剂（如 H_2O_2）和还原剂（亚硫酸盐、Vc 等）的影响，主要用于制作红腐乳和红香肠。由于它对蛋白质着色好，耐热性也好，可用它制作熟肉制品。值得注意的是次氯酸盐对红曲色素有强的漂白能力。

（三）姜黄色素

姜黄色素是从生姜科姜黄属植物姜黄的地下根茎中提取的黄色色素，是一组酮类色素的混合物,主要成分为姜黄色素、脱甲基姜黄色素和双脱甲基姜黄色素 3 种,结构见图 9 – 36。

姜黄色素

图 9 – 36　姜黄色素的结构

姜黄色素为橙黄色粉末,几乎不溶于水,溶于乙醇、丙二醇、冰醋酸和碱性溶液或醚中,具有特殊芳香,稍苦,中性和酸性溶液中呈黄色,碱性溶液中呈褐红色,对光、热、氧化作用及铁离子不稳定,但耐还原性好。对蛋白质着色力较好,常用于咖喱粉着色。

(四) 甜菜红素

甜菜红素是从黎科红甜菜块茎中提取的一组水溶性色素,以甜菜红和甜菜黄及其糖苷形式存在于植物液泡中,其结构式如图 9 – 37 所示。

R=H 甜菜红素
R=G 甜菜色苷

X=N 甜菜黄素(I)
X=O 甜菜色苷(II)

图 9 – 37　甜菜红素和甜菜黄素的结构

甜菜红素可强烈吸收光,pH 在 4.0 ~ 7.0 范围内,呈紫红色,最大吸收峰在 537 ~ 538 nm;pH 值低于 4.0 时,变为紫色,最大吸收峰向短波方向移动(pH 值 2.0 时为 535 nm);pH 值高于 7.0 时,最大吸收峰向长波方向移动(pH 值 9.0 时为 544 nm);当 pH 值为 10 以上时,甜菜红素水解为甜菜黄素,溶液立即变为黄色。这与内盐的存在状态有关(图 9 – 38)。

甜菜红素耐热性不高,在 pH 值为 4.0 ~ 5.0 时相对稳定,在中等碱性条件下

图 9 - 38　甜菜红素在不同 pH 值条件下的内盐形式

加热会转变为甜菜醛氨酸和环多巴 - 5 - O - 葡萄糖苷。且反应可逆,在 pH 降到 4.0 ~ 5.0 又可部分逆转。

甜菜红素也不耐氧化。光可加速甜菜红素的氧化反应,当有抗氧化剂如抗坏血酸或异抗坏血酸存在时,可提高甜菜苷的稳定性。

某些金属离子对甜菜红素的稳定性也有一定影响,如 Fe^{2+}、Cu^{2+}、Mn^{2+} 等。其机理是这些金属离子可催化氧化抗坏血酸的氧化,因而降低了抗坏血酸对甜菜色素的保护作用。加入金属螯合剂,可大大改善抗坏血酸作为甜菜红素保护剂的效果。

甜菜红素的食品着色性良好,在 pH 值为 3.0 ~ 7.0 的食品中使用色泽较稳定,在低水分活度的食品中,色泽可持久保持。

我国规定甜菜红素可应用在果味饮料、果汁饮料、配制酒、罐头、冰淇淋、雪糕、果冻等食品中。

二、人工合成着色剂

国家规定允许使用的人工合成着色剂主要有:苋菜红、胭脂红、赤藓红、柠檬黄、靛蓝等。

(一) 苋菜红

苋菜红又称鸡冠花红、杨梅红,属偶氮型水溶性红色色素,结构式如图 9 - 39 所示。

图 9 - 39　苋菜红的结构式

　　苋菜红为红棕色至暗红棕色粉末或颗粒,对光、热和盐类较稳定,且耐酸性很好,但在碱性条件下容易变为暗红色,遇铜、铁易褪色。对氧化还原作用较为敏感。

　　苋菜红在食品中的最大允许用量为 50 mg/kg,主要可用于糖果、汽水和果子露等的着色。

（二）胭脂红

　　胭脂红即食用红色 1 号,又称丽春红,是苋菜红的异构体,为红色水溶性偶氮类着色剂,结构式如图 9 - 40 所示。

图 9 - 40　胭脂红的结构式

　　胭脂红为红色至深红色粉末,耐光性和耐酸性较好,但遇碱变成褐色。

　　胭脂红着色力强,安全性高,可用于多种非脂食品。我国食品添加剂使用卫生标准规定胭脂红最大允许用量为 50 mg/kg 食品。

（三）赤藓红

　　赤藓红又称樱桃红,为水溶性非偶氮类着色剂,结构图如 9 - 41 所示。

图 9 - 41　赤藓红的结构式

　　赤藓红为红褐色颗粒或粉末,耐热,还原性好,但耐酸性、耐光性很差。

　　赤藓红主要用于弱酸性、中性和碱性产品,很少用于饮料和糖果。

（四）新红

　　新红属水溶性偶氮类着色剂,化学式如图 9 - 42 所示。

图 9 - 42　新红的结构式

新红为红色粉末,具有酸性染料特性,着色能力与苋菜红相似,安全性高。

(五)柠檬黄

柠檬黄又称酒石黄,为水溶性偶氮类着色剂,化学结构如图9-43所示。

图9-43　柠檬黄的结构式

柠檬黄为橙黄色粉末,对热、酸、光及盐均稳定,但耐氧性差,遇碱变红色,还原时褪色。柠檬黄着色力强,在食品中广泛使用。

(六)日落黄

日落黄又称橘黄、晚霞黄,属偶氮型水溶性色素,呈橘黄色,易溶于水、甘油,微溶于乙醇,不溶于油脂。结构式见图9-44。

图9-44　日落黄的结构式

日落黄为橙色颗粒或粉末,耐光、耐酸、耐热,在酒石酸和柠檬酸中稳定,遇碱变红褐色。着色力强,安全性高。可用于饮料、配制酒、糖果等,最大允许使用量为100 mg/kg食品。

(七)靛蓝

靛蓝又称酸性靛蓝、食品蓝,靛蓝的水溶液为紫蓝色,属水溶性非偶氮类色素,是世界上使用最广泛的食用色素之一。结构式如图9-45所示。

图9-45　靛蓝的结构式

靛蓝为蓝色粉末,对热、光、酸、碱、氧化作用均较敏感;在酸性溶液中成蓝紫色,碱性时呈绿色或黄绿色。靛蓝耐盐性也较差,易被细菌分解,还原后褪色。

但由于靛蓝安全性高,着色力强并有独特色调,在食品中广泛使用。

(八) 亮蓝

亮蓝为水溶性非偶氮类着色剂,结构式如图9–46所示。

图 9–46　亮蓝的结构式

亮蓝为有金属光泽的深紫色至青铜色颗粒或粉末,水溶液呈蓝色,耐光、热、酸、盐、微生物、碱及耐氧化还原性。

思考题

1. 什么是食品色素? 食品色素有什么作用? 食品色素的分类?

2. 发色团、生色团的定义?

3. 叶绿素主要可能发生哪些变化,如何在食品储藏加工中控制这些变化?

4. 肉类腌制时能发生哪些变化,如何在食品储藏加工中控制这些变化?

5. 类胡萝卜素在加工中的稳定性如何? 主要发生哪些变化?

6. 花青素常见的变色反应和影响花青素变色的条件都有哪些?

7. 天然着色剂和合成着色剂的特点,主要有什么异同? 如何选择食品着色剂?

第十章　食品风味

本章重点：了解食品的呈香机理，食品中常见气味物质的有机化学类别及其气味，植物性食品如水果、蔬菜、食用菌、发酵食品等的香气成分；动物性食品气味包括水产品、肉类、乳及乳制品、焙烤食品及发酵食品的呈香物质。掌握食品香气的形成途径及其在食品加工中的应用；常见香味增强剂的特点及其在食品中的应用。

难点：气味与分子结构的关系，气味的形成机理。

第一节　概述

一、食品风味的概念

当今世界，随着经济技术的发展，人们的生活水平日益提高，对作为人类赖以生存的基本物质——食品的要求也越来越高，它不仅要具备较好的营养功能，而且还应该具有良好或独特的风味以及其他感官性能。随着食品风味研究的日益活跃，研究深度和广度的不断扩展，与之相关的新兴学科不断涌现。食品风味化学和食品风味生物技术就是典型的代表，食品风味化学研究的主要内容包括：

①食品风味的化学组成、分子结构、含量、质量指标和控制技术；

②风味物质的生成途径、呈味途径及其对人类嗅觉、味觉神经的作用机理；

③风味物质的分类及其相互作用、稳定性、赋味性、安全性；

④风味物质的提取、浓缩、合成、分离、生物转化、修饰、鉴别和检测技术等。

食品风味生物技术是在食品风味化学的基础上，随着生物工程的发展而衍生出来的新学科分支，是利用天然生物活体和生物材料进行食品风味物质生产和加工的一个独立的技术体系。

食品作为一种刺激物，它能刺激人的多种感觉器官而产生各种感官反应，包括味觉、嗅觉、触觉、运动感觉、视觉和听觉等。食品风味就是这些感官反应的综合，它包括色、香、味、形等，而主要是香味。人对食品风味的感受是一个复杂的综合的生理过程，具体有：人的鼻腔上皮的特化细胞感觉出食物气味的类型和浓烈程度；舌表面和口腔后面的味蕾感觉出食物的酸、甜、苦、咸味；人的非特异性反应和三叉神经反应感觉出食品的辣味、清凉和鲜味;人的视觉、听觉和触觉等感觉影响着食品的滋味和气味。

从广义上来讲,食品的风味是指食物在摄入前后刺激人体的所有感官而产生的各种感觉的综合,它主要包括味觉、嗅觉、触觉、听觉、视觉等感官反应而引起的化学、物理和心理感觉的综合效应。

二、食品中风味物质的特点

食品的种类繁多,风味各异。食品的风味是食品中的某些化合物的综合体现,这些能体现食品风味的化合物称为风味物质。对一种食品风味产生影响的物质往往很多,任何一种风味或香味也不可能由某一类化合物单独构成。如以肉香味为例:经过褐变、美拉德反应生成的肉香味,其挥发性香气成分中已有1000多种化合物被鉴定确认。按有机化合物的分类,它们分属于烃类、酮类、醛类、醇类、酯类、内酯类、醚类、吡嗪类、吡啶类、吡咯类、羧酸类、呋喃类、咪唑类、恶唑类、恶唑啉类、噻嗪类、噻唑类、噻唑啉类、噻吩类等,还有其他含硫化合物、含卤素化合物等。但其主要成分则是含硫化合物、杂环化合物和羰基化合物。

食品的很多风味在其食品原料中都有相对应的物质,这些物质称为风味前体物质,它们通过适当的转化、各种前体物质的相互作用呈现出相应的风味。例如,肉中的呈味物质有以下几类:

①鲜味:5 – 肌苷酸、5 – 鸟苷酸、谷氨酸单钠盐、肽类;

②甜味:葡萄糖、果糖、核糖、甘氨酸、丙氨酸、丝氨酸、苏氨酸、赖氨酸、脯氨酸、羟脯氨酸;

③咸味:无机盐类、谷氨酸单钠盐、天门冬氨酸钠;

④酸味:天门冬氨酸、天门冬酰胺、谷氨酸、组氨酸、乳酸、磷酸、苹果酸、吡咯烷酮酸;

⑤苦味:肌酸、肌酸酐、肌肽、鹅肌肽、苦味肽、次黄嘌呤、蛋氨酸、组氨酸、缬氨酸、亮氨酸、异亮氨酸、色氨酸、酪氨酸、苯丙氨酸。

值得注意的是,除了少数食品由于风味物均匀分布而表现出特征不突出的某种风味之外,大多数食品在风味形成时,都会由几种化合物起着主导作用。若能以一种或几种化合物来代表特定食品的某种风味,这几种化合物称为该食品的特征性风味化合物或关键性风味化合物。

食品中的风味物质一般具有下列特点。

①种类繁多,相互影响。形成某食品特定风味的物质,尤其是产生嗅感的风

味物质,其组成一般都非常复杂,类别众多,几乎涵盖了有机化合物的大多数类型。有学者估计,食品中的气味成分可多达 5000~10000 种。在风味物质的各组分之间,它们可能会相互作用产生拮抗作用或协同作用。

②含量极微,效果显著。在一般的食品中,嗅感风味物质的含量都极微小,占食品的 $10^{-8}\%$ ~ $10^{-14}\%$。味感风味物质的含量因食品种类的不同而差异较大,通常比嗅感物质多一些,但在整个食品中所占的比例仍然很低。虽然它们在食品中所占的百分含量少,但产生的风味效果却十分显著。例如,马钱子碱在食品中含量达 $7\times10^{-7}\%$ 时,人便会感觉到苦味;当每吨水中含有 5×10^{-6} mg/kg 的乙酸异戊酯时,人们也会闻到香蕉气味。

③稳定性差,易被破坏。很多风味物质,尤其是嗅感物质容易挥发,在空气中很快会自动氧化或分解,热稳定性也差。例如,茶叶的风味物质在分离后就极易自动氧化;油脂的嗅感成分在分离后马上就会转变成人工效应物,而油脂腐败时形成的鱼腥味组分也极难捕集;肉类的一种风味成分,即使保存在 0℃ 的四氯化碳(CCl_4)中,也会很快分解成 12 种组分等。

④风味与风味物质的分子结构缺乏普遍规律。一般说来,食品的风味与其风味物质的分子结构都有高度的特异性,分子结构稍有改变,其风味即差别很大。另一方面,某些能形成相同或类似风味的化合物,其分子结构也缺乏明显的规律性。

此外,风味物质还具有易受浓度、介质等外界条件影响等特点。例如,2 - 戊基呋喃在浓度大时表现出甘草味,而稀释后则呈豆腥味。风味物质大多为非营养性物质,它们虽然不参加体内代谢,但能促进食欲。所以风味也是食品质量的重要标志之一。

第二节　食品的味觉和呈味物质

一、甜味与甜味物质

甜味(sweet taste)是普遍受人们欢迎的一种基本味感,常用于改进食品的可口性和某些食用性。说到甜味,人们很自然地就联想到糖类,它是最有代表性的天然甜味物质。除了糖及其衍生物外,还有许多非糖的天然化合物、天然化合物的衍生物和合成化合物也都具有甜味,有些已成为正在使用的或潜在的甜味剂。

(一)呈甜机理

在提出甜味学说以前,一般认为甜味与羟基有关,因为糖分子中含有羟基,可是这种观点不久就被否定,因为多羟基化合物的甜味相差很大,再者,许多氨基酸、某些金属盐和不含羟基的化合物,例如氯仿($CHCl_3$)和糖精也有甜味。显然在甜味物质之间存在着某些共同的特性。多年来,逐渐发展成一种从物质的分子结构方面来阐明与甜味相关的学说,以便解释一些化合物呈现甜味的原因。

1967 年,夏伦贝格尔(Shallen berger)在总结前人对糖和氨基酸的研究成果的基础上,提出了有关甜味的 AH/B 理论。他认为,在甜味剂的分子结构中存在一个能形成氢键的基团——AH,叫质子供给基,如—OH、—NH_2、=NH 等;同时还存在一个有负电性轨道的原子 B,叫质子接受基,如 O、N 原子等。呈味物的这两类基团还必需满足立体化学要求,才能与受体的相应部位匹配。在味感受器中,这两类基团的距离约为 0.3 nm,因此,甜味分子中的 B 基团与 AH 上质子之间的距离也必须在 0.25 ~ 0.4 nm 之间。这样当两者接触时彼此能以氢键结合,产生味感。

尽管如此,AH/B 生甜团学说仍存在很多矛盾。例如不能解释甜度与呈味物质结构的关系,Kier 对 AH/B 生甜团学说做了补充和发展。他认为在甜味分子中除了 AH 和 B 两个基团外,还可能存在着一个具有适当立体结构的亲脂区域。即在距 AH 基团质子约 0.35 nm 和距 B 基团 0.55 nm 的地方有一个疏水基团(hydrophobic group)X(如 CH_2、CH_3、C_6H_6 等),它能与味感受体的亲油部位通过疏水键结合,使两者产生第三接触点,形成一个三角形的接触面(图 10 – 1)。X部位似乎是通过促进某些分子与味感受体的接触面起作用,并因此影响到所感受的甜味强度。因此,X 部位是强甜味分子的一个极为重要的特性,它或许是甜味物间甜味质量差别的一个重要原因。

图 10 – 1 $\beta - D -$ 吡喃果糖甜味单位中 AH/B 和 X 之间的关系

（二）甜味强度及其影响因素

甜味的强度可用甜度来表示，但甜度目前还不能用物理或化学方法定量测定，只能凭人的味感来判断。通常是以在水中较稳定的非还原蔗糖为基准物下的甜度，这种相对甜度（甜度倍数）称为比甜度。由于这种比较测定法人为的主观因素很大，故所得的结果也往往不一致，在不同的文献中有时差别很大。

按 Fechner 规律 $R = K(C)^n$，即甜味强度 R 与甜味剂浓度 C 的 n 次方成正比。对 43 种糖来说，其 $n = 1.3$；对合成甜味例如糖精、新糖精等，其 $n < 1$。例如用绝对阈值相比，蔗糖的比甜度为 1.0 时，糖精的比甜度为 700，新糖精为 70。但用最高浓度的 R_m 值相比，糖精较蔗糖的甜度不到一倍，新糖精反不及蔗糖。这是因为 $G = 1/KR_m$，糖精与新糖精甜味受体的结合常数 k 分别比蔗糖大 2 个和 1 个数量级。当浓度增大时，蔗糖的甜度增加很快，糖精增加很慢。所以绝对阈值的甜味倍数可作为学术探讨用，不能作为实用价值的标准。

影响甜度的主要因素如下。

①浓度。总的来说，甜度随着浓度的增大而提高，但各种甜味剂的甜度提高的程度不同。大多数糖及其甜度随浓度增高的程度都比蔗糖大，尤其以葡萄糖最为明显。如当蔗糖与葡萄糖的浓度均小于 40% 时，蔗糖的甜度大，但当两者的浓度均大于 40% 时，其甜度却几乎无差别。

②温度。温度对甜度的影响因甜味剂的不同而有所不同。一般来说，在较低的温度范围内，温度对大多数糖的甜度影响大。如图 10 - 2 所示。在较低温度范围内，温度对蔗糖和葡萄糖的影响很小，但果糖的甜度受温度的影响却十分显著，这是因为在果糖溶液的平衡体系中，随着温度升高、甜度大的 $\beta - D -$ 吡喃果糖的百分含量下降，而不甜的 $\beta - D -$ 吡喃果糖的百分含量升高。

图 10 - 2　几种糖的甜度与温度关系

③味感物质的相互作用影响甜度。

（三）常见的甜味物质

甜味物质的种类很多,按来源分成天然的和人工合成的。按种类可分成糖类甜味剂、非糖天然甜味剂、天然衍生物甜味剂、人工合成甜味剂。

1. 糖类甜味剂

糖类甜味剂包括糖、糖浆、糖醇。该类物质当其分子中碳数比羟基数小于2时为甜味,2～7时产生苦味或甜而苦,大于7时则味淡。大多数人都熟悉常见的糖类甜味剂,本章只介绍糖醇,糖醇是糖氢化后的产物,一般为白色结晶,和糖一样具有较大的溶解度,甜度比蔗糖低,但有的和蔗糖相当。如以蔗糖甜度为1,则木糖醇为1、麦芽糖醇0.9、麦芽糖醇糖浆0.7、山梨糖醇0.6、甘露醇0.4。糖醇类甜味剂由于无活性的羰基,化学稳定性较好,150℃以下无褐变,融化时无热分解。

由于糖醇溶解时吸热,具有清凉感,粒度越细,溶解越快,感觉越凉越甜,山梨糖醇清凉感最好,木糖醇次之。

①山梨糖醇。山梨糖醇是六元醇,可由葡萄糖经催化还原得到,天然存在于苹果、梨、葡萄等果实中,山梨糖醇保湿作用较强,能保持食品一定水分,防止干燥,可用作糕点、巧克力糖的保湿剂、防止鱼类冷冻时水分蒸发和蛋白质变性、在面食中防止淀粉老化、增加食品的风味,并具有协调食品甜、酸、苦味强度的作用等。

②木糖和木糖醇。木糖是由木聚糖水解而得。木聚糖是构成半纤维素的主要成分,存在于稻草、甘蔗渣、玉米芯和种子壳(稻壳、棉子壳)中,经水解,用石灰中和,滤出残渣,再经浓缩、结晶、分离、精制而得。纯晶为无色针状结晶粉末,易溶于水,不溶于酒精和乙醚。木糖有似果糖的甜味,甜度为蔗糖的65%。它不被微生物发酵,不易被人体吸收利用,专供糖尿病和高血压患者食用。

木糖经还原得木糖醇,木糖醇和蔗糖甜度相当,含热量也一样,具有清凉的甜味,人体对它的吸收不受胰岛素的影响,可以避免人体血糖升高。所以,木糖醇是适宜于糖尿病患者的甜味剂。因为木糖醇不能被微生物利用,还具有防龋齿的作用,在食品加工中,可替代蔗糖。

2. 非糖天然甜味剂

这是一类天然的、化学结构差别很大的,但都具甜味的物质。主要有甘草苷(相对甜度100～300,图10-3)、甜叶菊苷(相对甜度200～300)、苷茶素(相对甜度400,图10-3)。以上几种甜味剂中甜叶菊苷的甜味最接近蔗糖。

苷茶素

图 10-3　苷茶素与甘草苷的结构

3. 天然衍生物甜味剂

该类甜味剂是指本来不甜的天然物质,通过改性加工而成的安全甜味剂。主要有:氨基酸衍生物(6-甲基-D-色氨酸,相对甜度1000),二肽衍生物(又名蛋白糖、阿斯巴甜,相对甜度20~50)、二氢查耳酮衍生物等。

二氢查耳酮衍生物(图10-4)是柚苷、橙皮苷等黄酮类物质在碱性条件下还原生成的开环化合物。这类化合物有很强的甜味,其甜味可参阅表10-1。

图 10-4　二氢查耳酮衍生物

表 10-1　具有甜味的二氢查耳酮衍生物的结构和甜度

二氢查耳酮衍生物	R	X	Y	Z	甜度
柚皮苷	新橙皮糖	H	H	OH	100
新橙皮苷	新橙皮糖	H	OH	OCH_3	1000
高新橙皮苷	新橙皮糖	H	OH	OC_2H_5	1000
4-O-正丙基新圣草柠檬苷	新橙皮糖	H	OH	OC_2H_5	2000
洋李苷	葡萄糖	H	OH	OH	40

4. 合成甜味剂

该类甜味剂在食品添加剂一章中有详细介绍,主要指糖精(邻苯甲酰磺酰亚氨钠盐,相对甜度 300 ~ 500)和甜蜜素(环己氨基磺酸钠,相对甜度 30 ~ 50)。

二、苦味与苦味物质

苦味(bitter taste)是食物中很普遍的味感,许多无机物和有机物都具苦味,单纯的苦味并不令人愉快,但当它与甜、酸或其他味感调配得当时,能形成一种特殊风味。例如苦瓜、白果、茶、咖啡等,广泛受到人们的喜爱,同时苦味剂大多具有药理作用。一些消化活动障碍、味觉减弱或衰退的人,常需要强烈刺激感受器来恢复正常,由于苦味阈值最小,也最易达到这方面的目的。

(一)呈苦机理

为了寻找苦味与其分子结构的关系,解释苦味产生的机理,曾有人先后提出过各种苦味分子识别的学说和理论。

(1)空间位阻学说

Shallen berger 等认为,苦味与甜味一样,也取决于刺激物分子的立体化学,这两种味感都可由类似的分子激发。有些分子既可产生甜味又可产生苦味。

(2)内氢键学说

Kubota 在研究延命草二萜分子结构时发现,凡有相距 0.15 nm 内氢键的分子均有苦味。内氢键能增加分子的疏水性,且易和过渡金属离子形成螯合物,合乎一般苦味分子的结构规律。

(3)三点接触学说

Lehmann 发现,有几种 D - 型氨基酸的甜味强度与其 L - 异构体的苦味强度之间有相对应的直线关系,因而他认为苦味分子与苦味受体之间和甜感一样也是通过三点接触而产生苦味,仅是苦味剂第三点的空间方向与甜味剂相反。

上述几种苦味学说虽各有所长,但大都脱离了味细胞膜结构而只着眼于刺激物分子结构,而且完全不考虑那些苦味无机盐的存在。

(4)诱导适应学说

曾广植根据他的味细胞膜诱导适应模型提出了苦味分子识别理论,其要点如下。

① 苦味受体是多烯磷脂在黏膜表面形成的"水穴",它为苦味剂和蛋白质之间的偶联提供了一个巢穴,同时肌醇磷脂(PI)通过磷酰化生成 PI - 4 - PO_4 和 PI - 4,5 - $(PO_4)_2$ 后,再与 Cu^{2+}、Zn^{2+}、Ni^{2+} 离子结合,形成穴位的"盖子"。苦味

分子必须首先推开盖子,才能进入穴内与受体作用。这样,以盐键方式结合于盖子的无机离子便成为分子识别的监护,当它一旦被某些过渡金属离子置换后,味受体上的盖子便不再接受苦味剂的刺激,产生抑制作用。

②由卷曲的多烯磷脂组成的受体穴可以组成各种不同的多极结构而与不同的苦味剂作用。试验表明,人在品尝硫酸奎宁后,并不影响继续品味出尿素或硫酸镁的苦味,反之亦然。若将奎宁和尿素共同品尝,则会产生协同效应,苦感增强。这证明奎宁和尿素在味受体上有不同的作用部位或有不同的水穴。但若在品尝奎宁后再喝咖啡,则会感到咖啡的苦味减弱。这说明两者在受体上有相同的作用部位或水穴,它们会产生竞争性抑制。

③多烯磷脂组成的受体穴有与蛋白粘贴的一面,还有与脂质块接触的更广方面。与甜味剂的专一性要求相比,对苦味剂的极性基位置分布、立体方向次序等的要求并不很严格。凡能进入苦味受体任何部位的刺激物会引起"洞隙弥合",通过下列作用方式改变其磷脂的构象,产生苦味信息。

a. 盐桥转换。Cs^+、Rb^+、K^+、Ag^+、Hg^+、R_3S^+、R_4N^+、$RNH—NH_3^+$、$Sb(CH_3)_4$ 等属于结构破坏离子,它们能破坏烃链周围的冰晶结构,增加有机物的水溶性,可以自由地出入于生物膜。当它们打开盐桥进入苦味受体后,能诱发构象的转变。Ca^{2+}、Mg^{2+} 虽和 Li^+、Na^+ 一样属结构制造离子,对有机物有盐析作用,但 Ca^{2+}、Mg^{2+} 在一些阴离子的配合下能使磷脂凝集,便于结构破坏离子进入受体,也能产生苦味。

b. 氢键的破坏。$(H_2N)_2C—X$(X 为 O、NH、S)、$RC(NH_2)—XRC=N$(X 为 OH、RNHCH)等可作为氢键受体。由于苦味受体为卷曲的多烯磷脂孔穴,无明显的空间选择性,使具有多极结构的上述刺激物也能打开盖子盐桥进入受体(更大的苦味肽只能有一部分侧链进入)。它们进入受体后可破坏其中的氢键及脂质—蛋白质间的相互作用,对受体构象的改变产生很大的推动力。

c. 疏水键的生成。疏水键型刺激物主要是酯类,尤其是内酯、硫代物、酰胺、氮杂环、生物碱、抗生素、萜类和胺等。不带极性基的疏水物不能进入受体,因为盐桥的配基和磷脂头部均有手性,使受体表层对疏水物有一定的辨别选择性。但这些疏水物一旦深入孔穴脂层即无任何空间专一性要求,可通过疏水相互作用引起受体构象的改变。

诱导适应学说进一步发展了苦味理论,对解释有关苦味的复杂现象作出了很大贡献,例如:

①更广泛地概括了各类型的苦味剂,为进一步研究结构与味感的关系提供

了方便。

②在受体上有过渡金属离子存在的观点,对硫醇、青霉胺、酸性氨基酸、低聚肽等能抑制苦味及某些金属离子会影响苦味提供了解释。

③对为什么甜味盲者不能感受任何甜味剂,而苦味盲者仅是难于觉察少数有共扼结构的苦味剂的现象,做了可能的解释。苦味盲是先天性遗传的,当Cu^{2+}、Zn^{2+}、Ni^{2+}与患者的受体上蛋白质产生很强的络合,在受体表层做监护离子时,一些苦味剂便难以打开盖子进入穴位。

④苦味受体主要由磷脂膜组成的观点也为苦味强度提供了说明。因为苦味剂对脂膜有凝聚作用,增加了脂膜表面张力,故两者有对应关系;苦味剂产生的表面张力越大,其苦味强度也越大。

⑤解释了苦味强度随温度下降而增加,与温度对甜味、辣味的影响刚好相反的现象。因为苦味剂使脂膜凝聚的过程是放热效应,与甜、辣味剂使膜膨胀过程是吸热效应相反。

⑥它还说明了麻醉剂对各种味感受体的作用为何以苦味消失最快、恢复最慢的现象。这是由于多烯磷脂对麻醉剂有较大的溶解度,受体为其膨胀后失去了改变构象的规律,变得杂乱无章,不再具有引发苦味信息的能力等。

(二)常见的苦味物质

食品中有不少苦味物质,如苦瓜、白果、莲子的苦味被人们视为美味,啤酒、咖啡、茶叶的苦味也广泛受到人们的欢迎。当消化道活动发生障碍时,味觉的感受能力会减退,需要对味觉受体进行强烈刺激,用苦味能起到提高和恢复味觉正常功能的作用,可见苦味物质对人的消化和味觉的正常活动是重要的。俗话讲"良药苦口",说明苦味物质对治疗疾病有着重要作用。应强调的是很多有苦味的物质毒性强,主要为低价态的氮硫化合物、胺类、核苷酸降解产物、毒肽(蛇毒、虫毒、蘑菇毒)等。

植物性食品中常见的苦味物质是生物碱类、糖苷类、萜类、苦味肽等;动物性食品常见的苦味物质是胆汁和蛋白质的水解产物等;其他苦味物有无机盐(钙、镁离子)、含氯有机物等。

苦味物质的结构特点是:生物碱碱性越强越苦;糖苷类碳与羟基物质的量的比值大于 2 为苦味[其中—$N(CH_3)_3$ 与—SO_3,可视为 2 个羟基];D-型氨基酸大多为甜味,L-型氨基酸有苦有甜,当 R 基大(碳数大于 3)并带有碱基时以苦味为主;多肽的疏水值大于 6.85 kJ/mol 时有苦味;盐的离子半径之和大于 0.658 nm 的具有苦味。

1. 茶碱、咖啡碱、可可碱

茶碱、咖啡碱、可可碱是生物碱类苦味物质,属于嘌呤类的衍生物,结构如图10-5所示。

咖啡碱:$R_1 = R_2 = R_3 = CH_3$;

可可碱:$R_1 = H, R_2 = R_3 = CH_3$;

茶碱:$R_1 = R_2 = CH_3, R_3 = H$

图10-5 生物碱类苦味物质

咖啡碱主要存在于咖啡和茶叶中,在茶叶中含量为1%~5%。纯品为白色具有丝绢光泽的结晶,含1分子结晶水,易溶于热水,能溶于冷水、乙醇、乙醚、氯仿等。熔点235~238℃,120℃升华。咖啡碱较稳定,在茶叶加工中损失较少。

茶碱主要存在于茶叶中,含量极微,在茶叶中的含量为0.002%,与可可碱是同分异构体,具有丝光的针状结晶,熔点273℃,易溶于热水,微溶于冷水。

可可碱主要存在于可可和茶叶中。在茶叶中的含量为0.05%,纯品为白色粉末结晶,熔点342~343℃,290℃升华,溶于热水,难溶于冷水、己醇和乙醚等。

2. 啤酒中的苦味物质

啤酒中的苦味物质主要来源于啤酒花和在酿造中产生的苦味物质,约有30多种,其中主要是α酸和异α酸等。α酸,又名甲种苦味酸,它是多种物质的混合物,有律草酮、副律草酮、蛇麻酮等(图10-6),主要存在于制造啤酒的重要原料啤酒花中,它在新鲜啤酒花中含量为2%~8%,有很强的苦味和防腐能力,在啤酒的苦味物质中占85%。异α酸是啤酒花与麦芽在煮沸过程中,由40%~60%的α酸异构化而形成的。在啤酒中异α酸是重要的苦味物质。当啤酒花煮沸超过2 h或在稀碱溶液中煮沸3 min。酸则水解为律草酸和异己烯-3-酸,使苦味完全消失。

图10-6 律草酮、蛇麻酮结构

3. 糖苷类

苦杏仁苷、水杨苷都是糖苷类物质，一般都有苦味。存在于中草药中的糖苷类物质，也有苦味，可以治病。存在于柑橘、柠檬、柚子中的苦味物质主要是新橙皮苷和柚皮苷，在未成熟的水果中含量很多，它的化学结构属于黄烷酮苷类（图10－7）。

图10－7　柚皮苷的结构

柚皮苷的苦味与它连接的双糖有关，该糖为芸香糖，由鼠李糖和葡萄糖通过1→2糖苷键结合而成，柚苷酶能切断柚皮苷中的鼠李糖和葡萄糖之间的1→2糖苷键，可脱除柚皮苷的苦味。在工业上制备柑橘果胶时可以提取柚皮苷酶，并采用酶的固定化技术分解柚皮苷，脱除葡萄柚果汁中的苦味。

4. 氨基酸和肽类中的苦味物质

一部分氨基酸如亮氨酸、异亮氨酸、苯丙氨酸、酪氨酸、色氨酸、组氨酸、赖氨酸和精氨酸都有苦味。水解蛋白质和发酵成熟的干酪常有明显的令人厌恶的苦味。氨基酸苦味的强弱与分子中的疏水基团有关；小肽的苦味与相对分子质量有关，相对分子质量低于6000的肽才可能有苦味。

三、酸味与酸味物质

酸味（sour taste）是动物进化最早的一种化学味感。许多动物对酸味剂刺激都很敏感，人类由于早已适应酸性食物，故适当的酸味能给人以爽快的感觉，并促进食欲。不同的酸具有不同的味感。酸的浓度与酸味之间并不是一种简单的相互关系。酸的味感是与酸性基团的特性、pH值、滴定酸度、缓冲效应及其他化合物尤其是糖的存在与否有关。

（一）呈酸机理

用酸味剂提取的味蕾匀浆只能得到磷脂。在各种味觉的构性关系中，目前普遍认为，质子H^+是酸味剂HA的定味基，阴离子A^-是助味基。定味基H^+在受体的磷脂头部相互发生交换反应，从而引起酸味感。在pH值相同时有机酸的酸味之所以一般大于无机酸，是由于有机酸的助味基A^-在磷脂受体表面有较强的吸附性，能减少膜表面正电荷的密度，亦即减少了对H^+的排斥力。二元酸的酸味随链长加大而增强,主要是由于其负离子 A^- 吸附于脂膜的能力增强,减少了膜表面的正电荷密度。若在 A^- 结构上增加羧基或羟基,将减弱 A^- 的疏水性,使酸味减弱;相反,若在 A^- 结构上加入疏水性基团,则有利于 A^- 在脂膜上的吸附,使膜增加对 H^+ 的引力。

上述酸味模式虽说明了不少酸味现象。但目前所得到的研究数据,尚不足以说明究竟是 H^+、A^- 还是 HA 对酸感最有影响。酸味剂分子的许多性质如相对分子质量、分子的空间结构和极性对酸味的影响亦未弄清,有关酸味的学说还有待于进一步发展。

(二)食品中重要的酸味物质

酸味物质是食品和饮料中的重要成分或调味料。酸味能促进消化,防止腐败,增加食欲、改良风味。俗话讲"柴米油盐酱醋茶"是生活的七件宝,可见食醋在调味品中占有重要地位。常用的酸味物质有:

①食用醋酸。食醋是我国使用最广泛的调味品。一般食醋中含醋酸3% ~ 5%,还含有多种有机酸、氨基酸、糖类和酯类等,因此,经发酵制作的优质食醋具有绵甜酸香的味感。在烹调中除作为调味料外,还有去腥臭的作用。

②柠檬酸。又名枸橼酸,因在柠檬、枸橼和柑橘中含量较多而得名。化学名称为 $3-$ 羟基 $-3-$ 羧基 $-$ 戊二酸。柠檬酸的纯品为白色透明结晶,熔点153℃,可溶于水、酒精和醚类,性质稳定。柠檬酸的酸味纯正,滋美爽口。入口即可达到酸味高峰,余味较短。广泛用于清凉饮料、水果罐头、糖果、果酱、合成酒等。通常用量为0.1% ~1.0%,它还可用于配制果汁;作油脂抗氧剂的增强剂,防止酶促褐变等。

③苹果酸。苹果酸在苹果及其他仁果类果实中含量较多,学名 $\alpha-$ 羟基丁二酸,天然苹果酸为 $L-$ 型,可参与人体正常代谢。苹果酸为白色针状结晶,无臭,有略带辣味的酸味,在口中呈味时间长,有抑制不良异味的作用。与柠檬酸合用,有强化酸味的作用。多用于果汁、果冻、果酱、清凉饮料及糖果等,用量根据口味而定。

④酒石酸。酒石酸的化学名称为 $2,3-$ 二羟基丁二酸。酒石酸存在于多种水果中,以葡萄中含量最多。酒石酸会在酿造葡萄酒时形成沉淀物——酒石,成分是酒石酸氢钾,用硫酸溶液处理,再经精制而成。酒石酸为透明棱柱状结晶或粉末,易溶于水,它的酸味是柠檬酸的1.3倍,稍有涩感,葡萄酒的酸味与酒石酸的酸味有关。用途和柠檬酸相似,还适用于作发泡饮料和复合膨松剂的原料。

⑤乳酸。乳酸最早是在酸奶中发现的,故而得名,化学名称为α－羟基丙酸。乳酸有三种异构体:在酸奶中获得的是外消旋体,熔点18℃;肌肉中的糖原在缺氧条件下代谢形成右旋乳酸,熔点26℃;糖经乳酸杆菌发酵制得的为左旋乳酸,熔点26℃。乳酸可用于乳酸饮料和配制酒。也用于果汁露等,多与柠檬酸混合使用。乳酸也可以抑制杂菌繁殖。

⑥抗坏血酸。抗坏血酸为白色结晶,易溶于水,有爽快的酸味,但易被氧化,在食品中可作为酸味剂和维生素C添加剂,还广泛用于肉类食品作抗氧化剂(现多用异抗坏血酸,它不具维生素C的功能,但抗氧化效果相同)、肉制品发色剂的助剂、防止酶促褐变、营养强化剂等。

⑦葡萄糖酸。葡萄糖酸为淡黄色浆状液体,易溶于水,微溶于酒精,产品为50％的水溶液。葡萄糖酸的酸味爽快,用于清凉饮料、配制食醋的调料,在营养方面可替代乳酸和柠檬酸,还可用于制作嫩豆腐的凝固剂。现在市售的内酯豆腐就是使用δ－葡萄糖酸内酯,在豆浆加热过程中,δ－葡萄糖酸内酯缓慢水解变成葡萄糖酸,使大豆蛋白发生凝固作用而制成内酯豆腐。

⑧磷酸。磷酸是唯一作为酸味剂的无机酸。磷酸的酸味强,但有较强的涩味,单独使用风味较差,常用于可乐饮料作酸味剂。

以上各种酸味剂中,目前世界上用量最大的酸味剂是柠檬酸,全世界的生产能力约为50万吨。富马酸和苹果酸的需求将会有很大发展。

四、咸味与咸味物质

(一)咸味模式

咸味在食品调味中颇为重要。咸味是中性盐所显示的味,只有氯化钠才产生纯粹的咸味,用其他物质来模拟这种咸味是不容易的。如溴化钾、碘化钾除具有咸味外,还带有苦味,属于非单纯的咸味。一般情况,盐的阳离子和阴离子的原子量越大,越有增加苦味的倾向。0.1 mol/L浓度的各种盐离子的味感特点如表10－2所示。

表10－2 盐的味感特点

味感	盐的种类
咸味	$NaCl, KCl, NH_4Cl, NaBr, NaI, NaNO_3, KNO_3$
咸苦味	KBr, NH_4I
苦味	$MgCl_2, MgSO_4, KI, CsBr$
不愉快味兼苦味	$CaCl_2, Ca(NO_3)_2$

咸味是由离解后的离子所决定的。咸味产生虽与阳离子和阴离子互相依存有关,但阳离子易被味感受器的蛋白质的羧基或磷酸吸附而呈咸味。因此,咸味与盐离解出的阳离子关系更为密切,而阴离子则影响咸味的强弱和副味。咸味强弱与味神经对各种阴离子感应的相对大小有关。

(二)常见的咸味物质

在所有中性盐中,氯化钠的咸味最纯正,未精制的粗食盐中因含有 KCl、$MgCl_2$ 和 $MgSO_4$,而略带苦味。在中性盐中,正负离子半径小的盐以咸味为主;正负离子半径大的盐以苦味为主。苹果酸钠和葡萄糖酸钠也具有纯正的咸味,可用于无盐酱油和肾脏病人的特殊需要。

五、鲜味与鲜味物质

(一)呈鲜机理

鲜味(delicious taste)是一种复杂的综合味感,当鲜味剂的用量高于其单独检测阈值时,会使食品鲜味增加;但用量少于阈值时,则仅是增强风味,故欧美常将鲜味剂称为风味添加剂。

鲜味的通用结构式:—O—$(C)_n$—O,$n=3\sim9$。就是说,鲜味分子需要有一条相当于 $3\sim9$ 个碳原子长的脂链,而且两端都带有负电荷,当 $n=4\sim6$ 时鲜味最强。脂链不限于直链,也可为脂环的一部分。其中的 C 可被 O、N、S、P 等取代。保持分子两端的负电荷对鲜味至关重要,若将羧基经过酯化、酰胺化,或加热脱水形成内酯、内酰胺后,均将降低鲜味。但其中一端的负电荷也可用一个负偶极替代,例如口蘑氨酸和鹅膏蕈氨酸等,其鲜味比味精强 $5\sim30$ 倍。这个通式能将具有鲜味的多肽和核苷酸都概括进去。目前出于经济效益、副作用和安全性等方面的原因,作为商品的鲜味剂主要是谷氨酸型和核苷酸型。谷氨酸型鲜味剂属脂肪族化合物(aliphatic compounds),在结构上有空间专一性要求,若超出其专一性范围,将会改变或失去鲜味感。它们的定味基是两端带负电的功能团,如—COOH、—SO_3PH、—SH、$G=O$ 等;助味基是具有一定亲水性的基团,如 $\alpha-L-NH_2$、—OH 等,凡与谷氨酸羧基端连接有亲水性氨基酸的二肽、三肽也有鲜味,若与疏水性氨基酸相接则将产生苦味,肌苷酸型鲜味剂属于芳香杂环化合物,结构也有空间专一性要求,其定位基是亲水的核糖磷酸,助味基是芳香杂环上的疏水取代基。琥珀酸(succinic acid)及其钠盐均有鲜味,它在鸟、兽、禽、畜等动物中均有存在,而以贝类中含量最多。

(二)常见的鲜味剂

鲜味是食品的一种能引起强烈食欲,可口的滋味。呈味成分有核苷酸、氨基酸、肽、有机酸等类物质。

(1)鲜味氨基酸

在天然氨基酸中,L-谷氨酸和L-天冬氨酸的钠盐及其酰胺都具有鲜味。L-谷氨酸钠俗称味精,具有强烈的肉类鲜味。味精的鲜味是由$\alpha-NH_3^+$和$\gamma-COO^-$两个基团静电吸引产生的,因此在 pH=3.2(等电点)时,鲜味最低;在 pH=6 时,几乎全部解离,鲜味最高;在 pH=7 以上时,由于形成二钠盐,鲜味消失。

食盐是味精的助鲜剂。味精有缓和咸、酸、苦的作用,使食品具有自然的风味。L-天冬氨酸的钠盐和酰胺亦具有鲜味,是竹笋等植物性食物中的主要鲜味物质。L-谷氨酸的二肽也有类似味精的鲜味。

(2)鲜味核苷酸

在核苷酸(nucleotides)中能够呈鲜味的有 5'-肌苷酸、5'-鸟苷酸(5'-guanylic acid)和 5'-次黄苷酸(5'-inosinic acid),前二者鲜味最强。此外,5'-脱氧肌苷酸及 5'-脱氧鸟苷酸也有鲜味。这些 5'-核苷酸单独在纯水中并无鲜味,但与味精共存时,则味精鲜味增强,并对酸、苦味有抑制作用,即有味感缓冲作用。5'-肌苷酸与L-谷氨酸-钠的混合比例一般为 1:(5~20)。

(3)琥珀酸及其钠盐

琥珀酸钠(succinic acid)也有鲜味,是各种贝类鲜味的主要成分。用微生物发酵的食品如酿造酱油、酱、黄酒等的鲜味都与琥珀酸存在有关。琥珀酸用于酒精清凉饮料、糖果等的调味,其钠盐可用于酿造品及肉类食品的加工。如与其他鲜味料合用,有助鲜的效果。

六、辣味与辣味物质

辣味是由辛香料中的一些成分所引起的味感,是一种尖利的刺痛感和特殊的灼烧感的总和。它不但刺激舌和口腔的触觉神经,同时也会机械地刺激鼻腔,有时甚至对皮肤也产生灼烧感。适当的辣味有增进食欲、促进消化液分泌的功能,在食品调味中已被广泛应用。

(一)呈辣机理

分子的辣味随其非极性链的增长而加剧。以C_9左右达到最高峰,然后突然下降,称之为 C_9 最辣规律。辣椒素、胡椒碱、花椒碱、生姜素、丁香、大蒜素、芥子油等都是双亲分子,其极性头部是定味基,非极性尾部为助味基。大量研究资料表明,其辣味符合 C_9 最辣规律。

一般脂肪醇、醛、酮、酸的烃链长度增长也有类似的辣味变化。上述辣味分子尾链如无顺式双键或支链时,$n - C_{12}$ 以上将丧失辣味;若链长虽超过 $n - C_{12}$ 但在 ω - 位邻近有顺式双键,则还有辣味。顺式双键越多越辣,反式双键影响不大;双键在 C_9 位上影响最大,苯环的影响相当于一个 C_4 顺式双键。一些极性更小的分子如 $BrCH = CHCH_2Br$、$CH = CHCH_2X$($X - NCS$、$OCOR$、NO_2、ONO)、($CH = CHCH2)_2Sn$($n = 1, 2, 3$)、$Ph(CH_2)_nNCS$ 等也有辣味(图 $10 - 8$,图 $10 - 9$)。

图 $10 - 8$　辣椒素与其尾链 C_n 的辣味关系

图 $10 - 9$　生姜素与其尾链 C_n 的辣味关系

辣味物质分子极性基的极性大小及其位置与味感关系也很大。极性头的极性大时是表面活性剂,极性小时是麻醉剂。极性处于中央的对称分子如图 10 - 10 所示,其辣味只相当于半个分子的作用,且因其水溶性降低而辣味大减。极性基处于两端的对称分子如图 10 - 11 所示,则味道变淡。增加或减少极性头部的亲水性,如将结构式图 10 - 12 改变为结构式图 10 - 13,则辣味均降低,甚至调换羟基位置也可能失去辣味,产生甜味或苦味。

图 10 - 10 极性处于中央的对称分子

图 10 - 11 极性基处于两端的对称分子

图 10 - 12 增加或减少极性头部的亲水性前的分子式

图 10 - 13 增加或减少极性头部的亲水性后的分子式

(二)常见的辣味物质

(1)热辣(火辣)味物质

热辣味物质是一种无芳香的辣味,在口中能引起灼热感觉,主要有以下几种。

①辣椒(capsicum)。它的主要辣味成分为类辣椒素(capsaicine),是一类碳链长度不等($C_8 \sim C_{11}$)的不饱和单羧酸香草基酰胺,同时还含有少量含饱和直链羧酸的二氢辣椒素,后者已有人工合成。不同辣椒的辣椒素含量差别很大,甜椒通常含量极低,红辣椒含 0.06%,牛角红椒含 0.2%,印度萨姆椒为 0.3%,乌干达辣椒可高达 0.85%。

②胡椒(pepper)。常见的有黑胡椒和白胡椒两种,都由果实加工而成。由

尚未成熟的绿色果实可制得黑胡椒,用色泽由绿变黄而未变红时收获的成熟果实可制取白胡椒。它们的辣味成分除少量类辣椒素外,主要是胡椒碱(piperine),它是一种酰胺化合物,其不饱和烃基有顺反异构体,其中顺式双键越多时越辣;全反式结构也叫异胡椒碱。胡椒经光照或储存后辣味会降低,这是顺式胡椒碱异构化为反式结构所致。

③花椒(xantlhoxylum)。花椒主要辣味成分为花椒素(sanshool),也是酰胺类化合物。除此外还有少量异硫氰酸烷丙酯等,它与胡椒、辣椒一样,除辣味成分外还含有一些挥发性香味成分。

(2)辛辣(芳香辣)味物质

辛辣味物质是一类除辣味外还伴随有较强烈的挥发性芳香味物质味感和嗅感双重作用的成分。

① 姜。新鲜姜的辛辣成分是一类邻甲氧基酚基烷基酮,其中最具代表性的为 6 – 姜醇,分子中环侧链上羟基外侧的碳链长度各不相同($C_3 \sim C_9$)。鲜姜经干燥储存,姜醇会脱水生成姜烯酚类化合物,后者较姜醇更为辛辣。当姜受热时,环上侧链断裂生成姜酮,辛辣味较为缓和。

②肉豆蔻(nutmeg)和丁香(clove)。肉豆蔻和丁香的辛辣成分主要是丁香酚和异丁香酚,这类化合物也含有邻甲氧基苯酚基因。

③ 芥子苷(mustard glycosidcs)。有黑芥子苷(sinigrin)及白芥子苷(sinalbin)两种,在水解时产生葡萄糖及芥子油。黑芥子苷存在于芥菜(brassica juncea)、黑芥(sinapic niqra)的种子及辣根(horse raddish)等蔬菜中。白芥子苷则存在于白芥子(sinapis alba)中。

在苷蓝、萝卜、花椰菜等十字花科蔬菜中还含有一种类似胡椒的辛辣成分 S – 甲基半胱氨酸亚砜(S – methyl – cysteine – oxide)。

(3)刺激辣味物质

刺激辣味物质是一类除能刺激舌和口腔黏膜外,还能刺激鼻腔和眼睛,具有味感、嗅感和催泪性的物质,主要有以下几种。

①蒜、葱、韭菜。蒜的主要辣味成分为蒜素、二烯丙基二硫化物、丙基烯丙基二硫化物 3 种,其中蒜素的生理活性最大。大葱、洋葱的主要辣味成分则是二丙基二硫化物、甲基丙基二硫化物等。韭菜中也含有少量上述二硫化合物。这些二硫化物在受热时都会分解生成相应的硫醇(mercaptan),所以蒜、葱等在煮熟后不仅辛辣味减弱,而且还产生甜味。

②芥末、萝卜。芥末、萝卜主要辣味成分为异硫氰酸酯类化合物。其中的异

硫氰酸丙酯也叫芥子油(allyl mustard oil),刺激性辣味较为强烈。它们在受热时会水解为异硫氰酸,辣味减弱。

七、其他味感

1. 清凉味

薄荷醇和 D - 樟脑代表一类清凉风味物,它们既有清凉嗅感,又有清凉味感。其中薄荷醇是食品加工中常用的清凉风味剂,在糖果、清凉饮料中使用较广泛。这类风味产物产生清凉感的机制尚不清楚。

一些糖的结晶入口后也能产生清凉感,产生这种感觉是因为它们在唾液中溶解时将吸收大量溶解热。例如,蔗糖、葡萄糖、木糖醇和山梨醇结晶的溶解热分别为 18.1、94.4、153.0 和 110.0 J/g,后 3 种甜味剂明显具有这种清凉风味。

2. 涩味

当口腔黏膜蛋白质被凝固时,就会引起收敛,此时感到的滋味便是涩味。因此涩味不是由于作用味蕾所产生的,而是由于刺激触觉神经末梢所产生的。

引起食品涩味的主要化学成分是多酚类化合物,其次是铁金属、明矾、醛类、酚类等物质,有些水果和蔬菜中存在的草酸、香豆素和奎宁酸等也会引起涩味。

未成熟柿子的涩味是典型的涩味。涩柿的涩味成分,是以无色花青素为基本结构的配糖体,属于多酚类化合物,易溶于水。当涩柿及未成熟柿的细胞膜破裂时,多酚类化合物逐渐溶于水而呈涩味。在柿子成熟过程中,分子间呼吸或氧化,使多酚类化合物氧化、聚合而形成不溶于水的物质,涩味随即消失。

茶叶中亦含有较多的多酚类物质,由于加工方法不同,制成的各种茶所含的多酚类各不相同,因而它们涩味程度也不相同。一般绿茶中多酚类含量多,而红茶经过发酵后多酚类被氧化,其含量减少,涩味也就不及绿茶浓烈。

第三节　嗅觉

在人的鼻腔前端部分有一块嗅感上皮区域,也叫嗅黏膜。膜上密集排列着许多嗅觉细胞,它由嗅纤毛、嗅小胞、细胞树突和嗅细胞体等组成,人类鼻腔每侧约有 2000 万个嗅觉细胞。嗅觉细胞和其周围的支持细胞、分泌粒并列形成嗅黏膜。支持细胞上面的分泌粒分泌出的嗅黏液覆盖在嗅黏膜表面,液层厚约 100 μm,具有保护嗅纤毛、嗅觉细胞组织以及溶解 Na^+、K^+、Cl^- 等的功能,人患萎缩性鼻炎与嗅黏膜上缺乏黏液而处于干燥状态有关。嗅觉细胞就其本质而言也是神经细胞,集合起来形成嗅觉神经,一端伸向大脑的中枢神经,一端伸入鼻腔,形成嗅觉感受器。

食品中挥发性的呈香物质的微粒悬浮于空气中,经过鼻腔刺激嗅觉细胞,然后传至大脑的中枢神经,即产生嗅觉。令人喜爱的称为香气,令人讨厌的称为臭气。嗅觉比味觉更为复杂,也更为敏感,一般从闻到呈香物质开始到产生嗅觉需要经过 0.2 ~ 0.3 s。

一、嗅觉的主要特性

1. 敏锐性

人的嗅觉相当敏锐,一些风味化合物即使在很低的浓度下也会被察觉到,据说个别训练有素的专家能辨别 4000 种不同的气味。某些动物的嗅觉更为突出,有时连很多现代化的仪器都赶不上。例如犬类嗅觉的灵敏性已经众所周知,鳝鱼的嗅觉也几乎能与犬相匹敌,它们比普通人的嗅觉灵敏 100 万倍。

2. 适应性和习惯性

香水虽然芬芳,但久闻也不觉其香,粪便尽管恶臭,但是呆久了也能忍受,这说明嗅觉细胞易产生疲劳而对该气体处于不灵敏状态,但对其他气味并不疲劳。当嗅觉中枢神经由于一些气味的长期刺激而陷入负反馈状态时,嗅觉便受到抑制而产生适应性。另外,当人的注意力分散时会感觉不到气味,时间长了便对该气味形成习惯。疲劳、适应和习惯这 3 种现象会共同发挥作用,很难区别。

3. 个性差别大

人嗅觉差别很大,即使嗅觉敏锐的人也会因气味而异。对气味不敏感的极端情况便形成嗅盲,这也是由遗传产生的,女性的嗅觉一般比男性敏锐。

4. 阈值会随人身体状况变动

当人的身体疲劳或营养不良时,会引起嗅觉功能下降。人在生病时会感到食物平淡无味,女性在月经期、妊娠期或更年期可能会发生嗅觉减退或敏感现象等,这都说明人的生理状况对嗅觉也有明显影响。

二、食品气味对身体健康的影响

嗅觉神经通过前梨区皮质和扁桃体,在视床下与支配呼吸、循环、消化等功能的植物神经相连,因此气味对身体各部分都会带来一定的影响。

1. 食品气味对呼吸器官的影响

主要是改变呼吸类型。例如,闻到香气人会不自觉的深长吸气;闻到可疑气味时呼吸短而强,以便鉴别气味;闻到恶臭则会下意识地暂停呼吸,然后再一点点试探;闻到辛辣气味会咳嗽等。

2. 食品气味对消化器官的影响

美好的食品香气,会促进消化器官运动和胃液分泌,使人产生腹鸣和饥饿感。不良的腐败臭气会抑制胃肠活动,使人食欲丧失或恶心呕吐。同样,增加饲料的风味也能促使动物喜食。

3. 食品气味对循环器官的影响

良好的气味会使人血管扩张、血压下降。心脏冠状动脉狭窄患者用戊基亚硫酸抢救,除了主要是药理作用外,气味也有影响。

4. 食品气味对生殖器官的影响

气味与性的关系已经引起人们的注意,这在动物中更为明显,许多动物是通过信息素的气味来寻找配偶的。实验表明,有些气味能促进子宫运动,有的则抑制,甚至会引起流产。

5. 食品气味对精神活动的影响

人们闻到美好气味会身心愉快,神清气爽,能解除紧张、疲劳的感觉,而恶臭会使人心烦、焦躁、丧失活动欲望。当人们在集中注意力工作时,气味的影响并不严重,但精神松弛时便会增加。

第四节 食品中的香气物质

食品的香气会增加人们的愉快感和引起人们的食欲,间接地增加人体对营养成分的消化和吸收,所以食品的香气极被人们所重视。

食品的香气是由多种呈香的挥发性物质所组成。食品中呈香物质种类繁多,但含量极微,其中大多数属于非营养性物质,而且耐热性很差,它们的香气与其分子结构有高度的特异性。

绝大多数食品均含有多种不同的呈香物质。任何一种食品的香气都并非由某一种呈香物质所单独产生的,而是多种呈香物质综合的反映。因此,食品的某种香气阈值会受到其他呈香物质的影响,当它们相互配合恰当时,便能发出诱人的香气,如果配合不当,会使食品的香气感到不协调,甚至会出现异常的气味。同样,食品中呈香物质的相对浓度,只能反映食品香气的强弱,但并不能完全地、真实地反映食品香气的优劣程度。因此,科学技术发展到今天,虽然有了能分析极微量成分和高度精密的检测仪器设备,但鉴定食品的香气仍离不开人们的嗅觉。

判断一种呈香物质在食品香气中起作用的数值称为香气值(发香值),香气值是呈香物质的浓度与它的阈值之比,即:

$$香气值 = \frac{呈香物质的浓度}{阈值}$$

一般当香气值低于 1 时,人们嗅感器官对这种呈香物质不会引起感觉。

一、植物性食品中的香气物质

1. 水果中的香气物质

水果中的香气物质比较单纯,具有浓郁的天然香气味,其香气中以有机酸酯类、醛类、萜类为主,其次是醇类、酮类和挥发性酸等。他们是植物体内经过生物合成而产生的,总含量在 400×10^{-6} 以下。水果香气物质随着果实的成熟而增加,一般成熟的葡萄中含有的香气物质有 88 种,苹果中近 100 种,人工催熟的果实不及在树上成熟的水果中香气物质含量高。

水果香气浓郁,基本是清香与芳香的综合。香蕉、苹果、梨、杏、芒果、菠萝和桃子在充分成熟时芳香气味浓而突出,草莓、葡萄、荔枝、樱桃在果实保持完整时气味并不浓,但打浆后气味也很浓,清香味突出。

水果香气物质类别较单纯,主要包括萜、醇、醛和酯类。

柑橘果实中萜、醇、醛和酯类较多,但萜类最突出,是特征风味的主要贡献者。例如,甜橙中的巴伦西亚橘烯、金合欢烯及桉叶 - 2 - 烯 - 4 - 醇,红橘中的麝香草酚(百里香酚)、长叶烯、薄荷二烯酮,柠檬中的 β - 甜没药烯、石竹烯和 α - 萜品烯等,这些物质的结构如图 10 - 14 所示。

巴伦西亚橘烯 桉叶-2-烯-4-醇 长叶烯 薄荷二烯酮 β-甜沿药烯

图 10 - 14　柑橘中几种萜类风味物的结构

苹果中的主要香气成分包括醇、醛和酯类。异戊酸乙酯、乙醛和反 2 - 己烯醛为苹果的特征气味物。

香蕉中的主要气味物包括酯、醇、芳香族化合物及羰基化合物等。以乙酸异戊酯为代表的乙、丙、丁酸与 $C_4 \sim C_6$ 醇构成的酯是香蕉的特征风味物。芳香族化合物有丁香酚、丁香酚甲醚、榄香素和黄樟脑等。它们的结构如图 10 - 15 所示。

图 10 – 15　香蕉中的几种芳香族香气物的结构

菠萝中酯类气味物十分丰富,己酸甲酯和己酸乙酯是其特征风味物。

桃子中酯、醇、醛和萜烯为主要香气成分。桃的内酯含量较高。桃醛和苯甲醛为其特征风味物。

不同品种的葡萄香气差别较大,玫瑰葡萄因含有丰富的单萜醇而特别香。葡萄中特有的香气物是邻氨基苯甲酸甲酯。而醇、醛和酯类是各种葡萄中的共有香气物类别。

草莓因品质易变,虽然已先后检测出 300 多种挥发性物质,并且已知头香成分主要是醛、酯和醇类,但哪些为特征香气成分尚未搞清楚。

西瓜、甜瓜等葫芦科果实的气味由两大类气味物支配,一是顺式烯醇和烯醛,二是酯类。

2. 蔬菜中的香气物质

除少数品种外,大多数蔬菜的总体香气较弱,但气味却多样。百合科蔬菜(葱、蒜、洋葱、韭菜、芦笋等)具有刺鼻的芳香;十字花科蔬菜(卷心菜、芥菜、萝卜、花椰等)具有辛辣气味;伞形花科蔬菜(胡萝卜、芹菜、香菜等)具有微刺鼻的特殊芳香与清香;葫芦科和茄科中的黄瓜、青椒和番茄等具有显著的清香气味,马铃薯也属于茄科蔬菜,具淡淡的清香气;食用菌则具有壤香香气等。

百合科蔬菜最重要的风味是含硫化合物。例如:二丙烯基二硫醚物(洋葱气味的化合物)、二烯丙基二硫醚(大蒜气味的化合物)、2 – 丙烯基亚砜(催泪而刺鼻的气味)和硫醇(韭菜中的特征气味物之一)。

十字花科蔬菜最重要的气味物也是含硫化合物。例如,卷心菜以硫醚、硫醇和异硫氰酸酯及不饱和醇与醛为主体风味物,萝卜、芥菜和花椰菜中的异硫氰酸酯是主要的特征风味物。

伞形花科的胡萝卜和芹菜的风味物中,萜烯类气味地位突出,他们和醇类及羰基化合物共同组成主要气味贡献物,形成有点刺鼻的清香。但芹菜的特征香气物是 3 – 丁烯苯肽、丙酮酸酰 – 3,顺 – 己烯酯和丁二酮。

黄瓜和番茄具有清鲜气味有关特征的气味物是 C_6 或 C_9 的不饱和醇和醛,例如青叶醇和黄瓜醛。青椒、莴苣(菊科)和马铃薯也具有清香气味,有关特征气味物包括吡嗪类。例如:青椒特征气味物主要是 2 - 甲氧基 - 3 - 异丁基吡嗪,马铃薯特征气味物之一是 3 - 乙基 - 2 - 甲氧基吡嗪,莴苣的主要香气成分包括 2 - 异丙基 - 3 - 甲氧基吡嗪和 2 - 仲丁基 - 3 - 甲氧基吡嗪。

青豌豆的主要香气成分是一些醇、醛和吡嗪类,罐装青刀豆的主要香气成分是 2 - 甲基四氢呋喃、邻甲基茴香醚和吡嗪类化合物。

鲜蘑菇中以 2 - 庚烯 - 4 - 醇和 1 - 庚烯 - 3 - 醇的气味贡献最大,而香菇中以香菇精为最主要的气味物,它是含硫杂环化合物。

甘蓝和芦笋解热后由蛋氨酸分解生成二甲硫醚;萝卜、油菜中主要是芥子苷分解的含硫化合物;黄瓜中主要香气物质为黄瓜醇和黄瓜醛。

3. 蔬菜和水果香气物的产生途径

蔬菜和水果中大部分风味物都是经生物合成而产生的。生物合成首先产生糖、糖苷、脂肪酸、有机酸、氨基酸和色素等风味物前体,之后,多数情况下是在生物体内(特别是在成熟期间)继续经生理生化作用而将前体物转变为风味物,少数情况下,只有在植物组织破碎时,经酶促变化才使前体物转化为风味物。

(1)脂肪酸经 β - 氧化途径产生风味物

从对梨风味的形成机制的研究中发现,脂肪酸的 β - 氧化是生物合成风味物的主要途径之一。可用图 10 - 16 简单表示这条途径。图中"继续反应"是指可进一步经过 β - 氧化途径产生分子量更小的挥发酯。由于机理与前面相同,就简单用"继续反应"表示。

图 10 - 16　通过脂肪酸 β - 氧化途径生物合成香气物质

(2)脂肪经酶促氧化产生风味物

在对番茄青鲜风味物形成机制的研究中发现,前体物亚麻酸和亚油酸可先经脂氧合酶催化氧化而生成脂肪酸的氢过氧化物,然后裂分为顺 3 - 己烯醛和己醛。这些羰基化物还可经化学反应而转变为醇、酸和酯。该途径如图 10 - 17 所示。

图 10 - 17 脂肪酸经酶促氧化而分解产生风味物

黄瓜中的黄瓜醇和黄瓜醛也是经此类途径产生。由亚麻酸开始,经脂氧合酶催化氧化为 9 位氢过氧化物,歧化裂分后产生的顺 3,顺 6 - 壬二烯醛经异构就产生了黄瓜醛,黄瓜醛还原后又产生黄瓜醇。

(3)氨基酸受转氨酶和脱羧酶作用转化为风味物

在对番茄和香蕉风味物的研究中发现:缬氨酸、亮氨酸和丙氨酸等氨基酸是一些含支链的脂肪族羰基化合物、醇、酸和酯类香气成分的前体。这些氨基酸先经转氨作用形成 α - 酮酸,α - 酮酸脱羧后产生比原氨基酸碳数少 1 的醛或酰基辅酶 A,最后经酶促反应或化学反应产生醇和酯,该途径可以图 10 - 18 表示。

图 10 - 18 亮氨酸转化为含支链的脂肪族风味物的一条途径

(4)蔬菜中 2 - 甲氧基 - 3 - 烷基吡嗪的产生途径

青椒、莴苣、豌豆、马铃薯、甜菜等蔬菜中都具有贡献青鲜气味的 2 - 甲氧基 - 3 - 烷基吡嗪,这些吡嗪的前体物质是亮氨酸、异亮氨酸和缬氨酸,这类风味物的生物合成途径可能如图 10 - 19 所示。

图 10 - 19　一些蔬菜中 2 - 甲氧基 - 3 - 烷基吡嗪的生成途径

（5）由莽草酸合成途径生成芳香族风味物质

莽草酸途径是生物合成芳香族氨基酸、芳香族有机酸、酚类物质及木质素等物质的重要生物合成途径之一。芳香族风味化合物即由这些产物经酶促及化学转化而生成。图 10 - 20 是这条途径的简明表示。

（6）萜类风味物的生物合成途径

萜类化合物是食品香料精油、水果和蔬菜中一类重要的香气物质。它们的生物合成是从乙酰辅酶 A 开始,经过缩合和还原生成甲瓦龙酸,再经焦磷酸化、脱羧和异构化而生成异戊烯基焦磷酸,然后由它缩合而产生种种萜类风味物,图 10 - 21 是这一途径的简要表示。

（7）葱属植物的含硫风味物的生成途径

葱属植物中的洋葱、大蒜和大葱的组织被破碎时,风味前体物受蒜氨酸酶的作用,立即转化生成主体风味物,这些风味物多为二硫醚、硫醚,还有一些含氧的硫化物。图 10 - 22 是大蒜中主要的含硫风味物的形成途径,葱和洋葱的含硫风味物的形成途径与之类似。

葱属植物中的含硫风味物的化学稳定性不高,所以葱、蒜等在煮熟后其辛辣风味大为减少,这些风味物这时转化为有甜味的硫醇。

图 10－20　莽草酸途径产生芳香族风味物的途径

（8）十字花科蔬菜中含硫风味物的产生途径

卷心菜、甘蓝、芥末、花椰菜、芜菁和小萝卜都以异硫氰酸酯等含硫化合物为主要风味物。这类风味物的前体(硫代葡萄糖苷)在组织受到破坏时受芥子酶作用及后续的化学变化就形成这类风味物,以小萝卜为例,有人认为这条途径如图10-23所示。

图 10-21　几种萜类风味物的生物合成途径

(9)其他途径

类胡萝卜素、糖苷、某些酚类物质、脂类、蛋白质和糖的热分解、氧化和水解都可能是产生植物性食品风味的途径。这些反应多发生在食品加工之中。例如,茶叶加工中,同时具备高温和氧化条件,茶叶的 β-胡萝卜素就会转化生成一些颇具特色的风味物,使茶叶展现出一定的甜、花、果和壤香。β-胡萝卜素的分解产物部分列于图 10-24 中。

图 10-22　大蒜中含硫风味物的形成途径

S-（2-丙烯基）-L-半胱氨酸亚砜

蒜氨酸酶

NH₃ + 丙酮酸

2-丙烯基次磺酸

化学反应

蒜素　愉快的蒜气味

2-丙烯基亚砜

典型的大蒜气味

图 10-23　小萝卜中含硫风味物的生成途径

一种硫代葡萄糖苷

4-甲硫基-3-丁烯基-异硫氰酸酯

5-甲硫基-4-戊烯基腈

图 10-24　β-胡萝卜素热分解及氧化分解产生的一些风味物

紫罗兰烯　　紫罗兰酮　　茶螺烷

β-大马宁酮　　变色素　　二氢海葵内酯

4. 植物性食品成熟、储藏和加工中香气成分的变化简介

大多数水果和蔬菜的风味物既然是由生物合成途径产生,那么成熟度对风味的影响总的来说就很好理解。一般来说,水果的风味在生理上充分成熟时最佳,蔬菜的风味与成熟度却关系甚远,不同蔬菜应该是在不同生长期采收的。为什么是这样,必需通过前面的学习才能较清楚地理解。

果蔬在采后储藏和加工阶段,其风味物主要经历储藏条件下的酶促变化、微生物活动造成的变化和加工条件下的酶促和化学变化。风味物在此期间总的变化趋势是:由少变多,再由多变少。开始由少变多,主要是各种前体物向风味物转变而引起,随后由多变少,主要是由于风味物挥发损失掉了,另外一些风味物也因转化为其他物质而失去。

果蔬在储藏加工中的风味物种类变化有时也很明显。例如,随着鲜水果的储藏期延长,青鲜风味逐渐减少而代之为成熟的水果芳香。这主要是由于水果在此间生物合成了更多挥发酯。又如:热加工使洋葱、大蒜的原有风味大部分失去。这主要是因为原有的含硫风味物被热分解。再如,果酒和腌制蔬菜虽然还都具有一些原料的风味,但主要风味特征是发酵风味。显然,这是由于发酵中有益微生物活动及陈酿中的化学变化产生了新的风味物所致。

二、动物性食品中的香气物质

生肉的风味是清淡的,但经过加工,熟肉的香气十足,统称为肉香。肉香具有种属差异,如牛、羊、猪和鱼肉的香气各具特色。种属差异主要由不同种肉中脂类成分存在的差异决定。不同加工方式得到的熟肉香气也存在一定差别,如煮、炒、烤、炸、熏和腌肉的风味各别具一格。各种熟肉中关键而共同的三大风味成分为硫化物、呋喃类和含氮化合物,另外还有羰基化合物、脂肪酸、脂肪醇、内酯、芳香族化合物等。牛排的香气成分已得到较全面的分析,各类风味物中已检测出的成分见表 10－3。

表 10－3　各类风味物中检测出的成分

类别	种类	类别	种类
脂肪族烃	73	氧化物	10
脂环族烃	4	芳香族(含苯环)化合物	86
萜类	8	硫化物(不包括六元环)	68
脂肪族醇	46	呋喃及衍生物	43
脂环族醇	1	噻吩及衍生物	40
脂肪族醛	55	吡咯及衍生物	20
脂肪族酮	44	吡啶及衍生物	17

续表

类别	种类	类别	种类
脂环族酮	8	吡嗪及衍生物	54
脂肪酸	20	恶唑(烷)类	13
内酯	32	噻唑(烷)类	29
脂肪族醚	27	六元环硫化物	13
脂肪族酯	5	未能清楚归类的混杂物	12
脂肪族胺	20		

猪和羊肉的风味物种类相对少于牛排,分别均已鉴定出 300 多种挥发物。与牛肉相比,猪肉的脂肪含量及不饱和度相对更高,所以猪肉的香气物中 γ 和 δ 内酯、不饱和羰基化合物和呋喃类化合物均比牛肉的含量高。加之猪肉中还具有由孕烯醇酮转化而来的 5α – 雄甾 – 16 – 烯 – 3 – 酮和 5α – 雄甾 – 16 – 烯 – 3 – 醇(它们具有似尿臭味),猪肉表现了与牛肉风味的一定差别。羊肉中脂肪、游离脂肪酸及其不饱和度都很低,但却含有一些特殊的带支链的脂肪酸(如 4 – 甲基辛酸、4 – 甲基壬酸和 4 – 甲基癸酸),所以羊肉的挥发性羰基化合物比牛肉还少,带有中等碳链长度的含支链脂肪酸特有的膻气。

鸡肉香气的特异性与它含有更多的中等碳链长度的不饱和羰基化合物相关。若去除 2 反,4 顺 – 癸二烯醛和 2 反,5 顺 – 十一碳二烯醛等风味物,鸡肉的独特香气就失去。

新鲜鱼有淡淡的清鲜气味,这是鱼体内含量较高的多不饱和脂肪酸受内源酶作用产生的中等碳链长度不饱和羰基化合物发出的气味。例如 1,5 – 辛二烯 – 3 – 酮就是这类成分之一。商品鱼带有逐渐增多的腥气,这是因为鱼死后,在腐败菌和酶的作用下,体内固有的氧化三甲胺转变为三甲胺,ω – 3 不饱和脂肪酸转化为 2,4 – 癸二烯醛和 2,4,7 – 癸三烯醛,赖氨酸和鸟氨酸转化为六氢吡啶及 α – 氨基戊酸的结果。熟鱼肉中鲜味成分丰富,由高度不饱和脂肪酸转化产生的风味物质相对丰富,但由于鱼肉质构易受热破坏,加工中受热时间比其他动物肉短,所以与家畜和家禽熟肉的风味差异很大。

(一)肉香气产生的途径

1. 概述

人们对肉香气既喜爱又保守,只在心理上已习惯的范围内接受其有限变化。事实上,肉香气物的前体也是相当固定的,它们是各种生肉中共同具有的氨基酸、糖类、脂类和硫胺素等,这些氨基酸主要来自肌肉蛋白的水解,因此种类很固定。糖类种类也很固定,一般为葡萄糖和核糖及糖原和糖蛋白分解的糖。不同种属的生肉中硫胺素的含量都较高,例如牛、猪、羊、鸡肉中硫胺素的含量分别约 0.07、0.53、0.07 和 0.03 mg/100g。所以,这三类风味物前体在各种动物肌肉中的含量和种类是很相似的,只有脂类成分的含量及种类具有明显的种属差异。

由前体到香气物的转化是复杂的,加热是最主要的变化条件,由此引起的变化包括:脂类的热氧化降解、美拉德反应、斯特雷克尔降解、硫氨素热解、糖的热解以及这些反应产物间的二次反应。

不同肉制品的加热方式不同,油炸工艺的特点是温度高、换热快和加热时间短;煮炖工艺的特点是水分充足、温度较低而恒定和加热时间长;烤制工艺的特点是水分少、温度很高和加热时间长;烹炒工艺的特点是上述 3 种工艺特点的复合。由于工艺不同,从前体物向香气物转化的条件以及产品的香气必然产生一定差别。

熏烟是一种肉品保质和提高风味的加工方法。熏烟过程中,木材分解产生的小分子酚类羰化物、脂肪酸、醇和硫化物等会吸附在肉中,它们或直接作为熏肉的风味物,或参与肉中的化学变化而产生风味物,从而形成熏肉的特有香气。

香肠类肉制品的制作中有一个长期的熟化过程,此间蛋白质和脂类发生水解和某种程度的氧化,有些香肠此间还有发酵过程,因此,积累了大量和更丰富的风味物前体。在加热变为成品的时候,产生了比一般肉制品更为丰富的风味物(特别是羰化物和游离脂肪酸),因此具有独特风味。

2. 非酶褐变途径生成肉风味物

虽然还不能说美拉德反应、糖的热解及斯特雷克尔降解是产生熟肉风味的最关键反应,但大量研究说明这些非酶褐变反应是产生肉风味的重要途径之一。其产生风味的过程可用图 10 – 25 更全面的表示。

图 10 – 25　非酶褐变反应途径产生风味物

　　由于非酶褐变反应中每一个具体的反应的活化能各不相同,所以在不同条件下发生非酶褐变时,各类风味产物的生成比例就不同。在较低温度下噻吩的生成反应速度慢于吡嗪和吡咯的生成反应速度,但在较高温度下噻吩的生成反应速度却最快。

3. 脂肪热氧化途径产生风味物

　　脂肪的热氧化分解反应是肉香气产生的重要反应之一。这类反应以自由基反应的机理进行。从脂肪酸羰端变化产生风味物和从不饱和脂肪酸烯丙基位开始变化产生风味物的机理分别如图 10 – 26 和图 10 – 27 所示。

图 10 – 26　从脂肪酸的羰基端开始热氧化生成一些风味物的机理

图 10 – 27　不饱和脂肪从脂肪酸链的烯丙基位置开始热氧化生成一些风味物的机理

4. 肉的热分解产物间二次反应产生风味物的途径

　　肉在受热中可产生 H_2S、NH_3、小分子羰化物、小分子呋喃类化合物等多种物质,除了直接作风味贡献外,它们之间再次反应可生成更多具有肉风味特征的风味物。这些中间物质的生成反应和它们间的二次反应可分别以图 10 – 28 和图 10 – 29 表示。

（a）HSCH$_2$CHCOOH（半胱氨酸）$\xrightarrow{\text{加热，}-H_2S}$ CH$_3$SCCOOH $\xrightarrow{H_2O,-NH_3}$ CH$_3$CCOOH $\xrightarrow[\text{加热}]{-CO_2}$ CH$_3$CHO（乙醛）

$\xrightarrow{\text{加热，}-CO_2}$ HSCH$_2$NH$_2$ $\xrightarrow{H_3CHO}$ $\xrightarrow{-H_2O}$

（b） 丙（亮，苯丙等）$\xrightarrow[\text{斯特雷克尔降解}]{\text{加热}}$ 乙（异戊，苯乙等）醛+CO$_2$+RCCH$_2$R

（c） 5-磷酸核酸（葡萄糖，果糖等）$\xrightarrow[\text{机理尚未明确}]{\text{加热}}$ +（其他呋喃类化合物）

（d） 谷酰胺 $\xrightarrow{\text{加热，}H_2O}$ 谷氨酸+NH$_3$

（e） 硫氨素 $\xrightarrow{\text{加热，pH>7}}$ $\xrightarrow{\text{加热}}$

$\xrightarrow[H_2O]{\text{加热}}$ $5<$pH,7

+S+H$_2$S +

图 10 – 28　由（a）半胱氨酸、（b）氨基酸和还原酮、（c）糖类等物质、（d）酰胺类、（e）硫氨素受热分解而产生一些风味物和小分子的机理

（二）乳品的香气物质及其产生途径

1.乳品的香气物质简介

乳制食品种类较多,商业意义较大的有:鲜奶、稀奶油、黄油、奶粉、发酵黄油、炼乳、酸奶和干酪。

鲜奶、稀奶油和黄油的香气成分基本都是乳中固有的挥发性成分(表 10 – 4),它们的差异来自特定分离时鲜乳中的风味物,这些风味物由于水溶性和脂溶性不同而进入不同产品。鲜奶被离心分离时,脂溶性成分更多地随稀奶油而分出,由稀奶油转化为黄油时,被排出的水又把少量的水溶性风味物带去。因此,中长链脂肪酸、羰化物(特别是甲基酮和烯醛)在稀奶油和黄油中就比在鲜奶中含量高。

图 10-29　热加工中肉里产生的小分子通过二次反应产生风味物的机理
（本图中的产物有些已经在肉中检出,有些只在模拟实验体系中产生）

表 10-4　从牛奶、鲜奶油、黄油中测出的主要香气物质

酸类	内酯类
C2,4,6,…,18 烷酸	醇类
C10,12,…,18 单烯酸	C4~10 烷醇
C18 二烯酸	
C18 三烯酸	
C4,6,8,15,16,17 异烷酸	
C10~13 酮酸	
C10~16 羧酸	

酸类	内酯类
醛类 　C4～12 烷醛 　C4～12 烯醛 　2 - 甲基苯醛苯酚 　2 - 甲基丁醛 　4 - 顺式 - 庚烯醛	酮类 　C3～18 - 2 - 烷酮 　丁二酮 　3 - 羟基 - 2 - 丁酮 　C6～18δ 内酯 　C8～16γ 内酯
酯类 　C1,2,4,5,6,7,8,9,10,11,12,16 酸甲酯 　C1,2,4,5,6,7,8,9,10,12 酸乙酯 　苯甲酸甲酯 　硫化物 　二甲硫醚 　硫化氢 　甲硫醇 　甲基磺酰甲烷	其他 　糠醛 　苯酚 　m - 甲酚 　P - 甲酚 　香兰素 　麦芽酚

奶粉和炼乳的加工中,奶中固有的一些香气物因挥发而部分损失,加热又产生了一些新的风味物。例如,脱脂奶粉中糠醛、丁酸 - 2 - 糠醇酯、烷基吡嗪、N - 乙基 - 2 甲酰吡咯、邻甲基苯、苯甲醛和水杨醛的增加使脱脂奶粉具有不新鲜的气味。甲基酮和烯醛等气味成分也在奶粉与炼乳中增加。加热产生这些风味的反应包括美拉德反应、脂肪氧化和一些二次反应。

发酵乳品是利用一些专门的微生物作用来制造的。例如发酵黄油利用了乳酸链球菌或嗜橙明串球菌等,在它们的作用下,发酵黄油中除产生了较多乳酸外,还产生了二羟丙酮、3 - 羟丁酮、乙醛等气味物,使风味发生较大变化。又如酸奶利用了嗜热乳链球菌和保加利亚乳杆菌发酵,脱脂乳受它们的作用后,除慢慢形成凝胶外,还产生了乳酸、乙酸、异戊醛等重要风味成分。其中乙醇与脂肪酸形成的酯给酸奶带来了一些水果气味。酸奶制作中,消毒和杀菌必然也影响到风味,比如会引起羰化物含量波动。酸奶后熟中,在酶促作用下产生的丁二酮已被证明是酸奶重要的特征风味成分。

干酪的制作中常使用混合菌发酵,例如嗜热乳链球菌、乳酸链球菌、乳脂链球菌和干酪杆菌等。它们一方面促进凝乳,另一方面在后熟期间促进产生香气物质。另外,干酪加工中常引入脂酶,目的是水解乳脂,增加脂肪酸对风味的贡献。奶酪的风味在乳制品中最丰富,它们包括:游离脂肪酸、β - 酮酸、甲基酮、丁二酮、醇类、酯类、内酯类和硫化物等。

乳品加工和储藏方法不当,常出现异味。例如:长期暴露于空气中会产生氧化臭味,暴露在日光下会产生日晒气味(卷心菜气味),杂菌在发酵乳中增多时会引起丁酸等增高而引起酸败气味等。

2. 乳品中一些风味物的产生途径

（1）二甲硫醚的生成途径

二甲硫醚的阈值很小，所以是乳品中贡献较大的风味物。它的含量随饲料中的蛋氨酸添加量增加而增加，牛奶经过加热，它的含量也增加，所以认为其前体物质是 S–甲基蛋氨酸硫盐。从前体向二甲硫醚的转化反应如图 10–30 所示。

$$(CH_3\overset{+}{\underset{CH_3}{S}}CH_2\underset{NH_2}{CHCOOH})X^-\xrightarrow{H_2O}CH_3SCH_3 + HOCH_2CH_2\underset{NH_2}{CHCOOH}$$

　　　　　S–甲基蛋氨酸硫盐　　　　二甲硫醚　　　高丝氨酸

图 10–30　前体向二甲硫醚的转化反应

（2）乳品受热中产生风味物的途径

乳中含有氨基酸、蛋白质、乳糖、乳脂和硫氨素等成分，在加工乳品的受热过程中它们会发生非酶褐变、热氧化和热分解以及这些反应产物的二次反应而生成加热乳品的一部分风味物。

（3）发酵乳品中丁二酮、乙醛、乙酸、乙醇和乳酸的产生途径

丁二酮、乙醛和乙酸是发酵乳品（酸奶和发酵黄油）特征风味的主要贡献成分。它们的产生是乳酸菌作用的结果。乳酸发酵分为同型和异型两种。同型乳酸发酵菌可使每分子乳糖转化为两分子乳酸，而异型乳酸发酵菌则使每分子乳

图 10–31　发酵乳制品中丁二酮、乙酸、乳酸、乙醛和乙醇的生成途径

糖转化为一分子乳酸的同时还产生乙醇或乙酸。丁二酮的产生是这种发酵的一个副产物。它主要从柠檬酸开始,经过两条途径而生成。图 10-31 表示了这些风味物的形成途径。

(4)干酪中脂肪酸的产生途径

干酪中存在有多种含量大多低于各自阈值的脂肪酸,其中,中等链长的脂肪酸对干酪风味来说是必不可少的。这些脂肪酸是乳脂经脂酶水解而产生的。脂酶来源于奶中固有、发酵微生物产生和人为添加。水解反应如图 10-32 所示:

$$乳脂 \xrightarrow{脂酶} 中(和短)碳链脂肪酸 + \beta-酮酸 + 长碳链脂肪酸$$

$$\downarrow 酶,CO_2$$

$$甲基酮$$

图 10-32　乳脂的水解反应

从上式可知,这条途径也同时产生一部分甲基酮。另外,生成的脂肪酸中有少量 δ-羟基脂肪酸和不饱和脂肪酸,后者经酶催化又可产生一些羟基脂肪酸,而羟基脂肪酸又会在加热等条件下形成内酯。内酯的产生会带来明显的风味特征,一些人很喜爱,另一些人不喜欢。

(5)氧化臭气物的产生途径

乳品不应长期暴露在空气中,否则会出现氧化臭气。这是乳中不饱和脂肪酸经自动氧化反应产生了 α,β-不饱和醛所致。乳中微量存在的 Cu^{2+} 和 Fe^{3+} 等可促进这一反应。几个阈值很低的此类风味物的生成反应式如图 10-33 所示。

$$多不饱和脂肪(或脂肪酸) \xrightarrow[自动氧化]{O_2} 2-辛烯醛(或 2-壬烯醛或 2,5-辛二烯醛)$$

图 10-33　多不饱和脂肪的氧化反应

(6)日晒气味物的产生途径

乳品不应暴露在日光下,否则会出现日晒气味。这是由于乳中蛋氨酸在日光和核黄素作用下分解,产生硫化物和丙烯醛所致。有关反应见图 10-34。

$$CH_3S(CH_2)_2-CHCOOH \xrightarrow{h_v, V_{B_2}O_2} CH_3S(CH_2)_2CHO + CO_2 + NH_3$$

$$\begin{vmatrix} \\ NH_2 \end{vmatrix} \qquad \begin{vmatrix} \\ S-甲硫基丙醛 \end{vmatrix}$$

$$CH_3-S-S-CH_3 \longleftarrow H_3CSH + H_2C=CHCHO$$

$$二硫醚 \qquad 甲硫醇 \qquad 丙烯醛$$

图 10-34　乳品中日晒风味物的生成途径

(三)水产品的风味

水产品包括鱼类、贝类、甲壳类的动物种类,还包括水产植物等。每种水产品的风味因新鲜程度和加工条件不同而丰富多彩。

动物性水产品的风味主要由嗅感香气和鲜味共同组成。

1. 新鲜鱼类和海产品的风味

最近研究证明刚刚捕获的鱼和海产品具有令人愉快的植物般的清香和甜瓜般的香气。这类香气来源于 C_6、C_8 和 C_9 的醛类、酮类和醇类化合物,这些化合物是由长链不饱和脂酸经酶促氧化生成的产物。如花生四烯酸在 1,5-脂肪氧合酶作用下生成氢过氧化物中间体,再被裂解酶或经歧化反应生成 C_6 系列挥发性香气物质,主要是顺-3-己烯醛或己醛。在大多数海产品中发现有 C_8 系列的醇类和酮类,它们使鱼具有特别的植物般香味。

鱼和海产品的种类很多,新鲜度也差别很大。随着新鲜度变化而改变的风味物质导致了鱼的风味有较大差异。过去人们一直认为鱼腥味与三甲胺有关系,但单纯三甲胺仅有氨味和鱼腥味。在酶作用下,氧化三甲胺可降解成三甲胺和二甲胺,该化合物经改性后能增强鱼腥味。只有在海产品中才发现有相当数量的氧化三甲胺,很新鲜的鱼基本不含三甲胺。

当鱼新鲜度降低,会形成腥臭气味。鱼腥味的特征成分是存在鱼皮黏液内的 δ-氨基戊酸、δ-氨基戊醛和六氢吡啶类化合物共同形成。在鱼的血液内也含有 δ-氨基戊醛。在淡水鱼中,六氢吡啶类化合物所占的比重比海鱼大,这些腥气特征化合物的前体物质,主要是碱性氨基酸,所以在烹调时加入食醋可消除腥味。鱼臭是鱼表皮黏液和体内含有的各种蛋白质、脂肪等在微生物的作用下,生成了硫化氢、氨、甲硫醇、腐胺、尸胺、吲哚、四氢吡咯、六氢吡啶等化合物。

在被称为氧化鱼油般的鱼腥气味中,还有部分来自 ω-3-不饱和脂肪酸自动氧化而生成的羰基化合物,鱼油中含有丰富的多不饱和脂肪酸,如亚麻酸(18:3ω3)、花生四烯酸(20:5ω3)和二十二碳六烯酸(22:6ω3,即 DHA)是鱼油中 3 种主要不饱和脂肪酸,它们容易发生自动氧化反应,产生焦味、鱼腥味,例如 2,4-癸二烯醛、2,4,7-癸三烯醛等,后者即使质量分数很低,也带有鱼腥味。

2. 冷冻鱼和干鱼的呈味成分

和鲜鱼相比,冷冻鱼的嗅感成分中羰基化合物和脂肪酸含量有所增加,其他成分与鲜鱼基本相同,干鱼那种清香霉味,主要是由丙醛、异戊醛、丁酸、异戊酸产生,这些物质也是通过鱼的脂肪发生自动氧化而产生的。鱼死亡后,肉质变化与畜肉变化类似,但由于鱼肉的变化速度较快,所以除部分瘦肉外,一般鱼死亡不久,鱼肉的品质便很快变差,加之鱼肉中不饱和脂肪酸含量比畜肉高,更容易引起氧化酸败,新鲜度降低很快。所以,新鲜鱼加工时,应及时处理,防止产生不良的腐败臭气。

3. 熟鱼和烤鱼的香气成分

熟鱼和鲜鱼比较,挥发性酸、含氮化合物和羰基化合物的含量都有所增加,并产生熟鱼的诱人的香气。熟鱼的香气形成途径与其他畜禽肉类相似,主要是通过美拉德反应、氨基酸降解、脂肪酸的热氧化降解以及硫胺素的热解等反应生成,各种加工方法不同,香气成分和含量都有差别,形成了各种制品的香气特征。

烤鱼和熏鱼的香气与烹调鱼有差别,如当不加任何调味品烘烤鲜鱼时,主要是鱼皮及部分脂肪、肌肉在加热条件下发生的非酶褐变,其香气成分较贫乏;若在鱼体表面涂上调味料后再烘烤,来自调味料中的乙醇、酱油、糖也参与了受热反应,羰基化合物和其他风味物质含量明显增加,风味较浓。

4. 其他水产品的香气成分

甲壳类和软体水生动物的风味,在很大程度上取决于非挥发性的味感成分,而挥发性的嗅感成分仅对风味产生一定的影响。例如蒸煮螃蟹的鲜味,可用核苷酸、盐和 12 种氨基酸混合便可重现,如果在这些呈味混合物基础上,加入某些羰基化合物和少量三甲胺,便制成酷似螃蟹的风味产品。海参具有令人产生好感的风味,其清香气味的特征化合物有 2,6 - 壬二烯醇、2,7 - 癸二烯醇、7 - 癸烯醇、辛醇、壬醇等,产生这些物质的前体物是氨基酸和脂肪。

三、焙烤食品中的香气物质

人们已很熟悉飘荡在焙烤或烘烤食品中的愉快的香气。例如:面包皮风味、爆玉米花气味、焦糖风味、坚果风味、爆竹气味都是这类风味。通常,当食品色泽从浅黄变为金黄时,这种风味达到最佳,当继续加热使色泽变褐时就出现了焦糊气味和苦辛滋味。

焙烤或烘烤香气似乎是综合特征类香气。吡嗪类、吡咯类、呋喃类和噻唑类中都发现有多种具有此类香气的物质,而且它们的结构有明显的共同点。在气味和气味物的关系那节中已介绍了这种共同结构,图 10 - 35 是更多此类物质的结构、名称和香气。

然而,还没有依据来说明实际的焙烤或烘烤食品的主要香气贡献成分是由哪几种挥发物组成,因为在任何一种焙烤或烘烤而制成的食品中都发现了非常多的香气成分。据报道,焙烤可可中已测出 380 种以上香气成分,烘烤咖啡豆中

图 10 – 35　一些具有焙烤（或烘烤）气味的化合物

已测出 580 种以上香气成分,炒花生中已测出 280 种以上的香气成分,炒杏仁中已测出 85 种香气成分,烤面包皮中已测得 70 多种羰化物和 25 种呋喃类化合物及许多其他挥发物质。

　　不同焙烤或烘烤食品中气味物的种类各不相同,但从大的类别看,多有相似之处。比如,它们多富含呋喃类、羰化物、吡嗪类、吡咯类及含硫的噻吩、噻唑等。

　　1. 焙烤或烘烤食品香气物的产生途径

　　焙烤或烘烤食品的香气物质主要在食品烘烤中产生,它们的前体物质非常广泛,比如:蛋白质、氨基酸、糖、脂类、绿原酸、阿魏酸、胡芦巴碱、高级醇、木质素等。一些前人研究过的有关反应包括:

　　①非酶褐变与斯特雷克尔降解生成挥发醛;

　　②非酶褐变与其中间产物的环化和再脱水;

　　③吡咯的形成途径。

　　不同研究者分别提出了多种吡咯生成的途径。总得来说,非酶褐变仍然是吡咯形成的关键反应。图 10 – 36 是一些经此途径生成吡咯的机理。

图 10-36 吡咯的形成机理

（1）吡啶的形成途径

非酶褐变产生的醛与氨或氨基酸反应就可产生吡啶。已提出多种机理说明吡啶如何生成，如图 10-37 所示。

图 10-37 吡啶的形成途径

（2）噻吩的形成途径

非酶褐变中间产物和含硫氨基酸降解产物之间发生反应就可产生噻吩。下边举两例说明，如图 10-38 所示。

图 10-38 噻吩的形成途径

（3）噻唑的形成途径

非酶褐变中间产物和含硫氨基酸降解产物之间发生反应也是形成噻唑的主要途径，如图10－39所示。

图10－39 噻唑的形成途径

（4）多硫环化物的形成途径

在焙烤或烘烤食品中产生多硫环化物的途径与在肉中产生该类化合物的途径基本相同，不再赘述。

（5）吡嗪类的生成途径

吡嗪类化合物的生物合成已在水果和蔬菜的风味物生成途径一节介绍，这里介绍在加工中的生成途径。热加工中，非酶褐变产生的邻二羰基化合物与氨基酸发生斯特雷克尔降解是最基本的吡嗪生成途径，图10－40给出了这条途径的机理。

图10－40 （a）斯特雷克尔降解和（b）吡嗪的生成机理

（6）其他固有成分向风味物的转化途径

根据对咖啡香气物的研究，在烘烤中，由于高温和氧化作用，原料中的固有萜类会转化产生更多种挥发萜类，原料中的生物碱可转化为吡咯和吡啶类风味物，原料中的绿原酸和奎尼酸可转化为多种酚类风味物。这些反应的例子见图10－41。

图 10-41 咖啡中的一些固有物质在烘烤中向风味物的转化

四、发酵类食品的香气物质

1. 发酵食品的香气物及其产生途径简介

1.1　发酵食品的香气物简介

常见的发酵食品包括酒类、酱类、食醋、发酵乳品、香肠等。

我国酿酒历史悠久,名酒极多,如茅台酒、宋河、仰韶等。根据吴天祥、冯俊旗等对名酒的香气成分分析比较,宋河酒的主要呈香物质为己酸乙酯及乳酸乙酯,而茅台酒的主要呈味物质是乙酸乙酯及乳酸乙酯,见表10-5。

表 10 - 5　宋河酒与茅台酒的挥发成分(单位:mg/100mL)

成分	宋河	茅台	成分	宋河	茅台
乙醇	0.036	0.049	β - 苯乙醇	痕迹	0,003
丙酮	0.003	0.004	甲酸乙酯	痕迹	痕迹
3 - 羟基丁酮	0.006	0.008	乙酸乙酯	0.064	0.139
甲醇	0.003	0.003	正丁酸乙酯	痕迹	痕迹
正丙醇	0.009	0.075	异戊酸乙酯	痕迹	痕迹
正丁醇	0.005	0.006	己酸乙酯	0.172	0,017
异丁醇	0.008	0.012	乳酸乙酯	0.104	0.080
仲丁醇	0.001	0.004	壬酸乙酯	0.007	0.014
叔丁醇	痕迹	痕迹	癸酸乙酯	0.015	0.093
正戊醇	痕迹	痕迹	丙二酸乙酯	痕迹	痕迹
异戊醇	0.034	0.048	琥珀酸乙酯	痕迹	痕迹
仲戊醇	0.002	0.001	正己醇	0.002	痕迹
叔戊醇	痕迹	痕迹	正庚醇	痕迹	痕迹

数据来源:食物风味的奥秘,中国食品出版社,1987。

在各种白酒中已鉴定出300多种挥发成分,包括醇、酯、酸、羰化物、缩醛、含氮化合物、含硫化合物、酚、醚等。前4类成分多样,含量也最多。乙醇和挥发性的直链或支链饱和醇是最突出的醇,乙酸乙酯、乳酸乙酯和己酸乙酯是主要的酯,乙酸、乳酸和己酸是主要酸,乙缩醛、乙醛、丙醛、糠醛、丁二酮是贡献较大的羰基化合物。

啤酒中也已鉴定出300种以上的挥发成分,但总体含量很低,对香气贡献大的是醇、酯、羰化物、酸和硫化物。

发酵葡萄酒中香气物更多(350 种以上),除了醇、酯、羰化物外,萜类和芳香族类的含量比较丰富。

酱油的香气物包括醇、酯、酸、羰化物、硫化物和酚类等。醇和酯中有一部分是芳香族化合物。

食醋中酸、醇和羰化物较多,其中乙酸含量高达 4% 左右。

乳制品的风味前文已介绍。香肠中与微生物活动有关的风味物目前资料太少,总的风味物比一般熟肉更丰富,这在前文中已介绍。

面包的风味物中也包括酵母活动的产物,但许多微生物活动产生的挥发物在焙烤中挥发损失,而焙烤过程又产生了大量焙烤风味物。总之,面包的香气物包括醇、酸、酯、羰化物、呋喃类、吡嗪类、内酯、硫化物及萜烯类化合物等。

1.2 发酵风味物的生成途径

发酵食品都包含着发酵风味,这主要和微生物活动有关。酒类主要依赖酵母菌发酵,酱类利用曲霉、乳酸菌和酵母发酵,食醋利用酵母和醋酸菌发酵,酸菜和乳制品主要利用乳酸菌发酵,面包主要利用酵母发酵。发酵中,微生物产生的酶使原料成分生成小分子,这些分子又经不同时期的化学反应而生成更多种风味物。

发酵食品的后熟阶段常对风味有较大贡献。该阶段中,残存酶的作用以及长期而缓慢地化学变化产生了许多重要的风味成分。

微生物能产生氧化还原酶类、水解酶类、异构化酶类、裂合酶类、转移酶类和连接酶类,由这些酶联合进行的发酵反应是如何形成发酵风味物的,目前了解的还很有限。下面仅举几个例子。

（1）酯的形成

啤酒中有 80 多种酯,现已知大部分来自微生物酶的作用。形成反应如下图10 - 42 所示。

$$微生物代谢 \longrightarrow 酸 + 乙醇 + 胞外醇 \xrightarrow{体外酶促反应} \begin{matrix} 乙酸乙酯 \\ 丁酸乙酯 \\ 己酸乙酯等 \end{matrix}$$

图 10 - 42　啤酒中酯的形成反应

（2）高级醇的形成

酒中高级醇的产生是在微生物酶的作用下先合成氨基酸,再转化氨基酸而产生的,可用下图 10 - 43 表示。

$$\text{糖} \xrightarrow{\text{EMP}} \text{丙酮酸} \longrightarrow \text{氨基酸} \xrightarrow{\text{转氨酶}} \text{R}-\overset{\overset{\displaystyle O}{\|}}{C}-\text{COOH}$$

$$\text{R}-\overset{\overset{\displaystyle O}{\|}}{C}-\text{COOH} \xrightarrow{\text{酶}} \text{RCHO} \xrightarrow{\text{酶}} \text{RCH}_2\text{OH}$$

图 10-43　高级醇的形成反应

这条途径里缬氨酸转变为异丁醇,亮氨酸转化为异戊醇,异亮氨酸转化为 2-甲基丁醇,蛋氨酸转化为 3-甲硫基丙醇,苯丙氨酸转化为苯乙醇等。

（3）醛和甲基酮的形成

原料脂肪或微生物脂肪受微生物酶的催化,先水解为脂肪酸,再转变为氢过氧化物,然后分解为甲基酮或醛。

（4）内酯的形成

微生物可使一些氨基酸转化为内酯,如图 10-44 所示。

$$\text{HOOC}\overset{\overset{\displaystyle NH_2}{|}}{\diagup}\text{COOH} \xrightarrow{\text{酶}} \text{OHC}\diagup\text{COOH} \xrightarrow{\text{酶}} \overset{OH}{\diagup}\text{COOH} \longrightarrow \text{（内酯环）}$$

图 10-44　内酯的形成反应

1.3　主要发酵食品及其香气物质

（一）白酒

白酒的芳香物质已经鉴别出 300 多种,主要成分包括:醇类、酯类、酸类、羰基化合物、酚类化合物及硫化物等。以上这些物质按不同比例相互配合,构成各种芳香成分。我国按风味成分将白酒分成 5 种主要香型(表 10-6)。

表 10-6　白酒的香型

香型	代表酒	香型特点	特征风味物质
浓香型	五粮液、泸州大曲	香气浓郁、纯正协调、绵甜爽净、回味悠长	酯类占绝对优势,其次是酸,酯类以乙酸乙酯、乳酸乙酯、己酸乙酯最多
清香型	山西汾酒	清香纯正、入口微甜、干爽微苦、香味悠长	几乎都是乙酸乙酯、己酸乙酯
酱香型	茅台、郎酒	优雅的酱香、醇甜绵柔、醇厚持久、空杯留香时间长、口味细腻、回味悠长	乳酸乙酯、己酸乙酯比大曲少;丁酸乙酯增多。高沸点物质、杂环类物质含量高,成分复杂
米香型	桂林三花	香气清爽	香味成分总量较少、乳酸乙酯、β-苯乙醇含量相对较高
风香型	西凤酒	介于浓香和清香之间	己酸乙酯含量高、己酸乙酯和乳酸乙酯比例比较恰当

1. 醇类化合物

白酒中香气成分中含量最大的是醇类物质,其中以乙醇含量最多,它是通过淀粉类物质经酒精发酵得来。除此之外,还含有甲醇、丙醇、2-甲基丙醇、正丁醇、正戊醇、异戊醇等。除甲醇外,这些醇统称为高级醇,又称高碳醇。高碳醇含量的多少,决定了白酒风味的好坏。高碳醇来源于氨基酸发酵,故酒类发酵原料要有一定蛋白质。果酒发酵因氨基酸少,生成的高碳醇较少;白酒及啤酒发酵,高碳醇直接从亮氨酸、异亮氨酸等转化而成,反应如下。

$$H_3C-CH-\underset{CH_3}{\overset{H_2}{CH}}-CH-\underset{NH_2}{\overset{O}{\overset{\|}{C}}}-OH+H_2O \longrightarrow H_3C-CH-\underset{CH_3}{\overset{H_2}{C}}-CH_2-OH+NH_3+CO_2$$

亮氨酸   异戊醇

图 10-45   亮氨酸转变为异戊醇的反应

好酒的高碳醇含量稍高,且比率适当。如果高碳醇含量过高,会产生不正常风味。

2. 酯类化合物

白酒中的酯类化合物主要是发酵过程中的生化反应产物,此外,也可以通过化学合成而来。酯类的含量、种类和它们之间的比例关系,对白酒的香型、香气质量至关重要。白酒的香型基本是按酯类的种类、含量以及相互之间的比例进行分类的。例如:在浓香型白酒中,它的香气主要是由酯类物质所决定,酯类的绝对含量占各成分含量之首,其中己酸乙酯的含量又占各微量成分之冠,己酸乙酯的香气占主导;清香型白酒的香味组分仍然是以酯类化合物占绝对优势,以乙酸乙酯为主。

酯类的来源有:

①酵母的生物合成,是酯类生成的主要途径。

$$R-COOH + CoA-SH + ATP \longrightarrow R-CO-S-CoA + AMP + ppi$$

$$R-CO-S-CoA + ROH \longrightarrow R-CO-OR + CoA-SH$$

②白酒在蒸馏和储存过程中发生酯化反应。在常温下酯化速度很慢,往往十几年才能达到平衡。因此,随着酒储存期的延长,酯类的含量会增加(表10-7)。这也是经陈酿酒比新酿造的酒香气浓的原因。一般优质酒都经多年陈酿。

表 10-7 蒸馏酒储藏时间与酯化率的关系

储藏期	8个月	2年	3年	4~15年
酯化率/%	34	36	62	64

3. 酸类化合物

有机酸类化合物在白酒中是重要的呈味物质,它们的种类很多,有含量相对较高、易挥发的有机酸,如乙酸、丁酸、己酸等;有含量中等的含 C_3、C_5、C_7 的脂肪酸;有含量较少、沸点较高的 C_{10} 或 C_{10} 以上的高级脂肪酸,如油酸、亚油酸、棕榈酸等。酸类化合物本身对酒香直接贡献不大,但具有调节体系口味和维持酯的香气的作用,也是酯化反应的原料之一。这些酸类一部分来源于原料,大部分是由微生物发酵而来。带侧链的脂肪酸一般是通过 α-酮酸脱羧生成,这些带侧链的酮酸,则是由氨基酸的生物合成而来。

4. 羰基化合物

羰基化合物也是白酒中主要的香气成分。茅台酒中羰基化合物最多,主要有乙缩醛、丙醛、糠醛、异戊醛、丁二酮等。大多数羰基化合物由微生物酵解而来。

酒中的乙醇和乙醛缩合生成柔和香味的缩醛:

$$R-CHO + 2R'OH \longrightarrow R-CH(OR')_2 + H_2O$$

除上述主要形成途径外,少数羰基化合物可以在酒的蒸馏过程中通过美拉德反应或氧化反应生成。酒中的双乙酰及 2,3-戊二酮是酵母正常的新陈代谢产物。在酿造酒和蒸馏酒中均含有双乙酰,它对酒类的口味和风味有重要影响,当含量在 2~4 mg/kg 时,能增强酒的香气强度,含量过高时会使酒产生不正常气味。双乙酰由如下途径形成:

① $CH_3CHO + CH_3COOH \longrightarrow CH_3COCOCH_3$

②由乙酰辅酶 A 和活性乙醇缩合而成。

$$辅酶 A + 乙酸 \longrightarrow 乙酰辅酶 A$$

$$乙酰辅酶 A + 活性乙醇 \longrightarrow 双乙酰 + 辅酶 A$$

③α-乙酰乳酸的非酶分解:

$$丙酮酸 + 活性乙醛 \longrightarrow \alpha-乙酰乳酸 \xrightarrow{\text{非酶水解}} 双乙酰$$

④ 2,3-丁二醇氧化为双乙酰

5. 酚类化合物

某些白酒中含有微量的酚类化合物,如 4-乙基苯酚、愈创木酚、4-乙基愈创木酚等。这些酚类化合物一方面由原料中的成分在发酵过程中生成,另一方面是储酒桶的木质容器中的某些成分,如香兰素等溶于酒中,经氧化还原产生。

(二)果酒的香气

最重要的果酒是葡萄酒。葡萄酒的种类很多,按颜色分为红葡萄酒(用果皮带色的葡萄制成);白葡萄酒(用白葡萄或红葡萄果汁制成)。按含糖量分:干葡萄酒(含糖量小于 4 g/L)、半干葡萄酒(含糖量 4 ~ 12 g/L)、半甜葡萄酒(含糖 12 ~ 50 g/L)和甜葡萄酒(含糖量大于 50 g/L)。

葡萄酒的香气成分,包括芳香和花香两大类:芳香来自果实本身,是果酒的特征香气;花香是在发酵、陈化过程中产生的。葡萄酒的香气物质特点如下。

1. 醇类化合物

葡萄酒中的高碳醇含量以红葡萄酒较多,但较白酒少,主要的高级醇有异戊醇、其他的如异丁醇、仲戊醇的含量很少。这些高级醇主要是在发酵过程中由微生物生物合成,高级醇的含量和品种对其风味有重要影响,较少的高级醇会给葡萄酒带来良好的风味,如葡萄牙的包尔德葡萄酒中含较多的高级醇,很受各国欢迎。甘油是发酵的副产物,味甜,会影响葡萄酒的风味。果酒中还有些醇是来自果实,例如:麝香葡萄的香气成分中含有芳樟醇、香茅醇等萜烯类化合物,用这种葡萄酿成的酒也含有这种成分,从而使酒呈麝香气味。

2. 酯类化合物

葡萄酒中的酯类化合物比啤酒多,而比白酒少。主要是乙酸乙酯,其次是己酸乙酯和辛酸乙酯。由于酒中含酯类化合物少,故香气较淡。在发酵过程中除生成酯类还会生成内酯类,如 γ - 内酯等,这些成分与葡萄酒的花香有关。如:5 - 乙酰基 - 2 - 二氢呋喃酮是雪梨葡萄酒香气的主要成分之。另外葡萄酒在陈化期间 4,5 - 二羟基己酸 - γ - 内酯含量会明显增加,故该化合物常作为酒是否陈化的指标。

3. 羰基化合物

葡萄酒中的羰基化合物主要是乙醛,有的酒可高达 100 mg/kg,当乙醛和乙醇缩合形成已缩醛后,香气就会变得很柔和。葡萄酒中也含有微量的 2,3 - 戊二酮。

4. 酸类及其他化合物

葡萄酒中含有多种有机酸,如酒石酸、葡萄酸、乙酸、乳酸、琥珀酸、柠檬酸、葡萄糖酸等,含酸总量比白酒大,其中酒石酸含量相对较高,它们主要来自果汁。在酿造过程中,酒石酸会以酒石(酒石酸氢钾)形式沉淀,部分苹果酸在乳酸菌的作用下变成乳酸,使葡萄酒的酸度降低。

葡萄酒中还有微量的酚类化合物,如:对乙基苯酚、对乙烯基苯酚呈木香味;4 – 乙基(乙烯基) – 2 – 甲氧基苯酚呈丁香气味,为使葡萄酒的风味更加浓厚,陈酿时的容器最好使用橡木桶。

从果皮溶出的花青素、黄酮及儿茶酚、单宁等多酚类化合物质,含量较高,使葡萄酒产生涩味,甚至苦味。

葡萄酒中的糖类产生的甜味、有机酸的酸味及酒中所含的香气物质,共同组成了它的特殊风味。红葡萄酒一般是深红色或宝石红色,具优雅的酒香和浓郁的花香;白葡萄酒澄清透明,一般呈淡黄色,酒味清新,有果实的清香,风味圆滑爽口。

(三)酱油

大豆、小麦等原料经曲霉分解后,在18%的食盐溶液中由乳酸菌、酵母等长期发酵,生成了氨基酸、糖类、酸类、羰基化合物和醇类等成分,共同构成了酱油的风味,在最后加热(78～80℃)工序中,发生一系列反应,生成香味物质,使香气得到显著增加。酱油的主要香气物质有:醇类、酸类、羰基化合物及硫化物等。

酱油中除1%～2%的乙醇外,还含有微量的各种高级醇类,如:丙醇、丁醇、异丁醇、异戊醇、β – 苯乙醇等;酱油中约含1.4%的有机酸,其中乳酸最多,其次是乙酸、柠檬酸、琥珀酸、乙酰丙酸、α – 丁酮酸(具有强烈的香气,是重要的香气成分)等;酯类物质有:乙酸乙酯、丁酸乙酯、乳酸乙酯、丙二酸乙酯、安息香酸乙酯等;C_1～C_6的醛类和酮类化合物是美拉德反应的产物,反应同时也产生了麦芽酚等香味物质,使香气得到显著增加。在酱油中还有甲硫醇、甲硫氨醛、甲硫氨醇、二甲硫醚等硫化物,它们对酱油的香气也有很大的影响,特别是二甲硫醚使酱油产生一种青色紫菜的气味。

酱油的整体风味是由它的特征香气和氨基酸、肽类所产生的鲜味,食盐的咸味,有机酸的酸味等的综合味感。

第五节　食品中香气物质形成的途径

一、生物合成

(一)植物中脂肪氧合酶对脂肪酸的作用

食用香菇的特征香味物质有1 – 辛烯 – 3 – 醇,1 – 辛烯 – 3 – 酮,2 – 辛烯醇等。Wurzen - berger 等人实验证明亚油酸裂解途径可以如下,能生成 1 - 辛烯 - 3 - 醇。如图 10 - 46 所示。

图 10 - 46　脂肪氧合酶对脂肪酸的作用

(二)支链氨基酸的酶法脱氨脱羧

带支链羧酸酯是水果香气的重要化合物,可以由支链氨基酸经酶促 Strecker 降解反应产生。

(三)萜类化合物的生物合成

萜类化合物是很多植物精油的重要组成,具有特征的风味性质,在植物中通常经过类异戊二烯生物合成途径生成(图 10 - 47)。

图 10 - 47　萜类的生物合成

(四)莽草酸途径

莽草酸途径产生了与莽草酸有关的芳香化合物。这个途径在苯丙氨酸和其他芳香族氨基酸的生成中所起的作用已很清楚,也可生成与精油有关的挥发性物质(图 10 - 48)。

图 10 - 48 莽草酸途径中的前体衍生的某些重要风味化合物

（图中的 R 是指木质素聚合物的其他重复结构单元的聚合部分）

食品的烟熏芳香在很大程度上是以莽草酸途径中的化合物为前体,如香草醛可通过莽草酸途径天然生成。

(五)乳酸—乙醇发酵产生风味物质

由微生物产生的风味极为广泛,但微生物在发酵风味化学中特殊的或确切地作用仍有待进一步探讨。干酪是广受欢迎的食品。各种干酪的生产工艺的差异使它们具有各自的风味。但除了由甲基酮和仲醇产生的青霉干酪的独特风味以及硫化物产生的表面成熟干酪的温和风味外,由微生物产生的干酪风味化合物难以归入特征风味化合物这一类。啤酒、葡萄酒、烈性酒(不包括我国的白酒)和酵母膨松面包中的酵母发酵也不产生具有强烈和鲜明特征的风味化合物,然而乙醇使酒精饮料具有共同的特征。

图 10 - 49 总结了异型发酵乳酸菌［如蚀橙明串珠菌（*Leuconostoc citrovorum*）］的主要发酵产物,乳酸、双乙酰和乙醛共同产生酸性奶油和酸性乳酪的大部分风味。酸奶是一种同型发酵加工产品,它的特征风味化合物是乙醛。尽管 3 - 羟基丁酮基本无气味,但它可以氧化为双乙酰。双乙酰则是大部分混合乳酸发酵的特征芳香化合物,它被广泛用作乳型或奶油型风味剂。

图 10 - 49 乳酸菌异型发酵产生的主要挥发物

乳酸菌只产生少量的乙醇(10^{-6})，而酵母代谢的最终产物主要是乙醇。乳酸链球菌（*S. Lactic*）的麦芽菌株和所有的啤酒酵母（*S. Cerevisiae S. Carlsbergensis*）均能通过转氨作用和脱羧作用把氨基酸转化为挥发物（见图 10 - 50 反应式）。这些微生物能产生一些氧化型产物（醛类和酸类），但它们的主要产物是还原型衍生物（醇类）。葡萄酒和啤酒的风味可归入由发酵直接产生风味的一类。上述这些化合物与乙醇相互作用的产物（如酯类、缩醛）与这些挥发物的复杂混合物组成了啤酒、葡萄酒的风味。

图 10 - 50 氨基酸转化为挥发物的反应

（六）酶法合成支链脂肪酸

常见的甲基支链脂肪酸如 4 - 甲基 - 辛酸是羊膻气味的重要物质，是丙酸经生物合成产生的。

二、酶的作用

由催化产生的香气物质的相关研究报道有很多,例如经脂肪酶促反应生物合成的嗅感物质通常具有特殊的芳香,作为前体物质的脂肪酸多为亚油酸和亚麻酸。例如食用香菇的特征香味物质 1 - 辛烯 - 3 - 醇、1 - 辛烯 - 3 - 酮、2 - 辛烯醇等,就是由亚油酸在酶的作用下裂解形成的。

梨、杏、桃等水果在成熟时都会产生使人愉快的香气,这些香气成分是由链脂肪酸经 β - 氧化衍生而形成的中碳链化合物($C_6 \sim C_{12}$)。

食品中的酶可以与前体物质直接反应产生香气物质。葱、蒜和卷心菜等香气成分主要是硫化物。目前普遍认为,这些硫化物是以半胱氨酸为前体合成的,半胱氨酸在蒜苷酶的作用下生成烃基次磺酸,由于烃基次磺酸不稳定,在酶的作用下可以发生缩合、降解、重排、环化等反应,生成各种葱属植物的特征香气成分。

红茶浓郁香气的形成是酶间接作用的典型例子。儿茶酚酶氧化儿茶酚形成邻醌或对醌,醌进一步氧化红茶中氨基酸、胡萝卜素及不饱和脂肪酸等,从而产生特有的香味。

三、加热形成

普遍认为,热加工产生的风味来自褐变反应。尽管褐变反应几乎总是直接参与"加工"风味的形成,但褐变降解产物和食品其他组分间的相互作用也很重要且广泛存在。很多加工产生的风味化合物具有强烈的令人愉快的芳香,但其中只有几个化合物具有明显的特征影响,它们常常具有坚果香、肉香、烤香、炒香、焦香、花香、植物香和焦糖香。很多加工产生的风味化合物是含氮、硫、氧的杂环化合物(图 10 - 51)。这些化合物存在于很多食品和饮料中,如烤肉、炖肉、咖啡、焙烤坚果、啤酒、面包、饼干、点心、可可和大部分其他加工食品中。然而,各种化合物的分布则取决于其前体的存在、温度、时间和水分活度等因素。

在进行风味浓缩物生产时,需要选择适当的反应混合物与反应条件,以便使那些通常发生在食品加工中的反应能够重复。常用的配料见表 10 - 8,它们包括还原糖、氨基酸和含硫化合物,这些配料经高温加热后产生风味独特的化合物。硫胺素是一种常用的配料,因为它的环中含有氮原子和硫原子。

图 10 – 51　某些常见的热褐变产生的食品风味化合物中的杂环化合物

表 10 – 8　在产生肉类风味的反应体系中常用的几种配料

水解植物蛋白	硫胺素
酵母自溶物	半胱氨酸
牛肉提取物	谷胱甘肽
特定的动物脂肪	葡萄糖
鸡蛋固形物	阿拉伯糖
甘油	5′ – 核苷酸
谷氨酸钠盐	蛋氨酸

　　下面将举例说明某些较重要的挥发性风味化合物的生成及其生成机制。

　　烷基吡嗪是首先被确认对所有焙烤食品或类似的加热食品风味有重要影响的化合物,它最直接的生成方式是 α – 二羰基化合物(Maillard 反应的中间产物)与氨基酸通过 Strecker 降解反应而得到。反应中,氨基转移至二羰基化合物上,使氨基酸的氮与小分子化合物结合起来,然后,与氮结合的小分子化合物参与到缩合反应中。由于蛋氨酸含硫原子,能生成对煮马铃薯及干酪脆饼风味极为重要的 3 – 甲硫基丙醛,因此常把蛋氨酸用作 Strecker 降解反应中的氨基酸。3 – 甲硫基丙醛很容易进一步分解产生甲硫醇和二甲基二硫化物,从而产生活泼的低相对分子质量的含硫化合物。这些化合物对整个体系的风味产生影响。

　　在被用来制作风味物的混合物中,硫化氢和氨是其中的活泼组分,人们常把它们使用在模拟系统中,用以确定反应机制。半胱氨酸受热降解产生氨、硫化氢和乙醛,乙醛随后与 3 – 羟基丁酮(来自 Maillard 反应)的巯基衍生物作用,生成对炖牛肉风味有影响的噻吩啉。

在复杂体系的加工中,前述的硫化物(或硫醇或多硫化物)可与各种化合物一起作用产生新的风味。然而,虽然经常可在加工食品中检测出二甲硫醚,但二甲硫醚通常不易再发生反应。在植物中,二甲硫醚来自于生物合成产生的分子,特别是 S – 甲基蛋氨酸硫盐(图 10 – 52)。S – 甲基蛋氨酸对热相当不稳定,容易产生二甲硫醚。新鲜的和罐装的甜玉米、番茄汁和炖牡蛎、煨蛤的头香就是由二甲硫醚产生的。

图 10 – 52 S – 甲基蛋氨酸硫盐受热降解产生二甲硫醚

图 10 – 53 列出了一些由加工中的反应产生的最令人愉快的芳香化合物。这些化合物具有焦糖般的芳香,并且在很多加工食品中都可以发现。它们的平面状环形烯醇—酮结构是由糖前体衍生而来的;这种结构可产生焦糖般芳香。

图 10 – 53 由加工中的反应产生的具有重要焦糖风味的化合物的结构

1 - 羟基 - 2 - 甲基 - 5 - 羰基 - 1 - 环戊烯作为合成枫树糖浆的风味物质得到了广泛的应用。作为风味增效剂的麦芽酚大量用于甜食和饮料中。在炖牛肉中还发现了两个呋喃酮,它们似乎能增强肉的风味。有时把 4 - 羟基 - 2,5 - 二甲基 - 3(2H)呋喃酮称为"菠萝化合物",因为它是从加工过的菠萝中首次分离得到的,它产生菠萝的特征风味。

　　巧克力和可可的风味因其需求量大而一直受人关注。新鲜收获的可可豆首先在不加以严格控制的条件下发酵,然后进行焙炒,为了使可可豆的色泽加深和风味圆润有时还增加一次碱处理。发酵使蔗糖水解成还原糖,氨基酸游离,同时还使一些多酚类化合物氧化。在焙炒过程中会有很多吡嗪类化合物和其他杂环化合物生成,但可可的独特风味来自 Strecker 降解反应产生的醛的相互作用。苯乙醛(来自苯丙氨酸)和 3 - 甲基丁醛(来自亮氨酸)反应生成可可的重要风味(图 10 - 54)。该醛醇缩合反应产物 5 - 甲基 - 2 - 苯基 - 2 - 己烯醛具有巧克力所特有的持久芳香。这个例子也说明产生"加工"风味的反应并非总是生成杂环芳香化合物。

图 10 - 54　Strecker 降解反应产生的 2 个醛发生醛醇缩合产生可可的重要芳香挥发物

第六节　食品香气的控制与增强

一、食品加工中香气生成与损失

　　食品呈香物质形成的基本途径,除了一部分是由生物体直接生物合成之外,其余都是通过在储存和加工中的酶促反应或非酶反应而生成。这些反应的前体物质大多来自于食品中的成分,如糖类、蛋白质、脂肪以及核酸、维生素等。因此,从营养学的观点来考虑,食品在储存加工过程中生成香气成分的反应是不利的。这些反应使食品的营养成分受到损失,尤其是那些人体必需而自身不能或不易合成的氨基酸、脂肪酸和维生素。当反应控制不当时,甚至还会产生抗营养的或有毒性的物质,如稠环化合物等。

从食品工艺的角度看,食品在加工过程中产生风味物质的反应既有有利的一面,也有不利的一面。前者如增加了食品的多样性和商业价值等,后者如降低了食品的营养价值、产生不希望的褐变等。这很难下一个肯定或否定的结论,要根据食品的种类和工艺条件的不同来具体分析。例如,对于花生、芝麻等食物的烘焙加工,在其营养成分尚未受到较大破坏之前即已获得良好风味,而且这些食物在生鲜状态也不大适于食用,因而这种加工受到消费者欢迎。对咖啡、可可、茶叶或酒类、酱、醋等食物,在发酵、烘焙等加工过程中其营养成分和维生素虽然受到了较大的破坏,但同时也形成了良好的风味特征,而且消费者一般不会对其营养状况感到不安,所以这些变化也是有利的。又如,对粮食、蔬菜、鱼肉等食物来说,它们必须经过加工才能食用。若在不是很高的温度、受热时间不长的情况下,营养物损失不多而同时又产生了人们喜爱、熟悉的风味,这时发生的反应是人们所认同而无可非议的。有些烘烤或油炸食品,如面包、饼干、烤猪、烤鸭、炸鱼、炸油条等。其独特风味虽然受到人们的偏爱,但如果是在高温下长时间烘烤油炸,会使其营养价值大为降低,尤其是重要的限制氨基酸如赖氨酸的明显减少,这也是消费者所关心的。至于乳制品则是另外一种情况。美拉德反应对其风味并无显著影响,但却会引起营养成分的严重破坏,尤其是当婴儿以牛乳作为赖氨酸的主要来源之一时,这种热加工是不利的。经过强烈的美拉德反应之后,牛奶的价值甚至会降低到与大豆粕或花生粕粉相似的程度。水果经加工后,其风味和维生素等也受到很大损失,远不如食用鲜果。

二、食品加工中香气的控制

为了解决或减轻营养成分与风味间可能存在的某些矛盾,加强食品的香气,世界各国的食品科技工作者都十分重视对食品香气的控制、稳定或增强等方面的研究。

(一)控制作用

1. 酶的控制作用

酶对食品,尤其是植物性食品香气物质的形成,起着十分重要的作用。在食品的储存和加工过程中,除了采用加热或冷冻等方法来抑制酶的活性外,如何利用酶的活性来控制香气的形成,目前也正在研究和探索。一般认为,对酶的利用主要有下列 2 个途径。

①在食品中加入特定的增香酶。通过在玻璃容器内将酶液与基质作用生成香气的方法。可以筛选出能生成特定香气成分的酶。用于这种目的的酶类通常称为"增香酶"。例如黑芥子硫苷酸酶、蒜氨酸酶等。当蔬菜脱水干燥时，由于黑芥子硫苷酸酶也失去了活性，这时即使将干燥蔬菜复水。也难以再现原来的新鲜香气。若将黑芥子硫苷酸酶液加入干燥的卷心菜中，就能得到和新鲜卷心菜大致相同的香气风味。经热烫、脱水后的水芹菜，也可通过加入从另一种蔬菜中提取的酶制剂的办法，来恢复水芹特有的香气。用酶处理过的加工蔬菜，香气不但接近于鲜菜，而且又突出了天然风味中的某些特色，往往更受人们喜爱。又如，为了提高某些乳制品的香气特征，有人利用特定的酯酶，以使乳脂肪更多地分解出有特征香气的脂肪酸。

②在食品中加入特定的去臭酶。有些食品往往会含有少量的具有不良气味的成分，从而影响了风味。有人认为，有可能利用酶反应来去掉这种气味不好的成分，以改善食品香气。例如，大豆制品中由于含有一些中长碳链的醛类化合物而产生豆腥气味。这些醛类大部分和大豆蛋白结合在一起，用化学或物理方法完全除掉相当困难。因为按照 Weber - Fecher 法则，嗅觉和气味的刺激强度的对数成正比。某种气味成分即使消除了 99%，其嗅感强度仍会残留 1/3。而利用醇脱氢酶和醇氧化酶来将这些醛类氧化，便有可能除去它们产生的豆腥气味。

采用加酶的方法使加工食品恢复某些新鲜香气或消除某种异味的技术，目前尚未得到广泛应用。其主要原因有三：一是从食品中提取酶制剂经济成本较高；二是将酶制剂纯化以除去不希望存在的酶类的技术难度较大；三是将加工后的食品和酶制剂分装在两个容器上出售，带来麻烦。因此，对酶的控制利用前景，不同的科学家意见并不一致。目前看来，风味酶对那些只需产生一两种有代表性香气化合物的场合，还是可行的。

2. 微生物的控制作用

发酵过程是将微生物加入食物内并对其繁殖进行有效控制的过程。发酵香气主要来自微生物的代谢产物。例如，发酵乳制品的微生物有 3 种类型：一是只产生乳酸的细菌；二是产生柠檬酸和发酵香气的细菌；三是产生乳酸和香气成分的细菌。其中第 3 类菌能将柠檬酸在代谢过程中产生的 α - 乙酰乳酸转变成具有发酵乳制品特征香气的丁二酮，故有人也将它叫作芳香细菌。因此，可以通过选择和纯化菌种来控制香气。此外，严格工艺条件对食品香气也很重要。例如，当氧气充足时，上述第三类菌能将 α - 乙酰乳酸氧化生成丁二酮；但在缺氧时，则会生成没有香气的 2,3 - 丁二醇。

有时也可以利用微生物的作用来抑制某些气味的生成。例如,脂肪和家禽肉在储存过程中会生成气味不良的低级脂肪醛类化合物。有人利用一种叫Pseudo Monas 的微生物,能抑制部分低级脂肪醛的生成,并且还会使过氧化物的含量降低。

(二) 香气的稳定和隐蔽作用

香气物质由于蒸发原因而造成的损失,可以通过适当的稳定作用来防止。在一定条件下,使食品中香气成分的挥发性降低的作用,就是一类稳定作用。稳定作用必须是可逆的,否则会造成香气成分的损失而毫无意义。香气物质的稳定性是由本身和食物的结构和性质所决定的。例如,完整无损的细胞比经过研磨、均质等加工后的细胞能更好地结合香气物质;加入软木脂或角质后,也会使香气成分的渗透性降低而易于保存。目前利用的稳定作用大致有 2 种方式。

① 形成包含物。即在食品微粒表面形成一种水分子能通过而香气成分不能通过的半渗透性薄膜。这种包含物一般是在食品干燥过程中形成的,当加入水后又易将香气成分释放出来。组成薄膜的物质有纤维素、淀粉、糊精、果胶、琼脂、羧甲基纤维素等。

②物理吸附作用。对那些不能形成包含物的香气成分,可以通过物理吸附作用(如溶解或吸收)而与食物成分结合。一般液态食品比固态食品有较大的吸附力;脂肪比水有更大的黏结性;相对分子质量大的物质对香气的吸收性较强等。例如,可用糖来吸附醇类、醛类、酮类化合物,用蛋白质来吸附醇类化合物。但若用糖或蛋白质来吸附酸类、酯类化合物,则效果要差很多。

虽然从理论上讲将某一气味完全抵消的另一气味物质是存在的,但实际上要找到这种物质来抵消某些异味是非常因难的。由于希望加入某种物质来直接消除异味很难取得效果,所以对异味进行隐蔽或变调就成为常用的方法。使用其他强烈气味来掩盖某种气味,称为隐蔽作用。使某种气味与其他气味混合后性质发生改变的现象,叫变调作用。从感觉的角度看,人们在感受了 A 和 B 气味之后,经过大脑的"融合",变成另一种嗅感或无嗅感的现象是存在的。这种"补嗅"的关系与颜色中的"补色"现象有某些类似之处。

三、食品香气的增强

目前主要采用 2 种途径来增强食品香气。一是加入食用香精以达到直接增加香气成分的目的。有关这方面的问题可查阅食品添加剂有关书籍。二是加入香味增强剂,提高和改善嗅细胞的敏感性,加强香气信息的传递。香味增效剂有各种类型,呈现出不同的增香效果。有的增效作用较为单一,只对某种类食品有效果;有的增香范围广泛,对各类食品都有增香作用。目前在实践中应用较多的主要有麦芽酚、乙基麦芽酚、MSG、IMP、GMP 等。

麦芽酚和乙基麦芽酚都是白色或微黄色针状结晶,易溶于热水,也可溶于多种有机溶剂中。它们都具有焦糖香气,乙基麦芽酚还有明显的水果香味。

它们的结构中含有酚羟基,遇 Fe^{3+} 会发生络合而显红色,影响食品的洁白度,故应防止与铁器长期接触。它们在酸性条件下的增香效果较好;随着 pH 值升高,香气减弱;在碱性条件下由于酚形成酚盐,效果较差。

表 10 - 9　麦芽酚在一些食品中的参考用量　　　　　（单位:mg/kg）

食品名称	用量	食品名称	用量	食品名称	用量
汽水	20 ~ 30	冰淇淋	10 ~ 30	汽水粉	10 ~ 150
低热量饮料	20	巧克力布丁	75	果汁混合粉	10 ~ 100
葡萄汁	10 ~ 50	即席布丁	30 ~ 150	曲奇饼	75 ~ 250
橘汁	25 ~ 50	椰子布丁	75	饼干	75
番茄汁	100	橘子胨	150	番茄肉汤	130 ~ 350
发酵牛奶	200 ~ 100	草莓胨	200	粉末肉汤	100
甜酒	20 ~ 200	橘子果酱	50 ~ 175	卷烟	100 ~ 500
巧克力饮料	250	草莓酱	50 ~ 175		

麦芽酚和乙基麦芽酚目前在各种食品和卷烟中都已得到广泛应用(表 10 - 9)。作为食品香料使用,一般用量较大,常在 200 mg/kg 以上,若增至 500 mg/kg 效果更显著,它会使食品产生麦芽酚固有的香蜜般的香气和水果香气。在 5 ~ 150 mg/kg 之间,它能对某一主要成分的香气起增效作用,氨基酸明显增加肉香,加到天然果汁内可明显提高该水果的独特风味。作为甜味增效剂使用,能减少食品中的糖用量,并可去掉其中加入糖精后的苦涩味感。对于某些必须减糖的疗效食品有效果。乙基麦芽酚的增香作用约为麦芽酚的 6 倍。

思考题

1. 影响味感的主要因素是什么? 说明食品中主要的甜味剂、酸味剂、鲜味剂的特点及其实际应用。

2. 简述呈味物质呈甜、呈酸、呈辣、呈鲜的机理。

3. 食品风味的定义是什么？

4. 食品加工中香气会发生哪些损失？

5. 食品加工中香气的变化应如何控制？

6. 如何稳定及隐蔽食品中的香气？

7. 如何增强食品中的香气？

第十一章　食品添加剂

本章重点：掌握食品添加剂使用原则和安全使用注意事项；掌握各种食品添加剂的作用机理及影响其作用效果的因素；了解食品添加剂的定义和分类；熟悉各类食品添加剂的基本性质。

第一节　概述

一、食品添加剂的概念

美国食品药品监督管理局（FDA）对食品添加剂的定义为：有明确的或合理的预定目标，无论直接使用或间接使用，能成为食品成分之一或影响食品特征的物质，统称为食品添加剂。日本《食品卫生法》规定，食品添加剂是指："在食品制造过程，即食品加工中为了保存的目的加入食品，使之混合、浸润及其他目的所使用的物质。联合国食品添加剂法典委员会（CCFA）对食品添加剂定义为：有意识地加入食品中，以改善食品的外观、风味、组织结构和储藏性能的非营养物质。

由于各国饮食习惯、加工方法、使用范围和种类的差异，有关食品添加剂的定义也有所不同。根据中华人民共和国《食品添加剂使用卫生标准》GB 2760—2011规定：食品添加剂是指为改善食品品质和色、香、味，以及为防腐和加工工艺的需要而加入食品中的化学合成或者天然物质；同时规定：为增强营养成分而加入食品中的天然或人工合成的属于天然营养素范围的食品添加剂称为营养强化剂。

此外，为了使食品加工和原料处理能够顺利进行，如助滤、澄清、脱色、脱皮、提取溶剂和发酵用营养物等，还有可能应用某些辅助物质，这些物质本身与食品无关，它们一般应在食品成品中除去而不应成为最终食品的成分，或仅有残留，这类物质特称为食品加工助剂，也属于食品添加剂的范畴。

二、食品添加剂的分类

食品添加剂品种繁多，各国对食品添加剂的分类有多种方法，如按来源、应用特性、功能分类等。

食品添加剂按来源可分为天然食品添加剂和化学合成食品添加剂两大类。前者主要从动植物或微生物中提取而来；后者则是采用化学手段所得的物质，其中又可分为一般化学合成品与人工合成天然等同物，如我国使用的 β - 胡萝卜素、叶绿素铜钠就是通过化学方法得到的天然等同色素。目前使用的天然食品添加剂为数不多，大多属于化学合成品。

食品添加剂按应用特性可分为直接食品添加剂，如食用色素、甜味剂等；加工助剂如消泡剂等及间接添加剂。

食品添加剂最常见的分类方法是按其在食品中的功能来进行分类。由于各国对食品添加剂的定义不同，因而分类也有所不同。如美国将食品添加剂分为以下 32 类：①抗结剂和自由流动剂；②抗微生物剂；③抗氧化剂；④着色剂和护色剂；⑤腌制剂和酸渍剂；⑥面团增强剂；⑦干燥剂；⑧乳化剂和乳化盐；⑨酶类；⑩固化剂；⑪风味增强剂；⑫香味剂及其辅料；⑬小麦粉及其处理剂；⑭成型助剂；⑮熏蒸剂；⑯保湿剂；⑰膨松剂；⑱润滑剂和脱模剂；⑲非营养甜味剂；⑳营养增补剂；㉑营养性甜味剂；㉒氧化剂和还原剂；㉓pH 调节剂；㉔加工助剂；㉕气雾推进剂、充气剂和气体；㉖螯合剂；㉗溶剂和助溶剂；㉘稳定剂和增稠剂；㉙表面活性剂；㉚表面光亮剂；㉛增效剂；㉜组织改进剂。

联合国粮农组织和世界卫生组织至今尚未对食品添加剂分类作出明确的规定。在 1983 年的《食品添加剂》中，基本上按用途共分为 20 类。在《FAO/WHO 食品添加剂分类系统》（1984 年）中，按用途分为 95 类，这种分类过细，在某些类别中重复出现某一品种。1994 年 FAO/WHO 又将食品添加剂分为 40 类。

我国在《食品添加剂使用卫生标准》（GB 2760—2011）中，将食品添加剂分为 23 类：①酸度调节剂；②抗结剂；③消泡剂；④抗氧化剂；⑤漂白剂；⑥膨松剂；⑦胶母糖基础剂；⑧着色剂；⑨护色剂；⑩乳化剂；⑪酶制剂；⑫增味剂；⑬面粉处理剂；⑭被膜剂；⑮水分保湿剂；⑯营养强化剂；⑰防腐剂；⑱稳定剂和凝固剂；⑲甜味剂；⑳增稠剂；㉑其他；㉒香料；㉓加工助剂。每类添加剂所包含的种类不同，少者几种（如抗结剂 5 种），多者达千种（如食用香料 1027 种）。

此外，食品添加剂还可按安全性评价来划分。如 CCFA 曾在 JECFA（FAO/WHO 联合食品添加剂专家委员会）讨论的基础上将其分为 A、B、C 三类，每类再细分为两小类。

A 类：JECFA 已制定人体每日允许摄入量（ADI）和暂定 ADI 者。其中，A1 类为经 JECFA 评价认为毒理学资料清楚，已制定出 ADI 值或者认为毒性有限无需规定 ADI 值者；A2 类为 JECFA 已制定暂定 ADI 值，但毒理学资料不够完善，暂时许可用于食品者。

B 类:JECFA 曾进行过安全评价,但未建立 ADI 值,或者未进行过安全评价者。其中,B1 类为 JECFA 曾进行过评价,因毒理学资料不足未制定 ADI 者;B2类为 JECFA 未进行过评价者。

C 类:JECFA 认为在食品中使用不安全或应该严格限制在某些食品中作为特殊用途者。其中,C1 类为 JECFA 根据毒性学资料认为在食品中使用不安全者;C2 类为 JECFA 认为应严格限制在某些食品中作特殊应用者。

三、食品添加剂在食品工业中的作用

"民以食为天",食品是人类赖以生存和发展的重要物质基础,同时食品工业也是国民经济的一个重要支柱产业。在我国,食品行业的年产值长期居于各行业的前列。而食品工业发展的一个重要基础就是食品添加剂。

随着食品工业的飞速发展,人们对食品的色香味、品种、新鲜度等方面提出了更高的要求,这就促使我们必须开发更多更好的新型食品来满足人们的需求,食品添加剂在这方面发挥了重要作用。开发新型食品主要有 2 个途径,一是新原料,理论上采用新原料加工新型食品是一个很好的方法,但食品原料的更新速度是有限的,尽管现在生物技术发展迅猛,但转基因食品,人们对它们还有一定的疑虑,全新的基因工程食品的发展估计还有相当一段时间。开发新食品的另一个途径是采用新加工工艺。食品加工要遵循食品卫生法的要求,采用一些极端的工艺条件来生产所谓的新食品往往是不适用的。因此要加工出新型的食品,最有效、经济的方法就是使用食品添加剂。例如,如果没有使用增稠剂,就不会有果冻、软糖之类的食品出现。使用食品添加剂不仅对于制备新型食品很有必要,而且对于人们的另一个消费时尚——新鲜食品也是至关重要的。

因此,食品添加剂对食品质量的影响主要体现在 3 个方面。

①提高食品的储藏性,防止食品腐败变质。

②改善食品的感官品质。食品在加工时,往往会发生变色、褪色等现象,质地和风味也可能会有所改变。如果此时适当使用着色剂、护色剂、漂白剂、食用香料以及乳化剂、增稠剂等,就可显著提高食品的感官品质。

③保持或提高食品的营养价值,防腐剂和抗氧化剂在防止食品变质的同时,对保持食品的营养价值也有一定的作用;食品营养强化剂本身也可大大提高食品的营养价值。

四、食品添加剂的安全性评价及使用标准

1. 食品添加剂的安全性评价

出于对食品添加剂安全性的考虑,我国对食品添加剂能否使用及使用范围和最大使用量都有严格规定。凡列入我国 GB 2760《食品添加剂使用卫生标准》的食品添加剂,都要进行安全性试验。我国《食品安全件毒理学评价程序》规定了食品添加剂的安全毒性学评价程序,一般分 4 个阶段进行试验。

①第一阶段:急性毒性试验。

经口急性毒件:LD_{50},联合急性毒性,最大耐受剂量法。

②第二阶段:遗传毒性试验、传统致畸试验、30 天喂养试验。

③第三阶段:亚慢性毒性试验——90 天喂养试验、繁殖试验、代谢试验。

④第四阶段:慢性毒件试验(包括致癌试验)。

评价食品添加剂的安全性时,除要根据《食品安全性毒理学评价程序》得出关于化学合成或天然食品添加剂的毒理试验结果,同时综合考虑以下因素:

①半数致死量(LD_{50})初步确定毒性,为评价指标之一。

②最大未观察到有害作用剂量。说明该剂量范围对动物远期生理、病理上皆无变化,此剂量对动物是安全的。

③每日允许摄入量(ADI)。慢性毒性试验得出的最大未观察到有害作用剂量,还不能直接用于人体,由于人与动物的种间差异以及和人与人之间存在的个体差异,必须考虑一定的安全系数,通常为 100 ~ 200 倍。

④添加剂实际每日摄入量。某种添加剂在食品中允许含量,就是表示该种物质一日摄取含量的总和,如摄入量超过 ADI 标推,应缩小使用范围或降低含量,或采用其他添加剂来代替。

2. 我国食品添加剂的使用标准

为保证食品安全卫生,食品添加剂首先应是安全的,即无害无毒,其次才是具有改善食品色、香、味、形等的工艺作用。因此,对食品添加剂应有如下的严格要求。

①食品添加剂本身应经过充分的毒理学鉴定,证明在使用限量范围内对人体无害,长期摄入后对食用者不引起慢性中毒。生产、经营和使用食品添加剂应符合卫生部颁发的《食品添加剂使用的卫生标准》和《食品添加剂卫生管理办法》,以及国家标准局颁发的《食品添加剂质量规格标准》。此外,对于食品营养强化剂应遵照我国卫生部颁发的《食品营养强化剂使用卫生标准》和《食品营养

强化剂卫生管理办法》执行。

②食品添加剂进入人体后,最好能参与人体正常代谢,或被正常解毒过程解毒后排出体外,或者不被消化吸收而全部排出体外,不在人体内分解或不与食品作用产生对人体有害的物质。

③食品添加剂在达到一定的工艺效果后,若能在以后的加工、储藏、烹调过程中消失或被破坏,避免被摄入人体,则更为安全。

④食品添加剂对食品的营养成分不应有破坏作用,也不应该影响食品的质量及风味。

⑤食品添加剂要有助于在食品生产、制造和储存等过程中保存食品营养素、防止腐败变质、增强感官性状、提高产品质量等作用,并在较低用量条件下有显著的效果。

⑥食品添加剂应有严格的质量标准,有害杂质不得超过标准规定的允许限量,且用于食品后不得分解产生有毒物质,用后也能被分析鉴定出来。

⑦食品添加剂的使用必须对消费者有益,不能用来掩盖食品腐败、变质等缺陷,也不能用来对食品进行伪造、掺假等违法活动。

⑧鉴于有些食品添加剂具有一定的毒性,应尽可能地不用或少用,必须使用时应严格控制使用范围及使用量。

⑨价格低廉,来源充足,使用方便、安全,易于储存、运输及检测。

五、食品添加剂的发展趋势

随着现代食品工业的崛起,食品添加剂的地位日益突出,世界各国批准使用的食品添加剂品种也越来越多,其使用水平已成为该国现代化程度的重要标志。目前全世界应用的食品添加剂品种已达 2.5 万多种(80% 为香料),其中直接使用的品种有 3000 ~ 4000 余种,常用的有 600 ~ 1000 种。美国是目前世界上食品添加剂产值最高的国家,其销售额占全球食品添加剂市场的三分之一,其食品添加剂品种也位居榜首。在美国食品药品监督管理局(FDA)所列 2922 种食品添加剂中,受管理的有 1755 种。日本使用的食品添加剂约 1100 种。欧洲使用1000 ~ 1500 种。我国批准使用的食品添加剂有 2000 种(含食品用香料)。目前世界食品添加剂市场总销售额 160 亿美元,其中美国、欧洲、日本等发达国家的市场份额占全球总量的 3/4 以上。国际食品添加剂销售额的年增长率保持在2.5% ~4% 。全球食品添加剂近来的发展呈现以下 4 个特点:

①食品添加剂的品种日益增多,生产量和使用量稳定增长,应用范围越来

越广；

②采用高新技术提高食品添加剂的质量和水平；

③市场正在走向全球化和统一化；

④天然型、营养型和多功能型食品添加剂。

全球食品添加剂的发展趋势：天然食品添加剂越来越受到青睐；低热量、低吸收品种具有较大的市场优势；具有特定保健功能的食品添加剂品种发展迅速；用量少、作用效果明显的复配型产品市场潜力巨大。

第二节　酸度调节剂

酸度调节剂也称 pH 调节剂，这类物质通过解离出的 H^+ 或 OH^- 来调节食品或食品加工过程中的 pH 值，是用以维持或改变食品酸碱度的物质。它主要有用以控制食品所需的酸化剂、碱剂以及具有缓冲作用的盐类。

酸度调节剂除可调节食品的 pH 值、控制酸度、改善风味之外，尚有许多其他功能特性。其有效应用主要受食品所需特性控制，通常以有机酸及具有缓冲作用的盐为主。又由于很多有机酸都是食品的正常成分，或参与人体正常代谢，因而安全性高，使用广泛。

例如改变和维持食品的酸度并改善其风味；增进抗氧化作用，防止食品酸败；与重金属离子络合，具有阻止氧化或褐变反应、稳定颜色、降低浊度、增强胶凝特性等作用。

酸度调节剂一般分为酸味剂、碱性剂和缓冲剂 3 类。

一、酸味剂

酸味剂能赋予食品以酸味，改善食品风味，促进唾液、胃液、胆汁等消化液的分泌，具有促进食欲和消化的作用。由于酸性物质不利于微生物的繁殖，故有防腐作用。如酸型防腐剂维生素 C 可控制富脂食品的酸败，减少水果及强化食品中维生素 C 的损失，防止引起苹果片褐变的酶促氧化反应，促进烟熏肉制品的着色护色，并可改良原料黏度和流变性及调节 pH 值。柠檬酸可加到中等酸性的水果蔬菜罐头中，使 pH 值降低到 4.5，可使罐头食品在不太剧烈的加热条件下达到消毒的目的，而酒石酸钾可用来生产糖果中的软糖，因为它能使蔗糖进行一定程度的转化或水解而生成葡萄糖和果糖，这样可抑制生成过多的蔗糖结晶而改善食品的质地。

酸的强弱依次为盐酸 > 醋酸 > 甲酸 > 乳酸 > 草酸,比较酸味的强弱通常采用柠檬酸为标准,将柠檬酸的酸度定位为 100,其他酸味剂在其相同浓度条件下比较,酸度强于柠檬酸则其相对酸度超过 100,反之则低于 100。各种酸会产生不同的口感,如柠檬酸、抗坏血酸和葡萄糖酸所产生的是令人愉快、有清凉感的酸味,但酸味消失快;磷酸、酒石酸有较弱的涩味;醋酸有强刺激性,它们的酸味也消失较快;苹果酸带有苦味,其酸味的产生和消失缓慢;富马酸有强涩味并能呈长时间的酸味。我国允许使用的酸味剂有柠檬酸、乳酸、酒石酸、苹果酸、酒石酸、富马酸、磷酸、醋酸、己二酸等。磷酸是唯一作为食品酸味剂使用的无机酸。在有香味的碳酸饮料,特别是可乐和类似啤酒的无醇饮料中,磷酸是广泛使用的一种重要酸化剂。

常用酸味剂的性质与用途:

①柠檬酸(枸橼酸,2 - 羟基丙三羧酸):无色透明结晶,或白色颗粒、白色结晶性粉末,无臭,味极酸;易溶于水及乙醇,在干燥空气中可失去结晶水而风化,在潮湿空气中可缓慢潮解而结成块状,含一分子结晶时熔点为 100 ~ 133℃。可与多种香料配合而生产清凉爽口的制品,适用于清凉饮料、果酱类、罐头、糖果、糕点馅、羊奶,可用于调节酒类 pH 值,用于肉制品可使颜色和风味更持久。

②乳酸(α - 羟基丙酸):透明无色或淡黄色糖浆状液体,无臭或有轻微酸味,与水、醇、甘油可任意混合,有吸湿性,浓缩至 50% 时部分变成乳酸酐,一般 85% ~ 95% 的乳酸含 10% ~ 15% 的乳酸酐,可以淀粉、蜜糖为原料以及乳酸菌发酵制取,并具有较强的抑菌作用。用于发酵食品、饲料、配制酒、果酱、罐头和糖果等。

③苹果酸(马来酸、顺丁烯二酸):白色结晶或结晶性粉末,有特臭性酸味,易溶于水。用于饲料、果酱、罐头、糖果、疗效食品,不易吸湿,用于固体果味型饲料更好,可与柠檬酸以 1:0.4 的比例混用,接近天然苹果酸味。

④醋酸(乙酸):无色透明液体,有刺激性气味,可与水、乙醇、甘油以任意比混合,用大量水稀释后仍有酸味,有很强的抗菌及护病毒作用。用于调味饲料、罐头制品,用量受限。

二、碱性剂

碱性剂在食品加工中有许多用途,主要用于缓冲及调节 pH 值,也可用于产生 CO_2,改善色泽和风味,溶解蛋白质。通常使用的有氢氧化钠、氢氧化钾等无机碱和碳酸氢铵、碳酸钠和碳酸氢钠等碳酸盐。

对一些食品进行碱处理可以改善其色泽和风味。例如,成熟的橄榄若用氢氧化钠溶液(0.25% ~ 2.0%)处理,则可除去苦味并产生较深的色泽;椒盐饼干若在焙烤前浸泡在 87 ~ 88℃的 1.25% 氢氧化钠溶液中,可改变其蛋白质和淀粉的性质,使其在焙烤时表面光滑并生成深褐色。制造花生脆糖时,也常用少量碳酸氢钠,可加强糖胺褐变,并放出 CO_2 形成多孔的质地。碳酸氢钠也可用在可可豆的加工中,可生产深色巧克力,提高 pH 值,加强糖胺褐变,使颜色加深,溶解度也增加。碱性物如磷酸二钠、磷酸三钠和柠檬酸三钠常用于制备干酪以增加其pH 值和影响其蛋白质的分散性。碱性盐与蛋白质相互作用可改善干酪蛋白质的乳化性质及水结合能力。

碱性剂可用在黄油等食品的生产中以中和其中过多的酸。在制备黄油时,将牛乳先用乳酸细菌发酵,因此,它约含有 0.75% 可滴定酸。然后加入碱性剂使达 0.25% 可滴定酸,减少酸度并提高搅拌效率,从而抑制氧化生成的不良风味。

氢氧化钠常用在各种果蔬的去皮过程中,即把原料浸没在 60 ~ 82℃,约 3%的氢氧化钠中,稍加揉搓即可去皮,去皮效率高,并减少用水。

三、缓冲剂

缓冲剂是使食品在制造过程中或使最终成品 pH 值保持稳定的一类食品添加剂。一般是弱酸或弱碱及其盐类如酒石酸、琥珀酸、柠檬酸等有机酸及其盐类、磷酸盐等。缓冲液是由这些有机酸及其盐类按一定配比混合而成,对体系的pH 值有缓冲作用。

当需要改变 pH 值时,一般都利用缓冲系统将 pH 值稳定在所要的条件下,如制作干酪和酸黄瓜时生成的乳酸常能起这种作用。而在另一些食品和饮料中常要加入相当数量的酸,但又希望降低酸的敏感度,并具有产品特殊的风味,而且无中和的味道,就需要建立一个弱有机酸盐类的主要缓冲系统。

一个缓冲系统的效应与缓冲物质的浓度有关。由于未解离的酸和解离的盐的存在,所以缓冲系统可抑制 pH 值的变化。例如,将大量的强酸如 HCl 加入醋酸—醋酸钠系统中,可引起氢离子与醋酸离子作用使不易解离的醋酸浓度增加,而使 pH 值相对稳定。同样,加入氢氧化钠可产生氢氧根离子,与氢离子作用而形成不易解离的水分子。

在食品工业中常用葡萄糖酸、醋酸、柠檬酸和磷酸的钠盐来调节 pH 值和改变酸味。在改变酸味上一般用柠檬酸而不用磷酸,因为它能生成一种温和的酸味。若要求的是低钠产品,则常用钾缓冲液来取代钠的缓冲溶液,一般不用钙盐,因为它的溶解度受到限制。一般来说,普通酸和盐混合产生的有效缓冲范围如下:如柠檬酸和柠檬酸钠为 pH 2.1 ~ 4.7,醋酸和醋酸钠为 pH 3.5 ~ 5.6。

我国现已批准许可使用的酸度调节剂有:柠檬酸、乳酸、酒石酸、苹果酸、偏酒石酸、磷酸、乙酸、盐酸、己二酸、富马酸、氢氧化钠、碳酸钾、碳酸钠、柠檬酸钠、柠檬酸钾、碳酸氢三钠、柠檬酸一钠、磷酸三钾 18 种。用量最大的是柠檬酸和磷酸。柠檬酸、乳酸、酒石酸、苹果酸、柠檬酸钠、柠檬酸钾等均可按正常需要用于各类食品。碳酸钠、碳酸钾可用于面制食品中,盐酸、氢氧化钠属于强酸、强碱性物质,其对人体具有腐蚀性,只能用作加工助剂,要在食品完成加工前予以中和。

第三节　防腐剂

食品防腐剂是一类具有杀死微生物或抑制其增殖作用的物质,更确切地可将此类物质称为抗微生物剂或抗菌剂。若从抗微生物的作用来衡量,具有杀菌作用的物质称为杀菌剂,而仅具抑菌作用的物质称为防腐剂。

一、防腐剂分类

目前,国内外应用较为普遍的防腐剂,一般可分成下列 5 类。

①酸型防腐剂。常用的有山梨酸、苯甲酸、丙酸等及其盐类。酸型防腐剂的防腐功能主要由于未离解的酸分子,因此其防腐效力主要随 pH 值而定,食品酸性越强其防腐效果越好,碱性几乎没有防腐能力。

②酯型防腐剂。对霉菌及酵母的抑菌作用较强,对细菌特别是对革兰氏阴性菌及乳酸菌作用较差,但总的来说其杀菌作用比酸型防腐剂强。由于酯型防腐剂没有离解作用,因此其防腐效果不会因 pH 值的改变而有所变动。酯型防腐剂有较好的脂溶解度,但其水溶性较差,限制了应用范围。

③无机防腐剂。主要为亚硫酸及其盐类(我国列为漂白剂)、硝酸盐及亚硝酸盐(我国作为护色剂)、次氯酸盐等。亚硫酸盐可用于蔬菜及水果的保鲜,美国在 1959 年批准为 GRAS,1982 年批准继续有效,由于残留的 SO_2 能引起严重的过敏反应,尤其对哮喘病患者影响更大,美国食品药品监督管理局已于 1986 年禁止其在新鲜蔬菜及水果中作为防腐剂使用。

④乳酸链球菌素(nisin)等生物防腐剂。乳酸链球菌素是乳酸链球菌属微

生物的代谢产物,对革兰氏阳性菌、乳酸菌、链球菌属、杆菌属、梭菌属和其他厌氧芽孢菌有抑制作用,不能抑制酵母及霉菌。由于抑菌范围较窄,应用面较小。它在人的消化道中为蛋白水解酶所降解,不是以原有形式被人体吸收,因而安全性较高。

⑤ 取材于各种生物的天然防腐剂是近年来发展较快的防腐剂。由于安全性高,不受用途限制,并适应人们对食品安全性的要求,发展潜力很大。

二、防腐剂作用机理

食品防腐剂抑制或杀死微生物的机理十分复杂,目前一般认为其机理为:

①破坏微生物细胞膜的结构或者改变细胞膜的渗透性,使微生物体内的酶类和代谢产物逸出细胞外,导致微生物正常的生理平衡被破坏而失活。

②防腐剂与微生物中的酶作用,特别是呼吸酶系,如乙酰辅酶 A 缩合酶、脱氢酶、电子转递酶系等,破坏多种酶的活性,干扰微生物的正常代谢,从而影响其生存和繁殖。

③其他作用:包括防腐剂作用于蛋白质,导致蛋白质部分变性和蛋白质交联,从而导致其他的生理作用不能进行等。

三、常用防腐剂性质及用途

（1）苯甲酸及其钠盐

苯甲酸又称为安息香酸,纯品为白色有丝光的鳞片或针状结晶,质轻,无臭或微带安息香气味,相对密度为 1.2659,沸点 249.2℃,熔点 121～123℃,在酸性条件下容易随同水蒸气挥发,微溶于水,易溶于乙醇。

苯甲酸(通常以钠盐的形式)作为一种抗微生物剂被广泛地使用于食品中。天然存在于酸果蔓、梅干、肉桂和丁香中。未解离的苯甲酸才具有抗菌活性,因未解离的苯甲酸亲油性强,易透过细胞膜,进入细胞内,酸化细胞内的储藏,并能抑制细胞的呼吸酶系的活性,对乙酰辅酶 A 缩合反应有很强的阻止作用。在 pH 2.5～4.0 范围内呈现最佳活性,因而适合用于酸性食品,如果汁、碳酸饮料、腌菜和泡菜。由于苯甲酸钠比苯甲酸更易溶于水,所以食品中常采用苯甲酸钠。一旦将其加入食品后,一部分苯甲酸钠就转变成具有抗微生物活性的酸。它对酵母菌和细菌很有效,抗霉菌活性较差一点。苯甲酸不会积累在人体内,它与甘氨酸结合成马尿酸后,很容易从体内排出。苯甲酸在食品中的容许添加量为 0.2%～0.3%,而在食品和饮料中的实际添加量仅为 0.05%～0.1%。

（2）山梨酸及其钠盐

山梨酸（sorbic Acid）（2,4 - 己二烯酸）和它的钠盐及钾盐（potassium sorbate）广泛用于乳酪、焙烤食品、果汁、葡萄糖、蔬菜等各类食品以抑制霉菌和酵母菌。山梨酸无臭或微带刺激性臭味，耐热性好，但易被氧化而失效。山梨酸钾也无臭或微有臭味，易吸潮、易氧化分解。

山梨酸及其钾盐具有相同的防腐效果，它们能够抑制包括肉毒杆菌在内的各类病原体滋生。0.1% 山梨酸就可抑制无益的革兰氏阴性菌，而对有益的菌（乳酸杆菌和细球菌属）没有影响。山梨酸对防止霉菌的生长特别有效，在使用浓度为 0.3% 时，它对风味几乎无影响。它的使用方法有直接加入食品、涂布于食品表面或用于包装材料中。随 pH 值下降，山梨酸的抗微生物活性也增加，这说明它的非离解形式比它的离解形式更具活性。一般而言，pH 值高至 6.5 时，山梨酸仍然有效，这个 pH 值远高于丙酸和苯甲酸的有效 pH 值范围。

山梨酸盐有广泛的抗菌活性，对与新鲜家禽、鱼和肉腐败有关的多种细菌均有抗菌活性。对于咸肉和在真空条件下包装的冷冻鲜鱼，它在阻止产生肉毒杆菌毒素方面特别有效。

山梨酸的抗霉菌作用是由于霉菌不能代谢脂肪族链中的 α - 不饱和二烯体系。山梨酸的二烯结构可干扰细胞中的脱氢酶，脱氢酶使脂肪酸正常脱氢，这是氧化作用的第一步。可是，在高等动物体内并不产生此种抑制效应。此外，山梨酸还能干扰传递功能，如细胞色素 C 对氧的传递以及细胞膜表面能量传递的功能，抑制微生物增殖，达到防腐的目的。

FAO/WHO 专家委员会已确定山梨酸的每日允许摄入量（ADI）为 25 mg/kg 体重；山梨酸及它的钠、钾和钙盐已被所有的国家允许作为添加剂使用。

（3）丙酸及其盐类

丙酸盐类作为防腐剂一般使用丙酸的钠盐和钙盐，丙酸钠与丙酸钙均为白色结晶、颗粒或结晶性粉末，无臭或略具特异臭。丙酸钠，安全无毒，易溶于水、乙醇，易吸潮。丙酸钙对光和热稳定，易溶于水，不溶于乙醇。

丙酸盐呈微酸性，对各类霉菌、需氧芽孢杆菌或革兰氏阴性杆菌有较强的抑制作用，对能引起食品发黏的菌类如枯草杆菌抑菌效果很好，对防止黄曲霉毒素的产生有特效。对酵母菌基本无效，故丙酸盐常用于面包的防霉。丙酸盐也属于酸性防腐剂，其抑菌作用受环境 pH 值的影响，最小抑菌浓度在 pH 值 5.0 时为 0.01%，在 pH 值 6.0 时为 0.5%。丙酸是食品中的正常成分，也是人体代谢的中间产物，不存在毒性作用，ADI 不需要规定。

丙酸盐已广泛用于面包、巧克力制品、西式糕点、果冻、蜜饯、果酱、酱油等的防霉。我国规定:丙酸钙可用于面包、醋、酱油、糕点和豆制素食品中,丙酸钠可用于糕点,两者的最大使用量均为 2.5 g/kg。此外,丙酸钠尚可用于浸泡杨梅,最大使用量 50 g/kg。以丙酸计,具体应用可配成 35% 的水溶液。丙酸钙还可用于生面湿制品,最大使用量 0.25 g/kg。

（4）脱氢乙酸

脱氢乙酸为无色结晶,实际上合成的产品为白色、针状、片状结晶或浅黄色结晶性粉末。熔点 109~112℃,沸点 269.99℃。在 pH 值为 7 时溶解度较大,微溶于乙醇。无臭,有弱酸味,无吸湿性。饱和水溶液 pH 值为 4,加热能随水蒸气挥发,热稳定性强。水溶液中加入乙酸和乙酸铜会产生沉淀。

脱氢醋酸具有较强的抗菌能力,对腐败菌、霉菌、酵母均有一定抑制作用,酸性强则抑菌效果好,主要用作杀菌剂、防腐剂、防霉剂。其抑菌作用不受 pH 值和温度的影响。

脱氢醋酸具有突出的杀菌防腐作用,可广泛用作食品、饲料、化学品的防腐剂。脱氢醋酸在食品工业中曾用于处理新鲜蔬菜和水果,或用于浸透包装材料作为杀菌剂,并用于酿酒。国内规定可用于腐乳、酱菜、原汁橘浆,最大使用量为0.30 g/kg。脱氢醋酸现主要用于干酪、黄油、人造奶油、面包加工、饮料以及易产生真菌的包袋材料。

（5）乳酸链球菌肽

乳酸链球菌肽是一种由乳酸链球菌合成的多肽抗菌素类物质,是一种对大多数革兰氏阳性菌有杀灭作用的细菌素(bacteriocin)。乳酸链球菌肽是有 34 个氨基酸的多肽,相对分子质量为 3500,溶解度随 pH 值上升而下降,pH 值 2.5 时为 12%,pH 值 5.0 时为 4%,中性、碱性时几乎不溶解。在酸性介质中具有较好的热稳定性但随 pH 值的上升而下降。如 pH 值 2 时 121℃,30 min 仍有活性,pH >4时,迅速分解。pH 值在 6.5~6.8 范围内,对革兰氏阳性菌、芽孢菌、乳杆菌、金黄色葡萄球菌、肉毒梭菌、芽孢杆菌等有抑制作用。在肠道被消化酶分解,并且不会导致对医药抗菌素有交叉的抗药性。具有很高的安全性。常应用于干酪、奶油制品、罐头、高蛋白制品。

食品添加剂使用卫生标准规定的最大使用量为 0.2~0.5 g/kg。商品制剂常用国际单位 IU 表示,一个 IU 相当于 0.025 mg 纯乳酸链球菌肽。

第四节　乳化剂

乳化剂是一类能使两种或两种以上互不相溶的液体(如油和水)均匀地分散成乳状液的两亲性物质。乳化剂分子中同时具有亲油基和亲水基,可以在油水界面定向吸附,起到稳定乳液和分散体系的作用。食品乳化剂是能使食品多相体系中油水组分相互融合,形成均匀的分散体系,从而改善食品内部结构,改进食品风味和品质的一类添加剂。

一、乳化剂的分类及在食品中的作用

1. 乳化剂的分类

乳化剂按其离子性可分为两类。

(1) 离子型乳化剂

当乳化剂溶于水时,凡是能电离成离子的,称为离子型乳化剂。如果乳化剂溶于水后电离成1个较小的阳离子和1个较大的包括羟基的阴离子基团,且起作用的是阴离子基团,称为阴离子型乳化剂;如果乳化剂溶于水后电离成1个较小的阴离子和1个较大的阳离子基团,且发挥作用的是阳离子基团,称为阳离子型乳化剂。两性乳化剂是亲水的极性部分既包含阴离子,也包含阳离子。离子型乳化剂品种较少,主要有硬脂酰乳酸钠、磷脂和改性磷脂以及一些离子型高分子,如黄原胶、羧甲基纤维素等。

(2) 非离子型乳化剂

非离子型乳化剂在水中不电离,溶于水时,疏水基和亲水基在同一分子上,分别起到亲油和亲水的作用。大多数食用乳化剂均属此类,如甘油酯类、山梨醇酯类、木糖醇酯类、蔗糖酯类和丙二醇酯类等。

乳化剂的乳化特性和许多功效就是由其分子中亲水基的亲水性和亲油基的疏水性的相对强度所决定的。用亲油亲水平衡值(HLB值)表示乳化剂的亲水性。目前,HLB值的计算公式:乳化剂亲水性(HLB) = 亲水基的亲水性 − 亲油基的疏水性。一般来说,HLB值越大,表明乳化剂亲水性越强,反之亲油性越强。乳化剂按亲油亲水性可以分为两类:

(1) 油包水类乳化剂

一般指亲油性较强,HLB值在3~6之间的乳化剂,如脂肪甘油酯类乳化剂、山梨醇酯类乳化剂。

（2）水包油类乳化剂

一般指亲水性较强，HLB 值在 9 以上的乳化剂，如低酯化度的蔗糖酯、吐温系列乳化剂、聚甘油酯类乳化剂等。

2. 乳化剂在食品中的作用

（1）分散体系的稳定作用

乳化剂由于其两亲作用，在油水界面能定向吸附，使油相界面变得亲水，水相界面变得亲油，使原本不相容的不同体系变得相容，从而使体系稳定。

（2）发泡和充气作用

乳化剂是表面活性剂，在气、液面也能定向吸附，大大降低了气液界面的表面张力，使气泡容易形成和稳定。

（3）破乳和消泡作用

乳化剂中 HLB 值较小者在气、液界面会优先吸附，但其吸附层不稳定、缺乏弹性，造成气泡破裂，因而起到消泡的作用，如可用在豆腐、味精、蔗糖生产中的消泡。

（4）影响体系结晶

乳化剂可以定向吸附于结晶体系的晶体表面，改变晶体表面张力，影响体系的结晶行为，如一般情况下会干扰结晶，使晶粒细小，这对于糖果、雪糕、巧克力等生产中控制晶粒的大小很有效果。

（5）与淀粉相互作用

食品乳化剂一般为脂肪酸酯，淀粉可以和脂肪酸的长链结构形成络合物，从而防止了淀粉的凝沉老化，达到延长淀粉质食品保鲜期的目的。

二、食品常用乳化剂

1. 蔗糖脂肪酸酯

简称蔗糖酯，由蔗糖与脂肪酸酯化反应制得，分为单酯、二酯、三酯和多酯，即为 1 分子蔗糖分别与 1、2、3 或多个脂肪酸分子构成。蔗糖脂肪酸单酯的 HLB 值为 10～16，亲水性强，二酯为 7～10，三酯为 3～7，多酯为 1。

蔗糖脂肪酸酯可为白色至微黄色粉末、蜡样块状或无色至微黄色稠厚凝胶，无臭或微臭；溶于乙醇，微溶于水；水溶液有黏性和湿润性，乳化作用良好；120℃以下稳定，145℃以上可分解，在酸性或碱性条件下加热可皂化。

可以通过调整酯化度广泛应用于从水包油型到油包水型的乳化作用中，主要功能为乳化、抑制油脂结晶成长、防止淀粉之间的相互作用、防止蛋白质变性、湿润作用、对耐热菌的抗菌效果等。应用范围广泛，有良好的作用效果。在饮料中添加本品,可起着香、起浊、赋色、助溶和乳化分散等作用。在含乳饮料中使用同时起抗氧化作用,还能使各组分在水中分散地更均匀、更稳定。提高产品稳定性和保鲜性。果酱中加本品,能防止食品老化,使制品质地软化,有效防止所含砂糖结晶及水分离析。具体应用如下:

① 用于面包、蛋糕:选用 HLB 值大于 11 的脂肪酸蔗糖酯,可防止老化,用量为小麦面粉的 0.2% ~ 0.5%,还可提高发泡效果。

② 用于人造奶油、起酥油、冰淇淋:选用低 HLB 值脂肪酸蔗糖酯,可提高乳化稳定性。

③ 用于饼干:选用 HLB 值为 7 的脂肪酸蔗糖酯,可提高起酥性、保水性和防老化性能,还能减少饼干在储藏、运输过程中的破损,并可以改善操作性。

④ 用于速溶食品、固体饮料、奶粉等:选用 HLB 值为 15 的脂肪酸蔗酯。可起助溶、减少沉淀的作用。

⑤ 用于口香糖、奶糖等:选用 HLB 值为 2 ~ 4 的脂肪酸蔗糖酯,可降低黏度,防止油析出或结晶,防止粘牙。

目前,国内外对蔗糖酯的复配系列产品的开发,使它们被广泛用于冷冻调理食品方面。可改善冷冻加工米饭的散开性、抑制冷冻饺子和烧卖等品质劣化、改良面条类的机械加工适合性、抑制老化、改良油炸食品和快餐类食品的口感等,脂肪酸蔗糖酯在各方面的用途正不断扩大。

2. 单硬脂酸甘油酯

单硬脂酸甘油酯又称甘油单硬脂酸酯,简称单甘酯,为乳白至微黄色蜡样固体,无臭、无味;溶于乙醇、热脂肪油和烃类,不溶于水。是乳化性很强的油包水(W/O)型乳化剂,HLB 值为 3.8;单硬脂酸甘油酯经人体摄入后,在肠内可完全水解形成正常的代谢物质,对人体无毒害。

单甘酯是乳化剂中最普遍使用的一种,也是乳化剂中产量最大的一种,在食品中具有乳化、分散、稳定、发泡、消泡、抗淀粉老化等作用。

具体作用如下:

① 用于面包:可改善面团组织结构,防止面包老化,面包松软,体积增大,有弹性,延长保存期。

② 用于糕点:与其他乳化剂复配,作为糕点发泡剂,体积增大。

③ 用于人造奶油:防止油水分离、分层等现象,提高制品的质量。

④ 用于糖果:防止糖出现油脂分离现象,增加细腻感,提高糖果防潮性,减少变形,防止粘牙,改善口感等。

⑤ 用于焙烤食品:使油脂均匀分散在面团中,使面包、糕点松软,抑制淀粉回生,延长保质期。

⑥ 用于饼干:能使油脂以乳化状态均匀分散,有效防止油脂渗出,提高饼干的脆性。

3. 硬脂酰乳酸钙

白色至奶油色粉末、薄片状物或块状物。具有特殊的焦糖气味,难溶于冷水,微溶于热水,加水搅拌可分散,溶于乙醇、植物油等有机溶剂,在空气中稳定,HLB 值为 5.1。具有 1 ~ 3 个乳酰基的制品在焙烤食品中作用效果最显著,而以平均有 2 个乳酰基的为最适用。不宜作水包油型乳化剂。主要用做乳化剂、面团调节剂、抗淀粉老化剂等。

硬脂酰乳酸钙具有极好的面团强化作用和组织软化作用。它与面团中蛋白质相互作用,可增加面团筋力,提高面团弹性、韧性和机械加工性能,还可以改善气体保持性;能与淀粉相互作用,延缓淀粉老化,保持面包柔软,提高面包储存期和货架期。

4. 卵磷脂

卵磷脂又称大豆磷脂,浅黄至棕色透明黏稠状液态物质,或白色至浅黄色粉末或颗粒;无臭或略带坚果类气味及滋味;纯品不稳定,遇空气或光则颜色变深,成为不透明;部分溶于水,但易与水合物形成乳浊液;无油磷脂溶于脂肪酸、石油醚等;难溶于丙酮、醋酸酯。

卵磷脂是两性离子表面活性剂,在热水中或 pH 值在 8 以上时易引起乳化作用。若添加乙醇或乙二醇,则与大豆磷脂形成加成物,乳化性能提高。酸式盐可破坏乳化而析出沉淀。虽然磷脂不耐热,但由于在食品中添加不多,对温度的敏感并不明显。磷脂具有与蛋白质结合的特殊性质,同时具有优良的润滑性能。

卵磷脂主要用于面包饼干、人造奶油、起酥油等;与油及起酥油混用,有防止老化及抗氧化作用;用于面条、通心面可增强产品的韧性。

第五节　抗氧化剂

一、抗氧化剂概述

抗氧化剂是指能阻止或延迟食品氧化,以提高食品稳定性和延长储存期为目的的食品添加剂。它具有阻止或延迟空气中氧气对食品中油脂和脂溶性成分的氧化作用,从而提高食品的稳定性和延长食品的保质期。在食品品质储存运输的劣变过程中,除了由微生物作用发生腐败外,氧化是一个很重要的因素,尤其是对油脂或含油脂的食品来说更是如此。氧化除了使食品中的油脂酸败外,还会使食品外观、食用和营养发生各种变化,这些变化几乎都朝着食品品质变劣的方向发展,如食品产生刺鼻气味、褪色、褐变、维生素破坏等,甚至还会由于氧化而产生有毒物质,危及人体健康。因此,在油脂和富脂食品中加入抗氧化剂以抑制或延缓食品在加工或流通储存过程中氧化变质,已成为食品加工中的重要手段。防止食品氧化,除了采用密封、排气、避光及降温等措施外,适当地使用一些安全性高、效果显著的抗氧化剂,是一种简单、经济而又理想的方法。

二、食品抗氧化剂的分类

1. 按溶解性质分类

①油溶性抗氧化剂。即氧化剂可溶于油脂,对油脂和含油脂的食品具有很好的抗氧化作用。

②水溶性抗氧化剂。即氧化剂可溶于水,用于一般食品的抗氧化作用。

2. 按来源分类

①天然抗氧化剂。是指从天然动物、植物或其代谢物中提取的具有抗氧化能力的物质。天然抗氧化剂一般都具有较好的抗氧化能力、安全无毒,其中一些已经用于绿色食品加工。

②人工合成抗氧化剂。指人工化学合成的具有抗氧化能力的物质。这类抗氧化剂一般具有较好的抗氧化能力,使用时需按国家颁布的卫生标准掌握用量。

3. 按作用机理分类

按照抗氧化剂的作用机理可将其分为自由基吸收剂、金属离子螯合剂、氧清除剂、氢过氧化物分解剂、酶抗氧化剂等。

三、抗氧化剂的作用机理

抗氧化剂的作用机理比较复杂,不同的抗氧化剂其作用机理也不完全相同,但均以其还原性为依据。它们能够提供氢原子与脂肪酸自由基结合,使自由基转化为惰性化合物,从而中止脂肪连锁反应。根据抗氧化剂的作用类型,主要分为以下几种作用机理。

① 抗氧化剂自身氧化,即抗氧化剂本身极易氧化,所以通过自身氧化,消耗

食品内部和周围环境中的氧,使空气中的氧首先与抗氧化剂结合,从而避免了食品的氧化。

②抗氧化剂释放出的氢原子将氧化过程中产生的过氧化物破坏分解,中断油脂的链锁反应,阻止氧化过程的继续进行。

③抗氧化剂是自由基吸收剂,可与氧化过程中的氧化中间产物结合,从而阻止氧化反应的进行。

④抗氧化剂阻止或减弱氧化物类酶的活动。

⑤抗氧化剂是金属离子的螯合剂,通过对金属离子的螯合作用,减少金属离子的促进氧化作用。

三、食品中常用抗氧化剂性质及用途

1. 油溶性抗氧化剂

油溶性抗氧化剂是指能溶于油脂,对油脂和含油脂的食品起到良好抗氧化作用的物质。常用的有丁基羟基茴香醚、二丁基羟基甲苯、没食子酸丙酯等。

(1)丁基羟基茴香醚(简称 BHA)

丁基羟基茴香醚亦称叔丁基-4-羟基茴香醚、丁基大茴香醚,它有 2 种同分异构体:3-叔丁基-4-羟基茴香醚、2-叔丁基-4-羟基茴香醚,即 2-BHA、3-BHA。

BHA 为无色至微黄色蜡样结晶粉末,具有酚类的特异臭和刺激性味道,熔点 57~65℃。BHA 不溶于水,可溶于油脂和有机溶剂,对热稳定性高,在弱碱性条件下不容易被破坏,这可能是其在焙烤食品中有效的原因之一。BHA 与其他抗氧化剂相比,BHA 溶于丙二醇,成为乳化态,具有使用方便的特点。

通常出售的 BHA 是以 3-BHA 为主(占 95%~98%)与少量 2-BHA(占 5%~2%)的混合物。在油脂和含油脂食品中使用时,可以采用直接加入法,即将油脂加热到 60~70℃加入 BHA,充分搅拌,使其充分溶解和分布均匀。用于鱼肉制品时,可以采用浸渍法和拌盐法,浸渍法抗氧化效果较好,它是将 BHA 预先配成 1% 的乳化液,然后再按比例加入到浸渍液中。BHA 的抗氧化效果以用量 0.01%~0.02% 为好。

(2)二丁基羟基甲苯(简称 BHT)

二丁基羟基甲苯又称为 2,6-二特丁基对甲苯。BHT 为无色结晶或白色结晶性粉末,基本无臭、无味,不溶于水、甘油,易溶于乙醇、大豆油等,化学性质稳定,耐热性好,具有良好的抗氧化效果。

二丁基羟基甲苯稳定性好,抗氧化能力较强,遇热抗氧化效果不受影响,不像没食子酸丙酯那样遇铁易变色,也没有 BHA 的特异臭。BHT 抗氧化能力不如 BHA,与 BHA 或 TBHQ 复配使用的效果超过单独使用。BHT 可用于食用油脂、油炸食品、干鱼制品、饼干、方便面、果仁罐头、腌腊肉品、早餐谷类食品等。最大使用量为 0.2 g/kg(以脂肪总量计)。与 BHA 混合使用时,总量不得超过 0.2 g/kg。以柠檬酸为增效剂与 BHA 复配使用时,复配比例为 BHT:BHA:柠檬酸 = 2:2:1。BHT 也可加于包装焙烤食品、速冻食品及其他方便食品的纸或塑料薄膜等材料中,其用量为 0.2 ~ 1 kg/t。BHT 添加于精炼油中时,必须在碱炼、脱色、脱臭后,在真空下油品冷却到 12 ℃ 时添加,可充分发挥其抗氧化效果。此外,应注意保持设备与容器的清洁,在添加时应事先用少量油脂使 BHT 溶解,柠檬酸用水或乙醇溶解后再借真空吸入油中搅拌均匀,以充分发挥抗氧化能力。

(3)没食子酸丙酯(简称 PG)

没食子酸丙酯亦称桔酸丙酯,为白色至浅黄褐色晶体粉末,或乳白色针状结晶,无臭、微有苦味,水溶液无味。易溶于乙醇等有机溶剂,微溶于油脂和水。

PG 对热比较稳定,抗氧化效果好,易与铜、铁离子发生呈色反应,变为紫色或暗绿色。具有吸湿性,对光不稳定易分解。PG 对油脂的抗氧化能力很强,与增效剂柠檬酸或与 BHA、BHT 复配使用抗氧化能力更强。

没食子酸丙酯可用于油脂、油炸食品、干鱼制品、饼干、速煮面、速煮米、罐头,最大使用量为 0.19 g/kg(以脂肪总量计)。与其他抗氧化剂复配使用时,PG 不得超过 0.059 g/kg(以脂肪总量计)。没食子酸丙酯使用量达 0.01% 时即能着色,故一般不单独使用,而与 BHA、BHT 或与柠檬酸、异抗坏血酸等增效剂复配使用。复配使用时 BHA、BHT 的总量不超过 0.10 g/kg,PG 不超过 0.05 g/kg。PG 用量约为 0.05 g/kg 即能起到良好的抗氧化效果。

没食子酸丙酯使用时,应先取少部分油脂,将 PG 加入,使其加热充分溶解后,再与全部油脂混合。一般是在油脂精炼后立即添加。或者以 PG:柠檬酸:95% 乙醇按 1:0.5:3 的比例混合均匀后,再徐徐加入油脂中搅拌均匀。另外,因没食子酸丙酯有与铜、铁等金属离子反应变色的特性,所以在使用时应避免使用铜、铁等金属容器。具有螯合作用的柠檬酸、酒石酸与 PG 复配使用,不仅起增效作用,而且可以防止金属离子的呈色作用。

(4)叔丁基对苯二酚(简称 TBHQ)

　　TBHQ 是白色或浅黄色的结晶粉末,无异味异臭,有一种极淡的特殊香味。几乎不溶于水(约为 0.5%),溶于乙醇、乙醚及植物油等,在油、水中溶解度随温度升高而增大。

　　TBHQ 对大多数油脂均有防止腐败的作用,尤其是植物油。遇铁、铜离子不变色,但如有碱存在可转为粉红色。TBHQ 抗氧化性能优越,比 BHT、BHA、PG 和维生素 E 具有更强的抗氧化能力。TBHQ 的溶解性能与 BHA 相当,超过 BHT 和 PG。TBHQ 对其他抗氧化剂和螯合剂有增效作用,例如,对 PG、BHA、BHT、维生素 E、抗坏血酸棕榈酸酯、柠檬酸和 EDTA 等。在植物油、膨松油和动物油中,TBHQ 一般与柠檬酸结合使用。

　　TBHQ 可用于食用油脂、油炸食品、干鱼制品、饼干、方便面、速煮米、干果罐头、腌腊肉制品中作抗氧化剂。最大使用量为 0.2 g/kg。实际使用量为 0.01% ~ 0.02%,溶于热油中。另外,它的复配型产品抗氧化效果更佳。

2. 水溶性抗氧化剂

　　水溶性抗氧化剂能够溶于水,主要用于防止食品氧化变色,常用的有抗坏血酸、异抗坏血酸及其盐、植酸、乙二胺四乙酸二钠以及氨基酸类、肽类等。

　　(1)L - 抗坏血酸

　　L - 抗坏血酸亦称维生素 C,抗坏血酸为白色或略带淡黄色的结晶或粉末,无臭,味酸,易溶于水,不溶于苯、乙醚等溶剂。L - 抗坏血酸遇光颜色逐渐变深,干燥状态比较稳定。抗坏血酸的水溶液由于易被热、光等显著破坏,特别是在碱性及金属存在时更容易被破坏,因此在使用时必须注意避免在水及容器中混入金属或与空气接触。

　　L - 抗坏血酸可用于啤酒,最大用量为 0.04 g/kg;用于发酵面制品,最大用量为 0.02 g/kg。另外可用于果汁及碳酸饮料:防止氧化变质,理论上每 3.3 mg 抗坏血酸与 1 mL 空气反应,若容器的顶隙中空气含量平均为 5 mL,则需要添加 15 ~ 16 mg 的抗坏血酸,就可以使空气中的氧气含量降低到临界水平以下,从而防止产品因氧化而引起的变色、变味。水果罐头的氧化可以引起变味和褪色,添加了抗坏血酸则可消耗氧而保持罐头的品质,其用量 0.025 % ~ 0.06 %。蔬菜罐头大多数不添加抗坏血酸,只有花椰菜和蘑菇罐头为了防止加热过程中褐变或变黑,可以添加 0.1% 的抗坏血酸。

　　(2) L - 抗坏血酸钠

　　抗坏血酸钠是由 L - 抗坏血酸与碳酸氢钠(或碳酸钠)反应制得。L - 抗坏血酸钠为白色或略带黄白色结晶或结晶性粉末,无臭,稍咸;干燥状态下稳定,吸湿性强;极难溶于乙醇。其抗氧化作用与 $L-$ 抗坏血酸相同。因 $L-$ 抗坏血酸呈酸性,因此在不适宜添加酸性物质的食品中可使用 $L-$ 抗坏血酸钠,例如牛乳等制品。另外,对于肉制品还可以作为发色助剂,同时可以保持肉的风味、增加肉制品的弹性,添加量在 0.5% 左右。

3. 天然抗氧化剂

茶多酚是一类多酚化合物的总称,主要包括:儿茶素、黄酮、花青素、酚酸 4 类化合物,其中以儿茶素的数量最多,占茶多酚总量的 60% ~ 80%。因此,在茶多酚中常以儿茶素作为代表。

茶多酚是由茶提取的抗氧化剂,为浅黄色或浅绿色的粉末,有茶叶味,易溶于水、乙醇、乙酸乙酯。在酸性和中性条件下稳定,最适宜 pH 值 4 ~ 8。茶多酚抗氧化作用的主要成分是儿茶素。

茶多酚与柠檬酸、苹果酸、酒石酸有良好的协同效应,与柠檬酸的协同效应最好,与抗坏血酸、生育酚也有很好的协同效应。茶多酚对猪油的抗氧化性能优于生育酚混合浓缩物和 BHA 及 BHT。由于植物油中含有生育酚,所以茶多酚用于植物油中可以更加显示出其很强的抗氧化能力。茶多酚不仅具有抗氧化能力,它还可以防止食品褪色。并且能杀菌消炎,还具有与维生素 P 相类似的作用,能增强人体血管的抗压能力。

第六节 酶制剂

一、酶制剂概述

酶是由活细胞产生的、催化特定生物化学反应的一种生物催化剂,是一种蛋白质。酶制剂是指酶经过提纯、加工后的具有催化功能的生物制品。根据国际生物化学联合委员会对酶的分类,酶可以分成 6 类:氧化还原酶类、转移酶类、水解酶类、裂合酶类、聚合酶类和合成酶类。与食品密切相关的主要是水解酶,如一般的淀粉酶、蛋白酶、脂肪酶都属于这一类。

酶制剂作为一类绿色食品添加剂,用于改善食品品质和食品制造工艺,其应用已越来越普遍。在食品工业中主要用于淀粉、酿造、果汁、饮料、调味品、油脂加工等领域,在食品加工中具有重要作用。

表 11 − 1 食品加工中常用酶及用途

酶名	来源	主要用途
淀粉酶	枯草芽孢、地衣芽孢杆菌、黑曲霉	液化淀粉、澄清果汁、酒类、改善面制品质地
糖化酶	黑曲霉、根霉、红曲霉	制造葡萄糖、酿酒、酒精工业的糖化剂
异淀粉酶	假单胞杆菌、霉菌	麦芽糖、糯米纸
果胶酶	黑曲霉、木质壳霉、米曲霉	果汁、葡萄酒澄清、果实榨汁、去皮
转化酶	啤酒酵母、假丝酵母	从蔗糖生产转化糖、制糖果、蜜饯
花青素霉	黑曲霉	桃子、葡萄脱色
β − 半乳糖苷酶	乳糖酵母	加工乳品、制备面包、生产低聚半乳糖
蛋白酶	黑曲霉酵母	加工植物蛋白、酿造黄酒、章鱼剥皮
凝乳酶	霉菌、酵母菌	制造干酪
谷氨酰胺酶	肾脏、肝脏	制备调味料
过氧化氢酶	曲霉、青霉	食品加工中分解 H_2O_2，测食品鲜度

　　酶能提高食品的保藏性,防止食品腐败变质。例如:溶菌酶现已广泛应用于水产品、肉制品、蛋糕、清酒、料酒、饮料等产品的防腐。一般与植酸、甘氨酸等物质配合使用。与甘氨酸配合使用的溶菌酶制剂,注意应用于面食、水产、熟食等食品的防腐。此外,溶菌酶还可用于 pH 值为 6.0 ~ 7.5 的饮料和果汁的防腐。溶菌酶能改善食品质地,如,复合蛋白酶嫩化肌肉,使肉食品鲜嫩可口;谷氨酰胺转胺酶,用于鲜肉处理,它可以通过催化蛋白质分子之间发生的交联,改善蛋白质的许多重要性能。如用该酶生产重组肉时,它不仅可将碎肉粘接在一起,还可以将各种非肉蛋白交联到肉蛋白上,明显改善肉制品的口感、风味、组织结构和营养。而木聚糖酶、葡萄糖氧化酶、脂肪酶等在面包生产中可以使面团光滑、柔软;缩短发酵时间,提高耐醒发能力,提高成品质量。多种乳化剂与多种酶制剂(真菌 α − 淀粉酶、木聚糖酶、葡萄糖氧化酶)合理搭配,使得面包品质大大提高。内部细腻、气孔均匀;面包芯洁白、柔软、富有弹性;口味醇香,品质好;体积大,冷却后不易收缩;有效地延长面包的老化周期及货架期。酶制剂还能增加食品的品种和方便性。如用纤维素酶及果胶酶处理果蔬,使硬组织软化,方便食用,提高适口性。单宁酶能消除多酚类物质,去除涩味并消除其形成的沉淀。

二、食品中主要酶制剂及用途

1. 淀粉酶

淀粉酶是水解淀粉和糖原的酶类总称,一般作用于可溶性淀粉、直链淀粉、

糖原等的 $\alpha-1,4$ 糖苷键,根据水解产物异构类型的不同,可分为 $\alpha-$ 淀粉酶(EC 3.2.1.1)、$\beta-$ 淀粉酶(EC 3.2.1.2)、葡萄糖淀粉酶(EC 3.2.1.3)等。

(1)$\alpha-$ 淀粉酶

大多数 $\alpha-$ 淀粉酶的相对分子质量为 5×10^4 左右,每个分子中含有一个 Ca^{2+}。最适 pH 值为 $4.5 \sim 7.0$,最适温度 $85 \sim 94$℃。钙离子对酶有激活作用,铁离子、铜离子和汞离子则有抑制作用。产品为淡黄色粉末,含水分 $5\% \sim 8\%$。为便于保藏,常加入适量碳酸钙之类的抗结剂。

$\alpha-$ 淀粉酶以随机的方式作用于淀粉中的 $\alpha-1,4$ 糖苷键,产生糊精、低聚糖和单糖等水解产物。底物不同时,水解结果也不相同。例如,底物为直链淀粉时,最终产物是葡萄糖和麦芽糖;底物为支链淀粉时,最终产物除葡萄糖和麦芽糖外,还有一系列 $\alpha-$ 极限糊精。$\alpha-$ 淀粉酶不能水解 $\alpha-1,6$ 糖苷键。

目前,$\alpha-$ 淀粉酶多采用微生物发酵法生产。我国主要以枯草杆菌 BF7658 深层发酵来生产。近年来,经进一步工艺优化,改良菌种,开发出耐高温 $\alpha-$ 淀粉酶新品种。

(2)$\beta-$ 淀粉酶

$\beta-$ 淀粉酶主要存在于大多数高等植物以及少数几种细菌中,其相对分子质量和热稳定性质与具体的来源有关。相对分子质量一般高于 $\alpha-$ 淀粉酶,例如,甘薯 $\beta-$ 淀粉酶相对分子质量高达 152000。$\beta-$ 淀粉酶最适 pH 值范围是 $5.0 \sim 6.0$。结晶的 $\beta-$ 淀粉酶是纯粹的蛋白质,不需要 Ca^{2+} 及 Cl^- 等辅助因子,但酶蛋白中的巯基是保持活性必需的基团,一旦—SH 基被抑制,酶就失活,若将阻抑剂去除,则活性得以恢复,所以在酶液中加入血清蛋白和还原谷胱甘肽,可防止酶失活。环状糊精和麦芽糖是该酶的竞争性抑制剂。

$\beta-$ 淀粉酶作用于淀粉时,是从糖链的非还原端开始,以一个麦芽糖为单位,切断 $\alpha-1,4$ 糖苷键,并且使麦芽糖的构型从 α 型转化为 β 型,即得到的是 $\beta-$ 麦芽糖。但是 $\beta-$ 淀粉酶不能绕过 $\alpha-1,6$ 糖苷键继续作用,所以,当它作用于支链淀粉时,一般只有 $50\% \sim 60\%$ 能转化为 $\beta-$ 麦芽糖。

(3)葡萄糖淀粉酶

葡萄糖淀粉酶制剂为米黄色无结块粉末或棕黄色液体。在正常使用浓度下溶于水。最适 pH 值为 $4 \sim 5$,最适作用温度为 $50 \sim 60$℃,80℃以上活力全部消失。耐酸性较好。葡萄糖淀粉酶是一种外切酶,作用于淀粉或糖原时,从糖链的非还原端开始,以葡萄糖为单位,逐一切断 $\alpha-1,4$ 糖苷键,并使葡萄糖构型从 α 型转变 β 型。葡萄糖淀粉酶的特异性较低,除了能作用于 $\alpha-1,4$ 糖苷键外,它

还能作用于 $\alpha - 1,3$ 糖苷键和 $\alpha - 1,6$ 糖苷键,但对 $\alpha - 1,4$ 糖苷键的作用比对其他两种糖苷键的作用强烈。虽然葡萄糖淀粉酶能作用于 $\alpha - 1,6$ 糖苷键,但却必须与 $\alpha -$ 淀粉酶共同作用,才能把支链淀粉彻底水解。

2. 蛋白酶

蛋白酶为水解蛋白质和多肽肽键的一类酶。蛋白质在蛋白酶作用下依次被水解成䏡、多肽、肽,最后成为蛋白质的组成单位——氨基酸。

实际生产中,常按酶的来源分为胃蛋白酶、胰蛋白酶、木瓜蛋白酶、细菌或霉菌蛋白酶等。微生物蛋白酶则常根据其作用最适 pH 值分类为碱性蛋白酶、中性蛋白酶、酸性蛋白酶等。按活性中心,根据酶对专一性抑制剂的反应而将蛋白酶分为 4 类:丝氨酸蛋白酶、巯基蛋白酶、金属蛋白酶、羧基蛋白酶。蛋白酶是食品工业中最重要的一类酶,广泛应用于干酪生产、肉类嫩化、植物蛋白水解。

（1）木瓜蛋白酶

木瓜蛋白酶,亦称木瓜酶,是由木瓜的未成熟果实,提取出乳液,经凝固、干燥得到粗制品。由木瓜制得的酶制剂主要有 3 种酶:木瓜蛋白酶、木瓜凝乳蛋白酶和溶菌酶。

木瓜蛋白酶为白色至浅棕色粉末或液体,溶于水和甘油,几乎不溶于乙醇、氯仿和乙醚等有机溶剂。水溶液为无色至浅黄色。木瓜蛋白酶为酸性蛋白酶,其适宜 pH 值为 5,当溶液的 pH 值低于 3 和接近 14 时,酶很快失活,而且,其最适 pH 值会随底物而变动,明胶时为 5,蛋清蛋白和酪蛋白则为 7,最适温度为 65℃。

木瓜蛋白酶在食品工业中主要用于啤酒和其他酒类的澄清、肉类嫩化,用量为 0.5 ~ 5 mg/kg,用于饼干、糕点松化,可使制品疏松,降低碎饼率;用于酱油,提高产率和氨基酸含量;还可作为凝乳酶的代用品和干酪的凝乳剂。

（2）菠萝蛋白酶

菠萝蛋白酶由菠萝果实及茎(主要利用其外皮)经压榨提取、盐析(或丙酮、乙醇沉淀)、分离、干燥而制得。

菠萝蛋白酶为白色至浅黄色无定形粉末。溶于水,不溶于乙醇、氯仿和乙醚。相对分子质量约33000。此酶水解肽键及酰胺键,等电点 pI 为 9.4,最适 pH 值为 6 ~ 8。属糖蛋白,含糖量约为 2% 。

在食品工业中主要用于啤酒和其他酒类的澄清,肉类嫩化,饼干、糕点松化,水解蛋白质生产等。添加量在 0.8 ~ 1.2 mg/kg。

3. 其他酶制剂

（1）果胶酶

果胶酶为灰白色或微黄色粉末,有3种类型:原果胶酶、果胶酯酶和聚半乳糖醛酸酶。果胶酶的最适pH值因底物而异。最适温度为40～50℃。

主要用于果汁澄清,能提高果汁过滤速率,降低果汁黏度,防止果泥和浓缩果汁胶凝化,提高果汁得率,还可用于果蔬脱内皮、内膜等。果汁澄清时果胶酶的用量和作用条件,因果实的种类、品种、成熟程度以及酶制剂的种类和活力不同而不同。葡萄汁用0.2%的果胶酶在40～42℃下放置3h,即可完全澄清。苹果汁澄清,果胶酶最高用量为3%。

（2）纤维素酶

纤维素酶为灰白色粉末或液体,作用的最适pH值为4.5～5.5。对热较稳定,即使在100℃加热10 min仍可保持原有活性的20%,一般最适作用温度为50－60℃。

主要用于提高大豆蛋白的提取率。酶法提取工艺用在原碱法提取大豆蛋白工艺前,增加酶液浸泡豆粕处理,用酶液在40～45℃下保温,pH4.5条件下浸泡2～3h,以后按原工艺进行,可增加提取率11.5%,质量也有提高。用于制酒生产,可提高酒的出酒率和原料利用率,降低溶液黏度,缩短发酵时间,使酒口感醇香,杂醇油含量低。

第七节　甜味剂

一、甜味剂概述

甜味剂是指赋予食品甜味的添加剂。食品甜味的作用是满足人们的嗜好要求,改进食品的可口性以及其他食品的工艺性质。

食品的甜味剂品种繁多,按来源可分为天然甜味剂和合成甜味剂;按生理代谢特点可分为营养性甜味剂和非营养性甜味剂。通常所说的甜味剂是指人工合成的非营养甜味剂、糖醇类甜味剂与非糖天然甜味剂3类。糖醇类甜味剂是指多羟醇结构、甜度低于蔗糖、低热能的一类甜味剂。非糖天然甜味剂是指从天然物(甘草、植物果实等)中提取其天然甜味成分而制成的一类天然甜味剂。至于葡萄糖、果糖、麦芽糖和乳糖等物质,虽然也是天然甜味剂,但因长期被人类食用,且是重要的营养素,所以通常被视为食品原料,不作为食品添加剂对待。

二、主要甜味剂及用途

1. 化学合成甜味剂

化学合成甜味剂是人工合成的具有甜味的复杂有机化合物。化学合成甜味剂的主要优点为：

①化学性质稳定，耐热、耐酸和耐碱，不易出现分解失效现象，故使用范围比较广泛；

②不参与机体代谢，大多数合成甜味剂经口摄入后全部排出体外，不提供能量，适合糖尿病人、肥胖者和老年人等特殊营养消费群使用；

③甜度较高，一般都是蔗糖甜度的 50 倍以上；

④价格便宜，等甜度条件下的价格均低于蔗糖；

⑤不是口腔微生物的合适作用底物，不会引起牙齿龋变。

（1）糖精钠

糖精钠又称可溶性糖精或水溶性糖精，为无色至白色的结晶或结晶性粉末，无臭，微有芳香气味。糖精钠易溶于水，在水中的溶解度随温度的上升而迅速增加。在常温时，糖精钠的水溶液长时间放置后甜味亦降低，摄入后在体内不分解，随尿排出，不供给热能，无营养价值。糖精钠水溶液浓度高也会感到苦味。因此，使用时浓度应低于 0.02%。糖精钠甜味强，为蔗糖的 200～700 倍，在酸性介质中加热，甜味消失，并可形成邻氨基磺酰苯甲酸而呈苦味。

糖精钠主要用于酱菜类、调味酱汁、浓缩果汁、蜜饯类、配制酒、冷饮类、糕点、饼干、面包，其最大使用量为 0.15 g/kg；浓缩果汁按浓缩倍数的 80% 加入；用于汽水时最大使用量为 0.08 g/kg。

（2）甜蜜素

甜蜜素又称环己基氨基磺酸钠，对热、光、空气以及较宽范围的 pH 值均很稳定，无吸湿性，易溶于水，几乎不溶于油和非极性溶剂。甜味是蔗糖的 40～50 倍。与蔗糖相比，甜蜜素的甜味刺激来得较慢，但持续时间较长。甜蜜素风味良好，不带异味，还能掩盖诸如糖精类人工甜味剂所带有的苦涩味。

作为一种无能量甜味剂，甜蜜素主要应用于如软饮料、果汁饮料的配料，冰淇淋、糕点，最大使用量 0.25 g/kg；水果蜜饯，最大使用量 1.0 g/kg。

（3）安赛蜜

安赛蜜又称乙酰磺胺酸钾，也称 A－K 糖，是一种白色结晶状粉末。甜度大约是糖精钠的一半,比甜蜜素钠甜 4~5 倍。安赛蜜甜味感觉快,没有任何不愉快的后味,味觉不延留。高浓度时有时会感到略带些苦味,但在低浓度食品中没有此感觉。其水溶液甜度不随温度的上升而下降。安赛蜜在人体内不代谢为其他物质,能很快排出体外,因此,它完全无热量,特别适合保健食品的生产。另外,它不与食品中成分特别是香精和香料发生反应,故在用安赛蜜增甜的产品中,香精可保持稳定。

2. 天然甜味剂

糖醇类是最有代表性的天然甜味剂,糖醇是世界上广泛采用的甜味剂之一,它可由相应的糖加氢还原制成。这类甜味剂口味好,化学性质稳定,不易被消化吸收,属于低热量甜味剂;不被口腔微生物利用,具有防龋齿功能;属于水溶性膳食纤维,具有纤维素的部分功能,可调理肠胃,防止便秘;此外,还具有保湿功能。

木糖醇是一种白色粉状晶体,有甜味,热量与葡萄糖相同。木糖醇在水中溶解度很大,每毫升水可溶解 1.6 g 的木糖醇,易溶于乙醇和甲醇。木糖醇的热稳定性好,10% 水溶液的 pH 值为 5~7,不与可溶性氨基化合物发生美拉德反应。木糖醇溶于水中会吸收很多能量,是所有糖醇甜味剂中吸热最大的一种,食用时会感到一种凉爽愉快的口感。在人体中代谢不需胰岛素,而且还能促进胰脏分泌胰岛素。木糖醇作为一种功能性甜味剂主要用于防止龋齿性糖果和糖尿病人的专用食品,也用于医药品和洁齿品。

山梨糖醇为无色无味的针状晶体,溶于水,微溶于甲醇、乙醇和乙酸等,具有很大的吸湿性,在水溶液中不易结晶析出,能整合各种金属离子。山梨糖醇对热稳定性比相应的糖高,对微生物的抵抗力较强,浓度在 60% 以上不易受微生物侵蚀。甜度是蔗糖的 60%~70%,具有清凉爽快的甜味。山梨糖醇有持水性,可防止糖、盐等析出结晶,能保持甜、酸、苦味强度的平衡,增强食品的风味。山梨糖醇具有良好的吸湿性,可以保持食品具有一定水分以调整食品的干湿度。利用山梨糖醇的吸湿性和保湿性,应用于食品中可防止食品干燥、老化,延长产品货架期。如用于面包、蛋糕保水的用量为 1%~3%,巧克力为 3%~5%,肉制品为 1%~3%。此外,山梨糖醇与其他糖醇类共存时会出现吸湿性增加的协同现象。除了作甜味剂外,山梨糖醇还可作为润湿剂、多价金属螯合剂、稳定剂与黏度调节剂等。

3. 其他甜味剂

(1)蔗糖衍生物

三氯蔗糖(TGS),又称蔗糖素是以蔗糖为原料经氯化作用而制得的,通常为白色粉末状产品。易溶于水和乙醇。甜度大约是 5% 蔗糖液的 600 倍,甜味纯正,没有任何苦后味,是目前世界上公认的强力甜味剂。

由于三氯蔗糖的物化性质和甜味特性比较接近蔗糖,因此,在很多食品中代替蔗糖。三氯蔗糖主要应用于焙烤食品与焙烤粉、饮料与固体饮料、口香糖、咖啡与茶汁、乳制品类似物、脂肪与油、冰冻甜点心与混合粉、水果与冰淇淋、明胶食品与布丁、果酱、果子冻、乳制品、加工水果与果汁、蔗糖替代物、甜沙司与糖浆等。

（2）肽类衍生物

这类甜味剂中最具有代表性的是天冬氨酰苯丙氨酸甲酯（又称甜味素、阿斯巴甜），味质近于蔗糖。由于甜度较高,使用量低,所以是低热能甜味剂。但苯丙酮酸尿症患者不能食用,也不单独用于焙烤食品。

甜味素的甜度比蔗糖大 100～200 倍。热稳定性差,高温加热后,其甜味下降或消失。甜味素味质好,且几乎不增加热量,可作糖尿病、肥胖症等人疗效食品的甜味剂,亦可作防龋齿食品的甜味剂。

甜味素在食品或饮料中的主要作用表现在:提供甜味,口感类似于蔗糖;能量可降低 95% 左右;增强食品风味,延长味觉停留时间,对水果香型风味效果更佳;避免营养素的稀释,保持食品的营养价值;可与蔗糖及合成甜味剂一起配合使用。

纽甜是阿斯巴甜的衍生物,其甜味是蔗糖的 7000～13000 倍,甜度是阿斯巴甜的 30～60 倍,其能量值几乎为零,且甜味纯正。纽甜不仅可以广泛用于食品和饮料中,而且可以单独使用或与其他强力甜味剂或多糖混合使用。它在干燥或中性条件下都十分稳定,尤其在含水的食品体系中比阿斯巴甜要相对稳定。纽甜具有纯正甜味,没有其他甜味剂常有的苦味和金属味,将其配成不同浓度的水溶液,它的甜味随着溶液浓度的增加而增加,但其他风味如苦味、酸味和金属味等没有明显增加。将其添加在可乐溶液中,随着甜味剂浓度的增加,不仅甜味增加,而且增加了饮料的风味,但令人不快的风味却没有增加。

第八节　抗结剂和消泡剂

一、概述

阻止粉状颗粒彼此黏结成块的物质称为抗结剂。抗结剂一般附着在颗粒表层使之具有一定程度的憎水性而防止粉状颗粒结块。抗结剂多是硅酸、脂肪酸、磷酸等的钙盐和镁盐,其他抗结剂包括硅铝酸钠、磷酸三钙、硅酸镁和碳酸镁等。例如,硅酸钙可用来阻止发酵粉(达到5%),食盐(达到2%)以及其他食品发生结块;研细的硅酸钙吸收2.5倍自身重量的液体而仍然能保持自由流动;除吸收水分以外,硅酸钙还可有效的吸收油和其他非极性有机物质,这一特性使之能用于成分复杂的粉状混合物和某些含有游离香精油的香料。又如,硬脂酸钙也可以阻止粉状食品凝聚或黏结,并且在加工时增大流动牲;硬脂酸钙不溶于水并能很好地黏附在颗粒表面使之具有憎水性外层。

消泡剂是指以消除或抑制在食品加工过程中产生的泡沫为目的而添加的一类食品添加剂。在食品加工过程中,由于所溶解的蛋白质的作用,有时会产生大量泡沫。由于食品加工过程中生成的泡沫既可影响工业生产的顺利进行,又可影响最终产品的质量,因此一定要加以控制。此外,泡沫还可降低设备的使用面积,增加加工时间和消耗。消除泡沫的方法,有改进工艺、使用机械消泡设备以及添加化学消泡剂,但从效果和经济角度来考虑,化学消泡剂的作用效果较为显著。

二、抗结剂性质及用途

国内外使用的抗结剂有亚铁氰化钾、硅酸铝钠、硅铝酸钙、二氧化硅、硬脂酸钙、碳酸镁、氧化镁、硬脂酸镁、硅酸镁、高岭土、滑石粉等。

1. 亚铁氰化钾

亚铁氰化钾为强黄色结晶颗粒或粉末,无臭,溶于水,水溶液遇光则分解为氢氧化铁,不溶于乙醇和乙醚。在空气中稳定,加热至70℃失去结晶水,并变成白色,100℃时生成白色粉状无水物。用于食盐中作抗结剂使用,其最大使用量为0.01 g/kg。

2. 硅铝酸钠

硅铝酸钠为白色无定形细粉或小珠粒,无臭、无味,不溶于水、乙醇和其他有机溶剂,在80~100℃时可部分溶于强酸和碱金属氢氧化物溶液。

硅铝酸钠主要用作抗结剂,也可用于植脂性粉末,最大使用量为5.0 g/kg。

3. 二氧化硅

供食品用的二氧化硅是无定形物质。按制法不同分为胶体硅和湿法硅两种形式。胶体硅为白色、蓬松、无砂的精细粉末。湿法硅为白色、蓬松粉末或白色微孔颗粒。吸湿或易从空气中吸收水分,无臭,无味,不溶于水、酸、有机溶剂,溶于氢氟酸和热的浓碱液。

二氧化硅可用作抗结剂、干燥剂、消泡剂、载体、增稠剂,也可用做麦精饮料、果酒、酱油、醋、清凉饮料等的助滤剂、澄清剂。根据我国《食品添加刑使用卫生标准》(GB 2760—2011)规定,用于蛋粉、奶粉、可可粉、糖粉、植脂性粉末、速溶咖啡、粉状汤料,最大使用量为 15 g/kg;粉末香精 80 g/kg。

三、消泡剂性质及用途

有效的化学消泡剂必须具备下列条件:具有比被加液体更低的表面张力;易于分散在被加液体中;在被加液体中的溶解度很差;具有不活泼的化学惰性;无残留物或气体;符合食品安全要求。

目前,我国准许使用的消泡剂有高碳醇脂肪酸酯复合物、聚氧丙烯甘油醚、乳化硅油等,主要应用于发酵工艺中。

1. 乳化硅油

乳化硅油俗称硅油,是以甲基聚硅氧烷为主体组成的有机硅消泡剂。为乳白色、黏稠液体,无臭,性质稳定,不挥发,对金属没有腐蚀性,不溶于水、乙醇、甲醇。乳化硅油属于亲油性表面活性剂,表面张力小,消泡能力强。

我国规定乳化硅油主要应用于发酵工艺,如味精的生产,在谷氨酸发酵过程中用以消除泡沫,按发酵液计,乳化硅油的用量为 0.2 g/kg。用于消除豆浆中的气泡,其用量为 0.1%。

2. 高碳醇脂肪酸酯复合物

高碳醇脂肪酸酯复合物的主要成分是硬脂肪酸酯、液体石蜡、硬脂酸二乙醇胺和硬脂酸铝组成的混合物,为白色至淡黄色黏稠液体,性能稳定、不挥发、不易燃、无腐蚀性,相对密度 0.78～0.88,消泡率可达 96%～98%,属破泡型消泡剂。

高碳醇脂肪酸酯复合物主要应用于酿造工艺,最大使用量为 1.0 g/kg;豆制品工艺,最大使用量为 1.6 g/kg;制糖工艺及发酵工艺,最大使用量为 3.0 g/kg。

3. 聚氧丙烯甘油醚

聚氧丙烯甘油醚为无色或淡黄色黏稠状液体,有苦味,难溶于水,溶于乙醇和苯等有机溶剂,主要用于酵母、味精。

除以上几种消泡剂外,我国还制定了聚氧乙烯聚氧丙烯季戊四醇醚、聚氧乙烯聚氧丙醇胺醚、聚氧丙烯氧化乙烯甘油醚的使用标准,它们均用于酵母、味精的生产,添加量按生产需要适量使用。

在国外,还可用一些天然的脂肪酸作消泡剂,如癸酸、月桂酸(十二烷酸)、肉豆蔻酸(十四烷酸)、辛酸、油酸、棕榈酸产品,它们有的还具有增香的功能,由于这些产品是天然物质,无毒,可安全地用于生产。

第九节　增稠剂

一、概述

食品增稠剂通常是指能溶解于水中,经水化后以分子状态分散在水中,形成高黏度的单相均匀分散体系,并在一定条件下充分水化形成黏稠、滑腻或胶冻液的大分子物质,为亲水性高分子胶体物质,又称食品胶。

食品增稠剂是一类高分子亲水胶体物质,具有亲水胶体的一般性质。因此增稠剂一般应具有以下特性:在水中有一定的溶解度;在水中强烈溶胀,在一定温度范围内能迅速溶解或糊化;水溶液中有较大黏度,具有非牛顿流体的性质;在一定条件下可形成凝胶和薄膜。

增稠剂可提高食品的黏稠度或形成凝胶,从而改变食品的物理性质,赋予食品黏稠、适宜的口感,并兼有乳化、稳定或使呈悬浮状态的作用。

增稠机理是利用增稠剂分子结构中含有许多亲水基团,如羟基、羧基、氨基和羧酸根等,能与水分子发生水化作用,其分子水化后以分子状态高度分散于水中,形成高黏度的单相均匀分散体系——大分子溶液。食品增稠剂对保持流态食品、凝胶食品的色、香、味、结构和稳定性起着相当重要的作用。

二、分类

根据增稠剂来源不同,大致可分为4类。

1. 植物渗出液制取的增稠剂

由不同植物表皮损伤的渗出液制得的增稠剂,其成分是一种由葡萄糖和其他单糖缩合的多糖衍生物,在它们的多羟基的分子链中,穿插一定数量对其性质有一定影响的氧化基团,在许多情况下,羧基占很大比例。这些羧基常以钙、镁或钾盐的形式存在,而不以自由羧基的形式存在。目前有3种树渗出胶——阿拉伯胶、黄芪胶和刺梧桐胶在食品工业上应用较多。

2. 植物种子、海藻制取的增稠剂

由陆地、海洋植物及其种子制取的增稠剂,在许多情况下,其水溶性多糖相似于植物受刺激后的渗出液。它们是经过精细的专门技术处理而制得的,包括选种、种植布局、种子收集和处理。正如植物渗出液一样,这些增稠剂都是多糖

酸的盐,其分子结构复杂。常用的这类增稠剂有瓜尔胶、槐豆胶、卡拉胶、海藻酸等。

3. 蛋白质的动物原料制取的增稠剂

蛋白质类增稠剂其主要成分是蛋白质,是一种天然的营养型食品增稠剂。蛋白质类增稠剂较其他胶有其独特的特点,如明胶含有 18 种氨基酸和 90% 的胶原蛋白,富保健美容效果,具有优良的胶体保护性、表面活性、黏稠性、成膜性、悬乳性、缓冲性、浸润性、稳定性和水易溶性,营养保健等。蛋白质类增稠剂的主要来源是富含蛋白质的动物骨、皮的胶原,动物奶及植物如大豆、花生等高蛋白质食物。这类蛋白质类增稠剂主要品种有皮冻、明胶、蛋白胨、酪蛋白、甲壳素、壳聚糖等,其中明胶和甲壳素是在食品工业中应用相当广泛的两种增稠剂。

4. 以天然物质为基础的半合成增稠剂

以天然物质为基础经化学合成、加工修饰而成的食品增稠剂,一般是利用来源丰富的多糖等高分子物质为原料,通过化学反应而合成的,如天然淀粉。它们普遍具有在冷水中不溶的特性。

三、增稠剂在食品中的作用

1. 增稠、稳定作用

食用增稠剂都是水溶性高分子,溶于水中有很大的黏度,使体系具有稠厚感。体系黏度增加后,体系中的分散相不容易聚集和凝聚,因而可以使分散体系稳定。增稠剂大多具有表面活性,可以吸附于分散相的表面,使其具有一定的亲水性而易于在水体系中分散。

2. 凝胶作用

有些增稠剂,如明胶、琼脂等溶液,在温热条件下为黏稠流体。当温度降低时,溶液分子连接成网状结构,溶剂和其他分散介质全部被包含在网状结构之中,整个体系形成了没有流动性的半固体,即凝胶。很多食品的加工都利用了增稠剂的这个性质,如果冻、奶冻等。有些离子性的水溶性高分子,如海藻酸钠,在有高价离子的存在下可以形成凝胶,而与温度没有关系。这对于加工很多特色食品都有益处。

3. 乳化作用

大多数增稠剂只是因增加黏度而使乳化液得以稳定,但它们的单个分子并不同时具有乳化剂所特有的亲水、亲油性。部分高分子增稠剂在分子结构上也存在亲油基和亲水基,因此也有乳化性能。

4．其他作用

（1）起泡作用和稳定泡沫作用

增稠剂可以发泡，形成网络结构，它的溶液在搅拌时像小肥皂泡一样，可包含大量气体，并因液泡表面强性增加使其稳定。蛋糕、啤酒、面包、冰淇淋等使用鹿角菜胶、槐豆胶、海藻酸钠、明胶等作发泡剂用。

（2）成膜作用

增稠剂能在食品表面形成非常光润的薄膜，可以防止冰冻食品、固体粉末食品表面吸湿而导致的质量下降。这层膜还可以使果品、蔬菜保鲜，并有抛光作用。作被膜用的有醇溶性蛋白、明胶、琼脂、海藻酸等。当前，可食用包装膜是增稠剂发展的方向之一。

（3）保水作用

增稠剂有强亲水作用。在肉制品、面粉制品中能起改良品质的作用。如在面类食品中，增稠剂可以改善面团的吸水性，调制面团时，增稠剂可以加速水分向蛋白质分子和淀粉颗粒渗透的速度，有利于调粉过程。增稠剂能吸收几倍乃至上百倍于自身质量的水分，这个特性可改善面团的吸水量，使产品的质量增大。由于增稠剂有凝胶特性，使面制品弹性增强，淀粉化程度高，不易老化变干。

四、主要增稠剂及用途

1．阿拉伯胶

由阿拉伯树（金合欢树）树干自然渗出液或割破树皮收集的渗出液，经干燥制得。无定形琥珀色干粉，无臭无味，溶于水，不溶于油和有机溶剂。水中溶解度可达到50%。黏度与其浓度和pH值有关。25℃时阿拉伯胶可形成各种浓度的水溶液，以50%的水溶液黏度最大。溶液的黏度与温度成反比。pH6~7时黏度最高。溶液中存在电解质时可降低其黏度，但柠檬酸钠却能增加其黏度。阿拉伯胶溶液的黏度将随时间的增长而降低，加入防腐剂可延缓黏度降低。

2．琼脂

琼脂又名琼胶、洋菜、冻粉，由石花菜和江蓠等藻类提取，有条状、片状、粒状和粉状，颜色由白至淡黄色，半透明，具胶质感，无臭或稍有臭味，不溶于冷水，冷水中吸水率可达20倍，沸水中分解成溶胶，1.5%的溶胶凝固温度32~39℃，85℃以下不融化，pH值4~10内凝胶强度变化不大。

单独使用制品发脆、表面粗糙、易起皱，加卡拉胶，柔软有弹性；加糊精、蔗糖可使凝胶强度增大；加海藻酸钠、淀粉则凝胶强度减小。可按生产需要适量用于各类食品。

3. 海藻酸钠

白色至浅黄色粉末,几乎无臭,无味,溶于水形成黏稠状胶体溶液。具有吸湿性。易与金属离子结合。pH 值 5～10 黏度稳定,pH < 4.5 黏度增加,pH 值为 3 产生沉淀析出。可与多种食品原料配合使用。

海藻酸钠为水合力非常强的亲水性高分子,水溶液的黏度随聚合度、浓度而异。海藻酸钠与二价阳离子能在室温下形成凝胶。凝胶的强度与二价阳离子的性质有关,其由强到弱的顺序为 Ba^{2+}、Sr^{2+}、Ca^{2+}、Mg^{2+},具有实用价值的是 Ca^{2+}。此外,其凝胶强度尚取决于溶液的浓度、Ca^{2+} 含量、pH 值和温度,可获得从柔性到刚性的各种凝胶体。海藻酸钠可形成纤维和薄膜,且易与蛋白质、淀粉、果胶、阿拉伯胶、CMC、甘油、山梨醇等共溶。

4. 卡拉胶

由某些红海藻提取制得,是由半乳聚糖组成的多糖类物质。白色或浅黄色粉末,无臭,味淡,有的产品稍带海藻味。在冷水中,λ - 型卡拉胶溶解,κ - 型和 ι - 型卡拉胶的钠盐也能溶解。其水溶液具高度黏性和胶凝性,凝胶是热可逆的。在热水或热牛奶中所有类型的卡拉胶都能溶解。

干的粉末状卡拉胶很稳定。它在中性和碱性溶液中很稳定,但在酸性溶液中,尤其是 pH 值小于 4 时较易水解,造成凝胶强度和黏度的下降。生产中为了减轻含有卡拉胶的酸性食品在消毒加热时可能发生的水解,常采用高温、短时消毒方法。只有 κ - 型和 ι - 型卡拉胶的水溶液能形成凝胶,其凝固性受某些阳离子的影响很大。全部成钠盐的卡拉胶在纯水中不凝固,加入钾、铷、铯、铵或钙等阳离子能大大提高其凝固性。在一定的范围内,凝固性能随这些阳离子浓度的增加而增强。卡拉胶可与多种胶复配。有些多糖对卡拉胶的凝固性也有影响。如添加黄原胶可使卡拉胶凝胶更柔软、更黏稠和更具弹性。黄原胶与 ι - 型卡拉胶复配可减少食品脱水收缩。κ - 型卡拉胶与魔芋胶相互作用形成一种具弹性的热可逆凝胶。加入槐豆胶可显著提高 κ - 型卡拉胶的凝胶强度和弹性。玉米和小麦淀粉对它的凝胶强度也有所提高,而羟甲基纤维素则降低其凝胶强度。土豆淀粉和木薯淀粉对它无作用。

5. 果胶

淡黄褐色粉末,几乎无臭,在 20 倍水中溶解成黏稠体,不溶于乙醇和其他有机溶剂。分为高甲氧基果胶(HMP)——酯化度 50%～80%,甲氧基含量 >7%。低甲氧基果胶(LMP)——酯化度 25%～50%,甲氧基含量 <7%。

果胶必须完全溶解以避免形成不均匀的凝胶,为此需要有一个高效率的混合器,并缓慢添加果胶粉,以避免果胶结块,否则极难溶解。用乙醇、甘油或砂糖糖浆湿润,或与 3 倍以上的砂糖混合,可提高果胶的溶解性。果胶在酸性溶液中比在碱性溶液中稳定。

6. 黄原胶

白色或淡黄色至棕色粉末,易溶于水,不溶于大多数有机溶剂。如 1% 黄原胶水溶液的黏度相当于同样浓度明胶的 100 倍。水溶液对冷、热、氧化剂、酸、碱及各种酶都很稳定。在低剪切速度下,即使浓度很低也具有高黏度。

1% 的黄原胶水溶液黏度相当于相同浓度明胶溶液黏度的 100 倍,增稠、增黏效果显著。在温度不变的情况下,黄原胶溶液可随机械外力的改变而出现溶胶和凝胶的可逆变化。黄原胶可以在($-18 \sim 120℃$)及 pH 值($2 \sim 12$)范围内,基本保持原有的黏度和性能,具有可靠的增稠效果和冻融稳定性。与酸、碱、盐、酶、表面活性剂、防腐剂、氧化剂及其他增稠剂等化学物质共存时能形成稳定的增稠系统,并保持原有的流变性。在适当的比例下,与瓜而豆胶、刺槐豆胶等其他胶类复配,具有明显的协效性。

制备黄原胶溶液时,如分散不充分,将出现结块。除充分搅拌外,可将其预先与其他材料混合,再边搅拌边加入水中。如仍分散困难,可加入与水混溶性溶剂,如少量乙醇。pH 值高时,受多价离子和阳离子影响降低黏度,在 pH($2 \sim 12$)范围内,有一致和很高的黏度。添加氯化钠和氯化钾等电解质,可提高其黏度和稳定性。黄原胶可与大多数商品增稠剂配伍,对提高黏度起增效作用。

第十节　食用香精香料

食品香料是指能够用于调配食品香精,并使食品增香的物质,它不但能够增强食欲,有利于人的消化吸收,而且对增加食品的花色品种和提高食品的质量也具有很重要的作用。食品香精是指由食品香料、溶剂或载体以及某些其他食品添加剂组成的具有一定香型和浓度的混合物。食品香料是一类特殊的食品添加剂,品种多,用量小,大多存在于天然食品中。

一、香精香料分类

1. 香精分类

食品用香精按性状分为:水溶性香精、油溶性香精、调味液体香精、微胶囊粉末香精和拌和型粉末香精。按香型分为：奶类香精、甜橙香精、香芋香精等。水溶性香精多用于冷食、饮料、酒的赋香等。油溶性香精多用于奶油、人造奶油等脂肪含量高的食品。乳化香精主要用于饮料 。由于香精的香味挥发性，工艺中需加热食品，尽可能在加热冷却后或加工后期加入。按来源可将食用香精种类可分为以下几种。

①天然香精。通过物理方法，从自然界的动植物（香料）中提取出来的完全天然的物质，通常可获得天然香味的物质的载体有：水果、动物器官、叶子、花及种子等。

②等同天然香精。经由化学方法处理天然原料而获得的或人工合成与自然界天然香精物质完全相同的化学物质。

③人工合成香精。用人工合成等化学方法得到的尚未被证实自然界有此化学分子的物质。若在自然界中发现且证实有与此相同的化学分子，则为等同天然香精。只要香精中有一个原料物质是人工合成的，即为人工合成香精。

④微生物方法制备香精。经由微生物发酵或酶促反应获得的香精。

⑤反应型香精。将蛋白质与还原糖进行美拉德反应而得到，常见于肉类、巧克力、咖啡、麦芽香中。

2. 香料分类

目前使用的食品香料品种世界上有近 2000 种；我国已经批准使用 > 1000 种。除香兰素、乙基香兰素、麦芽酚、乙基麦芽酚等少数香料外，多数香料很少单独使用，往往用于调制食用香精。

① 天然香料（natural flavoring substances）：用纯物理方法（如蒸馏、压榨、萃取、吸附等）从天然芳香植物或动物原料中分离得到的物质。如肉桂油、柠檬油等。其具有以下特点：形态多样，如精油、浸膏、净油等；成分复杂，由多种化合物组成。

②天然等同香料：用合成方法得到或由天然芳香原料以化学过程分离得到的物质。这些物质与供人类消费的天然产品（不管是否加工过）中存在的物质在化学结构上是相同的。具有以下特点：成分单一，往往是天然香料中的主要赋香成分。如麦芽酚、香兰素等。品种多，占食用香料的大多数。是调配香精的重要原料。

③人造香料：用化学合成方法得到的，在供人类消费的天然产品（不管是否加工过）中尚未发现的香味物质。具有以下特点：成分单一，如乙基麦芽酚、乙基香兰素；品种较少。

二、香精香料在食品中的作用

由食品香料调配而成的食品香精在食品中有以下几个功能。

①辅助作用：如高级酒类、天然果汁等，由于香气不足，需要选用与其香气相适应的香精来辅助其香气。

②稳定作用：天然产品的香气，往往因地理、季节、气候、土壤、栽培、采收和加工等影响而不稳定，而香精的香气比较稳定。加香后，可以对天然产品的香气起到一定的稳定作用。

③补充作用：如果酱、果脯、水果蔬菜罐头等，在加工过程中可损失其原有的大部分香气，选用与香气特征相对应的香精加香，可使产品的香气得到应有的补偿。

④赋香作用：有些食品本身没有什么香味，如硬糖、汽水、饼干等，通常选用具有明显香型的香精，使成品具有一定类型的香味和香气。

⑤矫味作用：有些食品本身具有令人难以接受的香味，通过选用合适的香精矫正其味，使人们乐于接受。

⑥替代作用：当直接用天然品有困难时（如原料供应不足，价格成本过高，加工工艺困难等），可用相应的香精替代和部分替代。

三、几种主要食品香精香料的性质及用途

1. 天然薄荷脑

天然薄荷脑又名左旋薄荷脑，无色柱状结晶，通常用水蒸气蒸馏法从鲜的或阴干的薄荷的茎叶（地上绿色部分）蒸馏得到薄荷油，薄荷油再经冷冻法可取出45%～55%的薄荷脑。暴露于大气中会升华。薄荷脑清凉，使人精神振奋，能透发出愉快的薄荷特征香气，但不持久。薄荷脑是一种用途广、用量大的香料，既可以直接用于医药品、牙膏、漱口水等卫生用品和食品、烟草等制品，也可用于调配各种食品香精和微量用于奶油、焦糖和果香香精。薄荷脑在薄荷香精中用以增加凉的感觉，也常与大茴香油或大茴香脑合用于甘草香精，还常与柠檬、甜橙等果香合成复合香型。在需要凉感的而不需要典型的薄荷香味的产品中都可使用薄荷脑，如具留兰香型的胶姆糖中用它以增强爽口清凉的感觉。

2. 茉莉浸膏

通常用溶剂（常用石油醚）浸提法从即将开放的茉莉花朵中浸提而制得浸膏。浸膏再进一步用乙醇萃取而得净油，是我国独特的天然香料。茉莉浸膏为

绿黄色或淡棕色疏松的稠膏状,净油为深棕色或棕黑色微稠液体,具有清鲜温浓的茉莉鲜花香气,精细而透发,有清新之感。茉莉浸膏在食品香精中,常用于杏、桃、樱桃、草莓等果香香精中,可起到缓和来自合成香料的粗糙的化学气息,并赋予香精以天然感和新鲜感。

3. 肉桂油

肉桂油又称中国肉桂油,由中国肉桂的枝、叶或树皮或籽用水蒸气蒸馏法提油而得到。粗制品是深棕色液体,精制品为黄色或淡棕色液体。放置较久或暴露在空气中会使油色变深、油体变稠,严重的会有肉桂酸析出。肉桂油为天然香料,成分极为复杂,主要成分有反式肉桂醛、乙酸肉桂酯、香豆素、水杨醛、苯甲酸、苯甲醛、乙酸邻甲氧基肉桂酯、反式邻甲氧基肉桂醛等。肉桂油在食品香精中可用于樱桃、可乐、姜汁、肉桂等香精中。

4. 桉叶油

桉叶油通常用水蒸气蒸馏法从蓝桉或含桉叶素的某些樟树品种的叶、枝中提取精油,再经精制加工制得。桉叶油为无色或淡黄色易流动液体,具有桉叶素的特征香气,有点樟脑和药草气息,有凉味。桉叶油是天然香料,其组分极其复杂。桉叶油具有杀菌作用,可用于医药制品,也可用于止咳糖、胶姆糖、含漱剂、牙膏、空气清净剂等。

思考题

1. 什么是食品添加剂? 在食品工业有哪些作用?

2. 酸度调节剂有几类,各自适用什么范围?

3. 什么是食品防腐剂? 其作用机理如何?

4. 乳化剂的作用机理是什么? 乳化剂在食品中有何应用?

5. 比较一下抗氧化剂 BHA、BHT 及 PG 在抗氧化性方面的异同。

6. 酶制剂分几类? 木瓜蛋白酶在实际中有何作用?

7. 非天然甜味剂有哪些? 为什么阿斯巴甜使用需标注消费人群范围?

8. 消泡剂在食品加工中起着什么作用?

9. 增稠剂有哪些类型? 食品增稠剂如何使用?

10. 香料与香精的种类及特点。

第十二章　食品中的有害成分

本章重点：了解食品中有害成分的概念、来源和分类以及有害物质的结构与毒性的关系；熟悉食品中的有害成分的特点和吸收、分布与排泄；掌握食品中有害成分的安全性评估方法。

第一节　概述

一、有害成分的概念

食品中的有害成分，也称嫌忌成分(undesirable constituents)，或毒素、毒物(toxic substances, toxicants)，是食品或食品原料中含有的各种分子结构不同、对人体有毒或具有潜在危险性的物质。当这些有害成分的含量超过一定限度时，即可对人体健康造成损害，有的是急性中毒，有的是慢性中毒，有的还有致癌、致畸、致突变的作用。值得注意的是，定义某物质是有害成分是相对的，随着分析手段的提高和科学的进步，现阶段定义为有害成分的物质，可能在一定量时或特定情况下是有益成分。例如，微量元素硒在1973年被世界卫生组织专家委员会宣布为人体生理必需的微量元素之前，一度被认为是有毒元素，它导致了1856年在Nebraska地方流行的一种使马致死的疾病；亚硝酸盐对正常人是有害成分，但对氰化物中毒者则是有效的解毒剂；食品中酚类物质当与蛋白质一起食用时，会对蛋白质的吸收有一定的抑制作用，然而它有抗氧化、清除自由基等作用，又是食品中天然的抗氧化剂和保健成分。

二、有害成分的分类

根据其性质不同，食品中的有害成分可分为生物性有害成分、物理性有害成分和化学性有害成分。生物性有害成分主要有有害微生物及其毒素、病毒、寄生虫及其虫卵和昆虫等。物理性有害成分主要是食品吸附、吸收的外来放射性元素，如^{137}Cs 和^{90}Sr 等。化学性有害成分主要是一些外来化学物质，如化学农药、兽药、重金属元素、食品添加剂、环境污染物、工业中未处理的废水、废气、废渣等。

　　根据其来源不同,食品中的有害成分可分为内源性有害成分、外源性有害成分和诱发性有害成分。内源性有害成分是指动植物食品原料自身产生的天然有毒有害的物质。外源性有害成分是指食品或食品原料中本来没有而在加工、运输或储藏过程中受到污染的有毒有害物质。诱发性有害成分是指食品加工、运输或储藏过程中产生的有毒有害物质。

　　根据食品原料分类,食品中的有害成分可分为植物性食品中的有害成分和动物性食品中的有害成分。植物性食品中的有害成分大部分属于植物次生代谢物。动物性食品中的有害成分大多为鱼类和贝类毒性物质。

第二节　食品中的天然有害物质

一、植物性食品中的天然有害物质

(一)有毒植物蛋白

1. 凝集素

　　凝集素也称植物红血球凝集素,是豆类及一些豆状种子中含有的一种能使血液中的红血球细胞凝集的蛋白质。主要有大豆凝集素、蓖麻毒蛋白、菜豆属豆类凝集素(豌豆、扁豆、菜豆、刀豆、蚕豆、绿豆、芸豆等)。这些凝集素大部分是糖蛋白,含糖量4%～10%,其分子多由2或4个亚基组成,并含有二价金属离子。含有凝集素的食物生食或烹调加热不足时会引起食用者恶心、呕吐等症状,严重者甚至死亡。其中蓖麻毒蛋白毒性极大,2 mg即可使人中毒死亡,为其他豆类凝集素的1000倍。所有凝集素在湿热处理时均能够被破坏,加工时可采取加热处理(或高压蒸汽处理)以及热水抽提等措施去毒。

2. 消化酶抑制剂

　　消化酶抑制剂是一种小分子蛋白质,对食品成分的消化起阻碍作用,比较重要的有胰蛋白酶抑制剂和淀粉酶抑制剂两类。胰蛋白酶抑制剂主要存在于大豆等豆类及马铃薯块茎食物中,可以与胰蛋白酶或胰凝乳蛋白酶给合,从而抑制了酶水解蛋白质的活性,使胃肠消化蛋白质的能力下降,并且会造成胰脏肿大。淀粉酶抑制剂主要存在于小麦、菜豆、芋头、未成熟的香蕉和芒果等食品中,可以使淀粉酶的活性钝化,影响淀粉的消化,从而引起消化不良等症状。长期生食这类食物或烹调加热不够,会使人的营养素吸收下降,生长和发育受到影响。高压蒸汽处理及充分加热处理可以基本上完全去除有关消化酶抑制剂的活性,消除其不良作用。

3. 毒肽

一些真菌中含有剧毒肽类,误食后可造成严重的后果。最典型的毒肽是存在于毒蕈中的鹅膏菌毒素和鬼笔菌毒素。鹅膏菌毒素是环辛肽,鬼笔菌毒素是环庚肽。这两种毒肽的毒性机制基本相同,都是作用于肝脏。鹅膏菌毒素的毒性大于鬼笔菌毒素。1 个质量约 50 g 的毒蕈所含的毒素足以杀死一个成年人。误食毒蕈数小时后即可出现中毒症状,初期出现恶心,呕吐、腹泻和腹痛等胃肠炎症状,后期则是严重的肝、肾损伤。一般中毒后 3 ~ 5 d 死亡。

(二)有毒氨基酸

1. 山黧豆毒素

山黧豆毒素存在于山黧豆中,主要有两类:一类是致神经麻痹的氨基酸毒素,有 α,γ – 二氨基丁酸、$\gamma – N$ – 草酰基 – α,γ – 二氨基丁酸和 $\beta – N$ – 草酰基 – α,β – 二氨基丙酸;另一类是致骨胳畸形的氨基酸衍生物毒素,有 $\beta – N – (\gamma – $谷氨酰) – 氨基丙腈、$\gamma$ – 羟基戊氨酸及山黧豆氨酸等。人摄食山黧豆中毒的典型症状是肌肉无力、不可逆的腿脚麻痹,严重者可导致死亡。

2. β – 氰基丙氨酸

β – 氰基丙氨酸是主要存在于蚕豆中的一种神经性毒素,能引起与山黧豆中毒相似的症状。

3. 刀豆氨酸

刀豆氨酸是存在于刀豆属中的一种精氨酸同系物,在人体内是一种抗精氨酸代谢物,其中毒效应也因此而起。焙炒或煮沸 15 ~ 45 min 可以破坏大部分的刀豆氨酸。

4. L – 3,4 – 二羟基苯丙氨酸

L – 3,4 – 二羟基苯丙氨酸(L – DOPA)主要存在于蚕豆等植物中,以游离态或 β – 糖苷态存在。L – DOPA 引起的中毒症状是急性溶血性贫血症,人们过多地摄食青蚕豆(无论煮熟或是去皮与否)5 ~ 24 h 后即开始发作,经过 24 ~ 48 h 的急性发作期后,大多可以自愈。但 L – DOPA 也是一种药物,能治震颤性麻痹等症。

(三)有毒苷类

1. 氰苷

氰苷是一类由氰醇衍生物的羟基和 D – 葡萄糖缩合形成的糖苷类化合物,水解后产生氢氰酸(HCN),故又称生氰糖苷。氰苷主要存在于杏、桃、李、枇杷等

核果或仁果的核、仁以及木薯块根、亚麻籽中,如杏仁中含有苦杏仁苷,木薯和亚麻籽中含有亚麻苦苷。氰苷本身无毒,但机体摄入氰苷后在酸或酶的作用下水解产生的氰氢酸具有高毒性,会对人体造成危害。氢氰酸被机体吸收后,随血液循环进入组织细胞,并透过细胞膜进入线粒体,氰根离子与呼吸链电子传递体细胞色素氧化酶的铁离子结合,破坏其传递电子的作用,导致细胞的呼吸链中断,从而使有氧呼吸作用不能正常进行,导致细胞呼吸停止,使机体处于窒息状态。中毒后的临床症状为意识紊乱、肌肉麻痹、呼吸困难、抽搐和昏迷窒息而死亡。

2. 硫苷

硫苷是一类含有 $\beta - D -$ 硫代葡萄糖糖基成分的糖苷类化合物。硫苷主要存在于甘蓝、萝卜、芥菜等十字花科蔬菜及葱、大蒜等葱蒜属植物中,是蔬菜辛味的主要成分。过多地摄入硫苷可以引发甲状腺代谢性肿大,因此也被称为致甲状腺肿因子。

3. 皂苷

皂苷又称皂素,广泛分布于植物界中,是类固醇或三萜系化合物的低聚糖苷类化合物的总称。由于其水溶液振摇时能像肥皂一样产生大量泡沫,故谓之皂苷。皂苷按苷配基的不同有三萜烯类苷、螺固醇类苷和固醇生物碱类苷三类。大豆中的大豆皂苷属于三萜烯类苷;薯类中的薯芋皂苷属于螺固醇类苷;马铃薯、茄子等茄属植物中的茄苷(龙葵素)属于固醇生物碱类苷。过量摄入皂苷类物质会出现喉部发痒、嗳逆、恶心、腹痛、头痛、晕眩、泄泻、体温升高、痉挛等中毒症状,严重者会因麻痹而致死亡。

(四)有毒生物碱

1. 毒蝇蕈碱

毒蝇蕈碱是一种羟色胺类化合物,存在于毒蝇蕈等毒伞属蕈类中。食用毒蝇蕈后 15~30 min 出现中毒症状,有多涎、流泪和多汗症状,严重者发生恶心、呕吐和腹泻,脉搏降低、不规律,哮喘,并有致幻作用,少见死亡。阿托品硫酸盐是该病主要的解毒剂。

2. 裸盖菇素及脱磷酸裸盖菇素

裸盖菇素及脱磷酸裸盖菇素存在于裸盖菇属、花褶菇属等蕈类中。误食后出现精神错乱、狂歌乱舞、大笑,产生极度的快感,有的烦躁苦闷,甚至杀人或自杀。花褶菇在我国各地方都有分布,生于粪堆上,也称粪菌、笑菌或舞菌。食用香料肉豆蔻中也会有致幻性成分肉豆蔻醚。

3. 秋水仙碱

秋水仙碱主要存在于鲜黄花菜中,本身无毒,在胃肠中吸收缓慢,但在体内被氧化成氧化二秋水仙碱时则有剧毒,致死量为 3~20 mg/kg。食用较多量的炒鲜黄花菜后数分钟至十几小时发病,表现为恶心、呕吐、腹痛、腹泻、头昏等。但黄花菜干制品无毒。如果食用鲜黄花菜,必须先经水浸或开水烫,然后再炒熟。

(五) 有毒酚类

植物性食品中的有毒酚类最具有代表性的是棉酚。棉酚是萘的衍生物,存在于棉籽中,榨油时会随着进入棉籽油中,因此食用棉籽油的地区易发生棉酚中毒。棉酚可损害人体的肝、肾、心等脏器和中枢神经系统,并且长期食用可降低生殖能力。棉酚的毒性可以用湿热处理法去除,在湿热处理过程中,棉酚的羰基与赖氨酸的碱性 ε – 氨基结合为结合棉酚(即 α – 棉酚),是无毒的。棉籽中的棉酚也可以采用溶剂萃取法去除,从而避免食用未经脱酚处理的棉籽油而中毒,粗制生棉籽油可经加碱加水炼制抽提法去除。

二、动物性食品中的天然有害物质

1. 肉毒鱼类毒素

肉毒鱼类又称雪卡鱼,泛指栖息于热带和亚热带海域珊瑚礁周围因食用毒藻类而被毒化的鱼类,主要有梭鱼、黑鲈和真鲷等海洋鱼类。肉毒鱼类毒素(雪卡毒素)来自生活于珊瑚礁附近的多种底栖微藻,它可直接进入草食性鱼类,并间接进入肉食性鱼类,人类误食这些鱼类可引起中毒。肉毒鱼类毒素是一种脂溶性高醚类物质,无色无味,不溶于水,对热稳定,不易被胃酸破坏,其毒性非常强,比河豚毒素强 100 倍,主要存在于鱼体肌肉、内脏和生殖腺等组织或器官中。该毒素确切的中毒机制目前还不十分清楚,中毒病人的死亡表现为心血管系统的衰竭。

2. 鱼类组胺毒素

海产鱼类中的青皮红肉鱼,如沙丁鱼、金枪鱼、鲭鱼、大麻哈鱼等,体内含有丰富的组氨酸,鱼死亡后在大肠埃希菌、产气杆菌、假单胞菌、变形杆菌和无色菌等富含组氨酸脱羧酶的细菌的作用下,游离的组氨酸脱去羧基产生大量的毒性比较强的组胺,从而使食用者发生恶心、呕吐、腹泻、头昏等症状,但 1~2d 后症状即消逝。在鲜活状态下处理和烹调的此类鱼,食用后不会中毒;但是烹调食用死亡较久的此类鱼,则可能发生中毒现象。

3. 河豚毒素

河豚毒素主要存在于河豚鱼等豚科鱼类中,一些两栖类爬行动物如水蜥、加利福尼亚蝾螈也含有河豚毒素。在大多数河豚鱼的品种中,河豚毒素的浓度由高到低依次为卵巢、鱼卵、肝脏、肾脏、眼睛和皮肤,肌肉和血液中含量很低。河豚中毒大多是因为可食部分受到卵巢或肝脏的污染,或是直接进食了内脏器官引起的。河豚毒素是一种小分子量、非蛋白质的神经毒素,毒性很强,比剧毒的氰化钠还要高 1250 多倍,0.5 mg 即可致人死亡。河豚毒素中毒潜伏期很短,往往在食用 10 ~ 30 min 内即出现毒性症状,主要是使神经中枢和神经末梢发生麻痹,最后导致呼吸中枢和心血管神经中枢麻痹,如果抢救不及时,中毒后最快的10 min 内死亡,最迟 4 ~ 6 h 死亡。河豚毒素是氨基全氢喹唑啉型化合物,纯品为无色、无味、无臭的针状结晶,微溶于水,易溶于弱酸性水溶液,不溶于有机溶剂。河豚毒素理化性质稳定,耐光、耐盐、耐热。经紫外线照射 48 h 或日晒一年,其毒性无变化;用 30% 的食盐腌制一个月,卵巢中仍含毒素;100℃温度下加热 4 h,115℃温度下加热 3 h,120℃温度下加热 30 min,200℃ 以上温度下加热 10 min 方可使毒素完全受到破坏,故一般的家庭烹调和灭菌操作不能使其完全失活。河豚毒素在碱性环境中易于降解,将新鲜河豚去除内脏、皮肤和头后,肌肉经反复冲洗,加 2% 碳酸钠处理 2 ~ 4 h,即可使河豚毒性降到对人体无害。

4. 贝类毒素

贝类自身并不产生毒素,但是当它们通过食物链摄取海藻时,有毒藻类产生的毒素在其体内累积放大,转化为有机毒素,即贝类毒素,足以引起人类食物中毒。常见的有毒贝类有蚝、牡蛎、蛤、油蛤、扇贝、紫贻贝和海扇等。主要的贝类毒素包括麻痹性贝类毒素和腹泻性贝类毒素两类。

麻痹性贝类毒素由贝类摄食有毒的涡鞭毛藻、莲状原膝沟藻、塔马尔原膝沟藻产生,是一类四氢嘌呤的三环化合物,主要有石房蛤毒素,新石房蛤毒素,膝沟藻毒素。麻痹性贝类毒素呈白色,可溶于水,易被胃肠道吸收,耐高温、耐酸,在碱性条件下不稳定易分解失活。麻痹性贝类毒素是低分子毒物中毒性较强的一种,很少量时就会对人类产生高度毒性,不会因洗涤而被冲走,炒煮温度下也不能分解,加热至80℃经 1 h 毒性无变化,加热至100℃经 30 min 毒性仅减少一半。麻痹性贝类毒素属于神经和肌肉麻痹剂,为强神经阻断剂,能阻断神经和肌肉间的神经冲动的传导。毒性与河豚毒素相似,主要表现为摄取有毒贝类后 15 min到 2 ~ 3 h,人出现唇、舌、指间麻木,随后四肢、颈部麻木,行走困难,伴有头晕、恶心、呕吐、胸闷乏力和昏迷,严重者常在 2 ~ 12 h 之内死亡。有毒的贝类在清水中放养 1 ~3w,并经常换水,可将毒素排净。

腹泻性贝类毒素是由鳍藻属和原甲藻属等藻类产生的一类脂溶性次生代谢产物,被贝类滤食后在其体内性质非常稳定,一般的烹调加热不能使其破坏,人类误食会产生以腹泻为主要特征的中毒效应,因此而得名。腹泻性贝类毒素的化学结构是聚醚或大环内酯化合物,根据这些毒素的碳骨架结构,可以将它们分为三类:酸性成分,包括具有细胞毒性的大田软海绵酸和其天然衍生物轮状鳍藻毒素;中性成分,蛤毒素;其他成分,扇贝毒素。腹泻性贝类毒素的毒性机制主要在于其活性成分大田软海绵酸能够抑制细胞质中磷酸酶的活性,导致蛋白质过磷酸化,作用于人体的酶系统,对细胞蛋白磷脂酶有强烈的抑制作用,可以使人肠道发炎引起腹泻。其主要症状表现为较轻微的胃肠道紊乱,如恶心、呕吐、腹痛和腹泻。一般在摄入贝类后 30min 到 4h 内即可发生,症状持续 2 ~3d 即可痊愈。

第三节 食品加工、储藏过程中产生的有害物质

一、有害微生物污染产生毒素

(一)细菌毒素

1. 沙门氏菌毒素

沙门氏菌广泛分布于自然界,是引起食物中毒的重要病原菌。在世界各国各类细菌性食物中毒中,沙门氏菌引起的食物中毒常列榜首。沙门氏菌引起的食物中毒是摄入大量的活菌引起的感染型食物中毒。沙门氏菌本身不分泌外毒素,但菌体裂解时可产生毒性很强的内毒素,此种毒素是一种多糖、类脂、蛋白质的复合物,具有耐热能力,75℃经 1 h 后仍有毒力,可使人发生食物中毒。沙门氏菌毒素中毒大多由动物性食物引起,中毒症状表现为呕吐、腹泻、腹痛等,活菌在肠内或血液内被破坏,放出的内毒素可引起中枢神经系统中毒,出现头痛、体温升高、痉挛,严重者导致死亡,潜伏期一般为 12 ~36 h,病程为 3 ~7d。

2. 葡萄球菌肠毒素

金黄色葡萄球菌是葡萄球菌中致病力最强的一种。金黄色葡萄球菌污染食品后可分泌出外毒素——葡萄球菌肠毒素,引起毒素型食物中毒。葡萄球菌肠毒素是相对分子质量为 30000 ~35000 的简单蛋白质,根据血清学特征的不同可分为 A、B、C$_1$ ~C$_3$、D、E、G 和 H 9 个类型,其中 A 型肠毒素是最常见的,毒力也是

最强的。肠毒素的等电点在 7.0～8.6 范围内,易溶于水,难溶于有机溶剂,耐热性强,一般烹调温度不能将其破坏,煮沸 1～1.5 h 仍保持其毒力,120℃加热 20 min 也几乎不被破坏,在248℃油中经 30 min 才能失活,完全消除毒性。葡萄球菌肠毒素中毒主要表现为恶心、呕吐、腹泻、腹痛及痉挛等急性胃肠炎症状,潜伏期多为 2～3 h,较短的仅 40 min,大多 1～2d 后恢复正常,死亡者较少见。

3. 肉毒梭菌毒素

肉毒梭菌毒素是肉毒梭菌产生的外毒素,为相对分子质量约 150000 的蛋白质,由亚基通过二硫键连接在一起,现已鉴定出 A、B、C、D、E、F、G 7 个血清型,其中以 A、B 及 E 型较常见。肉毒梭菌毒素对热不稳定,各型毒素在 80℃加热 30 min 或 100℃加热 10～20 min,即可完全被破坏。肉毒梭菌的芽孢极为耐热,肉毒梭菌毒素中毒常因肉食罐头杀菌不足时引起。肉毒梭菌毒素是一种神经毒素,作用于运动神经和副交感神经,抑制神经递质乙酰胆碱的释放,使肌肉收缩运动发生障碍,因为横隔肌或其他呼吸器的麻痹而造成患者窒息死亡。肉毒梭菌毒素中毒潜伏期一般为 6～36 h,长者可达 8～10 d,恶心、呕吐、腹痛及腹泻等症状常常先于神经症状发生,死亡者大多在发病后 3～7 d 内发生。

(二)霉菌毒素

1. 黄曲霉毒素

黄曲霉毒素是由普遍存在于粮食中的黄曲霉和寄生曲霉产生的有毒代谢产物,是目前为止所发现的毒性最强的霉菌毒素,主要存在于花生、花生油、玉米、稻米、小麦、豆类、高粱及棉籽等粮油及其制品中,尤以花生和玉米最为严重。黄曲霉毒素是一类结构类似的混合物,含 C、H、O 三种元素,都是二氢呋喃氧杂萘邻酮的衍生物,其基本结构中含有一个双呋喃环和一个氧杂萘邻酮(香豆素)。黄曲霉毒素在紫外光的照射下能够发出特殊的荧光,根据荧光颜色可将其分为 B 族和 G 族两大类,目前已经分离鉴定出 20 余种,其中以黄曲霉毒素 B1 最为常见、污染最普遍且毒性最强。黄曲霉毒素溶于氯仿、甲醇、丙酮等有机溶剂,不溶于水、正己烷、石油醚及乙醚;十分耐热,加热至熔点温度 268～269℃时才发生裂解,一般的烹调加工很难将其破坏;在中性和酸性环境中很稳定,在 pH 值 9～10 的碱性环境中能迅速分解,形成香豆素钠盐。黄曲霉毒素有很强的急性毒性,主要表现为肝毒性,症状包括呕吐、厌食、发热、黄疸和腹水等肝炎症状。同时,黄曲霉毒素也有明显的慢性毒性,主要表现为生长缓慢、发育迟缓、肝脏出现损伤。另外,黄曲霉毒素是目前所知致癌性最强的化学物质,可诱发动物发生胃癌、肾癌、肠癌、乳腺癌、卵巢癌等多种癌症,并与人类肝癌的发生密切相关。

2. 青霉毒素

青霉毒素是由污染食品的青霉菌产生的毒性代谢产物,常见于黄变米中。黄变米是稻谷在收割后和储存中由于含水分过多,被青霉菌污染而霉变,失去原有的颜色,表面呈黄色的大米。其中最重要的毒素是岛青霉产生的岛青霉毒素、橘青霉产生的橘青霉毒素和黄绿青霉产生的黄绿青霉毒素。岛青霉毒素毒性很强,可引发动物肝脏硬化和肝癌。橘青霉毒素对人和哺乳动物肾脏有损害。黄绿青霉毒素属神经毒素,中毒初期表现为四肢麻木,最后因循环及呼吸衰竭而死亡。

3. 镰刀菌毒素

镰刀菌毒素是镰刀菌在各种粮食中生长所产生的一种有毒的代谢产物,是常见的粮食和饲料微生物污染产生的毒性成分。已知的镰刀菌毒素大体上可分为4类:第一类,单端孢霉毒素,因阻碍蛋白质合成而引起呕吐、腹泻和拒食症状,并引发进行性的造血系统功能衰退;第二类,玉米赤霉烯酮,具有雌激素的作用,损伤动物的生殖器官,使动物子宫加重、脱垂,造成流产、不孕;第三类,丁烯酸内酯,一种血液毒素,可以使实验动物皮肤发炎,以及产生坏死;第四类,串珠镰刀菌毒素,使动物发生皮下出血、黄疸现象,并且还能造成心出血和肝损害。镰刀菌毒素性质比较稳定,耐热、耐酸、耐干燥,在超过200℃的温度下才能被破坏,经120℃的烘烤仍有活性,因此被镰刀菌污染的粮食不能再食用,或作为饲料。

4. 霉变甘薯毒素

霉变甘薯毒素是甘薯被甘薯黑斑病菌和茄病镰刀菌寄生后作出生理反应而产生的一种次生产物,并非霉菌的代谢产物。这两种霉菌广泛存在于土壤中,甘薯表皮擦伤摔伤后,即可发生污染。霉变甘薯毒素主要有甘薯宁、1-甘薯醇、4-甘薯醇,在中性pH值下稳定,易受酸、碱的破坏,可导致人和家畜肺气肿、肝损害。

二、食品中的农药残留

(一)有机磷农药

有机磷农药是人类最早合成且目前仍在广泛使用的一类杀虫剂,占总用量的80%左右。有机磷农药是一类有相似结构的磷酸酯类化合物,根据其分子结构的不同分为3大类:磷酸酯类(不含硫原子),如敌敌畏、敌百虫;单硫代磷酸酯类(含1个硫原子),如杀螟硫磷、丙硫磷;双硫代磷酸酯类(含2个硫原子),如乐果。大多数的有机磷农药为无色或黄色的油状液体,不溶于水,易溶于有机溶剂及脂肪中,在环境中较为不稳定,尤其是在碱性条件、紫外线、氧化及热的作用下极易降解,也容易被生物体内的磷酸酯酶完全水解,如酸性磷酸酶、微生物分泌的有机磷水解酶等。在食品加工过程中,利用有机磷农药对热的不稳定性和酶的作用可有效降低有机磷农药残留。有机磷农药对食品的污染主要表现在植物性食物中,水果、蔬菜等含有芳香物质的植物最易吸收有机磷农药,且残留量高。有机磷农药是一种神经毒素,主要是竞争性抑制体内乙酰胆碱酯酶的活性,造成神经突触和中枢神经递质乙酰胆碱的积累,引起中枢神经系统过度兴奋而出现中毒症状,其慢性毒性较少见。

(二)有机氯农药

有机氯农药曾是应用最广、用量最大的化学杀虫剂之一,具有广谱、高效、价廉、急性毒性小的特点。根据其化学结构不同,有机氯农药分为两大类:氯苯类,包括六六六(NCH)、滴滴涕(DDT)等;氯化环戊二烯类,包括艾氏剂、毒杀芬、氯丹、七氯等。有机氯农药不溶于水或微溶于水,具有高度的物理、化学、生物学稳定性,在自然界中降解很慢,半衰期可达数年之久,属高残留品种,环境危害较大,许多国家已经禁止其生产和使用,我国在1983年开始禁止生产和使用有机氯农药。但由于有机氯农药性质稳定,其在水域、土壤中仍有残留,并会在相当长时间内继续影响食品的安全性,危害人类健康。有机氯农药在动物性食品中残留量要高于植物性食品。禽肉、乳制品、蛋类中有机氯农药残留主要来源于饲料中的农药残留,鱼及水产品中有机氯农药残留主要来源于水域污染和生物富集作用,粮谷类及果蔬类有机氯农药污染主要源于土壤污染或直接施用农药。有机氯农药也属于神经毒素,主要引起中枢神经系统疾患。另外,有机氯农药还可能引起肝脏脂肪病变,肝、肾器官肿大等,并具有致畸、致癌、致突变作用。

三、重金属

(一)镉

在重金属污染中以镉最为严重。镉是一种银白色有延展性的金属,能够生成很多无机化合物,但镉的有机化合物很不稳定,故自然界中没有有机镉存在。食品中镉主要来源于冶金、冶炼、陶瓷、电镀工业及化学工业(如电池、塑料添加剂、食品防腐剂、杀虫剂、颜料)等排出的三废,通过对水源的直接污染、鱼贝类等水生生物的生物富集作用以及含镉三废被农作物及牧草吸收而对人类的健康造成危害。镉的急性中毒症状大多表现为呕吐、腹痛和腹泻,继而引发中枢神经中毒。镉的慢性毒性主要表现在以下几个方面：

①肾脏中毒,导致尿中蛋白质的排出增加和肾小管功能障碍;

②骨中毒,导致负钙现象,引起骨萎缩和骨质疏松症;

③致癌性,引起肺、前列腺和睾丸的肿瘤。

(二)汞

汞俗称水银,是典型的有毒重金属元素,呈银白色,室温下唯一的液体金属。汞在自然界中以金属汞、无机汞和有机汞三种形式存在。金属汞在室温下有挥发性,汞蒸气被人体吸入后会引起中毒。金属汞可以生成硫酸盐、硫化物、卤化物和硝酸盐等无机汞化合物。金属汞与烷基化合物可以形成甲基汞、乙基汞、丙基汞等有机汞化合物。这些无机汞、有机汞化合物也具有很大毒性,有机汞的毒性比无机汞大。食品中的汞主要以无机汞和有机汞(二价汞和烷基汞)两种形式存在,主要来源于环境的自然释放和工业污染。环境中毒性较低的无机汞经微生物的甲基化作用转化为毒性较高的甲基汞,鱼类和贝类吸收甲基汞的速度很快,且在体内蓄积不易排出,通过食物链引起生物富集和放大效应。受汞污染的鱼类和贝类等动物性食品是人类通过膳食摄取汞,引起汞中毒的主要来源。由无机汞引起的急性中毒主要导致肾组织坏死,发生尿毒症,严重时引起死亡;有机汞引起的急性中毒早期主要造成胃肠系统的损坏,引起肠道黏膜发炎,剧烈腹痛、腹泻和呕吐,甚至虚脱而死亡。长期摄入被汞污染的食品可引起慢性汞中毒,导致一系列不可逆的神经系统中毒症状,造成肝脏、肾脏的功能性衰竭。甲基汞对机体还具有致突变性、致畸性和致癌性,影响人体生育能力。

(三)铅

铅是一种较软的、强度不高的金属,新切开的铅表面有金属光泽,但很快由于氧化而变成暗灰色。铅在自然界里以化合物状态存在,分布很广。食品中铅的主要来源有 4 个方面,其一是含铅农药残留;二是含铅三废污染;三是含铅输送管道、加工设备、包装材料,如铅合金、锡酒壶、锡箔、劣质陶瓷搪瓷、马口铁罐或导管镀锡和焊锡等均含有铅;四是含铅食品添加剂,如加工松花蛋的黄丹粉(PbO)。铅的急性中毒的主要症状为食欲不振、口腔金属味、失眠、头痛、头昏、肌肉关节酸痛、腹痛、胃肠炎等。铅在人体内长期蓄积可损害造血系统、肾脏和神经系统,导致贫血与溶血,引起肾小球萎缩和高血压,引发脑病与周围神经病,严重者出现铅性脑病。高剂量的铅还具有致癌性,可诱发良性和恶性肾脏肿瘤;还可抑制受精卵着床,明显降低女性受孕的几率,并可引起死胎或流产。

（四）砷

砷本属于非金属元素,但根据其化学性质,又鉴于其毒性,一般将其列在有毒重金属元素中。化合态的砷主要以三价和五价形态存在,最常见的是 As_2O_3（俗称"砒霜"）和 As_2O_5,一般三价砷的毒性大于五价砷,无机砷的毒性大于有机砷,有机砷的毒性大于砷化氢。工业中含砷的废气、废水、废渣对环境的污染,农业中含砷杀虫剂、除草剂、杀菌剂、灭鼠剂的使用,动物饲料中生长促进剂对氨苯基砷酸等含砷化合物的添加,食品工业中水解时所使用不纯的酸类、碱类和质量不纯的食品添加剂等,这些都是使食品中砷含量增高的原因。砷对人的急性中毒通常由于误食而引起。砷慢性中毒表现为食欲下降、体重下降、胃肠障碍、末梢神经炎、结膜炎、角膜硬化以及皮肤变黑等。流行病学发现长期接触无机砷还会诱发恶性肿瘤,特别是皮肤癌和肺癌。

四、食品添加剂引起的毒害

（一）食品添加剂的化学及生物转化产物

某些食品添加剂本身没有毒性作用,但是,它们加入食品及进入人体以后都有转化问题,可以经一定的化学或代谢转化成为有毒性的转化产物。例如,赤藓红色素在食品储藏过程中转变成的内荧光素;天冬酰胺甜肽可以转化为二羰哌嗪;人体摄入的亚硝酸盐可在体内形成转化为致癌的亚硝基化合物;偶氮染料类色素在体内可以转化为游离芳香族胺等有毒物质;糖精在体内转化成的环己胺等。

（二）食品添加剂中混入的杂质

食品添加剂中所含的杂质,随同食品添加剂的使用而成为对人体有害的成分。这些杂质,可能来自于食品添加剂的生产过程,也可能来自于食品添加剂的污染物质,如糖精中的邻甲苯磺酰胺,氨法生产的焦糖色素中的 4 – 甲基咪唑等。

（三）过量使用的营养性添加剂

多种作为营养强化剂加入食品中的维生素,若摄入过多会引起中毒现象。例如维生素 A 摄入过多,可发生慢性中毒现象,表现为无食欲、头痛、视力模糊、失眠、脱发、皮肤干燥脱屑、唇裂出血、鼻出血、牙龈发红、贫血等症状。维生素 D 摄食过多会造成婴儿食欲缺乏、呕吐、烦躁、便秘、体重下降、生长停滞。

（四）食品添加剂引起的过敏反应

日常原因不明的过敏反应疾患中,可能有部分是由食品添加剂所引起的。已知添加柠檬黄合成色素的饮料有引起支气管哮喘、荨麻疹、血管性浮肿等过敏反应。糖精会引起皮肤瘙痒、日光过敏皮炎等症状。

（五）食品添加剂的毒性

食品添加剂对人体的毒性概括起来有致癌性、致畸性、致突变性。这些毒性的共同特点是要经历较长时间才能表现出来，即对人体存在潜在的危害，这也是人们关心食品添加剂安全的原因。有些食品添加剂本身的毒性较低，但由于抗营养因子作用，及食品成分或不同添加剂之间的相互作用和影响，可能会生成意想不到的有毒物质。几乎所有的食品添加剂都有一定的毒性，仅其程度不同而已。另外，食品添加剂还有可能有叠加毒性，即两种或以上的化学物质组合之后产生新的毒性。因此要重视添加剂在食品原料、生产过程、最终加工和烹饪为成品的过程中的严格控制。

五、食品加工过程中产生的毒素

（一）亚硝胺

通常所说的亚硝胺是两种具有 $\searrow N—N—O$ 基本结构的 N–亚硝基化合物的总称，一类是 N–亚硝胺，连有烷基基团或芳香基基团；一类是 N–亚硝酰胺，连有一个烷基基团和一个酰基基团。亚硝胺具有很强的致癌性，可诱发人类胃癌、食管癌、肝癌、结肠癌、直肠癌、膀胱癌等。亚硝胺还具有致畸性和致突变性，主要使胎儿神经系统畸形，包括无眼、脑积水、脊柱裂和少趾。

亚硝胺由亚硝酸盐与仲胺在人和动物体内（特别是在胃部）发生亚硝化反应转化形成。啤酒在酿造过程中，大麦芽的二甲胺、三甲胺和生物碱在干燥工序时与空气中的氮氧化物也会发生亚硝化反应形成亚硝胺。硝酸盐在哺乳动物体内或在细菌作用下可转变成亚硝酸盐，故硝酸盐亦是亚硝胺的前体之一。硝酸盐、亚硝酸盐和胺类化合物这些前体物质广泛存在于人类环境中，由于水源、土壤和硝态氮肥的转移，一般蔬菜中的硝酸盐含量较高，而腌制不充分的蔬菜和不新鲜的蔬菜因微生物作用亚硝酸盐含量较高，肉制品加工中会添加硝酸盐、亚硝酸盐作为发色剂和抑菌剂；胺类化合物主要来源于氨基酸的脱羧产物，在鱼、肉等高蛋白食物中含量丰富。肉制品加工过程中，在添加亚硝酸盐的同时加入维生素 C 或维生素 E 等还原剂，亚硝酸盐可被还原成硝酸盐，防止亚硝胺的转化，极大地提高食品的安全性。预防食物微生物污染，农业生产中应用钼肥取代硝态氮肥，限制硝酸盐、亚硝酸盐的添加量。少食腌制蔬菜，多食新鲜水果蔬菜及大蒜，也都是预防亚硝胺危害的有效措施。

（二）杂环胺

杂环胺是蛋白质、肽和氨基酸的热解产物，为一类氨基咪唑杂芳烃类化合物，包括氨基咪唑并喹啉、氨基咪唑并喹噁啉、氨基咪唑并吡啶、氨基咪唑并吲哚以及氨基二吡啶并咪唑等的衍生物。杂环胺具有强烈的致突变性和致癌性，但属于前致突变物，必须在肝脏内代谢活化才能产生致癌及致突变性，可以诱发肝癌、结肠癌、直肠癌、乳腺癌、前列腺癌等。

杂环胺在高温烹调、加工富含蛋白质的食物时产生，加热温度、烹调时间、水分含量对杂环胺的生成有很大影响。研究表明，当温度从200℃升至300℃时，杂环胺的生成量可增加5倍；在200℃油炸温度时，杂环胺主要在前5 min形成，在5～10 min形成减慢，进一步延长烹调时间则杂环胺的生成量不再明显增加；食品中的水分能够抑制杂环胺的形成。烧烤、煎炸、烘焙等直接与明火或灼热金属表面接触的烹调方法，由于加热温度高且水分快速丧失，产生的杂环胺数量远远高于水煮、炖煨及微波烹调等温度较低、水分较多的烹调方法。改进烹调加工方法，减少油煎、油炸或烘烤方法处理食品，不食用烧焦和炭化的食品，增加富含膳食纤维、维生素C、维生素E、黄酮类物质的水果蔬菜的摄入量，是预防杂环胺危害的有效措施。

（三）苯并（a）芘

多环芳烃类化合物是煤炭、汽油、木柴等含碳燃料在不完全燃烧过程中产生的烃的热解产物。苯并（a）芘是多环芳烃类化合物中一种最有代表性的食品污染物，由五个苯环构成，对食品的安全影响最大。苯并（a）芘是目前世界上公认的强致癌、致畸、致突变物质之一，可诱发人类胃癌、皮肤癌和肺癌等癌症。

食物中的苯并（a）芘有两个来源，一是大气污染，二是食物加工，其中熏烤加工是造成食品苯并（a）芘污染的重要途径。据流行病学资料发现，常食用熏鱼、熏肉的地区胃癌发病率较高，在改变吃熏烤食品的习惯之后胃癌发病率下降。熏烤过程中燃料燃烧产生的苯并（a）芘可直接污染食品，生烟时的温度超过400℃以后，温度越高，熏烟中苯并（a）芘的含量越大。另外，熏烤时的高温也会使脂肪热解生成多环芳烃化合物，烘烤时油脂滴入火中会使苯并（a）芘含量升高。严格控制食品熏烤温度，避免食品直接接触明火，改良食品烟熏剂，使用熏烟洗净器或冷熏液，是预防苯并（a）芘危害的有效措施。

思考题

1. 食品中的有害物质如何分类？

2. 常见的动植物毒素有哪些？平时应如何预防？

3. 常见的细菌毒素和霉菌毒素有哪些？其毒性和预防措施是什么？

4. 食品中的哪些有害物质来源于环境污染？

5. 食品热加工中可能引入哪些有害物质？

参考文献

[1]胡慰望,谢笔钧.食品化学[M].北京:科学出版社,1992.

[2]王璋,许时婴,汤坚.食品化学[M].北京:中国轻工出版社,1999.

[3]韩雅珊.食品化学[M].2版.北京:中国农业大学出版社,1998.

[4]Owen R F.食品化学[M].3版.王璋,许时婴,江波,译.北京:中国轻工出版社,2003.

[5]刘邻渭.食品化学[M].北京:中国农业出版社,1999.

[6]刘邻渭.食品化学[M].郑州:郑州大学出版社,2011.

[7]阚建全.食品化学[M].2版.北京:中国农业大学出版社,2008.

[8]黄梅丽,江小梅.食品化学[M].北京:中国人民大学出版社,1986.

[9]杜克生.食品生物化学[M].北京:化学工业出版社,2002.

[10]宁正祥,赵谋明.食品生物化学[M].广州:华南理工大学出版社,1995.

[11]夏延斌.食品化学[M].北京:中国轻工业出版社,2001.

[12]冯凤琴,叶立杨.食品化学[M].北京:化学工业出版社,2005.

[13]周克元.生物化学[M].2版.北京:科学出版社,2012.

[14]查锡良.生物化学[M].7版.北京:人民卫生出版社,2008.

[15]张丽萍.生物化学简明教程[M].4版.北京:高等教育出版社,2013.

[16]赵新淮.食品化学[M].北京:化学工业出版社,2006.

[17]谢笔钧.食品化学[M].3版.北京:科学出版社,2011.

[18]汪东风.高级食品化学[M].北京:化学工业出版社,2009.

[19]阚建全,段玉峰,姜发堂.食品化学[M].北京:中国计量出版社,2009.

[20]黄国伟.食品化学与分析[M].北京:北京大学医学出版社,2006.

[21]夏红.食品化学[M].北京:中国农业出版社,2002.

[22]刘邻渭.食品化学[M].2版.北京:中国农业出版社,2002.

[23]徐幼卿.食品化学[M].北京:中国商业出版社,1996.

[24]刘用成.食品化学[M].北京:中国轻工业出版社,1996.

[25]韩雅珊.食品化学[M].北京:北京农业大学出版社,1992.

[26]毕艳兰.油脂化学[M].北京:化学工业出版社,2005.

[27]倪培德. 油脂加工技术[M]. 北京:化学工业出版社,2007.

[28]李斌,于国萍. 食品酶工程[M]. 北京:中国农业大学出版社,2010.

[29]孙君社,江正强,刘萍. 酶与酶工程及其应用[M]. 北京:化学工业出版社,2006.

[30]周晓云. 酶学原理与酶工程[M]. 北京:中国轻工出版社,2005.

[31]施巧琴. 酶工程[M]. 北京:科学出版社,2005.

[32]邹承鲁,周筠梅,周海梦. 酶活性部位的柔性[M]. 济南:山东科学技术出版社,2004.

[33]郭勇,郑穗平. 酶学[M]. 广州:华南理工大学出版社,2003.

[34] 罗贵民,曹淑桂,张今. 酶工程[M]. 北京:化学工业出版社,2003.

[35]陈石根,周润琦. 酶学[M]. 上海:复旦大学出版社,2001.

[36]陈宁. 酶工程[M]. 北京:中国轻工业出版社,2005.

[37]梅乐和,岑沛霖. 现代酶工程[M]. 北京:化学工业出版社,2006.

[38]Stauffer, Clyde E. Enzyme assays for food scientists[M]. New York: Van Nostrand Reinhold, 1989.

[39]Crabbe M, James C. Enzyme biotechnology: Protein engineering, structure prediction, and fermentation[M]. New York: E. Horwood, 1990.

[40] Hammes Gordon G. Enzyme catalysis and regulation[M]. New York: Academic press, 1982.

[41] Colin J Suckling, Colin L Gibson. Enzyme Chemistry: Impact and applications[M]. London: Blackie Academic & Professional, 1998.

[42] Zubay G. Biochemistry [M]. New York: Macmillan publishing company, 1988.

[43] Halkerston Lan D K. Biochemistry [M]. New York: John wiley & sons, 1984.

[44] Armstrong F B. Biochemistry [M]. New York: Oxford university press, 1983.

[45] Fennema O R. Food Chemistry [M]. Third Edition. New York: Marcl Dekker, Inc., 1996.

[46]Belitz H D, Grosh W. Food Chemistry[M]. Second Edition. New York: Springer – verlag, Berlin Heidelberg, 1999.

[47]丁耐克. 食品风味化学[M]. 北京:中国轻工业出版社,1996.

［48］夏延斌.食品风味化学［M］.北京：北京大学出版社，2008.

［49］朱国斌，鲁红军.食品风味原理与技术［M］.北京：北京大学出版社，1996.

［50］阚建全.食品化学［M］.北京：中国农业大学出版社，2002.

［51］姜锡瑞.酶制剂应用技术［M］.北京：中国轻工业出版社，1996.

［52］迟玉杰.食品化学［M］.北京：化学工业出版社，2012.

［53］谢明勇.食品化学［M］.北京：化学工业出版社，2011.

［54］刘树兴，吴少雄.食品化学［M］.北京：中国计量出版社，2008.

［55］陈敏.食品化学［M］.北京：中国林业出版社，2008.

［56］夏红.食品化学［M］.2版.北京：中国农业出版社，2008.

［57］孙长颢.营养与食品卫生学［M］.7版.北京：人民卫生出版社，2012.

［58］王清滨，陈国良.食品着色剂及其分析方法［M］.北京：化学工业出版社，2004.

［59］项斌，高建荣.天然色素［M］.北京：化学工业出版社，2004.

［60］刘钟栋.食品添加剂及应用技术［M］.北京：中国轻工业出版社，2000.

［61］林春绵，徐明仙，陶雪文.食品添加剂［M］.北京：化学工业出版社，2004.

［62］凌关庭.天然食品添加剂手册［M］.北京：化学工业出版社，2000.

［63］刘树兴.食品添加剂［M］.北京：中国石化出版社，2001.

［64］周家华，崔英德，曾颢.食品添加剂［M］.2版.北京：化学工业出版社，2008.

［65］王向东，赵良忠.食品毒理学［M］.南京：东南大学出版社，2007.

［66］汪东风.食品有害成分化学［M］.北京：化学工业出版社，2006.